Aide-mémoire.

AIDE-MÉMOIRE

DB

L'OFFICIER D'INFANTERIE

EN CAMPAGNE

Général COUSIN

AIDE-MÉMOIRE

de

l'Officier d'Infanterie

EN CAMPAGNE

8e Édition — Novembre 1915

PARIS

Henri CHARLES-LAVAUZELLE

Éditeur militaire

124, Boulevard Saint-Germain, 124

(MÊME MAISON A LIMOGES)

AVERTISSEMENT

Cet aide-mémoire ne contient dans son texte que des prescriptions réglementaires. Sur certains points importants ces prescriptions ont été complétées par des notes placées *hors texte* et puisées dans des auteurs militaires qui ont été soigneusement indiqués.

Les numéros placés entre parenthèses dans l'intérieur du texte sont ceux des pages auxquelles il faut se reporter pour plus amples détails.

I^{RE} PARTIE

ORGANISATION

CHAPITRE Ier

PERSONNEL

SERVICES ADMINISTRATIFS

Major : Les fonctions de major sont remplies par un capitaine adjoint au colonel. Il commande la section H R.

Trésorier et officier d'habillement : Le lieutenant adjoint au trésorier réunit aux fonctions d'officier payeur celles d'officier d'armement délégué à l'habillement, sous l'appellation de lieutenant chargé des détails.

Porte-drapeau : Les fonctions de porte-drapeau sont remplies par un officier de réserve.

Officier d'approvisionnement : Les fonctions d'officier d'approvisionnement sont remplies par le porte-drapeau du temps de paix. Son rôle comprend : 1° Le commandement du train régimentaire, la prise en charge, la garde et la conservation du matériel et des denrées, leur distribution; 2° le réapprovisionnement des trains régimentaires. Il a sous ses ordres directs un adjudant et un sergent-major plus : 1° dans le régiment d'infanterie : 2 sous-officiers, 1 secrétaire, 6 bouchers (dont 1 gradé) ; 2° dans le bataillon de chasseurs : 1 sous-officier, 1 caporal, 1 secrétaire, 3 bouchers (dont 1 gradé).

SERVICE SANITAIRE

Service pendant la période de concentration : Au cours des transports par voie ferrée, entre les lieux de mobilisation et la gare régulatrice, les malades graves sont laissés aux soins, soit d'une infirmerie de gare, soit d'un commissaire de gare.

Au passage à la gare régulatrice, les malades sont confiés au commandement local.

Service en marche (120), au cantonnement (134, 147), au combat (189).

La neutralité est conférée au personnel du service de santé, ainsi qu'aux ordonnances des officiers neutralisés. Tout ce personnel porte le brassard international de la Convention de Genève, y compris les brancardiers régimentaires. Les brassards, estampillés dès le temps de paix du cachet du ministère de la guerre, sont revêtus d'un chiffre romain indiquant la région et d'un numéro d'ordre qui sont reproduits sur le livret. Au moment de la mobilisation, ils sont distribués par le médecin chef de service du corps. = En station, en marche, au combat, les infirmiers régimentaires sont exclusivement employés au service sanitaire. Ils concourent à l'organisation et au fonctionnement des postes de secours. Ils peuvent être, momentanément et en cas d'urgence, appelés à concourir au service des ambulances et des hôpitaux de campagne. Ils portent l'uniforme du corps auquel ils appartiennent. = Les brancardiers régimentaires sont neutralisés; ils marchent habituellement avec l'unité à laquelle ils appartiennent.

SERVICE VÉTÉRINAIRE ET FERRURE

Assurés par l'artillerie divisionnaire. Les médicaments nécessaires aux chevaux des officiers de tout grade sont fournis gratuitement. En cas de nécessité, vétérinaire et médicaments sont demandés aux troupes à cheval les plus rapprochées. Quand le bataillon de chasseurs n'est pas rattaché à une division, ses chevaux sont ferrés par le peloton d'escorte du quartier général du corps d'armée. Les aides-maréchaux ferrants des régiments d'infanterie sont pourvus d'outils leur permettant de faire des opérations à froid, remettre les clous et réparer les ferrures (voir page 17 et suivantes).

ORDONNANCES

Officiers et assimilés montés. Tous ont droit à des ordonnances, à raison de 1 homme pour 1 ou 2 chevaux.

Officiers et assimilés non montés. Ont chacun 1 ordonnance pris dans la troupe. Les soldats des officiers de tous grades des corps de troupe sont exempts de service et de corvée, mais ils rentrent dans le rang pour marcher et combattre. Il n'est fait exception que pour ceux employés par des officiers auxquels le règlement alloue plus d'un cheval: ces soldats conduisent les chevaux de main et marchent à la gauche de leur bataillon (102).

VÉLOCIPÉDISTES
(Instruction du 16 décembre 1911).

La principale mission des vélocipédistes pendant les marches consiste à assurer la transmission des ordres et à relier entre eux les différents éléments des colonnes. Pendant le stationnement, les vélocipédistes sont chargés de la correspondance entre les divers cantonnements. Il y aura souvent intérêt à organiser le service par gîte de cantonnement. Pendant le combat, les vélocipédistes servent principalement à relier les états-majors entre eux et à organiser les communications avec l'arrière.

ÉCLAIREURS DE TERRAIN MONTÉS D'INFANTERIE
(Instruction du 24 janvier 1908)

1° Les éclaireurs de terrain montés d'infanterie constituent un organe régimentaire à la disposition du chef de corps, qui peut les répartir suivant les besoins entre les différentes unités sous ses ordres.

2° Leur mission principale est de concourir au service de protection immédiate de l'infanterie en station, en marche et au combat.

Ils doivent être avant tout considérés comme des patrouilleurs d'infanterie, auxquels une monture permet d'aller plus vite et plus loin avec moins de fatigue. Leur rôle n'est pas de combattre, mais de renseigner.

Ils peuvent être utilisés pour les transmissions d'ordres et de renseignements, mais seulement à l'intérieur de leur corps et dans le cas où les bicyclistes ne peuvent pas assurer ce service, qui leur incombe en principe.

3° Les éclaireurs montés d'infanterie trouvent surtout leur emploi dans les circonstances suivantes :

En station. — Ils peuvent être détachés auprès de certaines fractions des avant-postes de façon à dispenser l'escadron divisionnaire de ce service. Ils concourent alors au service des liaisons entre les différents éléments de sûreté et peuvent dans certains cas participer au service des patrouilles.

En marche. — Ils se tiennent à portée de l'infanterie et fournissent, en particulier, le service des flanqueurs. Pendant les haltes, ils sont placés sur les points favorables à l'observation.

Au combat. — Ils éclairent les rassemblements et les marches d'approche de leur unité ; ils peuvent aussi aider à la reconnaissance des cheminements et à la liaison des unités entre elles.

4° Le commandant d'une colonne évitera le plus possible de distraire les éclaireurs de leur service régimentaire ou du service propre des détachements auxquels ils sont momentanément affectés.

5° Les chefs de corps n'oublieront pas que les services rendus par les éclaireurs montés dépendront, dans une large mesure, de la manière dont sera réglée leur tâche, qui ne devra jamais entraîner le surmenage des chevaux.

PERSONNEL DES VOITURES.

Ce personnel est indiqué au *Train de combat* (page 103) et au *Train Régimentaire* (page 110).

ORGANISATION DE LA SECTION DE MITRAILLEUSES.

Les régiments d'infanterie actifs possèdent chacun deux sections de mitrailleuses sur animaux de bât. Chaque section est constituée par 2 mitrailleuses.

1° *Section de tir.*

1 lieutenant chef de section (monté en campagne et aux manœuvres).
1 sergent adjoint.
2 caporaux chefs de pièce.
2 tireurs.
2 chargeurs.
2 aides-chargeurs.
1 télémétreur.
1 armurier.
1 agent de liaison bicycliste.

2° *Échelon.*

1 caporal commandant l'échelon, approvisionneur.
1 agent de liaison (ordonnance du lieutenant).
2 soldats pourvoyeurs.
4 conducteurs d'animaux de bât (A).

3° *Train de combat.*

1 caporal chef de voiture commandant du T. C.
2 soldats conducteurs montés.
1 caisson attelé à 4 chevaux.

CHAPITRE II

MATÉRIEL ET APPROVISIONNEMENTS

ARMES EN SERVICE

Fusil modèle 1886. Carabine modèle 1890. — Revolver modèle 1892. — Sabre d'adjudant d'infanterie modèle 1845. — Sabre-baïonnette modèle 1866, série Z. — Le fusil modèle 1886 (magasin vide), calibre 8^{mm}, pèse 4^{kg},180 (4^{kg},580 avec baïonnette). — Le revolver modèle 1892, calibre 8^{mm}, pèse 840 grammes. — Mitrailleuse mo-

---

(A) 6 dans les sections du type alpin.

dèle 1907, dite de Saint-Etienne; poids 23 kg. 800. Poids de l'affût trépied 32^{kg},700.

MUNITIONS ET EXPLOSIFS

Munitions pour armes portatives. — Le fusil modèle 1886 tire la cartouche modèle 1886-D (à étui modifié).

	Grammes.
Poids de la cartouche	27,6
— de la balle........................	12,8
— de la charge (poudre BN_3F).........	3
— du paquet (8 cartouches)...........	233,8
— de la trousse (8 paquets)...........	1.875

Les cartouches pour armes à chargeur sont groupées par 3 dans des chargeurs en tôle; les chargeurs, par 2 dans des boîtes en carton; les boîtes, par trousses (6 boîtes) pesant 1^{kg},280. Les cartouches pour mitrailleuses sont placées sur des bandes-chargeurs en acier pouvant recevoir chacune 25 cartouches. Pour le transport sur animaux de bât, ces bandes-chargeurs sont contenues dans des caisses, qui en renferment chacune 12 (300 cartouches). Les cartouches des caissons de ravitaillement des sections de mitrailleuses sont également placées sur des bandes-chargeurs identiques. Toutes les munitions (en paquets ou en chargeurs) sont encaissées dans la caisse blanche n° 3, la caisse n° 5 de montagne ou la caisse modèle T. Les caisses contenant des cartouches en paquets reçoivent des inscriptions en rouge vermillon. Celles contenant des cartouches en chargeurs reçoivent des inscriptions en gris bleuté.

Le revolver modèle 1892 tire la cartouche modèle 1892.

	Grammes.
Poids de la cartouche....................	12
— de la balle........................	7,90
— de la charge....................	0,75
— du paquet (6 cartouches)...........	75
— de la trousse (3 paquets)...........	230

Ces munitions sont encaissées dans la caisse blanche n° 4.

Contenance et poids des caisses-voitures de munitions.

Les munitions sont transportées, dans les troupes d'infanterie :

1° Dans des voitures à munitions de compagnie : 25.856 cartouches réparties en 2 coffres de 12.928 cartouches en 202 trousses. — Poids d'un coffre plein : 400 kilos. — Poids de la voiture chargée : 1.300 kilos.

2° Dans des caissons de ravitaillement modèle 1858 pour mitrailleuses : 21.900 cartouches en bandes-chargeurs réparties en 2 coffres de 10.950 cartouches.— Poids du caisson chargé : 1.900 kilos.

(Voir la description détaillée de ces voitures au n° 13 ci-dessous et pages suivantes).

Les caisses à munitions de montagne et les coffres, chargés en cartouches modèle 1886, sont peints en gris bleuté (à l'exception des coffres de voiture à munitions de compagnie et des coffres contenant des cartouches de revolver). Ces caisses et ces coffres sont en outre pourvus d'un signe distinctif qui permet de les reconnaître dans l'obscurité (ferrure en forme de 8 fixée à la partie inférieure de chaque moraillon, et que, par suite, on est obligé de saisir pour ouvrir les coffres).

Les caisses de montagne et les coffres qui contiennent des cartouches en chargeurs portent des bandes verticales blanches; elles n'ont pas de ferrures en 8 à leurs moraillons.

Les cartouches de revolver sont transportées aux armées dans des coffres modèle 1858, et par exception dans des coffres modèle 1840, ou dans des caisses à munitions de montagne. Chaque coffre de caisson renferme 12 bissacs, et chaque caisse de montagne 2 bissacs pour les distributions.

Tous les officiers et tous les sous-officiers ou soldats armés du revolver reçoivent 18 cartouches pour cette arme (18 dans l'étui). Les sous-officiers, les caporaux fourriers, les hommes des petits états-majors et des sections hors rang armés du fusil reçoivent 56 cartouches. Les vélocipédistes reçoivent 18 cartouches. Tous les autres soldats armés du fusil reçoivent 88 cartouches (112 dans les régiments territoriaux). Approvisionnement en munitions des différents échelons (184). Approvisionnements en explosifs (355).

VOITURES

L'ensemble des voitures d'un corps de troupe d'infanterie se subdivise en :
Train de combat (TC)
et train régimentaire (TR).

Le TC comprend les :
Voitures à munitions;
Voitures à vivres et bagages;
Cuisines roulantes;
Voitures médicales;
Caissons à munitions des sections de mitrailleuses (type mixte);
Mulets porteurs de munitions des sections de mitrailleuses (type alpin);
Voitures légères d'outils;

Voiture-forge ;
Chevaux de main ;
Chevaux haut-le-pied [une partie) (*a*)].
Mulets des éléments spécialisés (corps appelés à opérer dans les Alpes).

DESCRIPTION ET TABLEAUX DE CHARGEMENT.

Nota. — Le chef de corps fait établir et coller sur une pancarte accrochée à l'intérieur de la voiture la liste du matériel composant le chargement. Une instruction relative à la disposition de ce chargement, et indiquant les poids et volume, y est jointe.

VOITURES A VIVRES ET BAGAGES.

3 modèles.
- A. Voiture M^le 1891-1909 (voiture de compagnie M^le 1891 transformée.)
- B. Voiture M^le 1909.
- C. Voiture M^le 1887-1891-1909 (voiture de campagne M^le 1887 transformée) (à l'étude).

A) Voiture à vivres et bagages M^le 1891-1909,

DESCRIPTION.

2 brancards ;
2 côtés garnis de planches et surmontés d'une galerie ;
1 bout de devant (fixe) ;
1 bout de derrière (mobile) ;
2 coffres de dessous ;
2 bras de limonière ;
2 ressorts ;
1 essieu coudé n° 4 *bis*, avec rondelles et deux écrous d'essieu, ou deux clavettes à anneau (*b*) ;
2 roues n° 2 ;
1 marchepied ;
1 frein à patins et à vis avec volant, à gauche de la voiture ;
2 palonniers : l'un fixé à l'entretoise de devant ; l'autre, à un bras de palonnier placé à droite de la voiture. 2 crochets maintiennent ce dernier lorsqu'il n'est pas utilisé ;
3 servantes avec leurs crochets ; une sous l'avant du coffre de dessous : deux à l'arrière, des deux côtés du coffre.

La voiture porte, en outre, les ferrures pour l'arme du conducteur, la lanterne, la boîte à graisse petite, le fouet, les écrous d'essieu de rechange ou la clavette à anneau (*c*) etc., etc.

Une des voitures à vivres et bagages affectées à la SHR

(*a*) Désignée par le chef de corps.
(*b*) Pour les essieux modifiés.
(*c*) Dans les voitures à essieux modifiés, les écrous d'essieu de rechange et la clef à écrou d'essieu n° 2 sont remplacés par une clavette à anneau n° 2 de bout d'essieu de rechange placée dans le coffre de dessous de devant, enveloppée de chiffons et solidement ficelée.

des bataillons de chasseurs à pied est, en outre, munie à l'intérieur des ferrures, tasseaux et courroies nécessaires au transport de la forge M^{le} 1891, et de la bigorne de montagne M^{le} 1891 avec bloc.

Tare de la voiture vide : 425 kilos.

Chargement maximum en plus de la tare : 900 kilos.

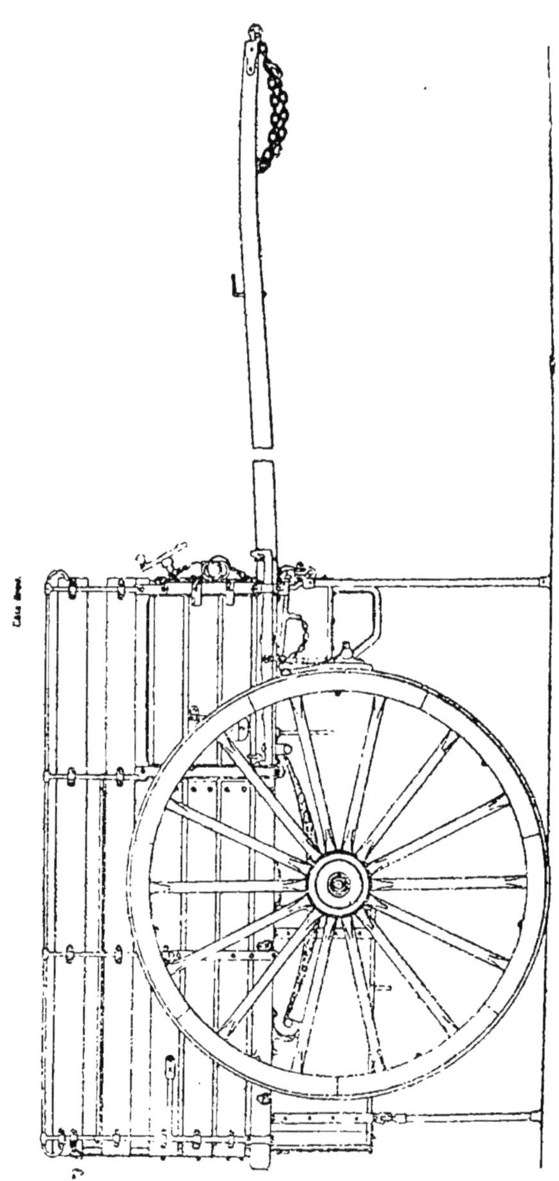

Fig. 1. — Voiture à vivres et bagages M^{le} 1891-1909.

B) Voiture à vivres et bagages M^{le} 1909.

DESCRIPTION (fig. 2).

2 brancards;
2 chaînes;
1 bout de devant (fixe);
1 bout de derrière (mobile);

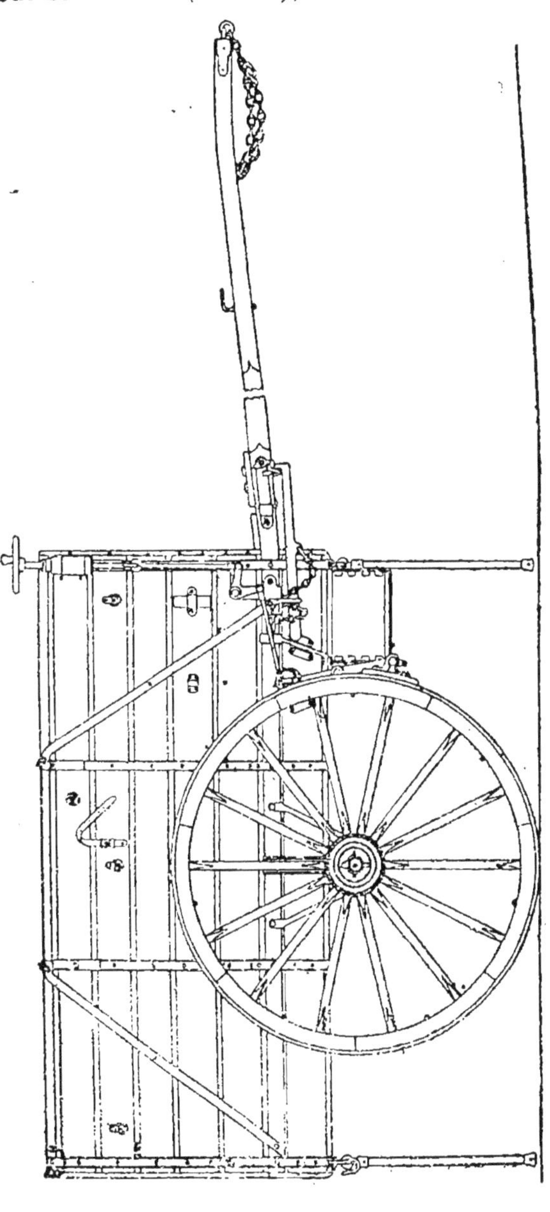

FIG. 2. — Voiture à vivres et bagages M^{le} 1909.

1 petit coffre placé sous le fond et à l'avant;

2 bras de limonière;

1 essieu n° 5 garni de rondelles et de clavettes à anneau de bout d'essieu et réuni aux brancards au moyen de deux supports;

2 roues n° 6;

1 marchepied à gauche de la voiture;

1 frein à patins et à vis avec volant, à droite de la voiture;

2 crochets d'attelage;

1 palonnier extérieur (*a*), placé à droite de la voiture et maintenu par deux crochets lorsqu'il n'est pas utilisé;

2 servantes avec leurs crochets : une sous l'avant du coffre de dessous; une, à l'arrière, au milieu de la traverse.

La voiture porte, en outre, les mêmes ferrures que la voiture Mle 1891-1909.

La voiture à vivres et bagages affectée à la SHR des bataillons de chasseurs à pied est, en outre, munie à l'intérieur des ferrures, tasseaux et courroies nécessaires au transport d'une forge Mle 1891 et d'une bigorne avec bloc pour forge de montagne Mle 1891 et, à l'arrière, sous la voiture, d'une caisse à fers et d'une caisse à charbon (*b*).

Tare de la voiture vide : 380 kilos;

Chargement maximum en plus de la tare : 900 kilos.

(*a*) Pour mettre en place ou retirer le palonnier extérieur, le placer verticalement à l'axe longitudinal de la voiture, la chaîne tendue.

(*b*) La forge est munie de l'outillage de forge.

La caisse à charbon est divisée en deux compartiments inégaux : le plus grand contient le charbon; l'autre, des clous à ferrer et des crampons à glace. Ce dernier compartiment peut recevoir, éventuellement, un certain nombre de ferrures.

Répartition des bagages de l'E.M. du PEM et de la SHR d'un regiment d'infanterie sur les 2 voitures (à titre d'indication).

1 VOITURE.	1 VOITURE.
Caisses à bagages (1) avec couverture (2). Cantines à vivres. Vestes ou vareuses } du PEM, de la SHR, des sections de mitrailleuses. Sacs à distribution (enveloppes de vestes ou vareuses) (3) Baguettes en laiton (nécessaires de chambrée). Havresacs (4). { Musiciens porteurs de gros instruments. Sergent-major artificier. Sergents service postal (vélocipédistes). Ordonnances d'officiers ayant 2 chevaux. Vélocipedistes. Conducteurs de chevaux haut-le-pied. Conducteur de la voiture. Ballots d'eclaireurs montés. Bourgerons et pantalons de treillis (5). Collect°ⁿ d'effets de pansage (6) Avoine de réserve (dans 1 sac) Musettes-mangeoires et avoine du jour } des 2 chevaux de la voiture. Demi-ferrures Couvertures Surfaix Conducteur. Accessoires divers (9). Poids approximatif (10): Avec vestes : 825 kilos ; Avec vareuses : 850 kilos.	Caisse de fonds et de comptabilité. Caisse mixte pour tailleurs et cordonniers. Outils de perruquiers. Vivres de réserve. { Officiers et troupes. } EM, PEM, SHR. Sections mitrailleuses. Eclaireurs montés. Caisse contenant les vivres de réserve. Baril ou bonbonne contenant l'eau-de-vie de réserve. Boîte à livrets et comptabilité de la SHR. Demi-ferrures (7). Avoine de reserve (8) dans des sacs. Musettes-mangeoires et avoine du jour } des 2 chevaux de la voiture. Couvertures Surfaix Bourgeron et pantalon de treillis } du conducteur. Havresac 1 collection d'effets de pansage Conducteur Accessoires divers (9). Poids approximatif : 830 kilos.

(1) Caisses : chef de corps (3 caisses); médecin-major (2 caisses); capitaine adjoint au chef de corps, lieutenant chargé des détails, officier d'approvisionnement, porte-drapeau, chef de musique, lieutenants chefs de section de mitrailleuses, adjudant adjoint à l'officier d'approvisionnement, chef armurier, sous-chef de musique.

(2) 1 couverture par officier ou adjudant.

(3) 2 sacs pour chacune des sections de la SHR.

(4) Havresacs débarrassés des vivres de réserve que les hommes gardent sur eux ou sur leur monture.

(5) Une collection pour chacun des : ordonnances des officiers ayant 2 chevaux ; conducteur de la voiture ; conducteurs de chevaux haut-le-pied. Les collections des éclaireurs montés sont renfermées dans leur ballot.

(6) Une collection pour chacun des : ordonnances d'officiers montés ; conducteurs de chevaux haut-le-pied ; conducteur de voiture.

(7) Chevaux d'officiers, cheval du sergent-major artificier, chevaux haut-le-pied, chevaux de la voiture, chevaux des éclaireurs montés.

(8) Chevaux d'officiers, cheval du sergent-major artificier, chevaux haut-le-pied, chevaux de la voiture, chevaux d'éclaireurs montés, animaux de bât des sections de mitrailleuses.

(9) Le détail de ces accessoires figure dans la description de la voiture.

(10) Ajouter les objets éventuellement retirés à des téléphonistes déchargés.

Répartition des bagages de l'EM, du PEM et de la SHR d'un bataillon de chasseurs à pied à 6 compagnies et 1 section de mitrailleuses sur les 2 voitures (à titre d'indication).

1 VOITURE	1 VOITURE
Caisses à bagages (1) avec couverture (2).	Vivres (Officiers de réserve. et troupe.) — EM, PEM et SHR. Section de mitrailleuses. Éclaireurs montés.
Cantines à vivres pour officiers.	Caisses contenant les vivres de réserve.
Vestes ou vareuses { du PEM, de la SHR, de la section de mitrailleuses.	Baril (ou bonbonne) contenant l'eau-de-vie de réserve.
Sacs a distribution (enveloppes de vestes ou vareuses) (3)	Caisse d'ambulance vétérinaire.
Baguettes en laiton (nécessaires de chambrée).	Caisse pour ouvrier bourrelier.
Caisse de fonds et de comptabilité.	Caisse d'outils et pièces d'armes.
Caisse mixte pour ouvriers tailleurs et cordonniers.	Outils de perruquier.
Boîte à livrets et comptabilité de la SHR.	Demi-ferrures (5).
Havresacs (4) { Sergent chargé du service postal (vélocipédiste). Secrétaire de l'officier d'approvisionnement (vélocipédiste). Caporal infirmier. Ordonnances d'officiers ayant 2 chevaux. Vélocipédistes. Conducteur de chevaux haut-le-pied. Conducteur de la voiture.	Avoine de réserve (dans des sacs) (6).
Ballots d'éclaireurs montés.	Musettes-mangeoires et avoine du jour. Couvertures. Surfaix. } des 2 chevaux de la voiture.
	Caisse à fers fixée à l'arrière de la voiture.
	Caisse à charbon fixée à l'arrière de la voiture, avec combustible.
	Forge de montagne avec bloc et bigorne M^le 1891, et outillage de forge, outillage pour percement des mortaises, etc
	Sacoche de maréchal ferrant (avec tablier) (7).

(1) Caisses : chef de corps (3 caisses) ; lieutenant adjoint, lieutenant chargé des détails, officier d'approvisionnement, lieutenant chef de la section de mitrailleuses, médecin-major, médecin aide-major, adjudant, médecin auxiliaire, chef armurier, adjudant adjoint à l'officier d'approvisionnement, adjudant chef de fanfare s'il y a lieu

(2) 1 couverture par officier ou adjudant.

(3) 2 sacs pour chacune des sections de la SHR.

(4) Havresacs débarrassés des vivres de réserve que les hommes gardent sur eux ou sur leur monture.

(5) *a*) Demi-ferrures des chevaux d'officiers, haut-le-pied, de la voiture, d'éclaireurs montés comptant à la SHR.

b) Demi-ferrures des animaux attelés, montés et haut-le-pied du corps.

(6) Chevaux d'officiers, haut-le-pied, de la voiture, d'éclaireurs montés ; animaux de bât (section de mitrailleuses).

(7) 1 tablier pour maréchal ferrant

₁ VOITURE (suite).	₁ VOITURE (suite).
Bourgerons et pantalons de treillis (1). Collections d'effets de pansage (2). Avoine de réserve (dans 1 sac) Demi-ferrures Musettes-mangeoires et avoine du jour } des 2 chevaux de la voiture. Couvertures Surfaix Accessoires divers (3). Poids approximatif (4) } avec vestes : 635 kilos ; avec vareuses : 650 kilos.	Bourgeron et pantalon de treillis Collection d'effets de pansage } du conducteur. Havresac. Conducteur. Accessoires divers (3) Poids approximatif : 840 kilos

(1) Une collection pour chacun des : ordonnances d'officiers ayant 2 chevaux, conducteur de la voiture ; conducteurs de chevaux haut-le-pied.

(2) Une collection pour chacun des : ordonnances d'officiers montés, conducteur de la voiture, conducteur de chevaux haut-le-pied.

(3) Le détail des accessoires figure dans la description de la voiture.

(4) Ajouter les objets éventuellement retirés a des téléphonistes déchargés.

Bagages d'une compagnie à charger sur la voiture à vivres et bagages.

Caisses à bagages (1) avec couverture (2).
Cantine à vivres pour officiers.
Vestes ou vareuses.
Sacs à distribution (enveloppes de vestes et vareuses).
Vivres de réserve (officiers et troupe).
Caisses contenant le pain de guerre.
Caisse et sacs renfermant le sucre et le café.
Baril ou bonbonne contenant 1 jour d'eau-de-vie de réserve.
Baguettes en laiton (nécessaires de chambrée).
Trousse pour tailleurs et cordonniers.
Outils de perruquier.
Boîte à livrets et comptabilité.
Havresac du cycliste (3).
Ballot de l'infirmier (3).
Havresac
Bourgeron
Pantalon de treillis } du conducteur
Arme
Collections d'effets de pansage (4).
Demi-ferrures (5).
Avoine de réserve (5) (dans un sac).
Musettes-mangeoires et avoine du jour
Couvertures } des 2 chevaux de la voiture.
Surfaix
Conducteur.
Accessoires divers (6).
Poids approximatif (7) } avec vestes : 835 kil. ; avec vareuses : 880 kil.

(1) Capitaine commandant la compagnie, lieutenants ou sous-lieutenants et adjudant.

(2) 1 couverture par officier ou adjudant.

(3) Havresac débarrassé des vivres de réserve que l'homme conserve sur lui. L'infirmier reçoit un équipement d'infirmier régimentaire.

(4) Ordonnance du capitaine, conducteur de la voiture.

(5) Cheval du capitaine chevaux de la voiture.

(6) Le détail des accessoires figure dans la description de la voiture.

(7) Ajouter des objets éventuellement retirés à des téléphonistes déchargés.

Bagages de l'EM et du PEM du bataillon du régiment d'infanterie à répartir en surcharge sur les voitures à vivres et bagages des 4 compagnies du bataillon.

Caisses à bagages (1) (2).	(1) Chef de bataillon (2 caisses), lieutenant adjoint au chef de bataillon, médecin aide-major, adjudant de bataillon, médecin auxiliaire.
Cantines à vivres pour officiers.	
Vestes ou vareuses.	
Vivres de réserve (officiers et troupe).	
Havresacs (3) (ordonnance du chef de bataillon et vélocipédiste).	(2) 1 couverture par officier ou adjudant.
Demi-ferrures des chevaux d'officiers (4).	(3) Havresac débarrassé des vivres de réserve que l'homme conserve sur lui. L'infirmier reçoit un équipement d'infirmier régimentaire.
Avoine de réserve (4).	
Bourgeron et pantalon de treillis de l'ordonnance du chef de bataillon.	
Collections d'effets de pansage (ordonnances d'officiers montés).	(4) Chevaux du chef de bataillon, cheval du lieutenant adjoint au chef de bataillon, cheval du médecin aide-major.
Poids approximatif { avec vestes : 210 kilos ; avec vareuses : 215 kilos.	

Mode de chargement des voitures à vivres et bagages.

Dans le chargement des voitures :

Equilibrer le chargement en tenant compte du conducteur ;

Eviter toute perte de place et l'élévation du chargement ;

Disposer, si possible, les effets dans l'ordre d'urgence du déchargement en mettant dans le fond ceux qui sont d'un emploi moins fréquent ou les vivres qui doivent être à l'abri des intempéries ;

Rendre les manipulations faciles de jour et de nuit.

Le chargement ci-après est donné à titre d'indication.

Le chef de corps peut, suivant les circonstances, le modifier.

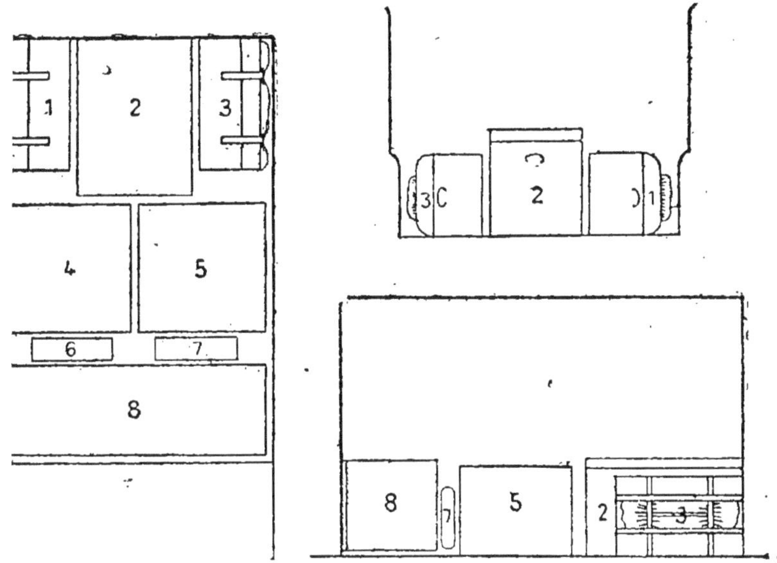

1 et 3. Caisses à bagages placées sur le côté, la couverture pliée dessus face à l'extérieur.

2. Cantine à vivres.

4 et 5. Caisses à boîtes individuelles de conserve contenant, en outre, les tablettes de café.

6 et 7. Havresacs du conducteur et de l'infirmier.

8. Première caisse à pain de guerre.

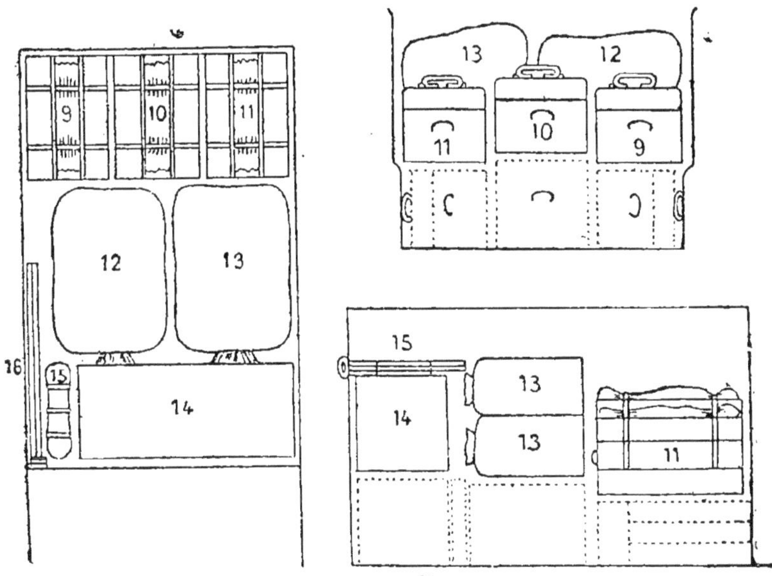

9, 10 et 11. 3 caisses à bagages placées à plat.

12 et 13. 2 ballots de 15 vareuses superposées (soit 4 ballots); les vareuses pliées dans le sens de la longueur des manches enveloppées, ficelés dans un sac.

14. Deuxième caisse de pain de guerre.

15. Un ballot formé de 2 couvertures et 2 surfaix.

16. Baguettes en laiton réunies en un seul paquet et ficelées à la galerie de droite de la voiture.

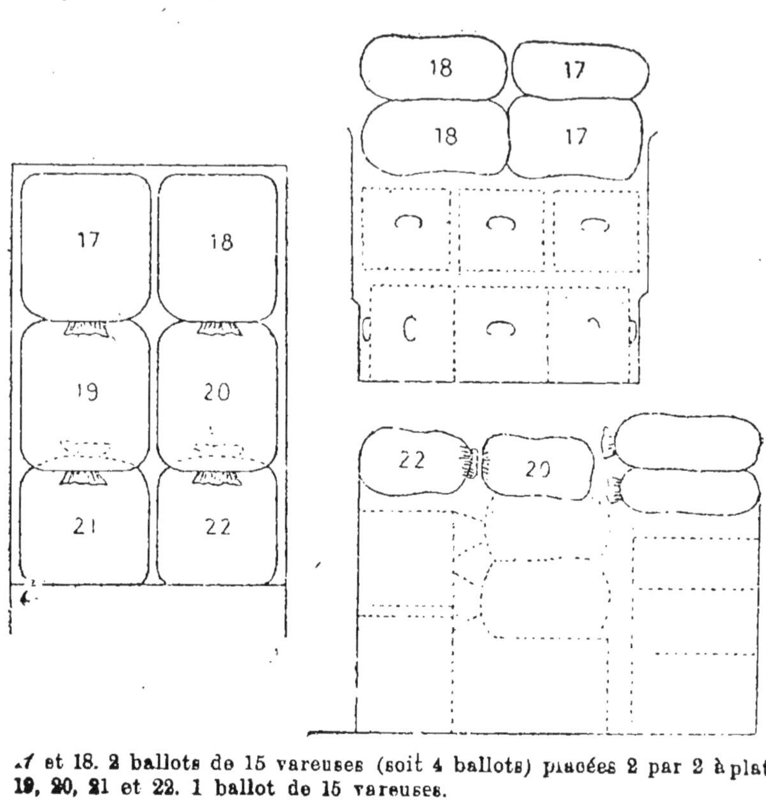

.7 et 18. 2 ballots de 15 vareuses (soit 4 ballots) placées 2 par 2 à plat
19, 20, 21 et 22. 1 ballot de 15 vareuses.

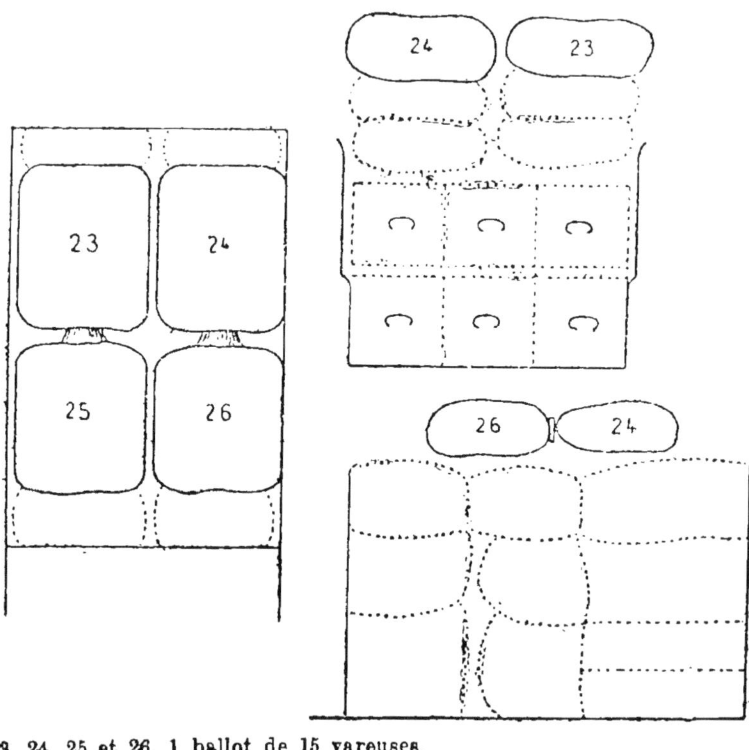

23, 24, 25 et 26. 1 ballot de 15 vareuses.

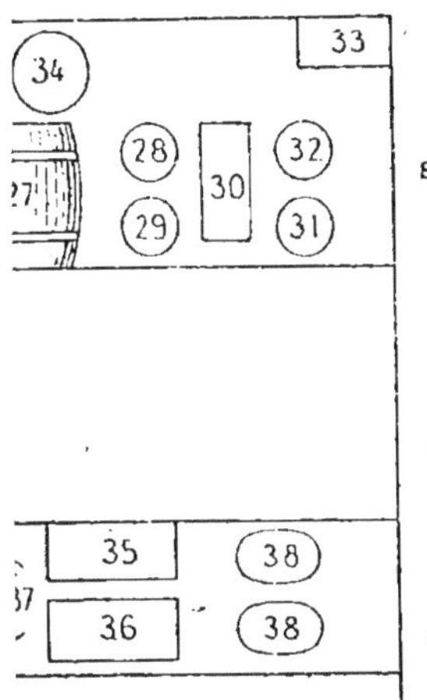

34. Trousse pour tailleur et cordonnier.

27. Baril ou bonbonne eau-de-vie de réserve.

28 et 29. Musettes de pansage garnies.

30. Boîte à livrets.

31. Sac à avoine de réserve.

32. Sucre de réserve (en boîte).

33. Potage de réserve dans une boîte.

35. Caisse à livrets.

36. Etui de comptabilité de campagne.

37. 1/2 ferrures des chevaux de la voiture et du capitaine.

38. 2 étuis musettes-mangeoires avec avoine du jour.

Placement de la bâche.

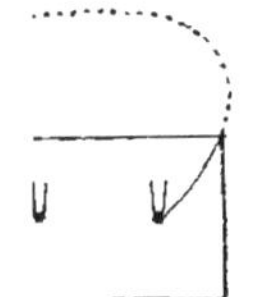 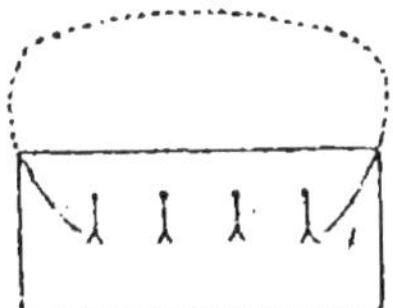 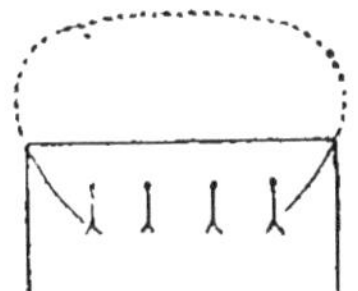 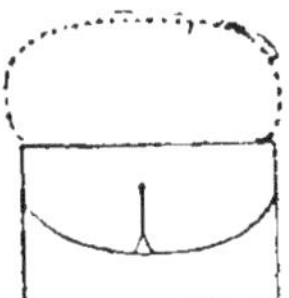

VOITURE A MUNITIONS M^{le} 1909

DESCRIPTION

2 brancards................ \
2 bras de limonière........ |
1 essieu n° 5.............. |
2 roues n° 6............... } du modèle de la voiture
1 marchepied............... | à vivres et bagages M^{le}
2 crochets d'attelage....... | 1909;
1 palonnier extérieur...... |
1 frein patins et à vis..... /

2 coffres à munitions M^{le} 1840 allongés, fixés à demeure sur le bâti de la voiture.

La voiture est munie des ferrures nécessaires au transport de l'arme du conducteur, de la boîte à graisse petite, de la boîte à graisse grande, du fouet, etc... Un espace libre laissé entre les deux coffres permet d'y placer l'avoine, les effets de pansage, le sac du conducteur, etc...

Tare de la voiture vide : 380 kilos.

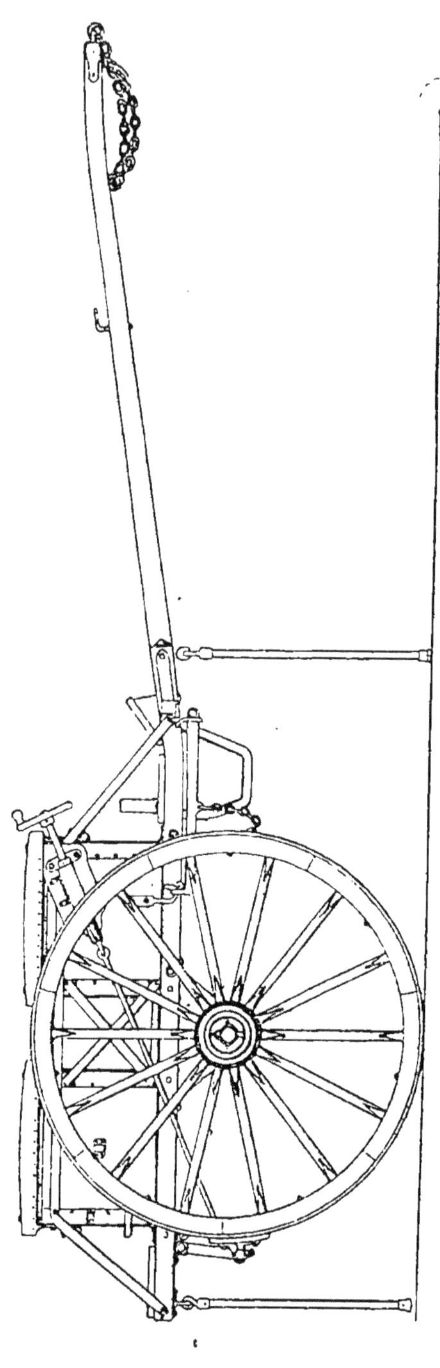

Fig. 3. — Voiture à munitions M^le 1909

CHARGEMENT NORMAL DE LA VOITURE A MUNITIONS

25.856 cartouches (404 trousses).
200 musettes à cartouches.
Musettes-mangeoires et avoine du jour.................
Avoine de réserve............
Demi-ferrures.................
Couvertures ....
Surfaix ....
Havresac ....
Bourgeron....................
Pantalon de treillis.........
Collection d'effets de pansage.
Conducteur....................
Accessoires divers (voir description de la voiture)....................

des 2 chevaux de la voiture.

du conducteur.

Poids approximatif : 900 kilos.

CHARGEMENT SUPPLÉMENTAIRE

Voitures des 2e et 4e compagnies des bataillons d'infanterie ou de zouaves :
1 collection d'objets de campement pour l'attache des chevaux .... 950 kilos.

Voitures de chaque compagnie des bataillons de chasseurs :
1 collection d'objets de campement pour l'attache des chevaux .... 930 kilos.

Voiture de la 1re compagnie d'un bataillon de chasseurs :
1 caisse à détonateurs .... 935 kilos.

DISPOSITIF DE CHARGEMENT NORMAL

2 coffres à munitions contenant chacun :

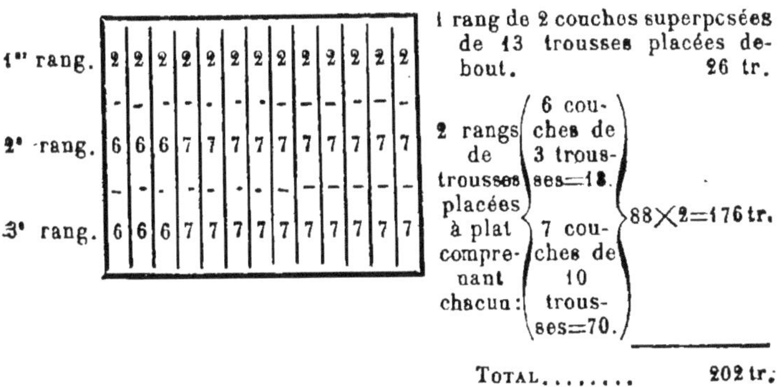

1" rang. | 2 | 2 | 2 | 2 | 2 | 2 | 2 | 2 | 2 | 2 | 2 | 2 | 2
2ᵉ rang. | 6 | 6 | 6 | 7 | 7 | 7 | 7 | 7 | 7 | 7 | 7 | 7 | 7
3ᵉ rang. | 6 | 6 | 6 | 7 | 7 | 7 | 7 | 7 | 7 | 7 | 7 | 7 | 7

1 rang de 2 couches superposées de 13 trousses placées debout.   26 tr.

2 rangs de trousses placées à plat comprenant chacun :
6 couches de 3 trousses=18.
7 couches de 10 trousses=70.
88 × 2 = 176 tr.

TOTAL........ 202 tr.

L'espace laissé libre dans la rangée supérieure de chaque coffre est garni avec des musettes à cartouches.

Les musettes à cartouches non contenues dans les coffres sont placées en ballots entre les deux coffres.

Les voitures à munitions des 2ᵉ et 4ᵉ compagnies de chaque bataillon d'infanterie et de toutes les compagnies des bataillons de chasseurs à pied transportent une collection d'objets de campement pour l'attache des chevaux, qui est arrimée, à l'extérieur de la voiture, sur la planche-marchepied de derrière.

La voiture à munitions de la 1ʳᵉ compagnie des bataillons de chasseurs à pied transporte, en outre, une *caisse à détonateurs*. Cette caisse est supportée par trois boulons fixés à la planche-marchepied de la voiture, au moyen de trois écrous cylindriques à encoches ; trois écrous à six pans servent à maintenir la caisse à détonateurs au moyen des pattes dont cette dernière est munie.

DISPOSITIF DE CHARGEMENT ÉVENTUEL AVEC TROUSSES DANS LES MUSETTES A CARTOUCHES

Les trousses sont placées dans les musettes à cartouches, à raison de deux trousses par musette.

La voiture transporte dans ces conditions : 23.680 cartouches (370 trousses) — (soit 2.176 cartouches en moins) — contenues dans 185 musettes.

Dans ce cas, les cartouches non transportées par la voiture sont réparties entre les hommes de l'unité.

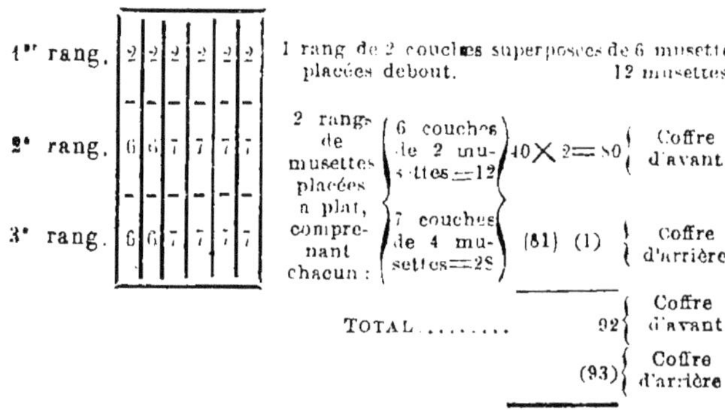

CHARGEMENT DES COFFRES (*a*).

(*a*) La 7ᵉ couche de musettes, placée à plat, ne comporte que 8 musettes garnies pour le coffre d'avant et 9 pour le coffre d'arrière.

Former sur le fond et contre le devant du coffre un premier rang de six musettes garnies, placées debout, l'ouverture en haut, le grand côté parallèle au grand côté du coffre.

Disposer, entre cette première rangée de musettes et le derrière du coffre, une première couche de 2 rangs de 6 musettes placées à plat, l'ouverture en dehors : soit 12 musettes à plat au fond du coffre. Garnir d'étoupe les vides existant entre les musettes ou entre celles-ci et les parois du coffre. Former ainsi deux rangs superposés de musettes placées debout contre le devant du coffre et 6 ou 7 couches de musettes à plat.

Dans les vides de la couche supérieure, placer 8 musettes non garnies dans le coffre d'avant et 7 dans le coffre d'arrière. Achever de remplir les vides avec des étoupes fortement tassées : fermer le coffre, en s'assurant que la pression du couvercle est suffisante. S'aider, au besoin, d'un levier, dont la pince sera engagée dans une élingue fixée à la jante supérieure des roues.

VOITURE MÉDICALE RÉGIMENTAIRE M^{le} 1888 [a]

DESCRIPTION.

La voiture, suspendue et attelée à un cheval, présente les mêmes dispositions générales que les voitures à vivres et bagages M^{le} 1891-1909. Elle est destinée au transport d'objets de pansement, d'instruments de chirurgie, de médicaments, etc... La partie avant est compartimentée pour recevoir divers objets ; un coffre de dessous renferme des brancards d'ambulance.

Tare de la voiture : 420 kilog.

(a) Cette voiture peut être remplacée, dans certains corps, par une *voiture médicale régimentaire modèle ancien* qui diffère de la voiture M^{le} 1888 par l'absence de coffre de dessous et par une disposition spéciale de son compartimentage intérieur. Les brancards d'ambulance avec bretelles sont placés, dans ce cas, sur leurs supports spéciaux, à raison de 4 sur chaque côté de la voiture.

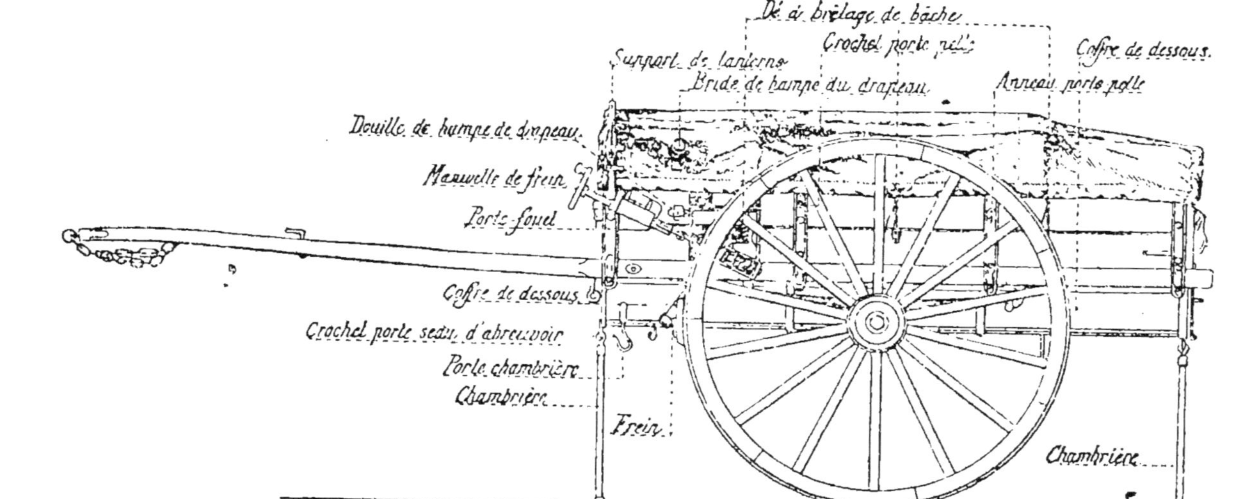

FIG. 4. — Voiture médicale régimentaire Mle 1888

VOITURE LÉGÈRE D'OUTILS M^{le} 1909.

DESCRIPTION.

La voiture légère d'outils M^{le} 1909 ne diffère de la voiture à vivres et bagages M^{le} 1909 que par la hauteur des côtés et des bouts, par la disposition du frein et des diverses ferrures destinées au transport des accessoires de rechange.

CHARGEMENT (a).

130 pelles rondes emmanchées; 65 pioches modèle du génie, emmanchées; 15 haches ordinaires emmanchées; 30 manches de pelle ronde (de rechange); 20 manches de hache ou pioche (de rechange); 2 pinces (de 1 mètre et de 60 centimètres) : en vrac sur le plancher de la voiture et brélés à l'aide de deux cordes de brélage;

2 scies passe-partout avec gaine : dans la gaine double en bois, à gauche;

2 bras de limonière de rechange : dans leurs supports, sur le côté gauche;

1 roue n° 6 de rechange : sur ses ridelles, maintenue par ses butées et par une courroie fixée sur le côté gauche;

Caisse d'outils d'ouvriers d'art chargée : dans ses supports, à l'arrière et au-dessous de la voiture;

Havresac ....
Bourgeron et pantalon de treillis....................
Collection d'effets de pansage .... } du conducteur.
Demi-ferrures ....
Musettes - mangeoires et avoine du jour.............
Avoine de réserve (dans un sac).....................
Couvertures ....
Surfaix................... } des 2 chevaux de la voiture.
Collection d'objets de campement pour l'attache des chevaux (b)................. } Sous le siège du conducteur, contre la paroi antérieure de la voiture.

Caisse de matériel téléphonique de rechange (s'il y a lieu) : dans la voiture;

(a) Les outils de parc existant actuellement dans l'assortiment d'outils pour voitures légères d'outils seront remplacés, au fur et à mesure que les ressources budgétaires le permettront, par un nombre d'outils portatifs du modèle du génie.

(b) 4 collections pour les bataillons alpins.

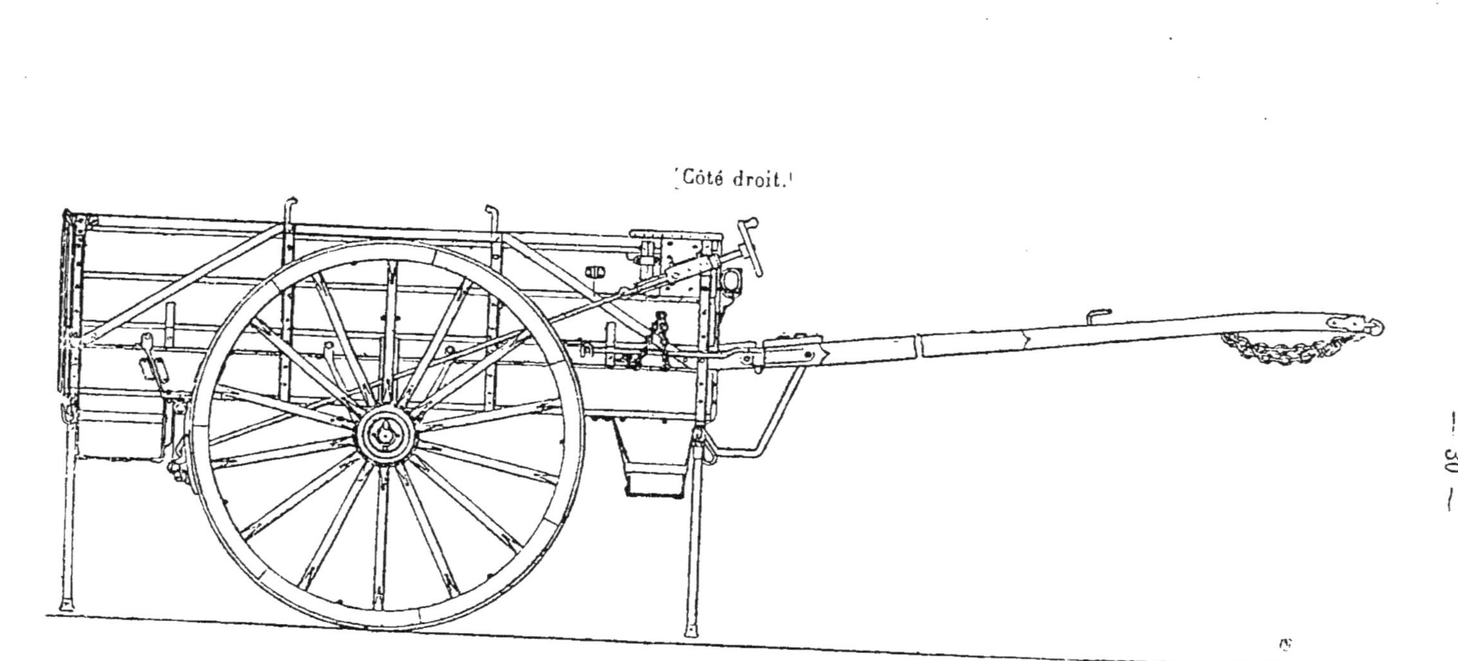

Fig. 5. — Voiture légère d'outils M^le 1909.

Explosifs : l'une des deux voitures du régiment (*a*) porte la caisse à pétards ; l'autre, la caisse à détonateurs ; ces caisses sont placées à l'avant et au-dessous de la voiture ; la première est engagée dans ses supports, la seconde est fixée au moyen de trois boulons (*b*) ;

Conducteur :

Accessoires divers.

Poids approximatif du chargement : 700 kilos (explosifs non compris).

CHARGEMENT SUPPLÉMENTAIRE

Poids total
du
chargement (*c*)
—

Régiment d'infanterie et régiment de zouaves.

Sur 1 voiture. 1 caisse à pétards (chargée). 730 kilos.

Sur l'autre voiture. { 1 caisse à détonateurs (chargée) .... 1 caisse de matériel téléphonique de rechange .... } 740 —

Bataillon de chasseurs à pied.

1 caisse de matériel téléphonique de rechange.
1 caisse à pétards (chargée) .... } 740 —

Bataillon de chasseurs alpins.

1 caisse à pétards (chargée) ....
1 caisse de matériel téléphonique de rechange. } 760 —

NOTA. — Il y a lieu, en outre, pour les troupes des 7e, 14e et 15e régions, qui en sont pourvues, d'ajouter à ce chargement : 1 caisse d'assortiment d'objets divers pour télégraphie optique d'infanterie.

(*a*) La voiture d'outils des bataillons de chasseurs à pied ne porte que la caisse à pétards ; la caisse à détonateurs est portée par la voiture à munitions de la 1re compagnie.

(*b*) Le mode de fixation de la caisse à détonateurs est identique à celui indiqué pour la voiture à munitions de la 1re compagnie des bataillons de chasseurs à pied.

(*c*) Y compris les collections supplémentaires d'objets de campement pour l'attache des animaux.

VOITURE-FORGE M^{le} 1909 (a).

DESCRIPTION

La voiture-forge M^{le} 1909 ne diffère de la voiture légère d'outils M^{le} 1909 que par la disposition des diverses ferrures destinées au transport des accessoires et par l'addition d'un coffre formant siège du conducteur.

Ce coffre renferme les effets de pansage, l'avoine, la ferrure de réserve, etc.

Tare de la voiture vide : 380 kilogs.

Poids approximatif du chargement : 750 kilos.

CAISSON DE RAVITAILLEMENT M^{le} 1858 AVEC COFFRES M^{le} 1858, ALLONGES, CHARGES EN CARTOUCHES M^{le} 1886 M OU D, POUR SECTIONS DE MITRAILLEUSES M^{le} 1907 (TYPE MIXTE).

DESCRIPTION — CHARGEMENT
(Instruction confidentielle du 21 juillet 1909.)

Il y a lieu d'ajouter à ce chargement :
Avoine de réserve (dans un sac).......
Musettes-mangeoires et avoine du jour.
Demi-ferrures. . ...
Couvertures. . . ..
Surfaix. . ...
1 étui de rechange. . ...
1 corde à chevaux. . ... des
1 boîte à graisse. . ... 4 chevaux
2 pioches. . ... du
1 hachette. . ... caisson.
2 pelles rondes. . ...
1 timon de rechange. . ...
1 seau d'abreuvoir. . ...
1 masse de campement. . ...
4 piquets de campement. . ...

Bourgerons et pantalons de treillis.... des
Collections d'effets de pansage. .... conduc-
Havresacs. . ... teurs.

Tare du caisson vide : 1.100 kilos.

Poids approximatif du caisson chargé : 1.900 kilos.

(a) La voiture-forge n'existe pas dans les bataillons de chasseurs ou formant corps. Le matériel de forge est placé sur une voiture à vivres et bagages M^{le} 1909 de la SHR spécialement disposée à cet effet.

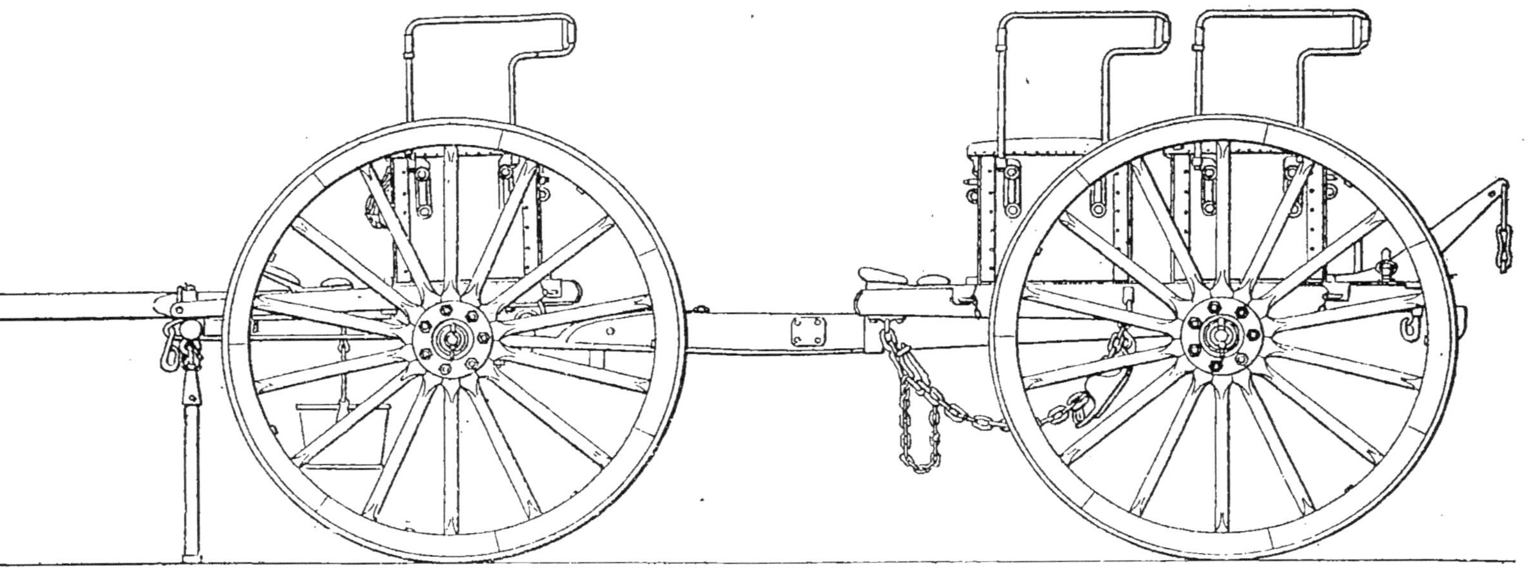

Fig. 6. — Caisson de ravitaillement des sections de mitrailleuses (type mixte).

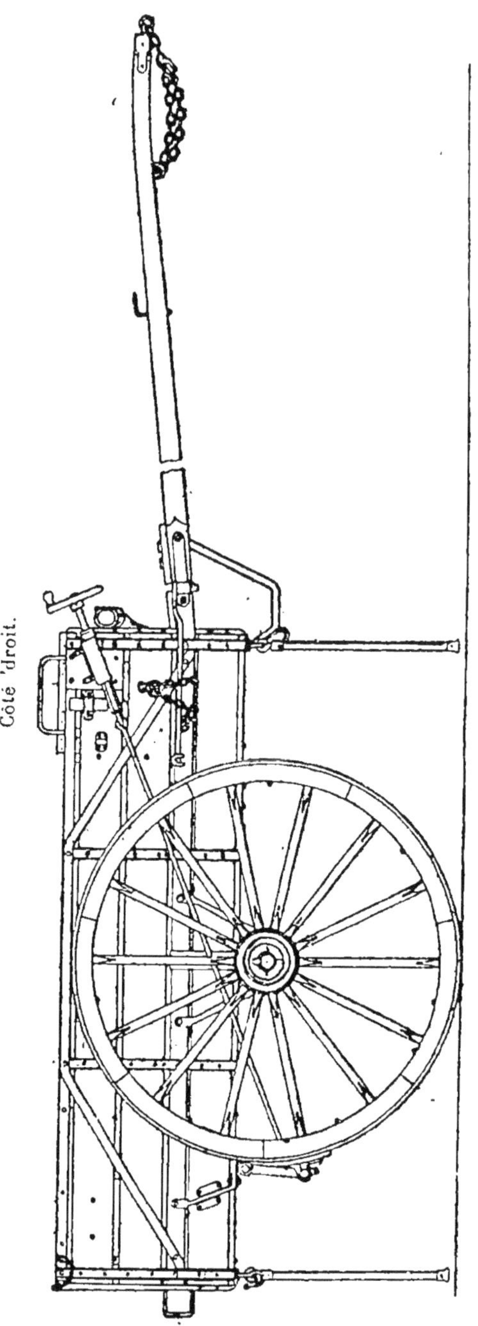

Fig. 7. — Voiture-forge M¹ᵉ 1909.

FOURGONS A VIVRES (a).

Les fourgons à vivres sont de trois modèles :

Fourgon M^le 1874. — A quatre roues, non suspendu, à tournant complet, attelé de deux chevaux.

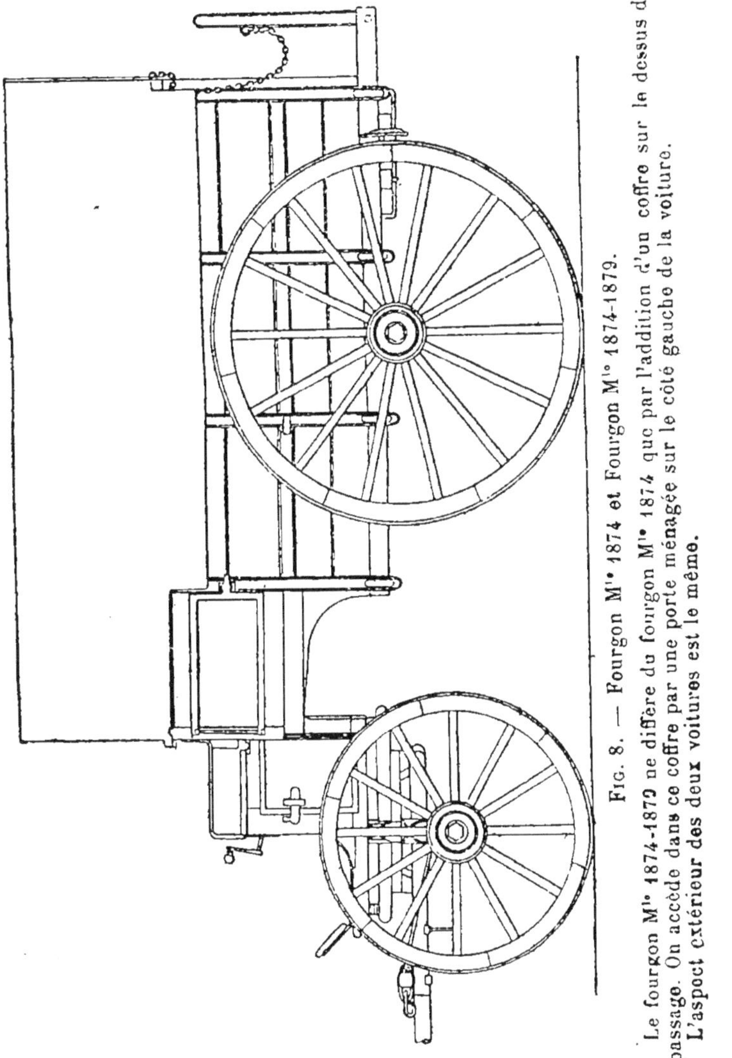

Fig. 8. — Fourgon M^le 1874 et Fourgon M^le 1874-1879.

Le fourgon M^le 1874-1879 ne diffère du fourgon M^le 1874 que par l'addition d'un coffre sur le dessus de passage. On accède dans ce coffre par une porte ménagée sur le côté gauche de la voiture. L'aspect extérieur des deux voitures est le même.

(a) Dans les bataillons de chasseurs à pied appelés à opérer dans les Alpes, les fourgons à vivres sont remplacés par des voitures à vivres à deux roues dont le modèle type n'est pas encore arrêté.

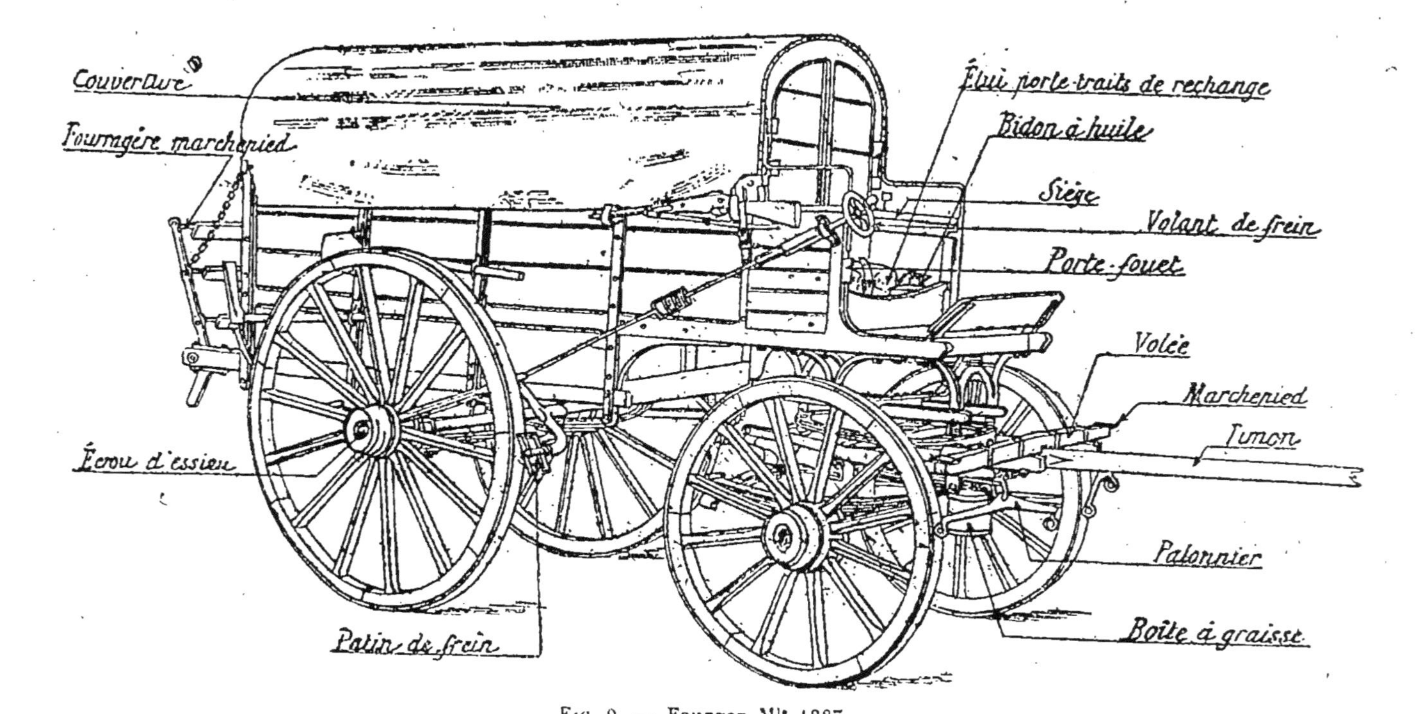

Fig. 9. — Fourgon M^{le} 1887.

La voiture est munie d'un hayon et d'un frein à vis et à patins; une porte ménagée sur le côté permet l'accès du dessus de passage.

Fourgon M^{le} 1874-79. — Diffère du M^{le} 1874 par l'addition d'un coffre sur le dessus de passage. La porte de ce coffre est sur le côté gauche de la voiture.

Fourgon M^{le} 1887. — Diffère du fourgon M^{le} 1874-79 par sa suspension sur ressorts. Il doit renfermer, de préférence, les denrées qu'il est le plus nécessaire de préserver à la fois des cahots et des intempéries.

CHARGEMENT DES FOURGONS A VIVRES

Les fourgons à vivres du TR transportent (a), pour l'effectif du corps :

2 jours de pain..............
2 jours de sel.............. } au taux de la ration
2 jours de lard.............. } forte (a).
2 jours d'avoine..............

1 jour de riz.............. } au taux de la ration
1 jour de légumes secs........ } forte.

2 jours de café.............. } 1 jour au taux de la ration de réserve (a).
2 jours de sucre.............. } 1 jour au taux de la ration forte.

1 jour de viande de conserve assaisonnée et de potage salé.... } au taux de la ration forte.
1 jour d'eau-de-vie...........

Petits outillages de distribution (1 par bataillon d'infanterie, 2 par bataillon de chasseurs à pied);

Avoine de réserve............
Musettes-mangeoires et avoine du jour.............. } des chevaux des fourgons.
Demi-ferrures..............
Couvertures..............

Surfaix..............
Bourgerons et pantalons de treillis..............
Collections d'effets de pansage. } des conducteurs.
Havresacs..............
Armes..............

Dans les corps non dotés de voitures à viande, les fourgons du TR transportent :

1° La série régimentaire d'outils de bouchers;

2° Les pantalons et bourgerons de treillis de bouchers.

Un tableau de chargement, établi par l'officier d'approvisionnement, indique l'affectation et le mode de chargement de chaque voiture (b).

(a) Instruction sur l'alimentation en campagne (vol. 94 *bis*, p. 20).

(b) Instruction sur le service de l'approvisionnement dans les corps et services (vol. 95, art. 14, p. 13).

VOITURE A VIANDE M^{le} 1897.

Couvertures...........................
Surfaix...............................
Musettes-mangeoires et avoine du jour
Avoine de réserve....................
Demi-ferrures........................ } des deux chevaux de la voiture.

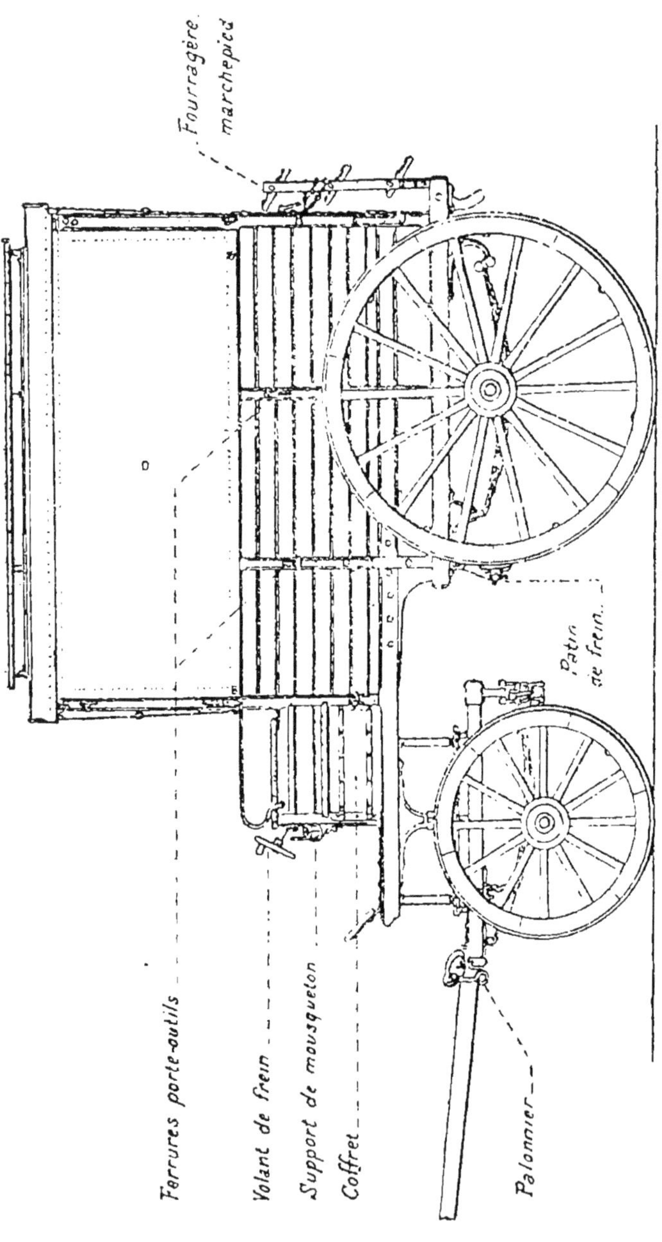

Fig 10. — Voiture à viande M^{le} 1897.

CUISINES ROULANTES.

La cuisine roulante est une voiture à deux roues, à foyer, attelée à deux chevaux.

ENTRETIEN DES VOITURES

Laver à la brosse et à grande eau aussi souvent que possible les parties couvertes de boue et de poussière.

Pendant les marches, à chaque étape, frapper sur les rais et sur les jantes des roues : le son produit permet de reconnaître s'ils sont fendus. S'assurer que les cercles des roues ne jouent pas. Visiter avec soin les chaînes, les freins, vérifier si les clavettes, rondelles, écrous, lanières, goupilles, etc., n'ont pas été perdus, et resserrer au besoin les écrous.

HARNACHEMENT

1re SECTION

HARNACHEMENT DES ANIMAUX DE TRAIT

I. — VOITURES A DEUX ROUES

Pour l'attelage des voitures à deux roues, on utilise deux modèles de harnachement :

1º Harnais pour voiture de compagnie M^{le} 1891, avec guide de main transformée (a).

2º Harnais M^{le} 1908.

Le cheval placé entre les bras de limonière de la voiture est appelé *limonier;* l'autre est dénommé *deuxième cheval.* Les harnais de ces deux chevaux ont une organisation différente.

Le cheval attelé à la voiture médicale reçoit un harnachement semblable à celui du *limonier* des voitures attelées à deux chevaux.

Le harnachement des *chevaux haut-le-pied* comprend :

Pour deux chevaux d'un régiment d'infanterie (pour les deux chevaux d'un bataillon de chasseurs) : un harnais de voiture à deux roues (limonier et deuxième cheval).

Pour les autres chevaux d'un régiment d'infanterie : un bridon d'abreuvoir et un licol d'écurie avec longe en chaîne.

(a) Ce harnais doit être remplacé progressivement par le harnais M^{le} 1908.

1° Harnais pour voiture de compagnie M^le 1891 avec guide de main transformée.

Composition du harnais.

DÉSIGNATION DES OBJETS.	LIMONIER.	2e CHEVAL.	OBSERVATIONS.
Garniture de tête. { Brides de harnais de conduite en guides et de limonière.	1	1	
Collier d'attache avec longe en chaîne..................	1	1	
Guides de main de harnais de conduite en guides		1	Modifiée. (a)
Croupières avec courroies trousse-traits	1	1	
Bricoles M^le 1861 avec dessus de cou...	1	1	
Traits M^le 1861 avec rallonges M^le 1881 (paires de)......................	1	1	
Sous-ventrière avec porte-traits....	1	1	
Avaloires......................	1	1	
Courroie de croupière..................	»	1	
Surdos de harnais de conduite en guides.	»	1	
Sellette de harnais de limonière.......	1	»	
Dossière avec sous-ventrière de harnais de limonière......................	1	»	
Courroies de retraite..................	2	»	
Courroies de réunion de la bricole à l'avaloire	»	2	
Billot......................	,	1	Engagé dans la maille porte-plate-longe de gauchlo de la bricole
Fouet pour la conduite en guides......	1	»	

(a) *Modification apportée à la guide des harnais pour voiture de compagnie M^le 1891.* — Le corps de guide est coupé à la longueur de 4 mètres environ (soit 2 mètres de chaque côté à partir du milieu du corps de guide) et chaque extrémité est repliée pour former une enchapure destinée à recevoir une boucle, un passant fixe et un contre-sanglon.

Les extrémités qui sont, par suite de la modification précitée, séparées du corps de guide, sont modifiées de manière à former deux branches principales.

Le bout libre de chaque branche est percé de huit trous d'ardillon.

Les branches du modèle réglementaire sont utilisées sans modification.

Les parties suivantes sont ajoutées à la guide de main:

Deux boucles n° 6 vernies en noir ;

Deux passants fixes en vache en suif de $2^{m/m}5$ à 3 millimètres d'épaisseur ;

Deux contre-sanglons en vache en suif de 3 millimètres à $3^{m/m}5$ d'épaisseur.

Les contre-sanglons sont placés, la chair du cuir en dedans, contre le côté interne des enchapures et fixés par les mêmes coutures que ces dernières.

Le bout libre de chaque contre-sanglon est percé de deux trous d'ardillon ; celui le plus rapproché de l'extrémité libre est employé pour la conduite en file et le second pour maintenir le contre-sanglon replié dans la conduite des chevaux attelés de front.

2° Harnais M^{le} 1908.

Composition du harnais.

DÉSIGNATION DES OBJETS.	LIMONIER.	2° CHEVAL.	OBSERVATIONS.
Bride-licol M^{le} 1906 avec longe en corde.	1	1	
Guides de main en cuir pour la conduite à 2 chevaux attelés de front ou en file (fig. 10).....................	1		
Croupières M^{le} 1906....................	1	1	
Bricoles M^{le} 1908.....................	1	1	
Dessus de cou M^{le} 1906................	1	1	
Traits M^{le} 1908 avec chaînes de bout de traits......................	2	2	
Sous-ventrière M^{le} 1908...............	1	»	
Sous-ventrière M^{le} 1906 (fixée à la bricole).......................	»	1	
Avaloires M^{le} 1906 (sans porte-traits)...	1	1	
Courroies de croupière M^{le} 1906........	»	1	
Surdos de harnais M^{le} 1906............	»	1	
Sellette de harnais de limonière........	1	»	
Dossière M^{le} 1908 de sellette de harnais de limonière......................	1	»	
Courroie de dossière M^{le} 1908..........	1	»	
Courroies de retraite M^{le} 1908..........	2	»	
Courroie de reculement M^{le} 1908.......	»	2	
Fouet pour la conduite en guides.......	1	»	

II. — VOITURES A 4 ROUES

1° **Caisson M^{le} 1858.** — Les animaux sont pourvus de harnais d'attelage M^{le} 1861 avec garniture de tête M^{le} 1874. Les chevaux de selle reçoivent un harnachement du même modèle pour cheval de selle.

*Composition du harnachement d'attelage M^le 1861
et du harnachement de selle.*

DÉSIGNATION DES OBJETS.	de selle (a)	HARNAIS D'ATTELAGE M^le 1861 pour cheval			
		de devant		de derrière	
		porteur.	sous-verge	porteur.	sous-verge
Garnitures de tête. { Brides M^le 1874 { de porteur.........	1	1	1	1	»
de sous-verge......	»	»	1	»	1
Colliers d'attache avec longe en chaîne.................	1	1	1	1	1
Selles complètes..................	1	1	»	1	»
Croupières M^le 1861 avec courroie trousse-traits.................	»	1	1	1	1
Bricoles M^le 1861.................	»	1	1	1	1
Dessus de cou M^le 1861.................	»	1	1	1	1
Collerons..................	»	»	»	1	1
Traits avec rallonges de trait M^le 1861 (paires de).................	»	1	1	1	1
Sous-ventrière avec porte-traits M^le 1861	»	1	1	1	1
Sellettes de sous-verge complètes......	»	»	1	»	1
Surdos de harnais d'attelage..........	»	1	1	»	»
Avaloires M^le 1861.................	»	»	»	1	1
Plates-longes..................	»	»	»	1	1

(a) Éventuellement, le harnachement de selle du gradé peut recevoir un poitrail de cheval de selle.

2o Fourgons à 2 chevaux. — Les animaux sont pourvus du harnais d'attelage pour la conduite en guides.

Le harnais comprend, pour chaque cheval :

1 garniture de tête M^le 1874 ;
1 bricole avec dessus de cou ;
1 paire de traits. }
1 sous-ventrière. { semblables à ceux du harnais d'at-
1 plate-longe.... { telage M^le 1861 du caisson ;
1 croupière......)
1 paire de guides de main ;
1 panneau de porteur, pour le porteur :
1 courroie de croupières pour le sous-verge ;
1 surdos pour le sous-verge ;
1 fouet comprenant 1 manche en bois flexible, une accouple, une lanière et une mèche.

Le dessus de cou porte, en plus, une chape de courroie de croupière.

2e SECTION

HARNACHEMENT DES ANIMAUX DE BAT

Le harnachement des animaux de bât comprend

I. **La garniture de tête ;**

II. **Le bât,** dont le modèle diffère suivant qu'il est destiné à des mulets ou à des chevaux.

1o **Bât de mulet M^lc 1876.** — Les bâts sont tous fabriqués aux mêmes dimensions ; on les met en rapport

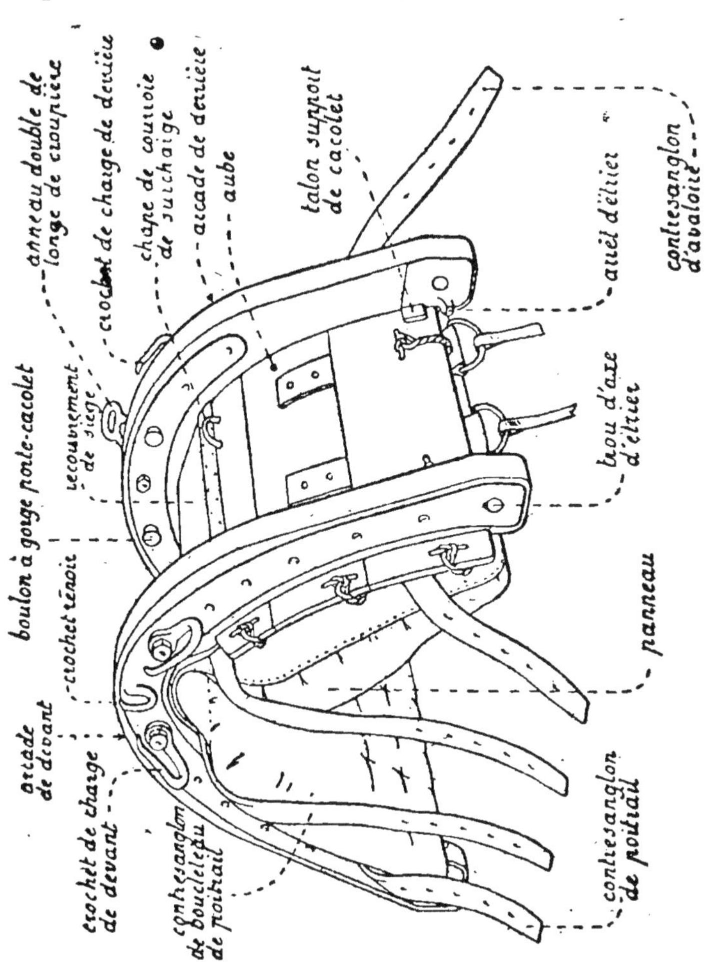

Bât de mulet M° 1876.

avec la taille et la conformation des animaux, soit en remaniant le rembourrage des panneaux, soit en augmentant le nombre des piqûres.

Le bât se compose de :

Un arçon;
Des garnitures;
Deux panneaux;
Une sangle double;
Une poche à fers;
Des accessoires de bât.

2o **Bâts de cheval M**les **1879-1887 et 1908.** — Ces bâts sont, dans leur ensemble, à peu près semblables au bât de mulet.

Ils sont appropriés, soit au transport de la mitrailleuse et de l'affût (bât de mitrailleuse), soit au transport des munitions (bât de munitions).

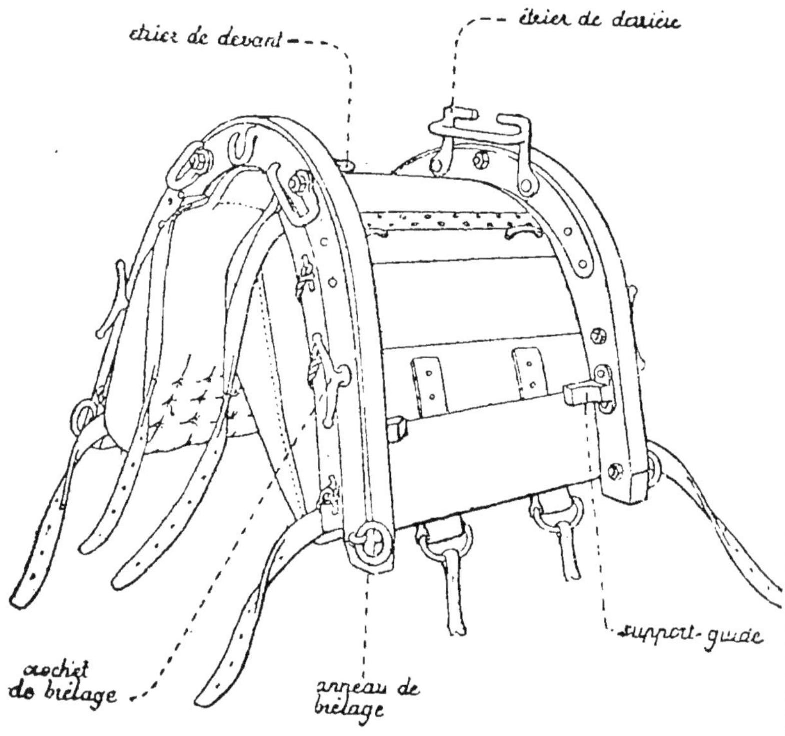

Bât de cheval M° 1879-1887

3o **Bât M**le **1910.** — Le bât Mle 1910 est un bât à panneaux mobiles, muni de quatre crochets de charge, deux de droite et deux de gauche, destinés à recevoir soit les supports de la mitrailleuse et de son affût, soit les supports-étriers des caisses à munitions.

Pour le transport de la mitrailleuse et de son affût, on accroche aux deux crochets de charge de droite le support de la mitrailleuse, et aux deux crochets de charge de gauche le support de l'affût.

Pour le transport des caisses, on accroche de chaque côté du bât les supports-étriers correspondants.

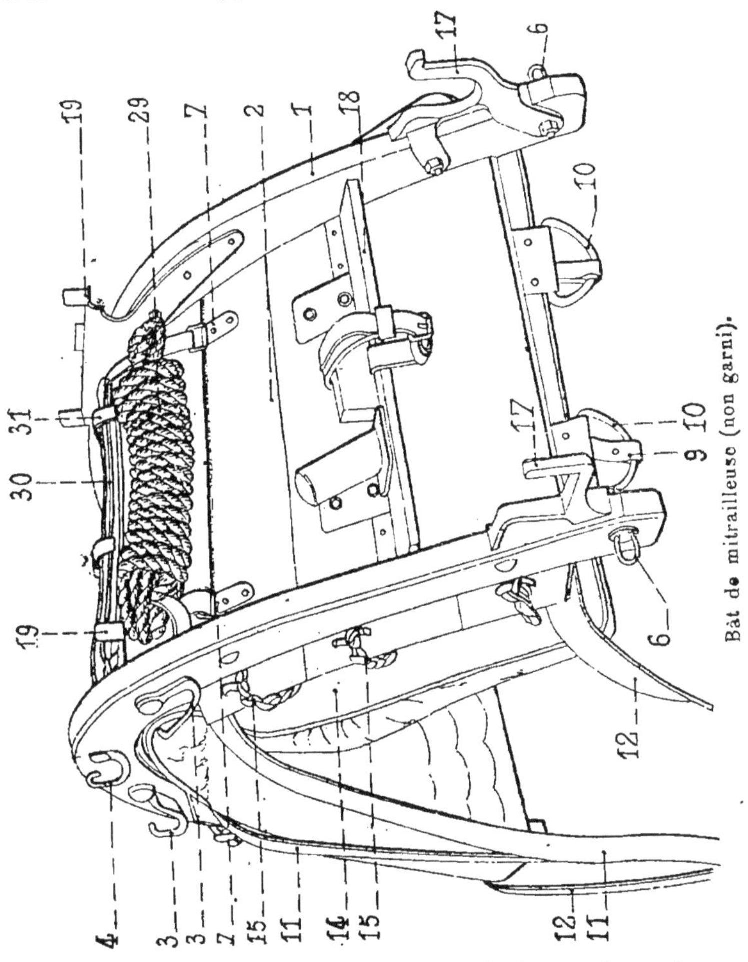

Bât de mitrailleuse (non garni).

1. Arcades.	11. Contre-sanglons de montants de poitrail.
2. Aubes.	12. Contre-sanglons de poitrail.
3. Crochets de charge.	
4. Crochet rênoir.	13. Contre-sanglons d'avaloire.
5. Anneau de longe de croupière.	14. Panneaux.
6. Piton de brêlage.	15. Lanières d'attache de panneau.
7. Chapes de courroies de surcharge.	16. Crochets de mitrailleuse.
8. Enchapures de dés de lanières.	17. Crochet de trépied.
9. Lanières de sangle double.	18. Traverse à pivot.
10. Dés d'enchapure.	19. Supports de caisse.
	30. Poche à fers.
	31. Courroies de surcharge.

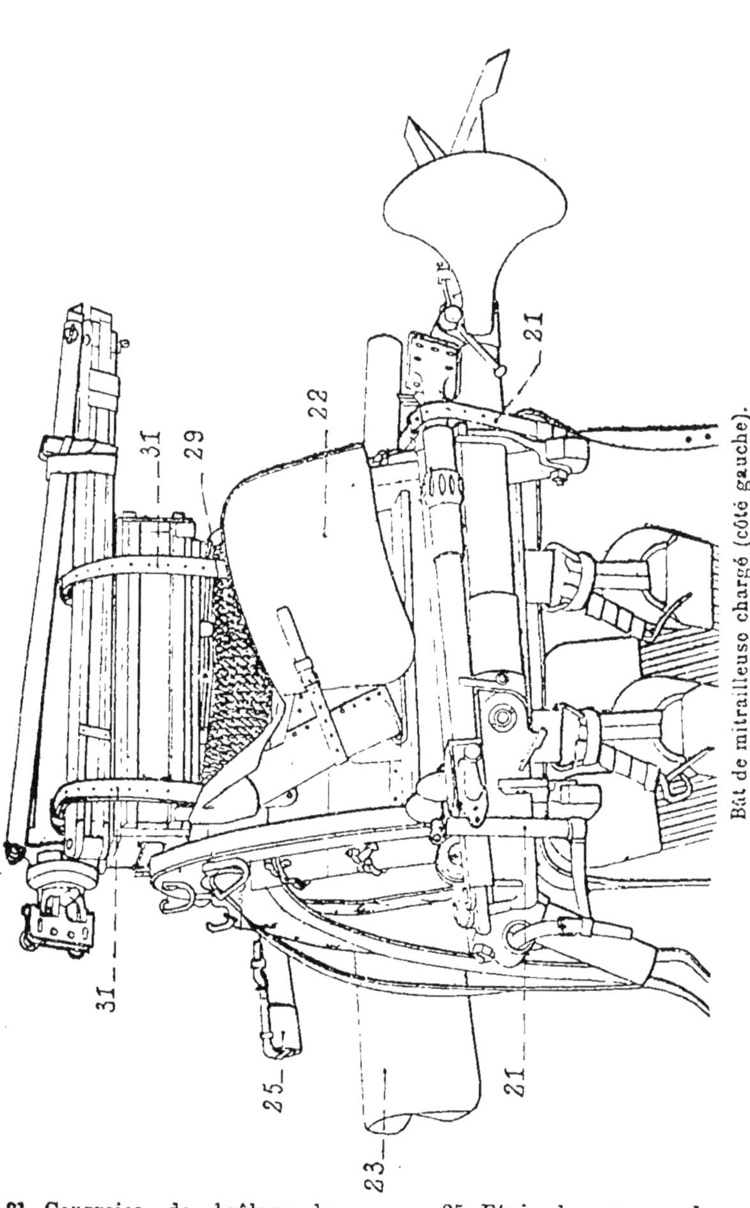

21. Courroies de brêlage de
trépied.
22. Etui de support pivotant.
23. Etui de culasse.

25. Etui de canon de re-
change.
29. Cordes de charge.
31. Courroies de surcharge.

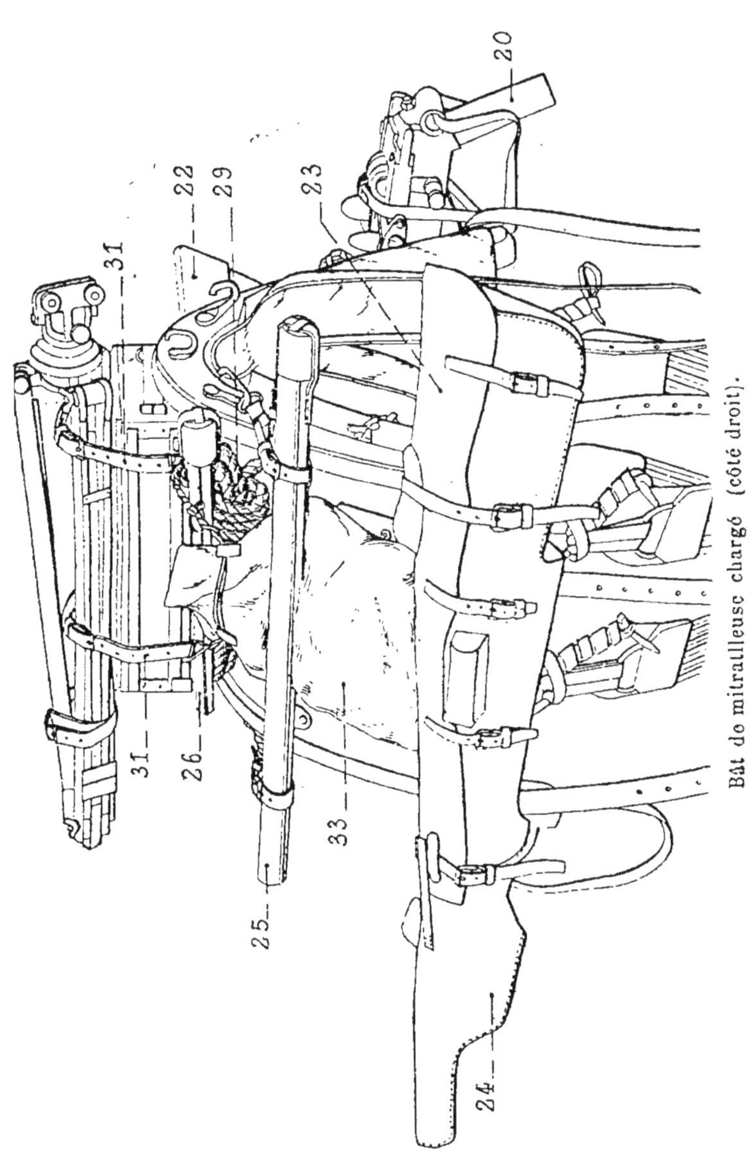

20. Gaine de pivot de trépied.
22. Courroies de brêlage de trépied.
23. Etui de culasse.
24. Etui de bouche.
25. Etui de canon de rechange.
26. Etui de tringle.
29. Cordes de charge.
31. Courroies de surcharge.
33. Sac à chiffons.

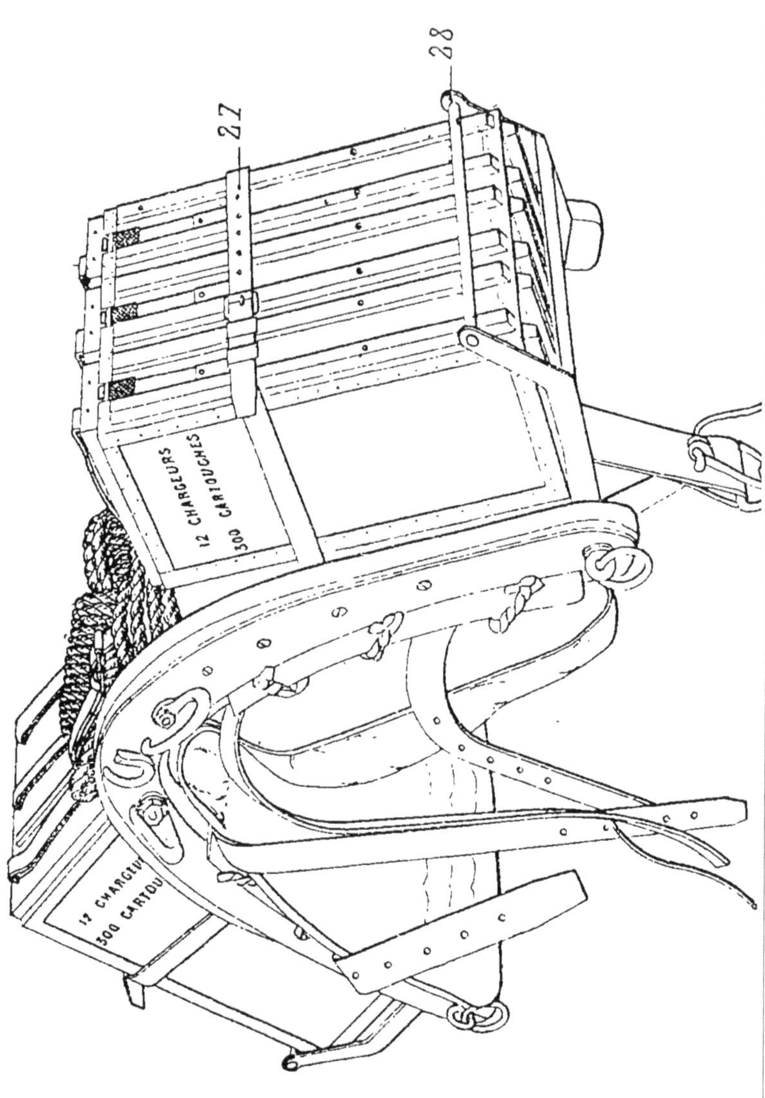

Bât de munitions chargé.

Garniture de tête modèle 1906 et harnais de bât modèle 1908.

27. Courroies de brêlage de caisses.

28. Etrier de bât.

Les supports et les supports-étriers sont brêlés, par les contre-sanglons fixés à leur traverse inférieure, aux boucleteaux doubles de réunion portés par la sangle double.

Deux ferrures placées au sommet du bât reçoivent la caisse aux rechanges et la caisse d'outillage.

Une courroie fixée au sommet de l'arcade de devant est destinée à recevoir la longe en corde.

III. — Le harnais de bât M^{le} 1876 se compose de :

Un **poitrail**;
Une **avaloire**;
Une **croupière**.

MATÉRIEL ENTRANT DANS LA COMPOSITION DES CHARGEMENTS.

Poids des objets divers.

Accessoires de voiture	10kg 000
Baguettes en laiton	0 250
Ballots d'éclaireurs montés	4 000
Baril ou bonbonne à eau-de-vie	Variable
Bigorne avec bloc	34 500
Boîtes à livrets et comptabilité de compagnie	10 000
Bourgeron	0 680
Caisse à charbon chargée	25 000
Caisse à charbon vide	9 000
Caisse à fer de voiture de SHR	11 000
Caisse à fer de voiture-forge	14 200
Caisse à pain de guerre	12 000
Clous et crampons de voiture-forge	8 000
Corde à chevaux de 16 mètres	8 000
Cordes à chevaux de 5m 50	2 400
Couverture	2 600
Cartouches, 1 paquet	0 228
Cartouches, 1 trousse	1 870
Effets de pansage (collection)	1 800
Entraves avec longes	0 350
Etau à griffes	10 200
Ferrure	3 250
Forge de montagne avec bloc et bigorne.... Outillage de forge et pour percement des mortaises	106 000
Forge de montagne M^{le} 1891	43 000
Fusil sans baïonnette	4 200
Havresac nouveau modèle chargé	3 900
Masse de campement	5 000
Musette-mangeoire	0 200
Pantalon de treillis	0 860
Piquets d'attache, grands de 1m 50	8 000

Piquets d'attache, petits de 90 centimètres.. 5 000
Piquets cylindriques coniques de 55 centimè-
tres.. 1 700
Roue n° 6 de rechange........................ 50 000
Sac à distribution.............................. 0 870
Surfaix 0 800
Vestes 0 970
Vareuses.. 1 150

Caisses à bagages.

Dotation :

Colonel ou lieutenant-colonel, ou officier supérieur
    chef de corps.................................... 3
Chef de bataillon ou médecin-major de 1re classe. 2
Officiers subalternes............................ 1
Adjudant, chef armurier, sous-chef de musique.. 1
Adjudant chef de fanfare, médecin auxiliaire..... 1
Dimensions dans œuvre : 0m 65 × 0m 30 × 0m 22.
Poids de la caisse vide : 7kg 600 à 7kg 800.
Poids maximum de la caisse chargée : 20 kilos (cou-
verture comprise).

PLACEMENT

Sur les **voitures à vivres et bagages** des unités
(compagnie ou SHR). Celles de l'EM et du PEM du bataillon d'infanterie sont réparties sur les quatre voitures à
vivres et bagages du bataillon, suivant les ordres du
chef de bataillon.

La caisse à bagages contient (sans que la composition
de ce chargement ait un caractère absolu) les effets ou
objets suivants :

1 pantalon;
1 tunique ou vareuse;
1 paire de chaussures;
3 paires de chaussettes;
2 caleçons,
3 chemises;
4 mouchoirs;
3 serviettes;
1 képi (ou calotte de campagne),
1 ceinture de flanelle;
Objets de toilette et divers;
1 petite couverture de campement arrimée extérieurement sur le couvercle à l'aide des courroies *ad hoc.*

Caisse à détonateurs.

CHARGEMENT

46 détonateurs (dans quatre boîtes en zinc placées
debout dans chacune des quatre cases de la caisse).

Caisse de fonds et de comptabilité.

Il est attribué aux officiers payeurs des corps de troupe :

Dans les régiments d'infanterie : deux caisses de fonds et de comptabilité (grand modèle); dans les bataillons de chasseurs à pied, une seule caisse du même modèle.

Ces caisses sont transportées sur les **voitures à vivres et bagages de la SHR du corps.**

Dimensions : 0m 60 × 0m 27 × 0m 30.

Poids vide : environ 14 kilos.

Poids chargé : 30 à 35 kilos.

Nomenclature des documents et imprimés; donnée par l'Instruction confidentielle relative à la constitution des réserves de documents et imprimés à utiliser en cas de mobilisation.

Cantine à vivres.

DOTATION

Une cantine à vivres par groupe de 5 officiers réunis et au-dessous;

Deux cantines à vivres par groupe de 6 à 10 officiers réunis.

PLACEMENT

Sur une voiture à vivres et bagages de l'unité (compagnie ou SHR).

NOMENCLATURE DES USTENSILES

1º *Ustensiles d'un usage commun.*

Lanterne	1
Bougeoir	1
Moulin à café	1
Boîtes carrées (grandes)	3
Bidons carrés	3
Marmite avec double fond	1
Gril	1
Poivrière	1
Salière	1
Bouillotte	1
Poêle à frire	1
Ecumoire	1
Cuillère à pot	1
Couteau de cuisine avec gaine	1
Tire-bouchon	1
Cafetière-filtre	1

2º *Ustensiles d'un usage particulier.*

Timbales	5

Assiettes...................................... 7
Fourchettes.................................... 6
Cuillères (grandes)............................ 6
Couteaux de table............................. 2

Dimensions : 0^m 71 $\times$ 0^m 31 $\times$ 0^m 405.

Poids de la cantine vide : environ 12 kilos.

Poids de la cantine chargée : environ 20 kilos.

Au poids de la cantine à vivres, il y a lieu d'ajouter environ 1^{kg} 500 de provisions diverses par officier.

Comptabilité des compagnies en campagne.

Est renfermée dans une enveloppe en toile imperméable, ayant la forme d'un portefeuille recouvert par une patelette (Circulaire ministérielle du 29 janvier 1909, *B. O.*, P. R., p. 78).

Dimensions : 0^m 45 $\times$ 0^m 31.

La composition de l'approvisionnement des imprimés est donnée par l'Instruction confidentielle relative à la constitution des réserves de documents et imprimés à utiliser en cas de mobilisation.

OUTILS

Approvisionnements des différentes formations.

Les outils des corps de troupe d'infanterie comprennent :

1° Les outils portatifs transportés par les hommes ;

2° Des outils de grand modèle, transportés sur des voitures ou sur des animaux de bât.

OUTILS PORTATIFS

L'assortiment (*a*) d'outils portatifs pour une compagnie d'infanterie, comprend :

160 outils de terrassiers.
- 80 pelles-bêches (5 par escouade) ;
- 80 pelles-pioches (5 par escouade).

(*a*) Ancienne dotation :

144 outils de terrassiers....
- 112 bêches (7 par escouade) ;
- 32 pioches (2 par escouade).

37 outils de destruction...
- 12 hachettes } (1 par escouade) ;
- 4 haches.. }
- 16 serpes (1 par escouade) ;
- 4 cisailles (1 par section) ;
- 1 scie articulée.

181 au total.

160 outils de terrassiers.
25 outils de destruction.
——
185 au total.

{ 8 haches à main (2 par section);
12 serpes (1 par escouade);
4 cisailles;
1 scie articulée.

L'assortiment d'outils portatifs pour sapeurs hors-rang comprend :

Outils de destruction.
{ 6 haches ordinaires emmanchées (modèle du génie);
6 pics à tète emmanchés;
1 scie articulée.

L'assortiment d'outils d'une section de mitrailleuses, type mixte, comprend :

9 outils portatifs de terrassiers ....
{ 7 bêches;
2 pioches;

8 outils portatifs de destruction..........
{ 3 haches (dont une ordinainaire, modèle du génie).
2 serpes;
2 cisailles à main;
1 scie articulée;

Outils de parc du caisson de ravitaillement...
{ 1 hache à tète;
2 pelles rondes modèle 1862;
2 pioches.

L'assortiment d'outils portatifs pour la section du type alpin, comprend en plus : 1 hache ordinaire du modèle du génie, 1 serpe, 1 pioche et 2 bêches attribuées aux conducteurs de train de combat. Total : **22** outils.

OUTILS DE GRAND MODÈLE

Chaque régiment d'infanterie est doté de deux voitures légères d'outils (1 par bataillon de chasseurs à pied) contenant chacune (a) :

195 outils de terrassiers
{ 130 pelles rondes emmanchées :
65 pioches emmanchées (modèle du génie).

19 outils de destruction
{ 15 haches ordinaires emmanchées;
2 scies passe-partout montées;
2 pinces.

(a) Ancienne dotation : voiture de compagnie :

16 pelles rondes, 2 pelles carrées, 12 pioches, 4 haches de bûcheron, 2 serpes, 2 manches de rechange de pelles, 2 manches de rechange de pioches ou haches

En outre, la voiture de la 1re compagnie de chaque bataillon porte : 3 pinces, 4 scies passe-partout, 1 caisse d'outils d'art.

La voiture de la 2e compagnie porte 108 pétards modèle 1886, avec un assortiment d'outils spéciaux.

La voiture de la 3e porte 46 détonateurs.

1 caisse d'outils d'ouvriers d'art chargée ;
30 manches de pelle (de rechange) ;
10 manches de pioche (de rechange).

Les bataillons alpins reçoivent une dotation spéciale en outils portatifs et en outils de parc ; ces derniers sont chargés sur des mulets de bât.

Dans un régiment d'infanterie, l'une des voitures d'outils porte 108 pétards modèle 1886, l'autre 46 détonateurs.

DESCRIPTION DES OUTILS

Pelle-bêche ou bêche portative.

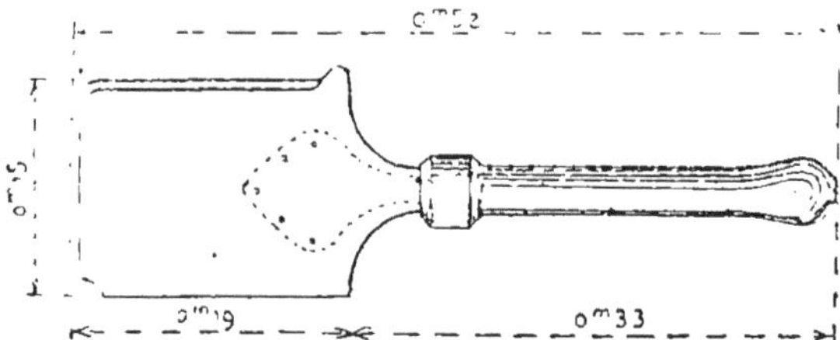

Pelle-bêche ou bêche portative

Pelle ronde (modèle portatif du Génie) et pelle ronde de parc.

Les outils du modèle portatif du génie placés dans les voitures légères d'outils de l'infanterie sont pourvus de manches du modèle des outils de parc. Les deux modèles de pelles-rondes ne diffèrent donc que par la pelle proprement dite qui est plus forte dans les pelles de parc.

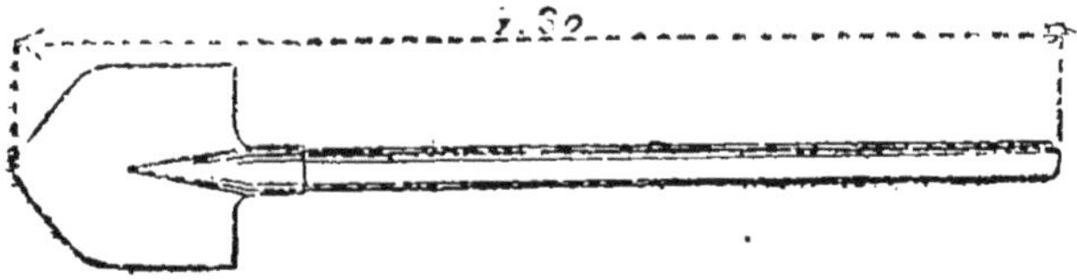

Pelle ronde

Pelle-pioche.

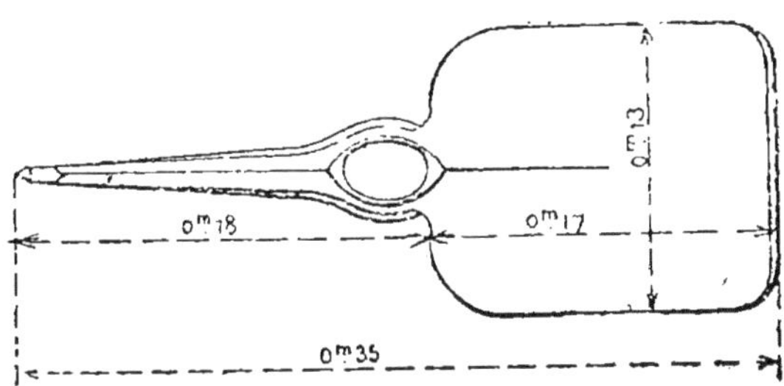

Fer de pelle-pioche

Le manche de la pelle-pioche a une longueur de 0ᵐ 32.

Pioche portative du modèle Infanterie (a)

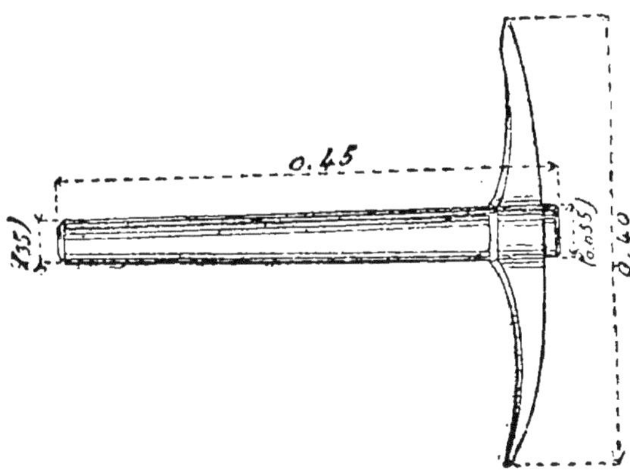

Pioche portative du modèle Infanterie

Pioche portative du modèle du Génie et pioche de parc.

Ces deux outils sont à peu près semblables, mais le fer est plus court dans la pioche portative.

(a) Les pioches portatives du modèle Infanterie, les pics portatifs et les haches à main ont le même manche

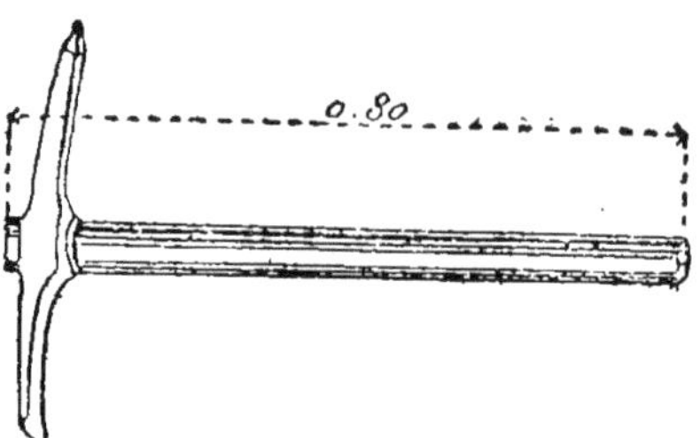

Pioche de parc

Pic à tête portatif.

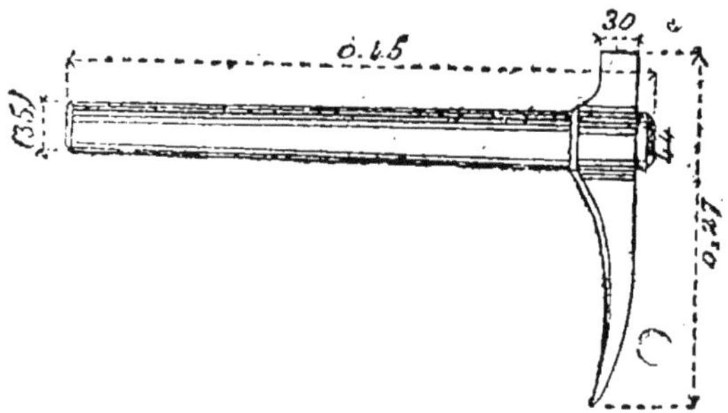

Pic à tête portatif

Pic à tête de parc.

Le pic à tête de parc a une forme analogue au pic à tête portatif, mais il est très renforcé et son manche a une longueur de 0ᵐ80.

Hache à main et hache portative ordinaire modèle du Génie.

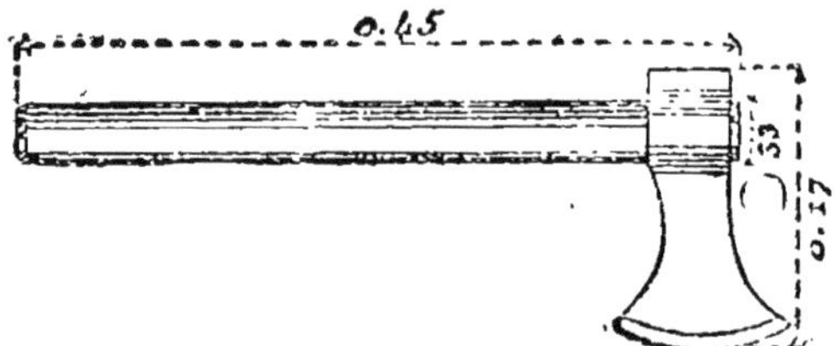

Hache à main

La hache portative modèle du Génie, plus longue, a un manche de 0ᵐ80.

Hache de bûcheron.

La hache de bûcheron est un outil de parc d'un modèle plus fort que la hache portative.

Serpe.

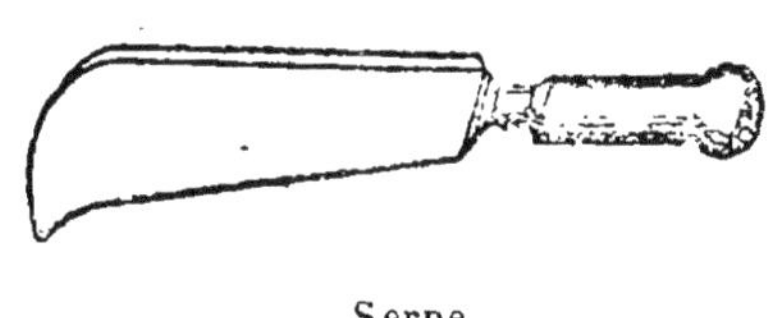

Serpe

Scie articulée.

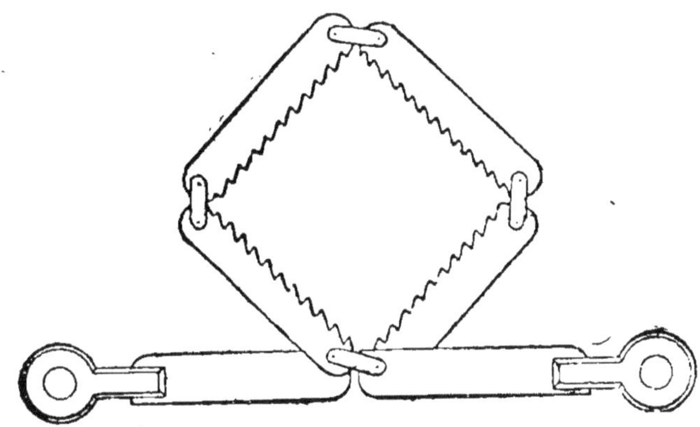

Scie enroulée pour le transport

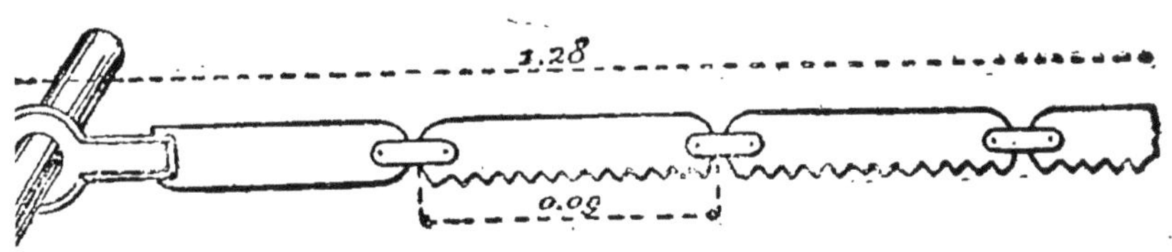

Scie articulée déployée et munie de sa poignée

Chaque scie articulée est accompagnée d'une lime
tiers-point nécessaire pour l'affûter.

Scie passe-partout.

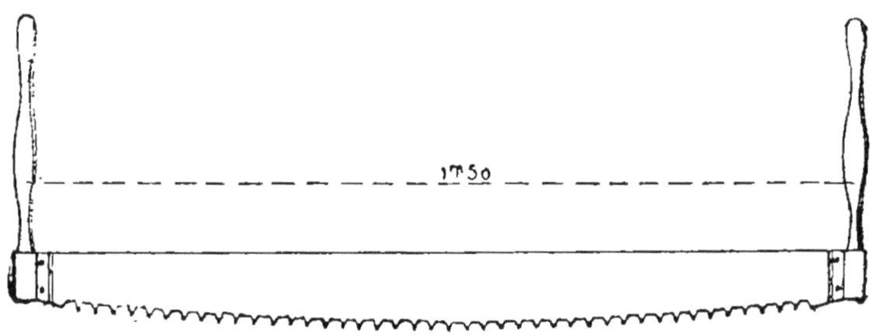

Scie passe-partout

Cisailles.

La cisaille ancien modèle permet de couper les fils de fer de 2 à 4 millimètres et notamment les fils télégraphiques de 3 à 4 millimètres.

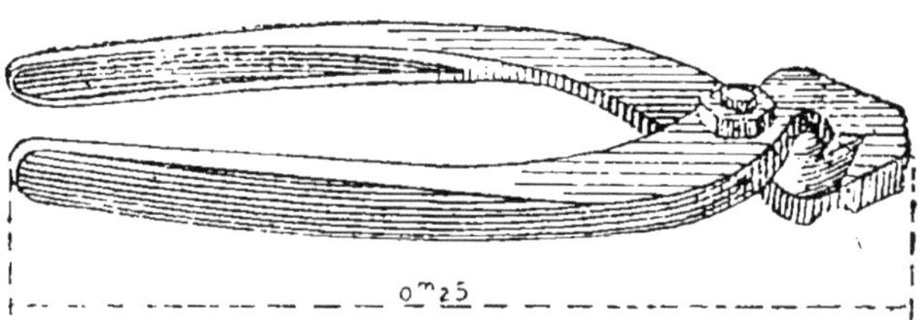

Cisaille à main ancien modèle

La cisaille modèle 1905 permet de couper les fils de fer ayant un diamètre maximum de 5 millimètres.

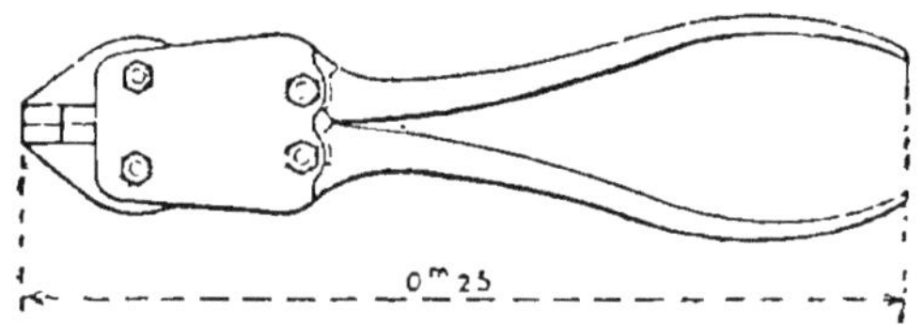

Cisaille à main modèle 1905

Les cisailles peuvent couper des fils de diamètre supérieur à ceux indiqués, si on a le temps d'amorcer la section avec la lime jointe à chaque scie.

Pince de mineur

Pince de mineur

Caisse d'outils d'ouvriers d'art.

Cette caisse comporte :

1 bédane de 0^m 009 de largeur;
1 burin de serrurier ordinaire;
1 ciseau bédane de 0^m 028 de largeur;
1 ciseau de charpentier;
1 hache à main d'ouvrier en bois, emmanchée;
1 lime tiers-point de 0^m 18 de longueur;
2 manches de lime;
1 marteau de charpentier;
1 masse à tranche moyenne;
1 pierre à aiguiser;
1 pince à main coupant du devant;
1 pince à main plate bec de cane;
1 plane de charron;
1 rénette tourne-à-gauche;
1 scie égohine ordinaire avec gaine;
1 tarière creuse de 0^{m}015, avec manche;
1 tarière torse de 0^m 027, avec manche;
1 tenaille d'ouvrier en bois;
2 vrilles petites (1 de 4^{mm} et 1 de 5^{mm});
2 kilos de pointes de Paris (1 kilo de 55^{mm} et 1 kilo de 80^{mm});
1 tourne-à-gauche pour scie articulée;
1 cadenas à vis.

Les outils d'ouvriers d'art servent à effectuer les réparations au matériel roulant; ils peuvent être aussi utilisés pour ouvrir des créneaux dans les portes, pour construire des palissadements, des passerelles, etc.

Poids des différents outils emmanchés.

NOMS DES OUTILS.	AVEC ÉTUI.	SANS ÉTUI.	OBSERVATIONS.
Pelle-bêche..................	0.830	»	
Pelle-ronde (modèle por atif du génie)...............	»	1.600	
Pelle ronde de parc........	»	1.830	
Pelle-pioche..............	1.01.	'	
Pioche portative (modèle infanterie)..............	1.670	»	
Pioche portative (modèle génie).................	'	2.100	
Pioche de parc............	»	3.170	
Pic à tête portatif..........	1.570	'	
Pic à tête de parc..........	''	3.670	
Hache à main.............	1.170	»	
Hache portative (modèle génie).................	2.740	2.300	
Hache de bûcheron........	'	2.650	
Serpe....................	1 »	»	
Scie articulée............	.600	'	Lime emmanchée comprise.
Scie passe-partout........	»	3.500	
Cisailles des deux modèles.	'.870	»	Lime emmanchée comprise.
Pince de mineur de 0ᵐ60....	»	2 »	
Pince de mineur de 1 mètre	»	4.500	
Caisse d'outils d'ouvriers d'art	»	26.500	Complète.

TENUE DE CAMPAGNE.

OFFICIERS.

(Instruction ministérielle du 3 novembre 1910.)

Tenue : Képi, casque, casquette ou shako selon
l'arme ou la subdivision d'arme. (Avec couvre-casque
en campagne). — Bonnet de police (facultatif). (Dans
les manœuvres, les routes et en campagne, il est porté
facultativement au stationnement ainsi que pendant les
repos prolongés et les haltes). — Tunique ample (*a*).
(Avec pattes d'épaule en poil de chèvre et pattes d'é-
paule de petite tenue pour les officiers dont la tunique
est pourvue de cet ornement). (Le port d'un col blanc

______

(*a*) Tunique-jaquette pour les chasseurs forestiers et dolman pour
les douaniers.

avec cravate en soie noire est autorisé *en campagne*
seulement, au lieu du col blanc fixé à la doublure du
collet). — Pantalon ou culotte de drap avec jambières
en cuir ou bandes molletières. — Bottes, bottines ou
brodequins (avec éperons à la chevalière pour les officiers montés). — Gants de couleur. — Manteau et pèlerine (de drap ou de caoutchouc). (En sautoir pour les
officiers non montés ; sur le cheval pour ceux montés ;
pour les officiers non montés, le port du manteau ou de
la pèlerine en sautoir est facultatif, en temps de paix,
dans les marches et les routes). — Revolver et son
étui contenant 18 cartouches (*a*) et le tournevis pour le
revolver (cordon d'attache pour les officiers montés).
(Le revolver se porte la banderole en sautoir de l'é-
paule gauche à la hanche droite). — Sabre ou épée avec
dragonne de petite tenue et ceinturon. — Cuirasse, gilet
de cuirasse et épaulettes pour les cuirassiers. — Jumelle (*b*) d'un modèle facultatif. (Jumelle-télémètre
Souchier et boussole directrice de bataillon pour les
chefs de bataillon d'infanterie). — Boussole (*b*) d'un modèle facultatif, mais d'un diamètre minimum de 3 centimètres. — Corne, sifflet, sifflet-signal. (Dans l'infanterie et le génie, les chefs de bataillon sont munis d'une
corne et les officiers subalternes d'un sifflet. Dans la
cavalerie. le sifflet est emporté par les capitaines commandants et les chefs de peloton. Dans l'artillerie, les
capitaines commandants et les chefs de section ont un
sifflet. Les officiers du train sont munis d'un sifflet-
signal. — Brassard pour le personnel automobile (*c*). —
Brassard de la convention de Genève pour les médecins, les pharmaciens, les officiers du train attachés à
une formation sanitaire, les officiers d'administration du
service de santé et les aumôniers.

Facultativement : Porte-cartes. (Est placé sur le côté
droit du ceinturon, sa partie supérieure affleurant la
tunique, ou sur une des sacoches, ou suspendu à une
des bandes d'arçon, soit à gauche au-dessous de la poignée du sabre, soit à droite par-dessus le bissac : contient les cartes et notices de mobilisation ainsi que les
carnets d'ordrés et de reçus de réquisition). — Pour
les officiers à pied : sacoche se portant en bandoulière
ou sur le dos, ou havresac sur le dos.
Plaque d'identité avec cordon (suspendue au cou). —
Paquet individuel de pansement (dans la poche intérieure
du vêtement de dessous). — Un jour de vivres de réserve

(*a*) Dans les étuis de revolver non modifiés, il n'est placé que douze
cartouches; les six autres sont placées dans la caisse à bagages ou la
charge du cheval.
(*b*) Cet objet n'est obligatoire que pour les officiers des états-
majors et des corps de troupe.
(*c*) Les officiers automobilistes portent la tenue habituelle de leur
arme.

ou l'équivalent (porté sur eux par les officiers non montés et dans la charge du cheval pour ceux montés. Le deuxième jour de vivres de réserve pour toutes les armes est transporté par le train de combat de l'unité.)

Officiers des troupes alpines. — Sont autorisés à porter, sous la tunique ample ouverte, un gilet en drap bleu foncé avec boutons métalliques ; ils portent *obligatoirement* en campagne, et *facultativement* dans les manœuvres alpines du temps de paix, le *béret* du modèle de la troupe ; ils doivent être munis d'une canne ferrée.

L'officier porte-drapeau est muni d'une banderole pour porte-drapeau.

Les *médecins militaires* sont tenus de porter une sacoche à soufflet contenant un nécessaire médical. Cette sacoche est fixée à l'aide de deux courroies à la selle, côté opposé au montoir, par-dessus le bissac de campagne. Lorsque le médecin marche à pied, elle se porte suspendue au ceinturon à droite.

Les *décorations* se portent sur le côté gauche de la poitrine, à hauteur de la deuxième rangée de boutons, dans l'ordre de droite à gauche : Légion d'honneur; médaille militaire; décorations coloniales; médailles commémoratives; décorations universitaires; décorations du Mérite agricole; médailles d'honneur; décorations étrangères. — *Les insignes à l'effigie de la République doivent présenter la face sur laquelle se trouve l'effigie.* — Le port des rubans ou rosettes, seuls, à la boutonnière, est formellement interdit.

Les *officiers de complément* ne sont tenus de se pourvoir que des effets composant la *tenue de campagne*, mais ils ont la faculté de faire usage des autres effets que portent les officiers de leur grade de l'armée active. — Les officiers de cavalerie de complément désignés pour occuper les emplois d'adjoints aux chefs de bataillon d'infanterie conservent l'armement (les cuirassiers ne portent pas la cuirasse) ainsi que la tenue de campagne des officiers de la subdivision d'arme à laquelle ils appartiennent, à l'exception de la coiffure distinctive qui est remplacée par le képi. Ils portent la grenade au collet de la tunique et au bandeau du képi.

Paquetage de campagne (de route et manœuvres).

Bride complète avec licol et longe-poitrail (pas de licol dans l'artillerie, le train et le génie); selle; sacoches; sangle; étrivières; étriers; porte-sabre; tapis; courroies de sacoches; pèlerine ou tablier de cheval sur les sacoches (effets facultatifs); étui porte-avoine, tordu d'un tour au milieu pour le fermer et lui donner l'étrangle-

ment nécessaire et fixé par le milieu avec la courroie de
pommeau, les bouts attachés en avant et contre les sacoches au moyen des quatre courroies de sacoches (chacun des bouts de l'étui porte-avoine contient 1 kilogr.
d'avoine); bissac de campagne; couverture sous le tapis;
musette-mangeoire.

Divers ; Le *veston noir* ne doit porter ni insignes de
grade, ni numéros, ni attributs, ni piqûres apparentes;
les boutons doivent être noirs, le col en drap noir. Sa
longueur est facultative; toutefois, elle ne peut dépasser
que légèrement le haut de la botte, de la jambière ou
de la molletière.

Vareuse-dolman. Ce vêtement n'est porté par les officiers des troupes alpines que dans les manœuvres alpines, les marches et les reconnaissances en pays de montagne, et par les officiers des compagnies cyclistes que
dans les exercices à l'extérieur et les manœuvres.

Les *bottines* d'ordonnance peuvent être remplacées
par des chaussures ne présentant ni boutons, ni piqûres,
ni lacets apparents, ni agrafes.

Le port des *brodequins* est autorisé. Avec cette chaussure, les officiers montés portent les éperons à la chevalière. Les brodequins peuvent porter des piqûres.

A cheval et à pied, les officiers peuvent porter, avec
la culotte ou le pantalon, des jambières en cuir noir
mat ou verni, *d'un modèle facultatif*, ou des bandes molletières du modèle des troupes alpines.

Dans tout service à pied où le pantalon d'ordonnance
peut être porté, les officiers montés ou non montés
sont autorisés à faire usage, avec la culotte, de *jambières en drap* simulant le bas du pantalon.

Une circulaire du 22 septembre 1913 avait autorisé
l'usage d'une vareuse de teinte « gris de fer bleuté »,
sauf pour les chasseurs alpins et groupes cyclistes
déjà pourvus d'une vareuse, tout officier ou adjudant
devant ainsi, à la mobilisation, être porteur soit de la
vareuse, soit d'une capote de troupe.

Dispositions spéciales aux troupes coloniales.

a) En France : Les dispositions contenues dans la présente instruction sont applicables aux officiers de toutes
armes et de tous services des troupes coloniales sous la
réserve suivante : en outre des vêtements facultatifs
prévus pour les troupes métropolitaines, les officiers
des troupes coloniales peuvent faire usage, dans la *tenue
de travail*, d'une tunique ou d'un pantalon en flanelle
bleu foncé de même coupe que les vêtements similai-
res en drap et de la pelisse coloniale.

b) Aux colonies : La composition des différentes tenues
est fixée par les commandants supérieurs des troupes,
selon le climat et les circonstances locales.

Infanterie et autres troupes à pied.

DÉSIGNATION DES EFFETS OU OBJETS	Infanterie et chasseurs à pied.		Zouaves et tirailleurs algériens.	
	H*.	P*.	H.	P.
Plaques d'identité avec cordons distincts (a)...	2	»	2	»
Bandes molletières.........	1(1)	»	1	»
Bâton ferré pour les troupes alpines	1	»	»	»
Bourgeron ou bourgeron-veste de toile (A, ordonnances, conducteurs, bouchers)	»	»	»	1(2)
Capote.................	1	»	»	»
Collet à capuchon..........	»	»	»	1
Ceinture de flanelle.........	1(3)	»	»	»
Ceinture de laine..........	1(1)	»	1	»
Gilet de zouaves et de tiraill.	»	»	1	»
Jersey	1(1)	»	»	»
Manteau (A, ordonnances, conducteurs).............	1	»	1	»
Manteau à capuchon ou collet-manteau (attribué aux chasseurs alpins et aux cyclistes en remplacement de la capote).............	1	»	»	»
Culotte avec jambière (A, ordonnances, conduct.)...	1	»	1	»
Pantalon de drap...........	1	»	1(2)	»
Tunique nº 1..............	»	1(4)	»	»
Vareuse dolman (attribuée aux chasseurs alpins et aux cyclistes en remplacement de la veste).......	1	»	»	»
Veste...................	»	1(4)	1(2)	»
Chéchia avec gland.........	»	»	1	»
Képi ou béret pour chasseurs alpins..............	1	»	»	»
Bretelle de fusil, de carabine ou de mousqueton (5)....	1	»	1	»
Bretelle de suspension (5)...	1	»	1	»
Cartouchière (5)...........	3	»	3	»
Ceinturon avec porte-épée (6)	1	»	1	»
Ceinturon avec porte-sabre (6)	1	»	1	»
Dragonne de sabre (7).......	1	»	1	»

Left-margin brace labels: **Habillement.** (Bandes molletières … Veste), **Coiffure.** (Chéchia avec gland, Képi ou béret pour chasseurs alpins), **Grand équipement.** (Bretelle de fusil … Dragonne de sabre).

* H. Sur l'homme ; P. Dans son paquetage.

(a) Une deuxième plaque d'identité est attribuée aux officiers et hommes de troupes en campagne. Chaque plaque reçoit un cordon distinct. L'une d'elles, en cas de mort, est jointe à l'acte de décès, comme le prescrit le règlement ; l'autre est laissée sur le corps pour servir éventuellement à son identification ultérieure. (Circ. min. du 14 mai 1915.)

DÉSIGNATION DES EFFETS OU OBJETS	Infanterie et chasseurs à pied.		Zouaves et tirailleurs algériens.	
	H.	P.	H.	P.
Grand équipement (Suite).				
Etui de revolver (avec lanière et courroie de ceinture pour les militaires équipés en hommes montés, avec courroie de ceinture pour ceux habillés en hommes à pied dont l'équipement ne comporte pas le ceinturon (8) (A, ordon., cond.).	1	»	1	»
Havresac (sauf pour les compagnies cyclistes) (9).	1	»	1	»
Sac à dépêches (pour les vélocip. estafettes) (A)	1	»	1	»
Bretelles (paire)	1	»	»	»
Brodequins (paire)	1	»	1	»
Lacets de rechange (paire)	»	1	»	1
Caleçon	1	»	1	»
Calotte de coton	»	1(10)	»	»
Chemise	1	1	1	1
Courroie de capote ou de manteau pour les troupes non allégées)	»	1	»	1
Cravate (A, vélocipédistes)	1	»	1	»
Petit équipement. — Effets de pansage (A, conduc. et ordon.).				
Brosse à cheval en soie	»	»	»	»
Ciseaux	»	»	»	»
Corde à fourrages	»	»	»	»
Eponge	»	»	»	»
Etrille	»	»	»	»
Musette de pansage	»	»	»	»
Sac à avoine	»	»	»	»
Boîte à graisse (11)	»	»	»	»
Cuiller	1	»	1	»
Effets de petite monture. Trousse garnie (sans glace)	»	1	»	1
Brosse (12) d'armes	»	1	»	1
Brosse (12) à habits	»	1	»	1
Brosse (12) double à chaussures	»	1	»	1
Etui-musette	1	1(13)	1	1(13)
Gamelle individuelle ou nécessaire individuel de campement (A) (14)	»	1	»	1
Guêtres de toile (paire)	»	1	»	»
Guêtres jambières de toile (paire)	»	»	»	1

DÉSIGNATION DES EFFETS OU OBJETS.	Infanterie et chasseurs à pied.		Zouaves et tirailleurs algériens.	
	H.	P.	H.	P.
Livret individuel...	»	1	»	1
Morceau de savon..........	»	1	»	1
Mouchoir..............	1	1	1	1
Pantalon de toile pour zouaves et tirailleurs algériens.	»	»	»	1(2)
Pantalon de treillis (A, ordon., conduct., bouchers).	»	»	»	»
Quart (A, cyclistes).........	1	»	1	»
Chaussures de repos (paire).	»	1	»	1
Sous-pieds de rechange pour guêtres ou jambières (paire)	»	1	»	1
Eperons à la chevalière (paire) (A, ordonnances, conducteurs)............	1	»	1	»
Brides d'éperons (paire) (A. ordonnances, conducteurs)	1	»	1	»
Sous-pieds de jambières (paire) (A, ordonn., conduct.).	1	»	1	»
Gamelle de campement (15 pour les troupes non dotées du nécess. individ. de campement..............	»	1	»	1
Marmite de campement (15 pour les troupes non dotées du nécess. individ. de campement..............	»	1	»	1
Moulin à café (15)......!....	»	1	»	1
Petit bidon de 1 litre (2 litres en Afrique) avec courroie et enveloppe............	1	»	1	»
Sac à distribution (15	»	1	»	1
Sachets pour vivres de réserve	»	2	»	2
Seau en toile (15)...........	»	1	»	1
Fusil avec épée-baïonnette, carabine de cavalerie modèle 1890.................				
Carabine de gendarmerie m^le 1890 avec épée-baïonnette.				
Mousqueton d'artillerie m^le 1892 avec sabre-baïonnette	1	»	1	»
Revolver...............				
Sabre d'adjudant. épée de sous-officier, sabre série Z.				
Nécessaire d'armes (11).....	»	»	»	»

Left-margin braces: Petit équipement (Suite). — Campement. — Armement. (16)

DÉSIGNATION DES EFFETS ET OBJETS	Infanterie et chasseurs à pied.		Zouaves et tirailleurs algériens.	
	H.	P.	H.	P.
Arme-ment(16) (suite) — 1/3 de baguette de fusil (11)	»	»	»	»
Ficelle individuelle de nettoyage du fusil (11).......	»	»	»	»
Muni-tions. (16) — Cartouches de fusil, carabine, mousqueton, revolver.....................	1	»	1	»
Bicyclette (A, vélocipédistes)......	»	»	»	»
Vivres et fourrages. (17) — 2 jours de pain de guerre (12 pains)... / 2 boîtes individuelles de viande de conserve assaisonnée.. / 2 boîtes de potage salé............ / 2 rations de sucre et café (en 1 sachet). } 2 jours de vivres de réserve.	»	1	»	1
1 jour d'avoine (par cheval).	»	»	»	»
Outils portatifs (18)...............	»	1	»	1
Harnache-ment (19). — Couverture................	»	»	»	»
Etui porte-avoine..........	»	»	»	»
Ferrure..................	»	»	»	»
Musette-mangeoire........	»	»	»	»
Selle et bride complètes....	»	»	»	»
Surfaix....	»	»	»	»
Paquet individuel de pansement (20)	1	»	1	»
Lanternes (1 par escouade ou 1 par 15 hommes dans les états-majors de régiment et de bataillon)....	»	1	»	1
Couteau à conserve (1 pour trois hommes).....................	»	1	»	1

OBSERVATIONS.

(1) Pour les troupes alpines et les cyclistes (unités cyclistes et vélocipédistes des états majors, corps de troupe et services).

(2) Sur l'homme ou dans le paquetage suivant l'ordre donné. Dans les sections de C. O. A. pour les caporaux et soldats du service d'exploitation seulement.

(3) A l'exception des troupes et militaires dotés de la ceinture de laine.

(4) Les caporaux fourriers et tous les sous officiers d'infanterie, emportent en campagne la tunique et non la veste.

La tunique et la veste sont portées par les voitures à vivres et à bagages quand les corps sont pourvus de ces voitures.

(5) A l'exception des militaires armés du revolver ou du sabre série Z (renvoi 16).

Ne sont pas pourvus de bretelles de suspension et ne reçoivent que deux cartouchières les militaires des corps de troupe dotés de moins de 88 cartouches (renvoi 16).

Les vélocipédistes-estafettes n'ont qu'une cartouchière du modèle de la cavalerie.

Les infirmiers régimentaires reçoivent deux cartouchières d'infiemerie, à l'exception de ceux des bataillons de chasseurs alpins.

(6) Les militaires armés du sabre d'adjudant ou de l'épée de sous-officier (renvoi 16) portent le ceinturon en cuir verni. Le porte-sabre est substitué au porte-épée pour les militaires armés du sabre série Z ou du sabre-baïonnette (renvoi 16).

(7) Pour les militaires armés du sabre d'adjudant (renvoi 16).

(8) Pour les militaires armés du revolver (renvoi 16).

(9) Les sergents-majors et les sergents rengagés portent le havresac en tenue de campagne. Les infirmiers régimentaires (sauf ceux des bataillons de chasseurs alpins) reçoivent un havresac d'infirmerie. Les militaires non pourvus du nouvel équipement reçoivent un havresac muni de contre-sanglons avec crochets, ainsi que deux coulants de ceinturon servant a fixer ces crochets si leurs cartouchières ne sont pas pourvues de triangles de suspension.

Le sergent-major artificier n'est pas pourvu de havresac.

Les havresacs des conducteurs de chevaux haut le-pied sont transportés par la voiture à vivres et à bagages (ou, à défaut, par le fourgon à bagages) de l'état major du régiment, ceux des ordonnances, des vélocipédistes et des conducteurs de chevaux de main, par les voitures à vivres et à bagages (ou, à défaut, par les fourgons à bagages, de l'état-major du régiment ou de leur bataillon.

(10) Sauf pour tous les hommes de l'effectif de paix et les troupes pourvues de béret.

(11) Les nécessaires d'armes, les tiers de baguettes de fusil ne sont pas emportés par les corps pourvus de voitures a vivres et a bagages. Ces corps emportent :

a) Dans le paquetage : 1 ficelle de nettoyage par homme ; 1 boîte à graisse garnie par escouade.

b) Dans les voitures a vivres et à bagages : 16 baguettes de nettoyage par compagnie (4 par section), 6 baguettes par compagnie H. R. ou par section H. R.

Dans les corps non pourvus de voitures à vivres et à bagages, les objets suivants sont emportés dans les paquetages à raison de :

Boîtes à graisse. — 3 par escouade dans l'infanterie, 1 pour 7 hommes dans les états-majors de régiment ou de bataillon.

1 par homme pour ceux qui doivent opérer individuellement, y compris les ordonnances d'officiers sans troupe.

Nécessaires d'armes. — 4 par escouade plus 1 à chaque sergent et fourrier dans l'infanterie,

1 pour 4 hommes dans les sections ;

1/3 baguette de fusil. ⎫ 1 par homme.
Ficelle de nettoyage. ⎭

Le dévissage des vis principales des revolvers modèles 1873 et 1892 pouvant s'exécuter par des moyens de fortune, il n'est plus affecté aux hommes armés du revolver de tournevis d'un modèle quelconque.

(12) 2 jeux de brosses par escouade; 1 jeu de brosses pour 7 hommes dans les états-majors de régiment ou de bataillon ; 1 jeu de brosses par homme pour ceux qui doivent opérer individuellement, y compris les ordonnances d'officiers sans troupe.

(13) Pour les unités cyclistes, en remplacement du havresac. Dans tous les corps, un deuxième étui-musette sert à envelopper la chaussure de repos sur le sac pour les hommes de l'effectif de paix. Les réservistes et territoriaux reçoivent, à cet effet, un deuxième étui-musette ou une serviette.

(14) Les militaires isolés reçoivent un nécessaire individuel de campement, en remplacement de la gamelle individuelle et des ustensiles collectifs.

(15)

	PAR ESCOUADE.	ÉTAT-MAJOR de régiment ou de bataillon et sections diverses. Par 8 hommes.
Gamelles de campement........	2	1
Marmites de campement	4	2
Seaux en toile...............	2	1 (A)
Sacs à distribution...................	2	1 (A)
Moulins à café.....................		1 pour 2 escouades et 1 par 15 hommes dans les états majors de régiment et de bataillon et dans les diverses sections.

(A) Deux par 15 hommes dans les états-majors de régiment et de bataillon lorsque le corps est doté de voitures à vivres et à bagages.

Armement et munitions de la tenue de campagne.

GRADES ET EMPLOIS.	ARMEMENT.	CARTOUCHES	
		Fusils.	Revolver.
Sergent, sergent fourrier, caporal fourrier	Fusil avec épée baïonnette	56	»
Hommes des petits états majors et des sections hors rang			
Conducteurs de fourgon du quartier général.....................			
Caporal et soldat (A).............	Id........	88 (B)	»
Personnel des sections de mitrailleuses (c)	Mousqueton d'artillerie avec sa bre-baïonnette.	54	»

(A) Les divers personnels non mentionnés dans le présent tableau ont l'armement et les munitions prévus pour le soldat.

(B) Transitoirement et jusqu'à livraison des voitures à munitions, les caporaux et chasseurs des chasseurs à pied, y compris ceux des bataillons alpins, portent 120 cartouches au lieu de 88 dans les formations actives et de réserve, et 112 dans les formations territoriales.

(c) A défaut de mousqueton d'artillerie, le personnel est armé de la carabine de gendarmerie ou du fusil modèle 1856-93 (56 cartouches). — Le télémétreur et les 2 conducteurs de caisson sont armés du revolver seul (18 cartouches).

GRADES ET EMPLOIS.	ARMEMENT.	CARTOUCHES	
		Fusil.	Revol-ver.
Adjudant, sous chef de musique, médecin auxiliaire............	Revolver et sabre d'adjudant	»	18 (E)
Sergent major................			
Sergent-major chef artificier......			
Tambour major, sergent-major clairon			
Chef armurier............	Revolver et épée de sous-officier	»	18 (E)
Tambour..........	Revolver et sabre série Z ...	»	18 (E)
Sergent artificier, télémétreur des sections de mitrailleuses........	Revolver	»	18 (E)
Conducteur de caisson de munitions (de mitrailleuses ou autres).....			
Pourvoyeur de munitions.........			
Ordonnance appelé a faire un service à cheval D)...........			
Ordonnances de tous les médecins.			
Conducteur de chevaux haut-le pied et de main			
Conducteur de voiture médicale...	Sabre série Z..	»	»
Conducteur de mulets porteurs de cantines médicales			
Infirmier régimentaire			
Musicien........			
Maitre ouvrier.............			
Vélocipédistes (autres que ceux des chasseurs alpins)...........	Carabine de cavalerie mod. 1890	18	‘
Vélocipédistes de chasseurs alpins.	Mousqueton mod. 1892 avec sabre-baïonnette.	18	»
Conducteur d'animaux (F)............ dans les bataillons de chass. alpins.	Mousqueton mod. 1892 avec sabre-baïonnette.	36	»
Ordonnance d'officier n'ayant qu'un cheval..			

(D) Voir renvoi A ; ordonnances.

(E) Les militaires armés du revolver portent 18 cartouches en 3 boîtes placées dans les 3 gaines rectangulaires de l'étui du revolver.

Dans les étuis non modifiés, il n'est placé que 12 cartouches ; les 6 autres sont disposées dans le paquetage du cheval ou le havresac.

(F) Les conducteurs d'équipages muletiers des éléments d'infanterie spécialisés pour la guerre de montagne ont l'armement et les munitions des conducteurs d'animaux des bataillons de chasseurs alpins.

(17) Non compris les vivres et fourrages de chemin de fer et de débarquement.

Dans les corps dotés de voitures à vivres et à bagages, les vivres de réserve sont placés : 1 jour dans le sac, 1 jour sur les voitures. L'avoine de réserve (1 jour) est portée sur les voitures à vivres et à bagages (ou, à défaut, sur les voitures de compagnie).

(18) Par compagnie :

80 pelles-bêches (5 par escouade);

80 pelles-pioches (5 par escouade),
8 haches à main (2 par section);
12 serpes
4 cisailles   } 1 outil par escouade;
1 scie articulée.)

Les hachettes de campement, supprimées, seront maintenues provisoirement dans la tenue de campagne jusqu'à ce qu'elles aient pu être remplacées par des outils du nouveau modèle.

(19) Par cheval. Un harnachement pour le sergent-major artificier.

(20) Le paquet de pansement est placé dans la poche intérieure spéciale de la capote ou de la veste pour les zouaves et les tirailleurs; dans une des poches intérieures de la vareuse-dolman pour les militaires qui en sont pourvus.

A) *Ordonnances et conducteurs de voitures ou d'animaux.* — Ils reçoivent la tenue fixée par la Description des uniformes.

Les effets de pansage nécessaires aux ordonnances leur sont fournis dans tous les cas par les officiers détenteurs des chevaux.

Le sergent-major artificier monté reçoit la tenue des conducteurs de caissons à munitions.

Dans les régiments de zouaves et de tirailleurs, les ordonnances montés gardent la veste et le gilet à l'uniforme du corps et la chéchia avec gland au lieu de la veste et du képi du train des équipages.

Les soldats ordonnances montés des officiers d'infanterie (stagiaires compris) employés dans les états-majors des divisions et brigades de cavalerie, reçoivent la même tenue que les ordonnances des colonels d'infanterie.

Quand un officier supérieur a deux ordonnances, l'un de ces soldats est considéré comme homme monté et habillé, équipé et armé en conséquence, l'autre, appelé à faire un service à pied, reçoit la tenue d'homme à pied et l'armement de son corps.

Le caporal conducteur des voitures régimentaires ne reçoit ni bourgeron, ni pantalon de treillis.

Les pantalons de treillis et les bourgerons dont sont pourvus les conducteurs et ordonnances sont portés sur les voitures de leur unité.

Les clefs à crampons à glace, dont sont munis les sous-officiers et caporaux attachés aux équipages, les conducteurs d'animaux de trait ou de bât, les ordonnances des officiers montés sont portées par les détenteurs ou placées sur les voitures d'après les ordres donnés.

Bouchers. — Les bouchers des corps d'infanterie reçoivent un pantalon de treillis et un bourgeron de toile (transportés par les voitures).

Tambours. — Les tambours emportent l'équipement de tambour complet avec deux peaux de rechange, l'une de batterie, l'autre de timbre; les tambours-majors et les caporaux-tambours, la canne spéciale à ces emplois, à l'exception des tambours-majors des régiments de réserve et de l'armée territoriale qui reçoivent une canne de caporal-tambour.

Clairons. — Les clairons emportent leur instrument muni de son cordon (armée active) ou de sa courroie (régiments de réserve et régiments territoriaux).

Vélocipédistes. — Les vélocipédistes de tous les corps de troupe reçoivent la tenue fixée par la Description des uniformes. L'armement est celui indiqué par le renvoi 16. L'arme est portée par l'homme. Le matériel à employer (bicyclette) est constitué selon les prescriptions de l'instruction sur l'organisation et l'emploi du service vélocipédique dans l'armée.

Les vélocipédistes supplémentaires employés en campagne ou aux manœuvres par les unités, conservent la tenue et l'armement des autres hommes de leur arme. Ils reçoivent seulement une paire de bandes molletières qu'ils portent avec le pantalon ou la culotte, suivant l'arme.

Brassards. — Il est délivré un brassard : 1° au caporal conducteur des équipages et à certains conducteurs; 2° aux infirmiers régimentaires, aux médecins auxiliaires. aux conducteurs des voitures médicales régimentaires et des mulets porteurs de cantines médicales, aux soldats ordonnances des médecins et aux brancardiers des corps de troupe (ce brassard, qui est celui de la Convention de Genève. confère la neutralité); 3° aux musiciens et autres militaires temporairement employés à titre de brancardiers (ce brassard ne confère pas la neutralité).

B) Dans certains cas, les troupes sont pourvues de couvertures de campement et de tentes-abris avec accessoires. Les troupes alpines peuvent également être pourvues d'un matériel spécial (raquettes à neige, corde de guide, etc.). Certaines unités sont dotées du matériel de signaleurs (paire de fanions et lanterne à persiennes). Tous ces effets ou objets sont portés sur le havresac.

C) Les documents de comptabilité emportés en campagne par chaque unité administrative sont chargés sur la voiture à vivres et à bagages après avoir été enfermés dans une enveloppe spéciale. Toutefois, les registres ci-dessous sont portés sous la patelette du sac : le carnet de comptabilité et le carnet d'ordinaire en campagne, par les sous-officiers comptables; le cahier de la visite médicale, par les sous-officiers de jour, le livre de cuisine militaire en campagne, par le caporal d'ordinaire.

Nota. — Tous les effets qui ne figurent pas au nombre de ceux que la troupe doit emporter en campagne sont laissés au magasin.

Tenue des troupes en Afrique.

La présente décision est applicable aux troupes d'Afrique appelées en Europe en cas de mobilisation.

Elle est également applicable aux mêmes troupes opérant en Afrique avec les modifications suivantes :

Le couvre-nuque. la demi-couverture, la tente-abri individuelle avec accessoires sont emportés par tous les hommes d'infanterie (Paquetage.)

Armement et munitions. — Les caporaux et soldats des formations actives d'infanterie reçoivent 120 cartouches; ceux des formations territoriales. 112. Les cartouches sont réparties entre les cartouchières.

Sont armés du fusil (avec épée-baïonnette) et reçoivent 56 cartouches : les conducteurs des voitures médicales, les conducteurs de mulets porteurs de cantines médicales, les infirmiers régimentaires, les ordonnances des médecins n'ayant qu'un cheval.

Sont armés du mousqueton 1892 (avec sabre-baïonnette) et reçoivent 42 cartouches. les militaires des sections (à l'exception des sergents-majors).

Habillement et équipement. — Les militaires ci-dessus sont équipés en hommes à pied. Les infirmiers régimentaires reçoivent deux cartouchières d'infanterie. une poche à pansement munie d'un anneau de suspension et d'une bretelle de suspension.

Les sergents-majors artificiers de zouaves et de tirailleurs sont habillés en hommes à pied, à l'uniforme du corps.

Matériel de campement. — Si le matériel de campement dont il est fait usage est du matériel à 8 hommes, la proportion d'ustensiles indiquée pour le matériel à 4 est réduite de moitié. Les bidons à 4 ou à 8 hommes qui existent encore dans les approvisionnements sont utilisés en remplacement de seau en toile, à raison d'un grand bidon à 8 ou de deux bidons à 4 pour un seau en toile.

Nombre de sachets à vivres : 2.

Vivres et fourrages
- 2 jours de pain de guerre;
- 2 jours de pain (peuvent être constitués en farine);
- 2 jours de viande de conserve;
- 4 jours de petits vivres:
- 2 jours d'orge.

ou

- 2 jours de viande assaisonnée;
- 4 jours de potage salé;
- 4 jours de sucre et café.

Nomenclature des effets à emporter par les troupes métropolitaines envoyées en Extrême-Orient et à Madagascar.

EFFETS A EMPORTER.   OBSERVATIONS.

1° HABILLEMENT ET COIFFURE.

(Effets à emporter du corps d'origine.)

1° *Troupes à pied et à cheval de toutes armes* (zouaves et tirailleurs exceptés).

EFFETS A EMPORTER	OBSERVATIONS
Deux bourgerons de toile.. Deux pantalons de toile ou de treillis.............. Deux caleçons............ Deux chemises..... ...... Une cravate............. Deux mouchoirs.......... Deux serviettes.......... Une paire de bretelles.. ..	Au classement neuf ou très bon.
Deux ceintures de flanelle.	Seulement pour les troupes qui font usage de cet effet.
Un morceau de savon de 500 grammes	Pour les besoins de la traversée ... .
Une capote en drap.......	Classement bon; délivrée aux hommes montés en remplacement du manteau.
Un képi en drap....	Classement neuf ou très bon; à utiliser pendant la traversée et dans la colonie, concurremment avec le casque colonial.

EFFETS A EMPORTER.	OBSERVATIONS.
Une tunique ou veste en drap (sous-officier)...... Une veste en drap (caporaux, brigadiers ou soldats)..................... Un pantalon d'ordonnance ou culotte avec jambières.	Ces effets sont échangés au port d'embarquement contre un paletot de molleton et un pantalon de flanelle, et renvoyés au corps d'origine par le magasin administratif.
2° *Zouaves et tirailleurs algériens.* Les zouaves et tirailleurs sont pourvus par leur corps des effets de toile et des accessoires indiqués au paragraphe 1er ci-dessus................... En remplacement des effets de drap, ils emportent : un collet à capuchon....	Classement neuf ou très bon.
Deux séries d'effets comprenant chacune : Une veste................ Un gilet.................. Un pantalon d'ordonnance. Une chéchia avec gland.....	L'une de ces séries comprend des effets au classement neuf ou très bon; les effets de la seconde appartiennent à la collection n° 2.

Les hommes emportent leur ceinture de laine et reçoivent le casque au port d'embarquement: il ne leur est distribué ni paletot de molleton, ni pantalon de flanelle, ni effets de toile kaki.

2° CHAUSSURES (classement neuf ou très bon).

1° *Toutes armes* (hommes montés, zouaves et tirailleurs exceptés). Deux paires de brodequins. Une paire de chaussures de repos...................... Deux paires de guêtres de toile................... 2° *Zouaves et tirailleurs.* Deux paires de brodequins. *Une paire de chaussures de repos* .... Une paire de bandes molletières .... Deux paires de guêtres-jambières en toile....... 3° *Hommes montés de toutes armes.* Deux paires de brodequins éperonnés ou munis d'éperons à la chevalière.....	Classement neuf ou très bon.

3º GRAND ÉQUIPEMENT (classement neuf ou très bon).

1º *Hommes à pied.*

Un havresac.

2º *Hommes armés du revolver ou équipés en hommes montés.*

Emportent l'équipement de leur arme ou de leur subdivision d'arme.

4º ACCESSOIRES DIVERS D'ÉQUIPEMENT
(classement neuf ou très bon).

Une cuiller..............
Un étui-musette..........
Une gamelle individuelle..
Une plaque d'identité avec cordon................
Un quart................
Une trousse garnie........

Effets de petite monture (1 jeu pour quatre hommes)	Une boîte à graisse ...... Brosses à chaussures ... à habits.. pour armes.....	Il est délivré un jeu d'effets de petite monture lorsque le nombre des hommes mis en route par le même corps est inférieur à quatre.

Un livret................

5º CAMPEMENT (classement neuf ou très bon).

Un petit bidon de 1 ou 2 litres avec courroie.......	Toutes les troupes dirigées sur l'Indo-Chine emportent le bidon de 2 litres. Pour les détachements et les isolés de l'intérieur, le bidon de 2 litres et la courroie sont délivrés au port d'embarquement. Les troupes autres que celles d'Afrique dirigées sur Madagascar emportent le bidon de 1 litre ; les troupes d'Afrique conservent le bidon de 2 litres.

Ustensiles de campement (1 jeu pour 4 hommes),	Gamelle à 4 hommes...... Marmite à 4 hommes ..... Seau en toile...	Il n'est pas délivré d'ustensiles collectifs aux groupes ou fractions inférieures à 4 hommes.

<table>
<tr><td>EFFETS A EMPORTER.</td><td>OBSERVATIONS.</td></tr>
</table>

Une couverture de campe-ment.................... } Délivrée au port d'embarquement.

6° EFFETS COLONIAUX (classement neuf ou très bon).

Les hommes, à l'exception des zouaves et des tirailleurs, qui ne sont pourvus que du casque, reçoivent au port d'embarquement :

Un paletot de molleton....)
Un pantalon de flanelle.... } Pour les besoins de la traversée.
Une ceinture de laine...... }
Un casque en liège........)

Un pantalon de toile kaki..)
Un paletot de toile kaki.... } Seulement pour les militaires envoyés au Tonkin ou en Chine. Ces effets ne sont pas portés pendant la traversée; ils ne servent que pendant l'escale de Saïgon, à l'exclusion de toute autre tenue.

7° EFFETS DE TENUE DE VILLE DE SOUS-OFFICIER RENGAGÉ.

Les sous-officiers rengagés ou commissionnés de la légion étrangère se rendant en Indo-Chine emportent les effets de tenue de ville ci-après, au classement neuf ou très bon.

Képi................
Bottines.............

Les officiers partant pour le Tonkin sont autorisés à recevoir contre remboursement les effets coloniaux de soldats dont ils font la demande.

CHARGEMENT DE CAMPAGNE

(Instruction du 4 Juin 1910).

Havresac : *Paquetage intérieur.* — L'intérieur du havresac comprend :

La chemise pliée et placée de façon à couvrir complètement et également la surface intérieure du sac et à former ainsi une sorte de matelas;

Les vivres de réserve.....
- 12 pains de guerre ;
- 2 boîtes individuelles de viande de conserve assaisonnée ;
- 2 boîtes de potage salé ;
- 1 sachet contenant deux rations de sucre et de café.

Les deux jours de vivres de réserve sont remplacés, en temps de paix, sauf toutefois pendant les manœuvres d'automne, par le pantalon de treillis et le bourgeron de toile, d'un poids à peu près équivalent (*a*).

La ceinture de laine (pour les troupes alpines) ;

Le mouchoir ;

La calotte de coton pour les réservistes et territoriaux (*b*) ;

Le savon ;

La courroie de sautoir (quand elle n'est pas employée) ;

La brosse à habits (pour l'homme à qui elle échoit) ;

Le nécessaire d'armes, s'il y a lieu (*c*) ;

La trousse garnie (ciseaux, bobine avec 6 aiguilles, fil noir, gris, garance (*d*), dé et peigne) renfermant la paire de lacets de rechange et la ficelle de nettoyage (de 2ᵐ,50 à 3 mètres) ;

Recouvrant le tout, la veste (*e*) ou la tunique, pliée la doublure en dedans, suivant la dimension du cadre ;

Le livret individuel et le tiers de baguette de fusil dans la poche de la patelette.

NOTA. — La cuiller et le quart dans l'étui-musette porté en bandoulière.

Le carnet de comptabilité de campagne, le registre d'ordres et le carnet d'ordinaire de campagne portés par les sous-officiers comptables ; les carnets (modèle VIII du service intérieur) des divers grades par ces gradés.

Le couteau à conserve (1 pour 3 hommes) dans le sac.

Les pitons à œil pour l'attache des fusils dans les wagons (1 par 4 fusils) et les vrilles (1 par 20 fusils) par les sous-officiers ou caporaux désignés à cet effet.

Les clefs à crampons à glace (clefs à pointe et clefs à taraud) par les détenteurs (sous-officiers et caporaux attachés aux équipages conducteurs de chevaux de trait, ordonnances des officiers montés).

(*a*) Les corps sont libres de remplacer les vivres de réserve, en dehors des manœuvres d'automne, par des figuratifs ayant le poids et le volume des vivres.

(*b*) La calotte de coton est supprimée pour les hommes de l'effectif de paix ; jusqu'à nouvel ordre, elle est conservée dans les approvisionnements de la réserve de guerre pour les troupes à pied qui emportent cet effet en campagne. (Circulaire du 23 décembre 1908, *B. O.*, P. R., p. 2064.) Les hommes de l'effectif de paix emportent provisoirement le bonnet de police.

(*c*) Quatre par escouade, plus un par sergent et fourrier. Le tournevis mixte, modèle 1898 pour les hommes de troupe armés du revolver est placé dans l'étui de revolver.

(*d*) Ou jaune suivant la subdivision d'arme.

(*e*) Le jersey pour les troupes alpines.

Les pantalons de treillis et les bourgerons dont sont pourvues certaines catégories de militaires sont transportés sur les voitures de leurs unités.

Paquetage extérieur. — Sont portés à l'extérieur :

La chaussure de repos, enveloppée dans un second étui-musette ;

La gamelle individuelle ;

Les ustensiles de campement ;

Les outils portatifs ;

Les fanions et les lanternes à signaux ;

Les lanternes de cantonnement (1 par escouade), et une par 15 hommes dans les états-majors de régiment et de bataillon, déduction faite de la lanterne à signaux ;

Deux peaux de rechange, l'une de batterie, l'autre de timbre, par les tambours ;

Lame à fourche et piquets de terre pour certains hommes des ateliers téléphoniques :

Eventuellement la capote, la tente-abri individuelle et la demi-couverture.

Dans les troupes alpines : le manteau à capuchon, le bâton ferré et le matériel spécial tel que raquettes à neige, cordes de guide, etc.

Appliquer les chaussures de repos (*a*) l'une sur l'autre, les semelles en dehors, la pointe de l'une tournée vers le talon de l'autre, de façon que la longueur totale des deux chaussures juxtaposées, de l'extrémité d'un talon à l'extrémité de l'autre, soit égale à la dimension intérieure de l'étui-musette dans lequel celles-ci doivent trouver place.

Placer les chaussures dans l'étui-musette dont on a rentré la banderole à l'intérieur ; mettre sous les chaussures la brosse (*b*) d'armes (ou double à chaussures) qui revient à l'homme et la boîte à graisse garnie (*c*) enveloppées dans les chiffons destinés au nettoyage du fusil. Ployer ensuite en deux l'étui-musette et le mettre, la patelette en dessus, sur la partie supérieure du sac, l'ouverture de l'étui tournée vers la tête de l'homme ; l'arrimer avec les deux petites courroies supérieures du sac.

La gamelle individuelle, couvercle en dessus, placée contre l'étui à chaussures et inclinée le plus possible en arrière de façon à ne pas gêner le tireur dans la position couchée.

(*a*) Souliers, brodequins légers ou espadrilles.
Les hommes pourvus, avec les souliers, de guêtres en toile et de sous-pieds de rechange les introduisent dans un des souliers.
(*b*) Trois jeux de brosses (d'armes, à habits, double à chaussures) et trois boîtes à graisse par escouade ; un jeu de brosses et une boîte à graisse par groupe de cinq hommes dans les états-majors de régiment ou de bataillon
(*c*) La boîte à graisse garnie contient de la graisse et une pièce grasse.

Les ustensiles de campement (*a*) placés sur la patelette comme il suit :

Le grand bidon en travers du sac, le goulot en haut ;

La gamelle de campement, la concavité tournée vers le sac ;

Le seau en toile à plat, le fond extérieurement maintenu par la grande courroie introduite sous les cordes placées en croix sur le fond du seau ;

La marmite de campement, le couvercle en dessus et l'anse maintenue abaissée par la grande courroie du sac ;

Le moulin à café dans la gamelle individuelle (*b*) dont le couvercle est placé en dessous :

La grande courroie du sac est passée par les anses des ustensiles de campement et de la gamelle individuelle afin de leur donner la fixité nécessaire.

Le sac à distribution plié et placé sur le dessus du sac ;

Le bâton ferré des troupes alpines fixé sur le côté gauche du havresac ;

La lanterne de cantonnement portée par les caporaux sur la face postérieure du havresac.

Les fanions repliés et roulés dans une pièce de toile sont portés sous la patelette du sac, les lanternes à signaux sur la face postérieure du havresac.

Lame à fourche et piquet de terre (téléphonistes) sont arrimés sur le côté gauche du sac et maintenus verticalement par les courroies de côté. — Les téléphonistes n'ont pas d'outils. Ils portent les appareils téléphoniques au ceinturon dans des étuis spéciaux remplaçant les cartouchières de devant.

COMPOSITION DES USTENSILES DE CAMPEMENT.

	PAR ESCOUADE.	ÉTAT-MAJOR DE RÉGIMENT ou de bataillon. Par 8 hommes.
Gamelles de campement......	2	1
Marmites de campement......	4	2
Seaux en toile.............	2	1
Sacs à distribution.........	2	1
Moulin à café..............		1 pour 2 escouades et 1 par 15 hommes dans les états-majors de régiment ou de bataillon.

(*a*) Dans les corps dotés de nécessaires Bouthéon, cet ustensile est porté sur la patelette et fixé par la grande courroie du sac.

(*b*) Les hommes porteurs du moulin à café placent dans leur musette les vivres qui doivent être portés dans la gamelle individuelle.

Les fanions de la même manière, la coulisse de l'étui à droite, les passants en dehors, engagés dans les deux petites courroies supérieures du sac.

Les outils portatifs, munis de leur étui, sont arrimés de la façon suivante :

Pelle-bêche. — Sur le côté gauche du sac, la concavité contre le sac, le manche en haut et maintenu par la courroie de sautoir qui est reliée à la courroie gauche du sac ; la courroie du bas du sac engagée dans le ou les passants de l'étui suivant le modèle.

Pour se servir de la pelle-bêche, la retirer de son étui qui reste fixé au sac.

Pelle-pioche Seurre. — La pelle-pioche (fer et manche séparés) est arrimée au côté gauche du havresac, la concavité contre le sac, le fer de pioche dirigé vers la partie supérieure. La courroie de côté du havresac engagée entre le corps et la petite courroie de l'étui, au-dessous du passant fixe de cet étui.

Le fer de pioche et la partie supérieure du manche maintenus par la courroie de sautoir qui est reliée à la courroie gauche du sac.

Pour se servir de la pelle-pioche, retirer le fer de son étui, puis le manche (suivant que l'on veut se servir de l'outil avec ou sans le manche) et laisser l'étui relié au havresac par la petite courroie de côté.

Pioche, hache à main et pic portatif. — Portés emmanchés, le manche placé horizontalement contre l'arête supérieure du sac. le fer enveloppé dans son étui, et prenant appui contre la face gauche du sac, le tranchant de la hache à main et la pointe du pic en bas, la pointe de la pioche en haut. Ils sont maintenus par les trois courroies, celles de droite et de gauche enroulées autour du manche, de manière à faire un tour complet pour l'empêcher de glisser.

Pour se servir de l'outil, fixer l'étui au havresac en engageant la courroie de gauche dans son passant.

Scie articulée. — Portée extérieurement sur la patelette du havresac, la grande courroie engagée dans le passant de son étui, le bord inférieur de l'étui affleurant l'arête inférieure du sac.

Pour retirer la scie, ouvrir l'étui qui reste fixé au havresac.

Cisaille à main. — Placée à la partie supérieure du havresac, contre le paquetage, l'ouverture en dehors et tournée vers le bas ; elle est fixée par la petite courroie supérieure gauche et la grande courroie qui s'engagent dans les deux passants de son étui.

Pour se servir de la cisaille, laisser l'étui fixé au havresac.

Hache portative (modèle du génie). — Portée non emmanchée ; le manche sur le côté gauche du sac, main-

enu verticalement, en bas par la courroie de côté et en
haut par la courroie de sautoir qu'on relie à la petite
courroie supérieure gauche; le fer, dans son étui, fixé
contre le paquetage, le tranchant tourné vers la gauche, par la grande courroie du sac et la petite courroie
supérieure de droite.

Serpe. — Portée appliquée à plat contre le côté gauche du sac, le dos de la lame contre le dos de l'homme,
la poignée en haut, le passant de l'étui pris par la
petite courroie latérale du sac, le manche maintenu
par la courroie de sautoir.

Pour se servir de la serpe, la retirer de son étui qui
reste fixé au havresac.

Hachette de campement. — Mode de placement sur le
havresac analogue à celui de la hache portative.

Les outils portatifs sont portés au ceinturon ainsi :

La pelle-bêche du côté droit, le fer dans son étui; on
engage le ceinturon dans le ou les passants de l'étui, la
concavité du fer tournée en dedans.

La pelle-pioche, dans son étui (fer et manche séparés)
est portée au ceinturon, du côté droit, la concavité
tournée vers le corps, le fer de pioche dirigé vers le
sol.

Le ceinturon est engagé dans l'intervalle formé par
le corps et la petite courroie de l'étui, au-dessus du
passant fixe de cet étui.

La pioche, la hache à main et le pic du côté droit,
dans leur étui, en engageant le ceinturon dans le passant de l'étui, le manche de l'outil placé en bas.

Ces trois outils peuvent aussi être portés au ceinturon sans étui;
le manche est alors engagé du côté droit, entre le corps et le ceinturon, le fer reposant sur le bord supérieur du ceinturon. La hachette
de campement est portée au ceinturon de la même manière.

Placée dans son étui, la scie articulée se suspend au
ceinturon comme une cartouchière.

La cisaille est portée du côté droit, l'ouverture en
dehors, le ceinturon engagé dans le grand passant de
manière que la partie la plus longue de l'étui soit dirigée vers le bas.

La serpe n'est jamais portée au ceinturon.

Vivres du jour. — La partie de la ration des « vivres
du jour » non consommée est portée (a) :

La viande froide dans la gamelle (b), le pain et les
petits vivres dans l'étui-musette (les petits vivres sont

(a) Instruction sur l'alimentation en campagne du 15 février 1909.

(b) Eviter, surtout par les chaleurs, de placer dans les gamelles la
viande cuite la veille et distribuée au repas de la grand'halte.

Cette viande mise dans le pain, soit en sandwich, soit dans une
cavité obtenue en enlevant un morceau de mie qu'on replace sur la
viande, est transportée dans les meilleures conditions de propreté et
de conservation (Livre de cuisine, 7 juillet 1909).

renfermés dans le deuxième sachet à vivres; les légu
mes secs et le sel dans un compartiment, le sucre et l
café dans l'autre).

Vivres de chemin de fer. — Au départ de la garnison
les « vivres de chemin de fer » sont placés de la ma
nière suivante (*a*) :

Les repas froids dans la gamelle individuelle, le pain
les conserves de viande assaisonnées dans l'étui-mu
sette.

Si le voyage doit durer plusieurs jours, une partie d
ces vivres peut être logée dans une des voitures d
l'unité.

Vivres de débarquement. — Pour les troupes trans
portées en chemin de fer, ils sont transportés (*b*) jus
qu'à la gare d'embarquement dans les voitures de l'u
nité où il y a de la place disponible. Si la place fai
défaut, le transport est effectué par des voitures d
corvée ou par des voitures requises. Il en est de mêm
depuis la gare de débarquement jusqu'aux cantonne
ments.

Pour le trajet en chemin de fer, on les place dans l
fourgon de queue du train, s'ils n'ont pu être placé
dans les voitures de l'unité.

Pour les troupes faisant mouvement par voie de terre
ils sont transportés, à défaut de place disponible dan
les voitures de l'unité, par des voitures requises dan
les garnisons.

*Paquetage avec la capote ou le manteau à capucho
seuls.* — La capote — chaque épaule peut être muni
d'une patte en drap modèle fixé par circulaire minis
térielle du 12 août 1908 — (ou le manteau à capuchon pou
les troupes alpines), pour être placée sur le sac, est rou
lée en boudin sur une longueur telle qu'elle encadr
exactement le dessus et les côtés du sac, en prenan
soin toutefois que les extrémités du rouleau soient main
tenues à une certaine distance du bas des côtés du sac
environ deux doigts ; elle est fixée en fer à cheval su
la partie supérieure du sac par les deux petites cour
roies et par la grande courroie de charge et au ba
des côtés par les courroies de côté à ce destinées.

L'étui à chaussures est placé sous la capote ou l
manteau à capuchon. Le placement de la gamelle indi
viduelle, des outils portatifs et des ustensiles de cam
pement reste le même que celui précédemment indiqué

*Paquetage avec la tente-abri individuelle et la demi
couverture seules.* — La demi-couverture, pour être pla
cée sur le sac, est roulée puis fixée en fer à cheva
comme il est indiqué pour la capote.

***

(*a*) Instruction du 18 août 1902, art. 3 modifié le 30 avril 1909
instruction du 20 février 1902.
(*b*) Circulaire relative aux vivres de débarquement du 27 mai 1909

La tente-abri individuelle, pliée en fer à cheval, recouvre la couverture. Le demi-support en deux parties dans la partie de la tente-abri individuelle qui pose sur le dessus du sac (*a*).

Les deux petits piquets de tente-abri individuelle, attachés ensemble par les trois cordeaux de piquet et le cordeau de tirage, dans l'intérieur du sac.

L'étui à chaussures repose sur le sac; le placement de la gamelle individuelle, des outils portatifs et des ustensiles de campement reste le même que celui précédemment indiqué.

Chaque homme porte une tente-abri individuelle, un demi-support en deux parties, deux petits piquets de tente, un cordeau de tirage et trois cordeaux de piquet.

Dans les troupes à pied pourvues de bâtons ferrés, le demi-support en deux parties est remplacé pour le dressage des tentes par le bâton ferré dont est muni chaque homme.

Paquetage avec la capote ou le manteau à capuchon des troupes alpines, la tente abri-individuelle et la demi-couverture. — La capote ou le manteau à capuchon, roulés en cylindre à la dimension de la partie supérieure du havresac, reposent sur cette partie supérieure : la toile de tente et la demi-couverture, roulées comme il est dit plus haut, sont disposées par-dessus en fer à cheval.

Les autres effets et objets sont placés comme il est prescrit ci-dessus.

Munitions. Cartouches de fusil. *Sous-officiers, caporaux fourriers, hommes des petits états-majors et des sections hors rang et téléphonistes* : Les deux cartouchières de devant reçoivent, celle de droite, quatre paquets de cartouches, celle de gauche trois, soit au total sept paquets (56 cartouches). Les téléphonistes n'étant pourvus que de la cartouchière de derrière portent cinq paquets de cartouches dans cette cartouchière et deux paquets dans le sac ou la musette.

Caporaux et soldats. — Les deux cartouchières de devant reçoivent chacune quatre paquets de cartouches, celle de derrière trois, soit au total onze paquets (88 cartouches).

Par exception, portent 120 cartouches : 1° les caporaux et les chasseurs des bataillons actifs de chasseurs, y compris ceux des bataillons alpins ; 2° les caporaux et soldats des corps actifs d'infanterie des 6°, 7° et 20° corps d'armée.

Les caporaux et chasseurs des bataillons de chasseurs territoriaux sont dotés de 112 cartouches.

Le personnel des sections de mitrailleuses pourvu d'armes courtes porte 54 cartouches en chargeurs.

(*a*) Les corps pourvus des anciens supports brisés les fixent, en raison de leur longueur qui dépasserait la largeur du sac; sur le côté gauche du havresac.

En temps de paix, les paquets de cartouches sont remplacés par les faux paquets décrits dans la notification du 2 octobre 1906.

Cartouches de revolver : Les hommes de troupe armés du revolver portent 18 cartouches de revolver en trois boîtes; ils les placent dans les trois gaines rectangulaires de l'étui (*a*) de revolver, disposées pour recevoir chacune une boîte de six cartouches (fascicule n° 4 modificatif des uniformes du 14 juin 1909, p. 1).

En temps de paix, les cartouches de revolver ne sont pas portées.

Ordre dans lequel sont revêtus les effets d'équipement : L'homme revêt ses effets d'équipement dans l'ordre suivant :

1° Ensemble du ceinturon, des cartouchières et des bretelles de suspension sans boucler le ceinturon ;

2° L'étui-musette, la banderole portant sur l'épaule droite (*a*) ;

3° Le petit bidon, la courroie sur l'épaule gauche ;

4° Boucler le ceinturon en ne maintenant dessous que la partie antérieure de la courroie de petit bidon et la banderolle d'étui-musette ;

5° Le havresac.

Nota. — Dans la tenue de campagne, la plaque d'identité est fixée au cou par son cordon; le paquet de pansement est placé dans la poche intérieure de l'effet porté par l'homme. Cette poche ne doit recevoir aucun autre objet et son bord libre est fermé par une couture à points très espacés, faite par chaque homme après la distribution des paquets. (Circulaire du 27 juin 1894, modifiée le 5 février 1906.)

La calotte de campagne, les jambières en cuir et les pattes d'épaule étant des effets à l'essai, ne doivent pas être portés lorsque la collection n° 1 est remise aux hommes pour les exercices de mobilisation et les revues passées en tenue de campagne.

BAGAGES

Bagages des officiers. *Caisses à bagages allouées :* voir page 46.

Cantines à vivres : voir page 47.

Bagages régimentaires : voir page 17 et suivantes.

(*a*) Dans les étuis de revolver non modifiés, il n'est placé que 12 cartouches : les 6 autres sont disposées dans la caisse à bagages, le paquetage du cheval ou le havresac.

Composition des approvisionnements de 1re ligne.

| DENRÉES. | VIVRES de chemin de fer. | VIVRES EMPORTÉS PAR LES HOMMES. | | | | VIVRES DES CONVOIS | | | RÉCAPITULATION Nombre de jours de vivres | |
| | | nombre de jours de vivres de | | | | | | | | |
		débarquement.	réserve	Total.	Poids.	régimentaire.	administratif de corps d'armée	administratif d'armée.	y compris les vivres de débarquement.	non compris les vivres de débarquement.
	kil.				kil.					
Pain	0 375 (E)	2	»	2	1 500	2	2	»	6	4
Pain de guerre	»	»	2	2	0 600	»	»	2	4	4
Petits vivres. { Riz ou légumes secs	»	2	»	2	0 200	2	2	2	8	6
Sel	»	2	»	2	0 040	2	2	2	8	6
Sucre	»	2	2	4	0 202	2	2	2	10	8
Café	»	2	2	4	0 104	2	2	2	10	8
Lard (A)	»	»	»	»	»	2	2	2	6	6
Viande de conserve	0 150	»	2	2	0 600	1	2	2	7	7
Potago salé (B)	»	»	»	»	»	1	2	2	5	5
Eau-de-vie (C)	»	»	1	1	»	1	»	»	2	2
Avoine (D)	2	1	1	2	11 000	2	2	2	8	7
Foin	5	»	»	»	»	»	»	»	»	»
Café chaud mélangé d'eau-de-vie	0¹ 250 (E)	»	»	»	»	»	»	»	»	»
Repas froid (viande, fromage)	1 jour (F)	»	»	»	»	»	»	»	»	»

(A) Chaque fois que l'on distribue de la viande fraîche. — (B) Chaque fois que l'on distribue de la viande de conserve. — (C) Le jour d'eau-de-vie du sac est porté en principe par le train de combat, et, à défaut de place, par le train régimentaire. — (D) Les troupes sont en outre suivies de bétail sur pied. — (E) Par période de 12 heures, fourni par l'administration. — (F) Par période de 24 heures, fourni par l'ordinaire.

BRASSARDS

OFFICIERS DU SERVICE D'ÉTAT-MAJOR

État-major général de l'armée : Blanc et rouge, avec foudres (le blanc en haut).

État-major de corps d'armée : Tricolore, avec foudres et numéro du corps d'armée (le bleu en haut).

État-major de division d'infanterie : Rouge, avec grenade et numéro.

État-major de division de cavalerie : Rouge, avec étoile et numéro.

État-major de brigade d'infanterie : Bleu, avec grenade et numéro.

État-major de brigade de cavalerie : Bleu, avec étoile et numéro (en chiffres arabes pour les brigades de cavalerie de corps, en chiffres romains pour les brigades des divisions de cavalerie).

État-major de l'artillerie d'une armée : Rouge, avec canons croisés.

État-major de l'artillerie d'un corps d'armée : Bleu, avec canons croisés et numéro du corps d'armée.

État-major du génie d'une armée : Rouge, avec cuirasse surmontée d'un casque.

État-major du génie d'un corps d'armée : Bleu, avec cuirasse surmontée d'un casque et numéro du corps d'armée.

État-major des gouverneurs de places fortes : Rouge ou bleu (suivant que le gouverneur est général de division ou général de brigade), avec foudres.

VÉLOCIPÉDISTES

(Portent tous deux vélocipèdes cousus au revers du collet de la vareuse.)

Brassard en drap du fond, avec numéros ou attributs :

Garance : Chiffres romains pour les quartiers généraux de corps d'armée; chiffres arabes pour les corps de troupe d'infanterie; chiffres arabes (surmontés du numéro de corps d'armée en chiffres romains) pour les divisions et brigades d'infanterie;

Jonquille : Chiffres arabes pour les chasseurs à pied.

INFIRMIERS RÉGIMENTAIRES ET TOUT LE PERSONNEL MILITAIRE OU NON DE TOUTES LES FORMATIONS SANITAIRES : Brassard blanc à croix rouge (avec timbre du ministère de la guerre, numéro d'ordre et lettre spéciale à chaque société, pour les sociétés civiles).

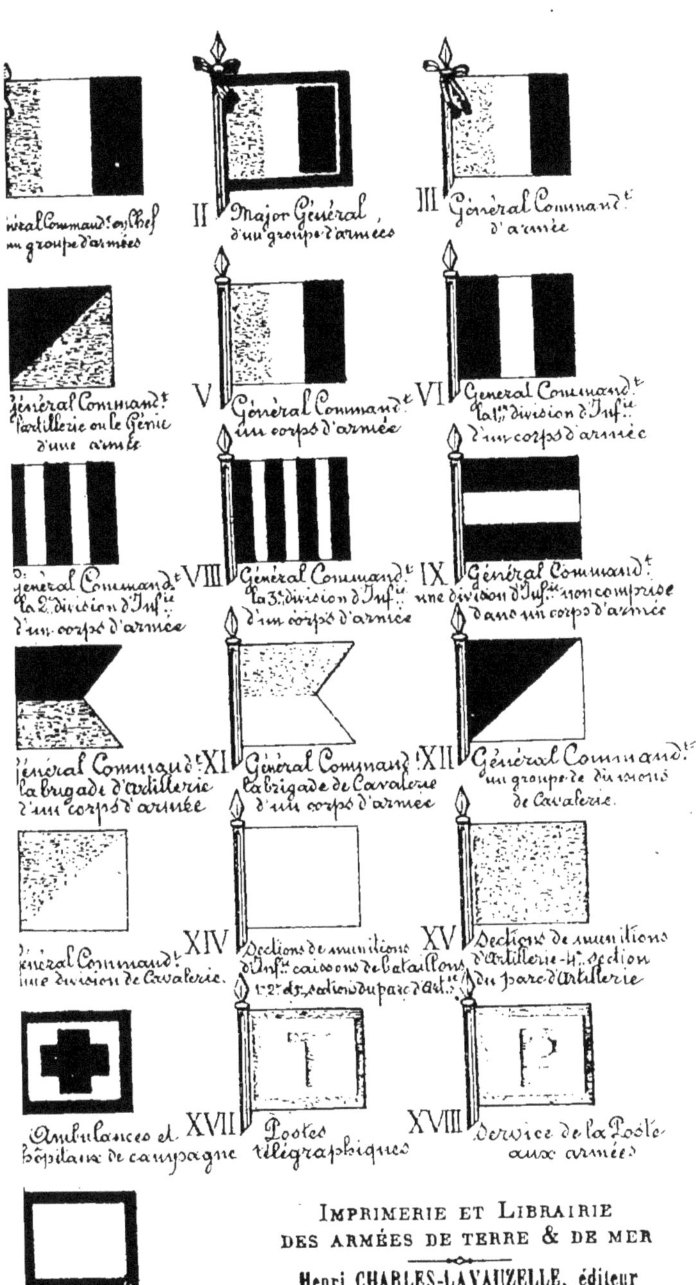

IMPRIMERIE ET LIBRAIRIE
DES ARMÉES DE TERRE & DE MER

Henri CHARLES-LAVAUZELLE, éditeur

a cnaque societe, pour les societes civiles).

CONDUCTEURS DE VOITURES RÉGIMENTAIRES ET D'ÉTAT-MAJOR : Brassard en drap du fond avec passepoil distinctif et attributs de l'arme.

BRANCARDIERS DES CORPS DE TROUPES : Brassard en drap du fond, avec croix de Malte en drap blanc.

---

24. LANTERNES.

Général commandant en chef un groupe d'armées...............	Lanterne blanche avec étoile bleue cerclée rouge.
Major général d'un groupe d'armées Général commandant en chef une armée..................... Général commandant un corps d'armée...................... Général commandant un corps de cavalerie..................	Lanterne blanche.
Général commandant l'artillerie ou le génie d'une armée........... Général commandant une division d'infanterie.................... Général commandant une division de cavalerie...................	Lanterne rouge.
Général commandant la brigade d'artillerie d'un corps d'armée.. Général commandant la brigade de cavalerie d'un corps d'armée.	Lanterne verte.
Sections de munitions d'infanterie. Caissons de bataillon............	Lanterne jaune.
Sections de munitions d'artillerie.	Lanterne bleue.
Ambulances et hôpitaux de campagne	2 lanternes, l'une blanche, l'autre rouge.
Postes télégraphiques............. Service de la poste aux armées....	Lanterne semblable au fanion.

IIᵉ PARTIE

SERVICE DES OFFICIERS D'INFANTERIE EN CAMPAGNE

CHAPITRE Iᵉʳ

GÉNÉRALITÉS

I. — **Droits au commandement.**

Le titulaire d'un commandement qui vient à manquer est remplacé par l'officier qui marche immédiatement après lui. **La désignation du commandant d'un détachement** composé de plusieurs armes est faite par le chef qui ordonne la formation du détachement : le commandant doit être d'un grade au moins égal à celui des autres militaires du grade le plus élevé du détachement. **L'officier en mission** spéciale exerce à grade égal le commandement sur tous les autres officiers de la mission. **Commandement des convois** (250).

Officiers étrangers : Ne peuvent exercer le commandement d'une place forte ou d'un poste de guerre s'il y a un officier français présent ; mais ils conservent le commandement des troupes s'ils sont supérieurs en grade à cet officier français. Ils peuvent exercer provisoirement le commandement de détachements où se trouvent des troupes et des officiers français, mais seulement à raison de la supériorité de grade, et jamais à raison de leur ancienneté. Quant au commandement des parties constituées de corps étrangers ou au commandement provisoire de détachements uniquement composés de troupes étrangères, tous les officiers y concourent d'après leur ancienneté. Les officiers français servant au titre étranger n'ont d'autres droits que ceux des officiers étrangers.

Officiers de réserve et de l'armée territoriale : A grade égal, les officiers de l'armée active ont le commandement sur les officiers de la réserve ou de la territoriale. L'officier retraité ou démissionnaire, classé avec son grade dans la réserve ou l'armée territoriale, a le commandement sur les officiers du même grade de l'armée active promus à une date postérieure à celle de sa nomination à ce grade. Il a également le commandement sur les officiers du même grade de la réserve et de l'armée territoriale, même plus anciens. qui n'ont pas servi avec ce grade dans l'armée active. Les gradés non officiers passés du service actif dans la réserve et dans l'armée territoriale possèdent le droit au commandement sur tous les militaires de leur grade qui n'ont·pas servi avec ce grade dans l'armée active et sur tous ceux de l'armée active qui ont été nommés à ce grade postérieurement à eux.

II. — Ordres, rapports, historiques.

(Service de l'Infanterie en campagne, titre II.)

RÉDACTION DES ORDRES

Doivent être clairs, précis, concis. Éviter d'indiquer les moyens à employer, se contenter de préciser le but; donner aux ordres un numéro d'ordre; heures et nombres importants écrits en chiffres d'abord, puis en lettres; heures suivies de l'indication matin ou soir; noms propres soulignés; noms de localités indiqués d'après la carte en usage (ne pas les abréger); mentionner les appellations différentes des habitants ou dans une zone frontière le nom dans les deux langues. Employer les termes d'orientation (N., S...) de préférence à : en avant, à droite. Dans les modifications d'un ordre bien spécifier les dates, heures et numéros de cet ordre.

Éviter les *abréviations*. Quand les circonstances obligent à y avoir recours, se servir des abréviations suivantes (*a*) :

Inf	Infanterie.	**T.C.**	Train de combat.
Cav	Cavalerie.	**T. R.**	Train régimentaire.
Art	Artillerie.		
C. A.	Corps d'armée.	**P. A.**	Parc d'artillerie.
Div	Division.	**Gal**	Général.
Bde	Brigade.	**Cel**	Colonel.
Rgt	Régiment.	**Cdt**	Commandant.
Btn	Bataillon.	**Cap**	Capitaine.
Cie	Compagnie.	**Lieut**	Lieutenant.
Esc	Escadron.	**S.-Lieut**	Sous-lieutenant.
Gr	Groupe.	**Off**	Officier.
Bie	Batterie.	**Q. G.**	Quartier général.
A. C.	Artillerie de corps	**E.-M**	Etat-major.
A. D. 1	Artillerie de la 1re division.	**A.-G**	Avant-garde.
		Arr.-G	Arrière-garde.
Esc. D. 2	Escadron divisionnaire de la 2e division.	**Fl.-G**	Flanc-garde.
		A.-P	Avant-poste.
		G. G.	Grand'garde.
Appt	Approvisionnement	**Ravt**	Ravitaillement.

(*a*) *Aide-mémoire d'état-major.*

M. I.....	Section de munitions d'infanterie.	**O/O**........	Ordre.
M. A....	Section de munitions d'artillerie	**P. O**........	Par ordre.
		P. I........	Point initial.
mb.......	Ambulance.	**Dét^t**.......	Détachement.
ranc D1..	Division de brancardiers, 1re division.	**T. E**.......	Tête d'étapes.
		CV. Auto..	Convoi automobile
ranc C...	Groupe de brancardiers de corps.	**Dp. E**......	Dépôt d'éclopés.
		Esc. A....	Escadrille d'avions.
ô. E......	Hôpital d'évacuation.	**G. R**.......	Gare régulatrice.
		T. U.......	Télégramme très urgent.
		T. O........	Télégramme ordinaire.

Nota.— Heure : 3 heures (3 heures matin); 15 heures (3 heures soir).

RÉDACTION DES RAPPORTS.

Doivent être autant que possible écrits. Les recommandations précédentes relatives aux ordres sont applicables. Indiquer avec précision les lieux, date, heure, des faits. Bien distinguer les faits certains de ce qu'on a entendu raconter. Pour être complet un renseignement sur l'ennemi doit faire connaître : 1° les forces reconnues (effectifs, armes auxquelles elles appartiennent): 2° le moment précis où elles ont été vues ou signalées: 3° le ou les points sur lesquels elles se trouvaient à ce moment: 4° leur situation et leurs mouvements (en station..., en marche..., dans telle formation..., se dirigeant vers..., et, s'il y a lieu, à telle allure.. , et toutes autres circonstances utiles à connaître (a) (b).

MODÈLE DE PAPIER POUR RAPPORT.

Largeur : 135 millimètres.

<table>
<tr><td rowspan="5" style="writing-mode:vertical-lr">Hauteur : 207 millimètres.</td><td colspan="2">° RÉGIMENT. — ^e BATAILLON.</td></tr>
<tr><td>Expédié le   , à   h.   m. { matin</td><td rowspan="2">ou</td></tr>
<tr><td>Arrivé le   , à   h.   m. { soir.</td></tr>
<tr><td>Lieu de départ :</td><td></td></tr>
<tr><td></td><td></td></tr>
</table>

(a) Pour les longueurs des colonnes, V. (305); pour les formations, V. (369); pour les durées d'écoulement, V. (310); pour les bivouacs page 139, note a).

(b) L'ordre dans lequel ces quatre questions : de *nature*, de *temps*, de *lieu* et de *circonstances*, sont relatées importe peu. L'essentiel est

Indiquer toujours les grade, nom et fonctions d
l'expéditeur, ainsi que les grade et fonctions du dest
nataire. Mentionner, s'il y a lieu, la carte dont on s'es
servi.

Le papier est quadrillé au recto et au verso.

Ces carrés ont un centimètre de côté, ce qui repré
sente 200 mètres à l'échelle de 1/20.000.

MODÈLE D'ENVELOPPE.

Longueur : 140 millimètres.

<table>
<tr><td rowspan="4">Hauteur : 110 millimètres</td><td colspan="3">
Départ : h. m. { matin ou soir.
Arrivée : h. m. {
Signature du destinataire :</td><td>Vitesse
(a)</td><td>{ ordinaire.
{ accélérée.
{ rapide.</td></tr>
<tr><td colspan="5">A M

à</td></tr>
<tr><td colspan="5">L'enveloppe est rendue au porteur.</td></tr>
</table>

A la désignation *vitesse*, maintenir le mot indiquan
l'allure à employer et effacer les deux autres.

Les plis contenant des rapports ou renseignements n
sont pas enfermés sous enveloppe gommée lorsqu'il y
intérêt à ce qu'ils soient communiqués aux comman
dants de troupe rencontrés par le porteur. Dans un
colonne en marche, par exemple, il est bon que le com
mandant de l'avant-garde reçoive communication de
renseignements adressés par la cavalerie au comman
dant de la colonne.

---

de n'en omettre aucune et de les préciser suffisamment pour éviter
toute ambiguïté.

Un chef de reconnaissance doit, en rédigeant un compte rendu
s'assurer qu'il répond aux quatre questions suivantes, faciles à rete
nir : Qui ? — Quand ? — Où ? — Comment ?

Il est nécessaire, en outre, de distinguer les points dont on es
certain, que l'on a vus ou vérifiés soi-même, de ceux dont on présume
seulement l'exactitude ou que l'on ne connaît que par renseigne
ments. Dans ce cas, indiquer la source de ces renseignements. (*Aide
mémoire d'état-major.*)

(*a*) A la vitesse *ordinaire*, elles alternent les allures du pas et du
trot, de manière à marcher sur le pied de 8 kilomètres à l'heure en
viron. A la vitesse *accélérée*, elles emploient l'allure du trot en l'en
trecoupant de temps de pas réduits au minimum indispensable. A la
vitesse *rapide*, elles emploient l'allure du galop tout le temps que le
terrain ou la nécessité de faire prendre haleine à leurs montures ne
s'y oppose pas, de manière que la transmission ait lieu avec toute la
célérité possible. (*Service de la cavalerie en campagne.*)

TRANSMISSION DES ORDRES ET RAPPORTS.

Pour les ordres, suivre toujours la voie hiérarchique, sauf en cas d'urgence; dans ce cas, le supérieur
avise l'autorité intermédiaire et l'inférieur en rend
compte. Chaque corps envoie un officier au rapport
journalier de la brigade pour recevoir les ordres.
Les généraux et chefs de corps ont l'obligation de
faire enregistrer tous les ordres donnés (même verbaux).
De même des instructions.

Ordres verbaux : En principe portés par des
officiers. L'autorité qui donne un ordre verbal le fait
répéter par l'officier chargé de le transmettre. Tout officier appelé à porter un ordre verbal doit s'attacher à en
saisir l'esprit autant que la lettre et se rendre compte
des circonstances auxquelles il se rapporte. Pendant la
durée de sa mission, il cherche à se rendre compte des
événements dont il peut être témoin, de manière à pouvoir renseigner son chef et la personne à laquelle il
porte l'ordre dont il est chargé.
Si la situation à laquelle se rapportait l'ordre s'est
modifiée pendant le trajet, l'officier n'en transmet pas
moins l'ordre reçu; il ajoute les explications nécessaires
au sujet du but que se proposait son chef au moment
où il l'a quitté. Si l'ordre comporte une exécution immédiate, il assiste au commencement de cette exécution. Avant de repartir, il demande s'il n'a pas de
réponse à rapporter (*a*).

Ordres écrits : Les ordres écrits importants

(*a*) Les *ordres* s'emploient aussi pour les manœuvres à rangs serrés
des unités supérieures au bataillon et pour les mouvements des autres unités, lorsqu'elles ont quitté les formations à rangs serrés et que
la simultanéité de l'exécution n'est plus nécessaire.
Les *ordres* sont donnés à la voix si c'est possible ; sinon, à l'aide de
signaux, après que l'attention a été fixée au moyen de la corne ou du
sifflet. Ils peuvent être également transmis par un officier, un sous-
officier ou un planton.
Les ordres doivent être courts, clairs et précis. Ils indiquent nettement le but à atteindre, la direction à suivre, la formation à prendre,
l'unité de base, etc., sans entrer dans les détails d'exécution.
Tout militaire chargé de transmettre verbalement un ordre, un
enseignement ou un compte rendu, doit le répéter textuellement à
celui qui l'envoie. Dès que sa mission est accomplie, il en rend compte
à celui qui l'a envoyé et, dans le cas où aucune réponse n'est faite, il
se borne à dire : ORDRE TRANSMIS.
Pour les ordres donnés à la voix et concernant des mouvements
simples, le chef utilise le plus souvent des termes usités pour les
commandements, comme ceux de : EN AVANT, HALTE, FACE A DROITE, etc.
La multiplicité des ordres engendre des hésitations qui nuisent à la
vigueur de l'action des troupes. Il importe de l'éviter en s'en rapportant, toutes les fois qu'il est possible, à l'intelligence et à l'esprit
d'initiative des subordonnés. (*Règlement du 3 décembre* 1904.)

sont portés par des officiers pouvant être initiés au con
tenu des dépêches; dans certains cas, ils sont établi:
en plusieurs expéditions et confiés à des officiers sui
vant des chemins différents.

Tout officier chargé de porter un ordre dans un pay:
occupé par des postes ennemis doit être accompagn(
par un ou deux cavaliers bien-montés. Il doit toujour:
être prêt à faire disparaître ses dépêches. S'il est bless(
ou malade, il s'adresse au commandant des troupes le:
plus proches et lui transmet l'ordre dont il est porteur
Celui-ci en donne reçu et désigne un autre officier pour
porter l'ordre.

Le commandant de la troupe de cavalerie la plus pro
che est tenu de fournir un bon cheval à tout officier
porteur d'un ordre, si l'état de la monture de cet officier ne lui permet pas d'accomplir sa mission en temps
utile. A défaut de cavalerie, cette obligation s'étend à
tout commandant de troupes pourvues de chevaux.

Les ordres écrits peu importants sont portés par des
sous-officiers, des plantons, des vélocipédistes, ou des
éclaireurs montés (9).

Tout porteur d'un ordre écrit reçoit au départ l'indication de la vitesse à laquelle il doit marcher et l'itinéraire à suivre. A son arrivée, il se présente au destinataire, remet sa dépêche et attend la réponse. Il reçoit
un accusé de réception.

HISTORIQUE DES CORPS DE TROUPE.

Ils portent le titre de : **Journal des marches et
opérations du** (régiment, bataillon, etc.) **pendant la
campagne.**

Effectif au jour de départ : Composition du corps.
Tableau nominatif des officiers classés par bataillon,
compagnie. Effectif hommes de troupe, chevaux.

Rédaction de l'historique : S'abstenir de commen-
taires ou d'appréciations sur l'origine et les causes de
la campagne entreprise. L'historique n'est que le récit
fidèle, jour par jour, des faits; il ne doit jamais être
établi après coup.

Camps et cantonnements : Emplacement. Indiquer les
corps qui campent à droite ou à gauche. Dire si l'on
est en première ou en seconde ligne. Emplacement des
grand'gardes.

Reconnaissances : Force, composition, but, résultat.

Combat : Position du corps avant l'action. Indiquer
l'heure du commencement de l'action, donner toujours
l'heure où un fait important se produit. Mentionner si
le corps se couvre par des fortifications. Après l'action
indiquer la position du corps.

Pertes : Indiquer très exactement les pertes éprouvées dans chaque affaire (tués, blessés, prisonniers et disparus). Les officiers, sous-officiers et soldats seront désignés nominativement. (Cet état sera intercalé dans le corps du récit.) Quant aux militaires morts des suites de leurs blessures, ou morts de maladies, on en fera mention à la fin de l'historique. Toutes les pertes sont totalisées sur un état final.

Récompenses : Les promotions, décorations et citations à l'ordre de l'armée sont mentionnées au fur et à mesure qu'elles parviennent. Les mutations survenues pendant la campagne parmi les officiers seront relevées sur un état spécial.

Actions d'éclat : A mentionner dans tous leurs détails.

Situations : Après une affaire où le corps aura éprouvé des pertes sensibles, établir un nouveau tableau de composition du corps en officiers. Mentionner également ment l'effectif restant (troupe).

Observations générales : Les appréciations devront être scrupuleusement évitées. Les ordres reçus ne seront l'objet d'aucun commentaire. Chaque journée de la campagne, à partir du jour du départ, aura sa date inscrite en marge. Si le corps fait des prisonniers à l'ennemi, on en indiquera le nombre. Donner les noms et grades des officiers ennemis faits prisonniers. Il sera joint au journal un dossier de pièces justificatives (situations sommaires, copie des ordres, rapports, tableaux de marche de cantonnements).

III. — **Signes conventionnels pour représenter les troupes.**

(Échelle du 20.000ᵉ.)

Au bivouac et en cantonnement.

Bataillon en ligne déployée......

Bataillon en colonne double.. ..

Compagnie en ligne déployée...

Régiment de caval. en bataille..

Régiment de caval. en colonne..

Escadron de caval. en bataille..

Batterie d'artillerie montée......

Compagnie du génie:...........

En position.

Tirailleurs....................

Bataillon en ligne déployée......

Batail. en lig. de col. de compag.

Bataillon en colonne double.....

Régiment de caval. en bataille..

Rég. de caval. en lig. de col....

Régiment de caval. en masse....

En position.

3 batteries en batterie..........

3 batteries en bataille..........

3 batteries en masse...........

En marche.

Colonne d'infanterie........

Colonne de cavalerie......

Colonne d'artillerie.......

Colonne de troupes de tou- tes armes........ ....

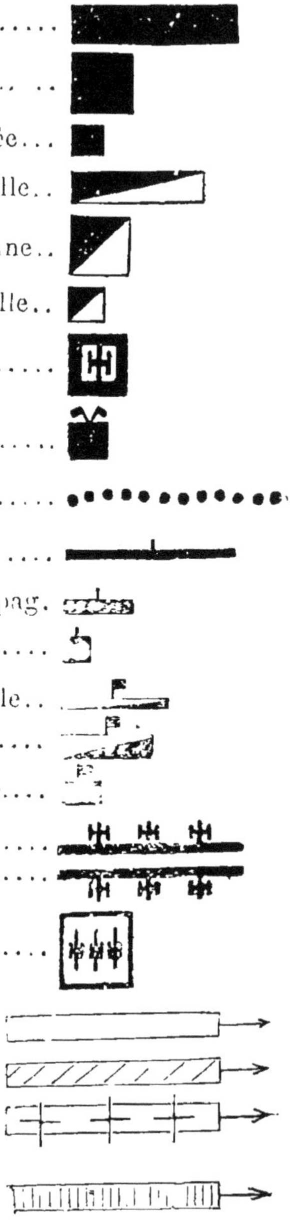

IV. — **Orientation.**

36. *D'après le soleil :* Il passe à l'est à 6 heures du matin, au sud-est à 9 heures, au sud à midi, au sud-ouest à 3 heures après-midi, à l'ouest à 6 heures du soir (temps vrai). La différence entre le temps vrai et le temps moyen varie suivant les époques de l'année. Écart maximum, un quart d'heure environ, en plus ou en moins.

D'après la lune : Va de l'est à l'ouest en passant par le sud, aux heures suivantes :

1er quartier.....	Est.	Sud, 6 h. soir.	Ouest, minuit.
Pleine lune.....	Est, 6 h. soir.	Sud, minuit.	Ouest, 6 h. matin.
Dernier quartier.	Est, minuit.	Sud, 6 h. matin.	Ouest.

Quand la lune croît, le croissant à la forme d'un D; quand elle décroît, forme d'un C.

D'après l'étoile polaire : On la trouve en prolongeant

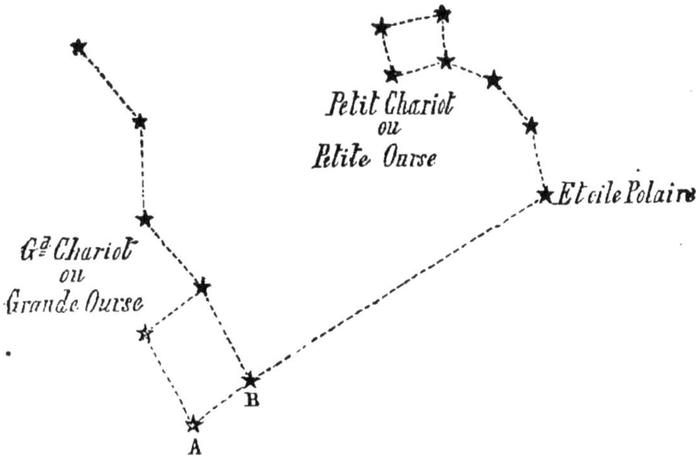

la ligne qui joint les gardes de la grande-ourse d'une longueur égale à 5 fois la distance de ces gardes. Les gardes sont les deux étoiles brillantes formant le petit côté du rectangle opposé à la queue de la grande-ourse.

D'après la montre : La montre tenue horizontalement à la main, tournée de façon que la petite aiguille soit dans la direction de l'ombre de l'observateur. La bissectrice de l'angle formé par cette aiguille et par le rayon qui aboutit à XII donne sensiblement la direction du nord.

D'après la boussole.

Emploi de la boussole pour assurer la direction :
1º Déterminer l'angle de marche (angle formé par la direction et la ligne nord-sud); 2º établir le front de la troupe sur une ligne perpendiculaire à la direction; 3º choisir quelques points de direction intermédiaires et successifs; 4º ou employer des jalonneurs qui, la nuit, auront de petites lanternes attachées derrière le dos.

V. — Télégraphie optique.

ALPHABET MORSE

LET-TRES.	SIGNAUX.	LET-TRES.	SIGNAUX.	LET-TRES.	SIGNAUX.
a		i		r	
à		j		s	
b		k		t	
c		l		u	
ch		m		ũ	
d		n		v	
e		ñ		w	
é		o		x	
f		ö		y	
g		p		z	
h		q			

CHIFFRES.

CHIFFRES.	SIGNAUX.	CHIFFRES.	SIGNAUX.	CHIFFRES.	SIGNAUX.
1		5		9	
2		6		0	
3		7		B. de fmat.	
4		8			

SIGNES DE PONCTUATION ET INDICATIONS DE SERVICE.

PONCTUATION et indications.	SIGNAUX.	PONCTUATION et indications.	SIGNAUX.
Point ......(.)	[signal]	Signal séparant le préambule des indications éventuelles, les indications éventuelles de l'adresse, l'adresse du texte et le texte de la signature.	[signal]
Point et virgu-le........(;)	[signal]	Appel (préliminaire de toute transmission).	[signal]
Virgule.....(,)	[signal]	Compris ou réception.....	[signal]
Guillemets avant et après passage.(« »)	[signal]	Erreur........	[signal]
Deux points.(:)	[signal]	Fin de la transmission......	[signal]
Point d'interrogation ou demande de répétition d'une transmission a comprise......(?)	[signal]	Attente.......	[signal]
Point d'exclamation ....(!)	[signal]	Invitation à transmettre ..	[signal]
Apostrophe. (')	[signal]	Réception terminée........	[signal]
Alinéa........	[signal]		
Trait d'union(-)	[signal]		
Parenthèse avant et après mots...( )	[signal]		
Souligné (avant après les mots ou le nombre de phrase)......	[signal]		

CHAPITRE II

DES MARCHES

I. — **Des marches en général.**

RÈGLES GÉNÉRALES

Le commandant d'une colonne ne conserve pas le commandement direct d'un des éléments qui la composent; sa présence est, en principe, avec la fraction où sa place est le plus nécessaire pour juger rapidement de la situation et pouvoir prendre ses dispositions en conséquence. (Voir à la page 305 les *Renseignements numériques sur les marches.*)

Distances : Dans chaque section, les distances entre les escouades ou demi-sections sont fixées par le commandant supérieur, suivant les circonstances. — Dans chaque compagnie, les sections formées comme il est dit ci-après (40) marchent les unes derrière les autres, ayant entre elles une distance qui sépare les différentes fractions (fractions de 4, escouades, demi-sections) qui les composent. Le gradé placé devant le premier rang de chaque compagnie (101, premier alinéa) règle la marche d'après les ordres donnés ; il apporte la plus grande attention à éviter les à-coups, en allongeant ou en raccourcissant insensiblement le pas, lorsqu'il doit modifier l'allure ; le gradé placé en tête d'une section, et qui n'est pas en tête de la compagnie (101, premier alinéa), s'attache à conserver la distance qui le sépare de l'unité précédente.

Les distances sont, au départ, de : 10 pas entre les compagnies (a), 30 entre les bataillons, 60 entre les régiments. Elles peuvent disparaître pendant la marche et sont reprises à chaque halte (118), le commandant de chaque fraction réglant l'allure de sa troupe sur celle de l'élément précédent. La distance entre les trains régimentaires de 2 corps est de 2) mètres. Dans les marches en formation serrée, l'ordre de mouvement fixe les distances et les mesures à prendre pour assurer la régularité du mouvement.

ÉLÉMENTS CONSTITUTIFS DES COLONNES

Les **trains de combat** fournissent les approvisionnements en munitions et matériel nécessaires sur le champ de bataille. Tout corps de troupe est accompagné de son train de combat. La **colonne de combat** est formée par la réunion des troupes et du train de combat. Les **trains régimentaires** transportent des vivres, des effets de remplacement, et les bagages.

FORMATION DE MARCHE ET PLACE DES DIFFÉRENTES UNITÉS

Formation : *Sur les routes,* l'infanterie marche habituellement en colonne par quatre, par escouades, ou par demi-sections, exceptionnellement en colonne par 2 ou par 1 (b). La section en colonne de route

---

(a) On ne cherche pas à maintenir rigoureusement cette distance. (*Instruction pratique sur le service de l'infanterie en campagne.*)

(b) Dans ces deux derniers cas, les hommes emboîtent le pas, de manière à ne pas allonger la colonne. Lorsque la marche doit être exécutée sur de longs parcours en colonne par 2 ou par 1, les hommes marchent à 1 mètre de distance. (*Ancien Règlement du 3 décembre 1904, art. 180, 181.*)

marche sur le côté droit de la chaussée dont le reste demeure libre.

Lorsque l'ordre en est donné, elle peut marcher sur le côté gauche et sur les deux côtés, le milieu de la chaussée restant libre. = Le gradé placé devant le premier rang règle la marche d'après les ordres donnés; il apporte la plus grande attention à éviter les à-coups en allongeant ou en raccourcissant insensiblement le pas lorsqu'il doit modifier l'allure; lorsqu'il n'est pas en tête de la compagnie, il s'attache à conserver la distance qui le sépare de l'unité précédente.

Les hommes marchent au pas de route, portent l'arme à la bretelle, et ne sont pas tenus d'observer le silence et la cadence du pas, mais conservent très exactement leur place dans le rang.

La compagnie marche ordinairement sur les routes en colonne par quatre. = En vue de diminuer la profondeur des colonnes, la compagnie peut, si la largeur de la route le permet, marcher en formation doublée, en accolant, dans chaque peloton, les deux sections en colonne par quatre.

En route, le capitaine se tient où il juge sa présence nécessaire, le plus habituellement en queue de la compagnie; les chefs de section à la place où ils peuvent le mieux surveiller leur troupe, en principe à la queue de leur section; le sergent-major, le sergent fourrier, le caporal fourrier avec les serre-files des sections auxquelles ils sont affectés; les tambours et clairons en tête ou en queue de la compagnie suivant les circonstances. = L'allure est réglée par un sous-officier portant le sac et marchant en tête de la première section, sous le contrôle du chef de cette section. (*Règlement de manœuvre.*)

A travers champs, l'infanterie marche en colonne de route ou dans toute autre formation. Les routes sont réservées aux voitures. Le chef de corps répartit entre ses bataillons ou détachements tactiques les sections de mitrailleuses dont il dispose, en tenant compte de la mission confiée à chacun d'eux.

Place des gradés et des diverses unités. — Le capitaine se tient habituellement à quatre pas devant le chef de la section de base ou de la section de tête; le sergent-major, s'il ne commande pas de section, le sergent fourrier, le caporal fourrier, en serre-files en arrière ou à hauteur du centre des deuxième, quatrième et première sections. = Les tambours et clairons sur un rang à deux mètres en arrière de la section de gauche de queue.

Le chef de bataillon se tient devant l'unité chargée de la direction (*a*). Si le bataillon est isolé ou chargé de la direction, cette direction est confiée à la compa-

---

(*a*) *Instruction pratique de l'infanterie en campagne*, art. 48.

gme de tête dans la colonne de bataillon ou à la deuxième compagnie dans la colonne double et la ligne de sections par quatre. Si le bataillon est subordonné, la direction est confiée à la compagnie la plus voisine de l'unité de direction. L'adjudant-major ou l'officier adjoint est à côté et à gauche du chef de bataillon ou à la place fixée par ce dernier; l'adjudant de bataillon, avec les serre-files d'une section de tête à proximité du chef de bataillon; les tambours et clairons, suivant les ordres reçus, en arrière de la section de gauche ou de queue, ou en tête du bataillon.

Le colonel et le général de brigade se tiennent habituellement devant le bataillon chargé de la direction ou devant celui de tête; le *lieutenant-colonel* à côté du colonel, pendant les routes, habituellement à la queue du régiment pour surveiller la marche.

Le *Drapeau et sa garde* (a) pendant les rassemblements et les marches d'approche, avec un bataillon de queue; pendant les routes, à la queue de la deuxième compagnie du deuxième bataillon dans l'ordre de marche;

Les *sapeurs* habituellement avec les serre-files de la quatrième section d'une des compagnies du bataillon de direction; pendant les routes, en tête du régiment;

La *musique* avec un bataillon de queue; pendant les routes, en tête ou en queue du régiment, suivant les ordres du colonel.

Les *vélocipédistes* à la place fixée par le colonel.

Les *éclaireurs montés,* voir page 9.

Les *ordonnances* dans le rang, à l'exception des conducteurs de chevaux de main. Voir page 104.

Médecins (voir page 120), *brancardiers et infirmiers et voiture d'ambulance* (voir page 104).

Section H. R (voir page 104.)

Officier de détail (voir page 103.)

Officier d'approvisionnement (voir page 110).

Artificiers (voir page 103.)

Conducteurs (voir page 104).

Armuriers, maréchaux, bourreliers (voir page 104).

42. Train de combat et train régimentaire (b).

Le TC comprend les :

Voitures à munitions ;
Voitures à vivres et bagages ;
Cuisines roulantes ;
Voitures médicales ;

(a) 1 sergent et 4 soldats de première classe choisis par le colonel et désignés à l'avance dans chaque bataillon.

(b) Des instructions particulières règlent les dispositions concernant les troupes alpines et d'Afrique et les corps qui ne sont pas dotés du matériel d'allégement.

Caissons à munitions des sections de mitrailleuses (type mixte) ;

Mulets porteurs de munitions des sections de mitrailleuses (type alpin) ;

Voitures légères d'outils ;

Voiture-forge ;

Chevaux de main :

Chevaux haut-le-pied (une partie) (a) ;

Mulets des éléments spécialisés (corps appelés à opérer dans les Alpes).

Le TR comprend les fourgons à vivres (voitures à vivres dans les bataillons de chasseurs opérant dans les Alpes) et une partie des chevaux haut-le-pied.

Les voitures à viande marchent, soit au TC, soit avec l'une des sections du TR, suivant les ordres donnés.

La voiture pour blessés (à quatre roues par régiment d'infanterie, à deux roues par bataillon de chasseurs), mise journellement, par le groupe divisionnaire de brancardiers, à la disposition des corps pour assurer, pendant la route, le transport des malades, fait partie du TC. Cette voiture peut rester à la disposition du corps pendant les périodes de marche ; les conducteurs et les chevaux sont alors mis en subsistance à la SHR ; elle rejoint le groupe divisionnaire de brancardiers pendant les séjours et dès l'imminence d'un combat.

TRAIN DE COMBAT

I — PERSONNEL D'ENCADREMENT

1° L'officier de détail commande le TC. quand celui-ci est groupé en totalité ou en partie. Un vélocipédiste pris parmi les vélocipédistes de la SHR est à sa disposition comme agent de liaison.

2° Le sergent-major artificier est le chef de service du ravitaillement en munitions du corps. Dans la colonne de route, il marche avec le groupe des voitures du bataillon de tête ; quand le régiment est divisé, il accompagne la fraction avec laquelle se tient le colonel ; quand le combat est imminent, il rejoint la fraction disponible ou le point indiqué par le chef de corps.

3° Le sergent artificier de bataillon est chef de groupe des voitures à munitions de son bataillon. Quand ces voitures vides sont renvoyées en arrière, il rejoint le sergent-major artificier, pour assurer le ravitaillement par les sections de munitions.

(a) Désignée par le chef de corps.

4° Le sergent conducteur des équipages est chargé spécialement de l'entretien des chevaux et du matériel du TC de son bataillon. Il concourt au commandement de ce TC avec le sergent artificier d'après son rang d'ancienneté.

5° Le sergent brancardier est à la disposition du médecin chef de service ; il marche à la gauche du régiment avec la voiture pour blessés éventuellement détachée par le groupe divisionnaire de brancardiers. Les caporaux brancardiers, les caporaux et soldats infirmiers marchent avec la voiture médicale de leur bataillon sous les ordres du médecin. En cas de fractionnement du bataillon, les infirmiers accompagnent leur compagnie. Sur la demande du médecin chef de service et en *prévision d'un combat*, les brancardiers peuvent être groupés à la gauche de leur bataillon sous la conduite du caporal brancardier. Lorsque le combat s'engage, les brancardiers rejoignent la voiture médicale de leur bataillon.

6° Les sapeurs et les musiciens marchent à la place fixée par le chef de corps. Dès que le combat s'engage, les sapeurs se joignent à l'unité qui a la garde du drapeau, à moins que leur présence sur un autre point ne soit nécessitée par les circonstances ; quant aux musiciens, ils rejoignent avec tout le personnel disponible de la SHR le TC du dernier bataillon.

7° Le chef et les ouvriers armuriers, le maître maréchal ferrant et un de ses aides (a), l'ouvrier bourrelier, se tiennent ordinairement avec le TC du dernier bataillon, dans les marches en avant, et du premier bataillon dans les marches en retraite (b).

8° Les sergents artificiers, les sergents, caporaux et soldats conducteurs sont choisis parmi les hommes provenant des corps de troupe montés, ou, à défaut, parmi ceux provenant de l'infanterie, et ayant accompli, comme conducteurs, un stage dans une arme montée.

(a) Le deuxième aide-maréchal ferrant marche au TR.

(b) Le sergent-major artificier, les maréchaux ferrants, les conducteurs du TC de la SHR comptent à la 4° section de cette unité, ainsi que les conducteurs de chevaux haut-le-pied. Dans chaque compagnie, afin de faciliter la surveillance, les conducteurs de voitures, l'infirmier, et à la 1re compagnie de chaque bataillon, les caporaux et hommes du PEM (caporaux infirmier, brancardier et clairon, vélocipédiste, conducteur de la voiture médicale, ordonnance des officiers de l'EM) comptent en surnombre à une escouade. Les chevaux haut-le-pied sont à la disposition des unités, pour remplacer les animaux indisponibles, sur l'ordre du chef de corps, ou en cas d'urgence, du lieutenant commandant le TC. Deux de ces chevaux sont pourvus de harnachement, afin de pouvoir être utilisés comme chevaux de renfort.

II – STATIONNEMENT – MARCHES – COMBAT

Prescriptions générales.

Les commandants d'unités (compagnie ou SHR) ont la responsabilité de tout le matériel et des animaux dont dispose leur unité ; ils veillent à la conservation des voitures. harnais, ustensiles de toute nature, comme au bon entretien des animaux. Ils sont secondés par le sergent conducteur (caporal dans les bataillons de chasseurs) chargé d'assurer, dans chaque bataillon, le service commun à tous les équipages.

Cantonnement et bivouac.

Les voitures occupent :

1° Au cantonnement, les emplacements fixés par les commandants d'unités dans le secteur affecté à leur troupe, ou par le chef de corps (s'il est formé un parc unique) ;

2° Au bivouac, la place indiquée par le Règlement 115. Les cuisines roulantes occupent les emplacements fixés pour la cuisine.

Lorsque le parc est formé, les voitures sont groupées par bataillon, les voitures de la SHR et de l'EM à la gauche. Dans chaque groupe. l'intervalle minimum entre les voitures est autant que possible de 50 centimètres, les distances de 2 mètres. A l'arrivée au cantonnement, les voitures se rendent à l'emplacement indiqué pour le déchargement. Le parc est ensuite formé suivant les ordres donnés. Chaque fois que la chose sera possible, il est avantageux de laisser à chaque unité sa cuisine roulante et généralement sa voiture à bagages. Quant à la voiture à munitions, il est préférable de la mettre au parc en raison de la surveillance particulière dont elle doit être l'objet. Avant le départ, le service de jour de chaque unité surveille le chargement du matériel et dirige les voitures sur le point fixé pour le rassemblement. A proximité de l'ennemi, les voitures à vivres et à bagages sont toujours chargées dans la soirée.

Marches.

Règles générales. — Les voitures en marche ne forment ordinairement qu'une file : elles peuvent, lorsque les troupes prennent la formation par files doublées, escouades ou demi-sections, marcher par deux. — Entre les voitures, il est pris une distance de 2 mètres. — Le côté gauche de la route doit toujours être laissé libre. — Sur les routes ou bons chemins, les conducteurs des voitures à deux roues sont assis sur le siège de la voiture et conduisent les animaux en guides. — Dans les chemins étroits et difficiles, et à travers champs, les conducteurs mettent pied à terre, attellent leurs animaux en file et les conduisent avec la guide de main, en se tenant à hauteur de la tête du limonier. — Les cuisiniers peuvent s'asseoir sur le siège de la cuisine, à côté du conducteur, sauf dans les chemins difficiles ou lorsque les animaux sont attelés en file, ou encore quand la chaudière est vide, pour éviter une surcharge à l'avant. Les chevaux du caisson de ravitaillement pour sections de mitrailleuses sont attelés par paire et conduits en selle dans tous les terrains. — Lorsque plusieurs voitures marchent groupées, un gradé où, à défaut, le plus ancien soldat du groupe en prend le commandement. — Le chef d'une colonne d'équipage s'arrête fréquemment, en se plaçant sur le côté. Il marche souvent le long de la colonne et, plus particulièrement, à hauteur de l'élément le plus chargé. — Il se conforme, d'une manière générale, aux prescriptions suivantes :

Avant le départ, s'assurer que les boîtes à graisse sont garnies, que les animaux sont bien ferrés, pourvus d'un harnachement bien ajusté et en bon état, redoubler de surveillance quand les départs ont lieu la nuit ou par mauvais temps. A la première halte, faire vérifier l'ajustage du harnachement et sangler à nouveau les animaux. Quand le TC est intercalé dans une colonne, il importe avant tout d'éviter aux divers éléments de cette colonne toute cause de désordre ou de retard. En conséquence, les voitures doivent toujours marcher sur le côté droit de la route en laissant le côté gauche libre pour la circulation. En terrain plat, dans les montées ou descentes moyennes, elles ne doivent pas perdre leurs distances normales. Dans les montées plus fortes, les conducteurs sont à pied à hauteur de la tête du cheval de gauche. Le gradé commandant le groupe de voitures demande, s'il y a lieu, à l'unité la plus proche, les hommes nécessaires pour pousser aux roues. Dans les descentes rapides, surveiller les freins et s'assurer que les voitures ne heurtent pas la croupe des chevaux, cause fréquente d'accidents graves. Si une voiture est forcée de s'arrêter, on lui fait vivement quitter la file, pour ne pas entraver la marche de la colonne. Lorsque la voiture peut être remise en marche, elle prend rang à la queue du groupe de voitures le plus proche du point où elle se trouve et ne reprend sa place normale qu'à la première halte. Une troupe ou des voitures arrêtées ne doivent jamais intercepter la route à suivre. Les points de croisement de chemins sont entièrement dégagés. Toutes les fois que des voitures s'arrêtent sur une route, elles doivent appuyer complètement sur le côté droit. Lorsque le TC n'est pas intercalé dans une colonne, se conformer aux mesures prescrites plus loin pour la marche des TR.

Marche loin de l'ennemi.

En principe, les voitures sont groupées à la gauche de leur bataillon, généralement dans l'ordre suivant :

Voiture médicale;
Voitures à munitions;
Voitures à vivres et bagages;
Cuisines roulantes;
Chevaux de main.

A la suite du bataillon de queue.

Voitures légères d'outils;
Caissons de ravitaillement des sections de mitrailleuses;
Voitures à vivres et bagages de la SHR;
Cuisines roulantes de la SHR;
Voiture-forge;
Chevaux haut-le-pied;
Grande voiture pour blessés, s'il y a lieu.

En cas de fractionnement du régiment ou du bataillon, les voitures suivent, à moins d'ordres contraires, leur bataillon ou leur compagnie. Si la troupe s'engage dans des chemins difficiles et peu accessibles, elles peuvent former momentanément une colonne séparée suivant un itinéraire distinct. Le commandant de la colonne règle, dans le cas, le mouvement du TC, en organise le commandement et en rend compte s'il y a lieu.

Marche à proximité de l'ennemi.

La nécessité de débarrasser la troupe de toute voiture non indispensable au combat prime toute considération. Toutefois, il ne saurait être formulé à cet égard de prescriptions d'un caractère absolu ou général. Les dispositions à prescrire par le commandement dépendent de la situation et peuvent même varier suivant le rang occupé par une troupe dans la colonne (avant-garde ou gros). En principe, le TC est fractionné en deux échelons :

1º Le premier échelon, qui suit toujours la troupe, comprend dans un régiment d'infanterie :

Les voitures médicales;
Les voitures à munitions qui n'ont pu être déchargées et les caissons de ravitaillement des sections de mitrailleuses;
Les voitures légères d'outils;
Les chevaux de main.

Les voitures médicales et les voitures à munitions non déchargées marchent soit en un groupe unique dans l'ordre des bataillons, en queue du régiment, soit derrière leur bataillon (a).

Les voitures d'outils marchent derrière les voitures du dernier bataillon.

Le sergent-major artificier (b) commande le premier échelon du TC, lorsqu'il est groupé. Lorsque chaque bataillon est suivi de son TC, le sergent artificier en prend le commandement et le sergent-major artificier suit la fraction avec laquelle marche le colonel.

Dès qu'un engagement est certain, le commandement (en principe le chef de bataillon) donne l'ordre, s'il y a lieu, de distribuer les cartouches des voitures à munitions. Dans une longue colonne, afin de ne pas surcharger les hommes trop longtemps à l'avance, cette distribution peut ne pas s'effectuer simultanément pour toutes les unités.

2º Le deuxième échelon, formant un groupe par régiment, sous les ordres de l'officier chargé des détails, comprend :

Les voitures à vivres et bagages;
Les cuisines roulantes;
La voiture-forge;
Les voitures à munitions déchargées;
Les chevaux haut-le-pied.

Groupements des deuxièmes échelons et liaisons.

En principe, lorsqu'une colonne de plusieurs régiments suit une même route, le commandement réunit en un groupe unique les deuxièmes échelons des TC qui marchent dans l'ordre des régiments, en queue de la brigade ou du TC de la division. Ce groupe est placé sous les ordres du plus ancien officier de détail. Il est de toute nécessité que ce dernier soit en liaison constante avec le chef qui a ordonné la séparation des échelons; faute de se conformer à ce principe, les hommes pourraient être privés, au moment du besoin, des vivres et des effets nécessaires.

Le soin d'assurer cette liaison ne saurait incomber au commandement dont l'attention doit se concentrer sur la situation tactique et les événements qui se passent devant lui; il revient tout entier au chef de groupe des deuxièmes échelons qui l'assure au moyen d'un officier monté (officier de détail remplacé dans le commandement de son échelon par le gradé le plus ancien de cet échelon) et de son bicycliste de liaison. Chaque officier de détail ou chef de deuxième échelon du TC

(a) Lorsque les voitures à munitions sont déchargées, elles marchent avec le deuxième échelon ; les sergents artificiers restent au premier échelon, à la disposition du sergent-major artificier, pour assurer le ravitaillement ultérieur par les caissons des sections de munitions.

(b) Le sergent artificier dans les bataillons formant corps.

d'un corps de troupe doit, en outre, veiller à tenir son chef de corps au courant des modifications apportées aux ordres donnés relatifs à l'itinéraire et au stationnement des deuxièmes échelons. Il emploie à ce effet le cycliste de liaison ou un sous-officier du deuxième échelon de son corps. Il appartient au commandant de prescrire toutes les mesures d'ordre et de sécurité nécessaires, en affectant au besoin, au groupe en question, un soutien spécial. Les deuxièmes échelons attendent, pour rejoindre leur unité respective, que l'ordre en soit donné ; cet ordre doit être donné par le commandement en temps opportun, pour que les éléments ne rejoignent pas leurs unités au lieu de stationnement à une heure trop tardive. Si un régiment est isolé, les règles indiquées s'appliquent au deuxième échelon de son TC.

Combat.

PREMIER ÉCHELON. — Dès que le régiment va s'engager, le sergent-major artificier, les sergents artificiers (lorsque les voitures à munitions vidées sont au deuxième échelon du TC), les sapeurs disponibles, les musiciens non employés par le Service de santé, les gradés et les hommes de la SHR, les tambours et le tambour-major, sont groupés derrière la fraction du régiment indiquée par le colonel. Il en est de même, en principe, des chevaux des officiers, à moins que, par suite des conditions de l'engagement, il ne soit nécessaire de laisser aux officiers d'un bataillon la disposition de leurs montures. Dans ce cas, les chevaux sont groupés suivant les ordres donnés par le chef de bataillon. — Les cartouches des voitures à munitions qui n'auraient pas été distribuées le sont d'urgence et les voitures vides attendent sur place le deuxième échelon du TC ou le rejoignent après l'écoulement de la colonne. — Les voitures à munitions qui n'auraient pas été vidées au moment d'un engagement sont groupées sous les ordres du sergent-major artificier derrière la fraction disponible du régiment, indiquée par le colonel. Sur la demande du chef de bataillon, les voitures à munitions nécessaires sont amenées par le sergent artificier et les cartouches sont portées sur la ligne par les hommes des fractions disponibles (a).

(a) Pendant le combat, les voitures à munitions ne sont pas ravitaillées. Lorsque ces voitures ont été vidées, le chef de corps avise, par le brigadier agent de liaison, le commandant de la section de mitrailleuses d'infanterie ou du détachement de cette section, avec lequel il est relié, du nombre de caissons qui lui est nécessaire (en principe 1 caisson par bataillon et 1 pour le ravitaillement des mitrailleuses). Cet officier fait diriger, sous la conduite d'un gradé, le nombre de caissons demandé sur le point fixé par le chef de corps) (point où se trouve le sergent-major artificier, généralement à proximité de la fraction disponible du régiment).

DEUXIÈME ÉCHELON. — La marche du groupe des deuxièmes échelons est réglée par le commandement, qui, au cours de l'action, lui fixe, par l'intermédiaire de l'agent de liaison, les points à ne pas dépasser. — Ces points successifs sont choisis de telle sorte que, tout en permettant aux trains de reprendre facilement le contact avec les troupes, le mouvement de ces dernières ne puisse jamais être gêné. — Il appartient au commandement de profiter des accalmies ou de la nuit, pour pousser tout ou partie des deuxièmes échelons, en particulier les cuisines roulantes, au contact des troupes. — A titre exceptionnel seulement, et en cas de mouvement en avant très prononcé de la troupe, le commandement des deuxièmes échelons peut, de sa propre initiative, prescrire un mouvement en avant. Inversement, il doit toujours être prêt à faire un bond en arrière dès que la situation lui paraît l'exiger. Dans l'un et l'autre cas, il rend compte sans retard des mouvements qu'il a prescrits. Pour un arrêt de courte durée, les voitures peuvent être rangées en ordre, sur le côté droit de la route ; pour un stationnement plus long, elles déboîtent et se forment sur le terrain avoisinant. La plus stricte discipline doit être observée dans les mouvements des deuxièmes échelons.

TRAIN RÉGIMENTAIRE

I — PERSONNEL D'ENCADREMENT

Le TR est commandé par le lieutenant officier d'approvisionnement, auquel est adjoint un adjudant.

Le TR est divisé en trois sections : Deux sections portant chacune un jour de vivres et chargées d'assurer alternativement les distributions journalières (a). Une section de réserve portant, à l'exception du pain de guerre, les denrées nécessaires pour reconstituer éventuellement, avec une des sections précédentes, un jour de vivres de réserve. Chacune des deux premières sections est commandée par un sergent d'encadrement. La section de réserve est sous les ordres du sergent-major chef du TR. Ce sous-officier commande la fraction du TR avec laquelle marche la section de réserve. Le personnel affecté au TR compte à la SHR.

II — STATIONNEMENT — MARCHES — COMBAT

Stationnement : Au cantonnement ou au bivouac, les voitures du TR occupent les emplacements fixés par le chef de corps.

(a) Instruction sur l'alimentation en campagne (art. 16) et Instruction sur le service de l'approvisionnement dans les corps de troupe.

Marches : Lorsque les TR sont intercalés dans une colonne, leur chef se conforme aux dispositions prévues pour la marche des TC. Dans le cas plus fréquent où les TR forment une colonne indépendante, leur marche est réglée d'après l'état et la pente de la chaussée, le chargement des voitures, le bon entretien des animaux, la durée de la marche et la température. Dès que se manifeste chez les animaux un essoufflement exagéré ou une abondante transpiration, il convient de faire une halte de courte durée. Dans les fortes montées, occuper, si possible, le milieu de la chaussée qui est le plus roulant et doubler au besoin les attelages ; dans les descentes rapides, au contraire, suivre les bas-côtés, généralement plus mous, qui diminuent les efforts à faire pour retenir les voitures. Ne jamais s'astreindre à regagner le temps perdu en allongeant l'allure. La vitesse moyenne de 4 kilomètres à l'heure est admise pour les colonnes de voitures, si toutefois la route est en assez bon état et la colonne convenablement fractionnée. Toute colonne de plus de dix ou quinze voitures doit être fractionnée, pour empêcher les à-coups de se propager en s'aggravant. Une distance de 20 mètres doit être laissée entre chaque groupe au moment de la mise en marche après chaque halte. Le chargement des TR doit toujours être au complet. La section chargée d'assurer la distribution des vivres du jour doit effectuer cette opération avant la fin de la journée et être recomplétée, en principe, au cours de la marche du lendemain. Les mouvements doivent être réglés de façon à laisser aux hommes et aux chevaux le temps nécessaire pour prendre leur repas et le repos indispensables. En général, les TR des quartiers généraux et corps de troupe marchent en queue de la colonne, suivant les dispositions prescrites par l'ordre d'opérations. Ils s'échelonnent dans le même ordre que les unités auxquelles ils appartiennent. Dans une colonne de division, l'ensemble des TR est commandé par le prévôt du corps d'armée. Les ordres pour la réunion et les départs du TR sont donnés : au prévôt du corps d'armée ainsi qu'aux vaguemestres des QG du corps d'armée et des divisions par les chefs d'EM ; aux officiers d'approvisionnement des corps de troupe, par les chefs de corps. Les vaguemestres, dans les QG et les officiers d'approvisionnement dans les corps de troupe, réunissent les voitures et les mettent en route assez à temps pour qu'elles prennent place dans la colonne à l'heure prescrite. En principe, les TR sont gardés par les conducteurs des voitures et par les hommes de troupe qui, pour une cause quelconque, marchent avec la colonne des TR. Une escorte leur est donnée quand la situation militaire et leur éloignement de la colonne le rendent nécessaire (*a*).

(*a*) Ces voitures marchent dans le même ordre que les troupes auxquelles elles appartiennent. Mais il ne serait pas pratique de vouloir

Marche loin de l'ennemi : Loin de l'ennemi, les TR sont intercalés dans la colonne, en totalité ou en partie, à la suite des corps auxquels ils appartiennent de manière à assurer les distributions des vivres dès l'arrivée au gîte. Dans ce cas, les sections de distribution et de réserve peuvent, au besoin, être intercalées derrière le TC du bataillon de queue de chaque corps de troupe.

Marche à proximité de l'ennemi : A proximité de l'ennemi, les TR marchent, groupés, à la queue des colonnes. On peut, s'il est nécessaire, leur affecter des routes distinctes de celles qui sont suivies par les troupes.

Combat : Lorsqu'on marche à l'ennemi, en vue d'un combat immédiat, les TR sont maintenus ou renvoyés en arrière. Le commandement leur assigne des points de rassemblement où ils se tiennent prêts à se mettre en route au premier ordre.

ORDRE D'OPÉRATIONS, ORDRE PRÉPARATOIRE

Un ordre de mouvement comprend en général (a) :

1° Des renseignements sur la situation de l'ennemi et sur le but à atteindre ;

2° Les prescriptions pour l'exécution de la marche (composition, dispositif, itinéraire et zone de marche des colonnes, mise en mouvement, répartition des éclai-

---

réaliser cet échelonnement dès le début, quand les voitures viennent de différentes directions vers le lieu de rassemblement, car elles encombreraient la route. Le mieux est, au fur et à mesure qu'elles arrivent, de les faire serrer indistinctement les unes derrière les autres, contre un côté de la route. Quand le moment du départ est arrivé, on les fait déboîter sur l'autre côté et partir dans le même ordre que les corps de troupe. (Général PIERRON.)

(a) **Rédaction des ordres.**

La méthode suivante de rédaction des ordres est à recommander. Un officier — autant que possible toujours le même — rédige l'ordre en s'aidant, s'il le juge utile, d'un cadre-memento ; un second officier suit la carte, définit les directions, les itinéraires, épelle les noms, signale les omissions, etc. En opérant de cette façon, le travail est fait très rapidement et le contrôle nécessaire assuré. La rédaction collective par plus de deux officiers est à rejeter absolument. (Instruction sur le Service des états-majors du 29 novembre 1912.)

Tirage des ordres.

Un des procédés les plus sûrs et les plus rapides consiste à faire dicter l'ordre à un secrétaire par un officier, qui épelle les noms de lieux et surveille la copie au fur et à mesure de la dictée. Dans les états-majors bien entraînés et dans de bonnes conditions d'installation, il faut compter pour la copie, le tirage de 25 exemplaires, la mise sous enveloppe, 1h 15 à 1h. 30 au minimum. (Instruction sur le service des états-majors du 29 novembre 1912.)

Rédaction des télégrammes.

Un procédé à recommander consiste à écrire le télégramme sans ponctuation et sans abréviations autres que celles communément admi-

eurs montés, haltes, place du commandant des troupes
et, s'il y a lieu, mesures concernant les avants-postes,
les cantonnements et l'alimentation);

3° Des indications sur le mouvement des unités voisines et sur les liaisons à établir entre elles.

En vue d'éviter que certains éléments soient soumis
à des fatigues excessives, le commandement fait al-
terner les unités entre elles, dans la mesure où la situation le permet, pour l'exécution des différents services. = En marche, les fractions constituées qui composent la colonne de combat prennent à tour de rôle,
quand rien ne s'y oppose, la tête de l'unité (régiment,
brigade ou même division) dont elles font partie. =
De même, dans chaque corps de troupe, les unités alternent entre elles pour assurer le service des avant-
postes et celui de jour.

II. — Exécution des marches.

PRÉPARATION DE LA MARCHE

Heure : Se régler sur l'heure du quartier général
prise au rapport ou au point initial.

Commandant de la colonne : Etudier sa carte,
se renseigner sur le terrain de sa colonne et les communications transversales avec les colonnes voisines (compléter l'ordre par des instructions de détail). Recher-

ses, puis à soumettre cette minute pour vérification à un officier non
au courant de la question traitée. Cette dernière précaution est d'ailleurs indispensable à prendre d'une manière générale pour toutes les
instructions et tous les ordres. (Instruction sur le service des états-
majors du 29 novembre 1912.)

**Cadre d'ordre de mouvement pour corps d'armée,
donné à titre d'indication** (Service des états-majors du 29
novembre 1912).

ORDRE GÉNÉRAL N°

1re PARTIE.

Renseignements sur l'ennemi (dans le cadre du corps d'armée en
raison des besoins des subordonnés, sans sortir de ce qui les intéresse
directement.)

« Il est exceptionnel pour le corps d'armée que ce paragraphe soit
remplacé par un bulletin de renseignements. »

But du mouvement.

Mission de la cavalerie.

Exécution du mouvement. Colonnes : composition (troupe et train de
combat, commandement, itinéraires, heures de départ, prescriptions
particulières.)

Mouvements du Q. G. Heure du rapport. Permanence

Mouvements des trains régimentaires.

Mouvements des parcs et convois.

Communications :

Postes télégraphiques d'armée;

cher des guides (*a*). Faire exécuter, s'il y a lieu, les travaux d'aménagement de la route. Faire reconnaître le point de rassemblement ou le point initial et l'itinéraire pour y aller. Fixer un point de rassemblement (éviter les rassemblements et, s'ils sont nécessaires, les réduire au minimum de temps; ne pas prendre pour lieu de rassemblement les routes, chemins, ou autres points où la troupe gênerait la circulation). ou fixer un point initial d'un accès facile et d'abords dégagés (ne pas choisir la sortie d'un défilé, d'un village. ou d'un bois). fixer les heures pour y arriver (*b*), fixer les haltes horaires de manière qu'aucune fraction ne marche plus

---

Postes T. T de corps d'armée ;
Postes de correspondance (brigade de cavalerie.)
Rendez-vous aux liaisons.

2ᵉ PARTIE.

Prescriptions relatives à l'alimentation.
Chargement des voitures à viande. Zones de réquisition.
Gares de ravitaillement.
Mouvements des trains régimentaires (sections de distribution et de réserve. section de ravitaillement.)
S'il y a lieu : ravitaillement en munitions.
Prescriptions diverses (évacuations, dépôts d'éclopés et de chevaux malades, etc).

Cadre d'ordre d'engagement et d'attaque pour un corps d'armée donné à titre d'indication (Service des états-majors du 29 novembre 1912)

ORDRE GÉNÉRAL Nᵒ

Renseignements sur l'ennemi. Mission du C. A.
Zone d'action du C. A Mission des avant gardes.
Dispositions concernant les gros.
Emplacement du poste de commandement.
Communications.
Prescriptions concernant les services.
Les prescriptions concernant les services visent plus particulièrement les mouvements des unités de ravitaillement en munitions et des formations sanitaires. Elles peuvent être résumées comme il suit :

Prescriptions concernant les services.

Itinéraires suivis par les éléments des services de l'artillerie et de santé du train de combat, points où ces éléments sont mis à la disposition des chefs de service.
Mesures analogues pour les formations de même nature du groupe des parcs.
Routes réservées aux ravitaillements, aux évacuations. aux mouvements des trains régimentaires.
Stationnement du groupe des parcs et du groupe des convois.
(*a*) Le choix des guides doit porter particulièrement sur les médecins de campagne, les vétérinaires, les marchands de bestiaux, les agents voyers, les chasseurs, les gardes champêtres ou forestiers, les facteurs ruraux, les braconniers, les bergers. les charbonniers, les bûcherons (*Cours d'état-major*, colonel ALTMAYER.)
(*b*) Pour la durée du mouvement et l'heure de départ, consulter les tableaux des nᵒˢ 380 et suivants.
Tenir compte, pour chaque fraction, du retard inévitable causé par le passage des défilés, ponts, gués, etc. (Général PIERRON.)

de cinquante minutes consécutives (*a*). Eventuellement, donner des ordres pour le campement, l'alimentation, les flancs-gardes et les patrouilles.

Le colonel détermine éventuellement, d'après les ordres reçus ou de sa propre initiative, l'itinéraire à suivre, l'heure de départ (de manière à éviter aux hommes tout stationnement inutile ou tout mouvement en arrière (*b*), au besoin un point initial intermédiaire. l'ordre de marche des bataillons. Le chef de corps répartit entre ses bataillons ou détachements tactiques les sections de mitrailleuses dont il dispose, en tenant compte de la mission confiée à chacun d'eux. Eventuellement aussi il donne des ordres pour le campement. la garde de police, l'alimentation, les flancs-gardes et les patrouilles; fait reconnaître et réparer la route et recherche des guides; il fixe la place des vélocipédistes (102), des tambours et clairons, de la musique, et fait connaitre les modifications à l'ordre normal de marche (place du train de combat de chaque bataillon, des chevaux de main ou haut-le-pied, des voitures de cantinières, etc.). Pour le **TC** pendant la marche, voir page 106. Pour le **TR** pendant les marches, voir page 111.

Enfin le colonel fait connaître à l'officier d'approvisionnement le point de rassemblement des convois. Les employés divers de la section active et les hommes des compagnies qui, pour une raison quelconque (secrétaires, ordonnances, vélocipédistes, ouvriers, malingres, escorte s'il y a lieu, etc.), doivent rester avec le convoi (103), sont désignés.

Lorsque les ordres arrivent pendant la nuit, ils ne sont transmis immédiatement qu'aux fractions dont le mouvement doit commencer avant l'heure où les troupes sont tenues prêtes à marcher.

Les dispositions pour la mise en route et le rassemblement des compagnies et du train régimentaire sont communiquées aux compagnies au réveil seulement. L'ordre préparatoire et, si possible, l'ordre d'opérations sont communiqués à tous les officiers, soit au départ, soit à la première halte horaire.

Les chefs de bataillon et capitaines' choisissent leur point de rassemblement et règlent leur départ de manière à éviter aux hommes tout stationnement inutile ou tout mouvement en arrière. Il est essentiel de ne pas troubler le repos de la troupe pendant la nuit, par la transmission des ordres. A moins d'ordre contraire, tous les matins, à l'heure fixée par le commandement, les compagnies, escadrons ou batteries

---

(*a*) Heure de la première halte horaire. (Voir page 118, note *a*.)

(*b*) Pour la durée du mouvement et l'heure de départ, consulter les tableaux des pages 307, 308, 309.

Tenir compte. pour chaque fraction, du retard inévitable causé par le passage des défilés, ponts, gués. etc. (Général PIERRON.)

sont formés à leur point de ralliement, prêts à partir. C'est à ce moment seulement que les ordres qui n'auraient pu être donnés la veille à la soupe du soir, pour le départ, sont communiqués à la troupe par les chefs de corps. Il n'est fait exception à cette prescription que pour les corps ou fractions de corps qui doivent se mettre en mouvement avant l'heure fixée. Dans ce cas, le réveil est assuré à l'heure voulue par les plantons des unités. = Chaque élément de la colonne est tenu de se relier en permanence, par la vue, ou par une chaîne de jalonneurs, aux troupes qui le précèdent, pour éviter de perdre l'itinéraire. Cette prescription s'applique particulièrement à l'élément qui marche en tête du gros de la colonne, lequel doit se relier à la queue de l'avant-garde. = Tout élément qui déboîte de la colonne est tenu d'en informer l'unité qui marche derrière lui, afin d'éviter d'être suivi par cette unité. = Au début de la marche, le commandant de la colonne s'assure que les troupes s'avancent dans l'ordre prescrit.

PRÉPARATIFS DE DÉPART, RASSEMBLEMENT ET DÉPART

Alimentation : Les soldats doivent manger avant le départ ; emporter un repas froid ; bidons remplis d'eau mélangée de café ou d'eau-de-vie. Les chevaux mangent une partie de la demi-ration réservée pour la route. En campagne, quand les troupes ne sont pas pourvues de cuisines roulantes, elles font la cuisine soit par section (ou peloton), soit par escouade (ou pièce). = En principe, les sous-officiers vivent à l'ordinaire.

Feux, doivent être éteints. **Bivouacs ou cantonnements,** remis en ordre avant le départ (effacer les inscriptions relatives à la répartition des troupes). **Feuillées** comblées.

Les officiers et sous-officiers font apprêter les hommes et voitures, veillent à l'exécution des ordres pour l'alimentation ; s'assurent qu'on n'oublie rien.

Capitaines : Réunissent leur compagnie et la conduisent au lieu de rassemblement du bataillon.

Départ (149) : Au moment du départ, communication éventuelle des ordres. Départ jamais retardé. Si le commandant d'une troupe est en retard, l'officier de rang immédiatement inférieur la met en marche. Pas de sonnerie (148). Prendre les distances (100).

Guides (page 114, note *a*). Dans les grosses colonnes, pour les guider, l'officier muni de la carte est à la tête d'avant-garde ; un autre en tête du gros ; si on a des guides, on s'efforce d'en donner un à chacun d'eux. Aux embranchements : signaux, plantons, etc.

Garde de police (144).

VITESSE DE MARCHE

Ne pas chercher à abréger la marche en forçant l'allure. Habituellement 80 mètres à la minute, soit 4 kilomètres en 50 minutes de marche effective, ou 4 kilomètres à l'heure en tenant compte de la halte horaire de 10 minutes. C'est une moyenne au-dessous de laquelle il convient de ne pas descendre dans les marches de 20 à 25 kilomètres sur des routes passables. Si l'étape est longue ou la route mauvaise, il vaut mieux interrompre la marche par plusieurs repos d'une heure que de laisser ralentir la vitesse. Toutefois, pour les longues colonnes, il sera prudent de ne compter que sur une vitesse de 3.600 mètres à l'heure (72 mètres par minute de marche effective). lorsque les conditions de température et de viabilité ne seront pas entièrement satisfaisantes. Une petite colonne peut, au contraire, franchir une étape de longueur ordinaire à la vitesse de 5 kilomètres à l'heure (100 mètres par minute) sur une bonne route (*a*).

La vitesse doit être uniforme (*b*). La marche s'exécute au pas de route. On ne prend qu'exceptionnellement le pas cadencé (*c*) pour traverser les localités et remettre la troupe en main avant et après chaque halte. Faire régler la marche dans chaque compagnie par le chef de la section de tête (*d*). (Voir à la page 305 les *Renseignements numériques sur les marches*.)

(*a*) Si les circonstances sont très favorables, une compagnie isolée peut faire 5 kilomètres en 50 minutes ; un bataillon isolé, 4 kil. 800 en 50 minutes ; un régiment, 4 kil. 500 en 50 minutes.

Si les circonstances sont défavorables, la vitesse de marche peut être très inférieure aux chiffres indiqués ci-dessus. (Règlement sur l'instruction de la gymnastique du 22 octobre 1902.)

(*b*) Il ne doit pas y avoir d'à-coups. Si, par exemple, en arrivant à une côte, la tête de la colonne est obligée de passer du kilomètre en 11 minutes au kilomètre en 12 minutes, cette compagnie perdra 5 mètres sur la suivante, tandis que leur distance est de $7^m,50$. — Il n'y a pas non plus à s'inquiéter de l'allongement, car dans les conditions inverses à celles ci-dessus, accélération de vitesse à raison de 1 minute par kilomètre, il se produira un allongement de 5 mètres seulement par compagnie.

L'allongement, du reste, est toujours réparable aux pauses : un bataillon qui aurait perdu 150 à 200 mètres marchera 2 minutes de plus avant la pause. Si, au contraire, il veut rattraper ces 200 mètres par accélération d'allure, en admettant que le bataillon qui est devant fasse le kilomètre en 11 minutes, il faudra que le bataillon qui est derrière marche au kilomètre en 10 (dix) minutes pendant 22 minutes consécutives. (*Note de l'auteur.*)

(*c*) Au pas cadencé (longueur $0^m,75$, à la vitesse de 120 à la minute) une troupe fait à la minute 990 mètres ou, en chiffres ronds, le kilomètre en 11 minutes. Si donc on fait la route à la vitesse du kilomètre en 11 minutes ou 4.500 mètres à l'heure, il n'y aura ni accélération, ni ralentissement quand on passe du pas de route au pas cadencé et réciproquement. (*Note de l'auteur.*)

(*d*) A la longueur de $0^m,75$, il faut 133 pas pour 100 mètres Dans la

HALTES HORAIRES

A l'heure fixée (*a*), le chef de chaque bataillon donne au moyen du sifflet le signal du *Garde à vous*, répété par les commandants de compagnie; les rangs se reforment du côté droit de la route et les hommes reprennent le pas cadencé, en laissant en principe l'arme à la bretelle. Un deuxième coup de sifflet répété par le commandant de la première compagnie indique le moment précis de la halte de la tête du bataillon. Les compagnies serrent; les hommes serrent, font face à gauche, forment les faisceaux et déposent leur sac sans commandement; ensuite ils quittent les rangs, mais ne dépassent pas la ligne des faisceaux. Le côté gauche de la route doit être dégagé; chevaux tenus en main et placés dans les intervalles des compagnies face à la route. Pendant les haltes horaires, les hommes restent du même côté que les faisceaux ou les voitures, à moins que ce côté de la route ne soit bordé de murs ou de haies. Dans ce dernier cas, ils peuvent se porter du côté opposé aux faisceaux, à la condition de dégager complètement la route. A la première halte, communication éventuelle des ordres (115); les officiers font rectifier les paquetages défectueux. A la fin de la halte, à un premier signal, les hommes mettent sac au dos, rompent les faisceaux, se reforment; à un deuxième signal, départ au pas cadencé en mettant en principe l'arme à la bretelle; après quelques minutes, reprise du pas de route. Quand la troupe marche par escouade ou par demi-section à distance

---

réalité, les hommes les plus grands d'une section sont portés à faire ces 100 mètres en 110 pas. Or, au pas de route, les hommes font tous à peu près le même nombre de pas dans le même temps. Si donc on laissait les hommes les plus grands marcher à leur allure naturelle on pourrait craindre de les voir parcourir en 50 minutes une distance de $50 \times 120 \times 0^m,90 = 4.800$ mètres. Les plus petits ne pourraient plus suivre.

L'officier chargé de régler l'allure pourra consulter le tableau suivant :

VITESSE A L'HEURE. 50 minutes de marche.	TEMPS NÉCESSAIRE POUR PARCOURIR	
	le kilomètre.	l'hectomètre.
5.000 mètres.	10 minutes.	60 secondes.
4.500 —	11 —	66 —
4.347 —	11 — 1/2	69 —
4.166 —	12 —	72 —
4.000 —	12 — 1/2	75 —

(*Note de l'auteur.*)

(*a*) Il est utile de faire la première halte horaire 20 minutes au plus après le départ, parce que la compression du paquetage excite l'homme à satisfaire un besoin naturel. (Général PIERRON.)

réduite, au moment d'une halte horaire, la co'onne ne fait pas face à gauche. Dans chaque unité de rupture, le second rang serre sur le premier et les faisceaux sont formés dans l'espace existant entre deux unités de rupture consécutives.

GRAND'HALTES

A faire aux deux tiers ou trois quarts du chemin à parcourir. Sont couvertes par l'avant-garde. Un officier monté de chaque régiment reconnaît l'emplacement et les ressources en eau et bois. Le colonel ordonne au besoin des mesures de sécurité complémentaires. Léger repas de café et de viande froide. Chevaux débridés et légèrement dessanglés; un peu de nourriture.

HALTES ACCIDENTELLES

En cas d'arrêt imprévu, le chef de l'unité fait mettre sac à terre sur la route ou rassemble et rend compte. Se remettre en marche dès qu'on le peut.

PASSAGES DE DÉFILÉ, OBSTACLES

Défilé : Faire mettre un officier à l'issue opposée pour arrêter tout ce qui viendrait en sens inverse. Serrer les rangs. Accélérer l'allure. Utiliser toute la largeur. Si le défilé occasionne un allongement exceptionnel, arrêter la tête de la colonne dès qu'elle a gagné l'espace nécessaire pour contenir toute la colonne, reprendre la marche quand la dernière subdivision a passé (procéder toujours de même dans chaque unité). S'il y a lieu, prescrire une grand'halte que les différents éléments exécutent avant ou après le défilé; puis reprendre la série des haltes horaires.

Terrains marécageux, tourbières, etc. : Faire reconnaître le passage et les autres points les plus abordables.

Gués (362) : Fixer les yeux sur la rive opposée. Si possible, tendre une corde d'une rive à l'autre; jalonner le gué par des cavaliers (a).

(a) Précautions à prendre : 1° rampes d'accès; 2° corde d'une rive à l'autre; 3° fixer un point de la rive opposée; 4° mettre à l'abri de l'eau les cartouches et les armes; pour cela, attacher au bout du fusil, à l'aide d'une courroie de sac, le ceinturon avec les cartouchières; placer le fusil en travers sur le sac ou l'élever d'une main au-dessus de la tête; 5° quand le courant est rapide les hommes doivent se tenir 2 par 2 ou 3 par 3.

Passage d'un canal à gué : 1° ouvrir l'écluse en aval, 2° la fermer en amont, 3° faire aplanir les berges; 4° passer à gué par section (Général PIERRON.)

Pont suspendu : Passer par petites fractions et en rompant le pas.

POLICE PENDANT LA MARCHE

Commandant de la colonne : Rend compte aussitôt que possible à son chef direct de la situation de sa troupe. S'il est isolé, il se tient en relations avec les colonnes voisines. Il voit souvent défiler sa troupe.

Officiers et gradés : Veillent à ce que la tête de chaque unité marche à une allure uniforme, que chacun marche à sa place; personne ne doit quitter les rangs sans autorisation : tout homme autorisé à quitter momentanément les rangs doit remettre son fusil à son voisin. Il est défendu de pousser aucun cri de « marche » ou de « halte ».

Les gradés relèvent toute infraction à la discipline, non par des remontrances acerbes et répétées, mais en s'adressant plutôt à l'amour-propre du soldat. Ils donnent l'exemple de la vigueur et de l'endurance, évitent toute parole imprudente et tout laisser-aller dans la tenue ou dans l'attitude qui pourrait trahir la fatigue. Les officiers qui se porteraient éventuellement sur le flanc de leur troupe, pour en surveiller la marche, ne doivent en aucun cas gêner la circulation.

Chef de bataillon : Voit souvent défiler sa troupe, surtout après une halte horaire.

Capitaine : Voit souvent défiler sa troupe; autorise les malades ou éclopés à attendre le passage du médecin ou leur remet un billet mentionnant l'autorisation donnée. Dans certains cas, un homme peut être laissé auprès d'eux.

Médecin et service sanitaire : Le médecin de bataillon adresse (avec une fiche) les hommes qui paraissent malades ou éclopés au médecin chef de service qui décide s'ils seront admis dans la voiture d'ambulance ou seulement allégés de leur sac; dans ce cas, il les fait marcher avec le détachement de police et profite des haltes horaires pour renvoyer à leur compagnie ceux qui peuvent suivre.

Les médecins en sous-ordre marchent à la gauche de leur bataillon. Ils ont auprès d'eux les infirmiers régimentaires et la voiture médicale du bataillon. En cas de fractionnement de ce dernier, les infirmiers accompagnent leur compagnie.

En prévision d'un combat, les brancardiers sont également réunis à la gauche de leur bataillon, sous la conduite du caporal brancardier.

Le médecin chef de service se tient à la disposition du chef de corps. Il marche, en principe, à la gauche du

corps. En cas d'absence, il y est remplacé par le médecin du bataillon de gauche.

Il dispose d'une voiture pour blessés, à quatre roues,
détachée journellement auprès du régiment, par le groupe
de brancardiers de l'unité, pour assurer pendant la route
le transport des malades. Une voiture pour blessés, à
deux roues, est affectée, dans le même but, à chaque
bataillon de chasseurs à pied. Ces voitures peuvent rester à la disposition des corps pendant les périodes dé
marche ; elles rejoignent le groupe de brancardiers pendant les séjours et dès l'imminence d'un combat.

Le médecin chef reçoit les malades et les éclopés
munis d'un billet du médecin de bataillon et décide s'ils
seront admis dans la voiture ou simplement allégés de
leur sac. Ces derniers marchent groupés en avant de
la voiture : les hommes capables de suivre leur compagnie y sont renvoyés au moment de la halte horaire.

Pour les brancardiers et infirmiers, voir page 104.

Un détachement de police marche derrière le
train de combat du dernier bataillon ; commandé par
1 officier ou 1 sous-officier de la compagnie de queue ;
comprend une fraction constituée de cette compagnie.
Renforcé par des gendarmes si le corps marche en queue
de colonne. Visite les localités traversées, arrête traî-
nards et maraudeurs ; à l'arrivée, remet ces derniers à
la gendarmerie en cas de flagrant délit : remet à la garde
de police les hommes qui n'ont pu marcher avec leur
compagnie, et dirige les autres sur leur corps.

Rencontre de deux troupes : En principe nulle
troupe ne doit être coupée. Loin de l'ennemi, si
deux têtes de colonnes se rencontrent, celle commandée
par l'officier le plus élevé passe la première. A proximité de l'ennemi, cet officier décide des dispositions à
prendre d'après le vu des ordres respectifs. Une colonne
qui en trouve une autre arrêtée passe la première si
l'ancienneté de son chef lui en donne le droit ou si
l'autre ne veut pas user du sien. Chaque colonne est
suivie de son train de combat ; les trains régimentaires
passent après les colonnes de combat et dans le même
ordre qu'elles. Il est possible de permettre à deux longues colonnes qui se croisent de continuer leur route
sans les arrêter. Pour cela, dans chaque colonne, les
unités se rassemblent sur leur tête, en atteignant le
point de croisement. Le passage de ce point a lieu par
unités massées (bataillons, compagnies) appartenant
alternativement à chacune des colonnes. Les unités sont
reformées en colonne de route, après avoir dégagé les
abords du point de croisement.

Honneurs : Les troupes n'en rendent aucun, ni
pendant les marches, ni pendant les haltes.

DISPOSITIONS SPÉCIALES.

Marches loin de l'ennemi : S'attacher surtout à diminuer la fatigue des troupes. Augmenter les distances habituelles (99); faire suivre les unités de leurs trains régimentaires (102).

Marches à proximité de l'ennemi : Diminuer la profondeur des cantonnements; celle des colonnes. en augmentant le front de marche (100) ; préparer aux étranglements de la route des passages supplémentaires : éloigner les *impedimenta*. Conserver les distances habituelles pour ne pas mélanger les unités.

Marche à l'ennemi. Les troupes doivent être aussi concentrées que possible dans la main du commandement (qui multiplie les colonnes en utilisant toutes les voies de communication). Au besoin l'infanterie suit à travers champs des pistes reconnues par des officiers d'état-major et préparées par des détachements de travailleurs. L'infanterie marche en colonne de route ou en toute autre formation d'après les circonstances et le terrain. Autant que possible, on fait marcher sur les routes le train de combat qui est réuni par régiment sous le commandement du sergent-major chef artificier. Le chef de corps règle la répartition et la place des médecins. Le train régimentaire est maintenu ou renvoyé en arrière.

Marches d'approche. (Voir *Dispositions préparatoires au combat*, pages 208, 209, 210.)

Marches forcées : Difficile de les prolonger au dela de 36 heures; ne pas forcer l'allure; alléger les hommes; transporter en voiture les sacs ou de petites unités. Le nombre et la durée des longs repos sont réglés d'après la longueur de la marche. Pendant la nuit prolonger les longs repos, raccourcir les grand'haltes. *Longs repos :* préparés comme des grand'haltes ; réduire les corvées au minimum par un campement transporté en voiture, ou en réquisitionnant des habitants. Repas chaud ; dormir. Chevaux attachés, débridés, dessanglés, les alimenter.

Exemple d'une marche de 24 heures :

7 heures de marche,	5 heures de repos.
7 —	5 —
14 heures de marche,	10 heures de repos.

Marches de nuit : Avant le départ, on s'efforce de faire reposer et dormir les hommes. Pendant la marche, ordre et silence absolus, vitesse ralentie : haltes plus fréquentes ou plus longues. L'officier qui marche en tête de chaque échelon est muni d'une lanterne sourde;

lui adjoindre un bon guide. Des gradés sont laissés aux embranchements de route pour indiquer la direction à suivre ; ils sont relevés de bataillon en bataillon. Le commandant de la colonne laisse fréquemment en arrière des officiers pour s'assurer que tous les éléments de la colonne suivent la route indiquée et à leur distance. Il est défendu d'allumer des feux ; on prend les précautions nécessaires pour que les lanternes ne soient pas aperçues de l'avant. On évite le bruit produit par l'armement et l'équipement. A proximité de l'ennemi, il est défendu de fumer. Les officiers montés sont pied à terre et les chevaux conduits en main avec le train de combat. Pendant les haltes on empêche les hommes de s'éloigner. Dans les chemins difficiles produisant de l'allongement, les hommes mettent sac à terre sans former les faisceaux et sans quitter leur place dans le rang et déposent leurs sacs derrière eux. Avant la pointe du jour, faire une halte d'une certaine durée pendant laquelle les hommes peuvent manger et préparer un café.

Marches par la chaleur (323) : Augmenter les distances, diminuer la vitesse suspendre le mouvement pendant les heures les plus chaudes, ouvrir les rangs et marcher des deux côtés de la route ; on augmente les moyens de transports. Les heures de départ sont réglées de manière que l'étape soit terminée avant la grande chaleur. Dégrafer la capote, relever les manches, desserrer la cravate et employer le mouchoir comme couvre-nuque. Une des précautions les plus importantes est de faire boire les hommes pendant la route. A cet effet, l'avant-garde ou des officiers montés envoyés en avant font préparer par les habitants des récipients pleins d'eau où les hommes rempliront leurs quarts ou leurs bidons au passage, mais sans retarder la marche. Au besoin, on organise des convois d'eau à la suite des différentes unités. Pendant les haltes, on fait sortir les hommes des chemins creux. Si les coups de chaleur sont à craindre, on prescrit une grand'halte en évitant les bas-fonds.

Marches par le froid (323) : Par le froid, il faut augmenter la ration et empêcher les hommes de rester immobiles pendant les haltes. On autorise les hommes à mettre le mouchoir autour du cou. Par la neige, on relève fréquemment les fractions formant tête de colonne. Les animaux sont ferrés à glace. Les heures de départ sont réglées autant que possible de manière que les queues de colonne entrent au cantonnement avant la nuit (a).

(a) On évite les accidents et chutes par le verglas en nouant sur le dessus de la chaussure une ficelle qui fait plusieurs fois le tour du pied et qui passe sous la semelle. Cette ficelle sert de frein. (Général PIERRON.)

Marches dans les forêts vierges (a).

Marches à travers les hautes montagnes (b).

Marches aux colonies (c).

(a) On pourvoit à la sécurité d'une colonne qui traverse une forêt vierge :

1° En intercalant les équipages au centre de la colonne ;

2° En faisant côtoyer la colonne, à droite et à gauche, par des groupes de flanqueurs munis de couperets pour s'ouvrir un passage à travers les lianes et les cactus, et pour découvrir les embuscades de l'ennemi ;

3° En longeant la lisière des clairières au lieu de traverser les espaces découverts. (Général Pierron.)

(b) Chaque compagnie lancera très en avant d'elle une patrouille composée de ses meilleurs marcheurs. Chaque fois qu'un obstacle obligera à quitter la ligne droite, cette patrouille laissera un de ses hommes en arrière pour aviser à temps la colonne de la nouvelle direction à suivre.

Dans les hautes montagnes, l'équipement doit être : bandes molletières ; ceinture de laine ; béret ; bâton ferré ; raquette à neige ou skis ; lunettes de glacier ; courroie de rechange. Chaque peloton doit être muni d'un rouleau de cordes. La colonne aura quelques civières, des outils (haches). (Général Pierron.)

Conseils aux ascensionnistes :

Attaquer la montagne très lentement pour ne pas éprouver l'essoufflement si pénible du début. — Ne pas causer, ne pas fumer, ne pas chanter. — Respirer par le nez. — Haltes fréquentes et courtes (3 à 5 minutes). — Ne pas boire en montant. En cas de soif impérieuse, manger quelques bouchées de pain avant de boire ; boire en petite quantité, jamais à grands traits. — Manger souvent et peu. — A l'arrivée, pas d'apéritif : thé, grog ou bol de vin chaud fortement sucré.

Emporter pour la route une provision de sucre (100 grammes par homme et par jour sont une quantité moyenne). — En cas de mal de montagne, prendre une infusion de thé très chaude et très sucrée. (D'après le docteur Bonnette.)

(c) La marche aux colonies s'exécute de façon très différente, selon qu'on est en pays plat et découvert ou en pays accidenté et couvert : dans le premier cas, on adopte généralement une formation en carré (annexe 1) ; dans le second, il faut assouplir la colonne, toujours très longue, même avec de faibles effectifs, en la fractionnant en petits groupes indépendants formant des échelons de marche qui, même lorsqu'ils suivent le même sentier, avanceront par bonds successifs en occupant par des patrouilles les sommets voisins. Dans ces conditions, il est prudent de ne pas mettre d'artillerie à l'avant-garde de même qu'il faut avoir soin d'y mettre toujours une petite fraction de soldats européens, afin d'éviter, ou du moins de limiter, les paniques causées par les embuscades ennemies ; c'est, en effet, presque toujours par des surprises d'avant-garde que l'ennemi manifeste son action en pays accidenté ; on les évite parfois en fouillant par quelques feux de salve les couverts où l'on soupçonne la présence de l'adversaire. Enfin, il ne faut pas oublier de garder par des arrière-gardes les défilés traversés par le sentier suivi, afin de se ménager une retraite possible, en cas de surprise et d'échec. (*La Guerre dans les colonies*, par le lieutenant-colonel Ditte.)

III. — **Protection des colonnes**.

Mesures à prendre pour éviter les indiscrétions et pour renseigner le commandement.

Il est interdit, soit au stationnement, soit au cours des marches, d'abandonner aucun papier, lettre, etc., sans le détruire. = Il est défendu aux militaires de tout grade de répondre aux questions posées par des personnes étrangères à l'armée. = Dans la correspondance privée, on doit s'abstenir de toute communication relative aux emplacements des troupes, à leur effectif et à leurs mouvements. Les lettres privées ne doivent pas porter mention de la localité où elles ont été écrites. = Tout renseignement et tout document donnant des indications sur l'ennemi doivent être transmis immédiatement par la voie hiérarchique. Les effets d'habillement ou autres, laissés par l'ennemi, sont examinés. Le compte rendu de leur nombre et des inscriptions qu'ils portent est envoyé au commandement. Tout militaire qui reconnaît dans un cantonnement l'existence de pigeons voyageurs rend compte à ses chefs. = Les prisonniers ou déserteurs doivent être fouillés et interrogés dans le plus bref délai. L'interrogatoire est fait, si possible, par le chef ou l'un des officiers du détachement ayant fait la prise. Les réponses sont résumées en un rapport sommaire transmis immédiatement à l'autorité supérieure. = Tout chef de corps ou de détachement qui pénètre le premier dans une localité abandonnée par l'ennemi fait immédiatement saisir les lettres déposées à la poste ou dans les boîtes, les papiers de la mairie, de la gare, du bureau de poste, etc. Il fait rechercher tous les documents laissés par l'ennemi et les indices permettant d'identifier les éléments ayant occupé la localité.

RÈGLES GÉNÉRALES

La protection des colonnes est assurée par des détachements qui prennent le nom d'avant-garde, de flanc-garde ou d'arrière-garde.

AVANT-GARDE

Rôle : Dans les marches en avant, l'avant-garde assure la sûreté du corps principal sur le front; elle l'assure également sur les flancs si la colonne n'a pas une très grande profondeur, principalement au moyen de patrouilles de cavalerie ou d'éclaireurs montés (9).

Composition : Une avant-garde comprend généralement des fractions constituées de toutes armes, savoir :

La majeure partie de la cavalerie divisionnaire ;

De l'infanterie, dans la proportion du sixième au tiers de l'effectif de l'infanterie de la colonne :

Tout ou partie des sections de mitrailleuses ;

De l'artillerie, dans une proportion variable ;

Un détachement du génie.

Tous ces éléments sont sous les ordres d'un même chef qui est le commandant de l'avant-garde.

Fractionnement : L'avant-garde se fractionne en échelons dont le nombre et la composition sont subordonnés au but à atteindre et aux circonstances ; ils prennent le nom de pointe, de tête et de gros de l'avant-garde. Les distances entre les échelons sont subordonnées à la nature du pays, à la composition et à la force de l'avant-garde. En pays découvert, ces échelons peuvent être plus éloignés, moins nombreux et moins forts qu'en pays couvert. La distance qui sépare l'avant-garde du gros des troupes est déterminée par la nécessité de mettre ces troupes à l'abri des coups de l'artillerie ennemie et de donner au commandant de la colonne le temps et l'espace nécessaires pour prendre ses dispositions.

Échelons de l'avant-garde : *Pointe.* — Dans la marche en avant d'une division d'infanterie encadrée, le gros de l'escadron divisionnaire constitue la pointe d'avant-garde de la division. Il est placé pendant la marche sous les ordres du commandant de l'avant-garde. Le commandant de l'escadron reçoit du commandant de l'avant-garde des instructions précises sur sa mission, sur l'itinéraire de la colonne, les points principaux à reconnaître ou à occuper, les haltes de longue durée... Il ne s'écarte en aucun cas de la route à suivre et reste en liaison constante par la vue ou par des jalonneurs avec la tête d'avant-garde.

L'escadron, dans sa marche, procède par bonds, de manière à gagner l'avance nécessaire pour effectuer les reconnaissances successives des hauteurs, bois, villages, etc., avant que la tête d'avant-garde en soit arrivée à portée de canon (3 à 4 kilomètres). Si les colonnes voisines sont hors de vue, il assure par des patrouilles la protection des flancs de l'avant-garde, de manière à les couvrir à portée de canon. Pendant les haltes gardées, il assure la protection du front de marche par un rideau de vedettes sur les points dominants. Quand l'effectif de la cavalerie divisionnaire est inférieur à un escadron, la plus grande partie du détachement est toujours affectée au service de la pointe d'avant-garde et on emploie seulement quelques cavaliers pour le service de police et de correspondance dans l'intérieur de la colonne.

Tête. — Comprend une fraction constituée d'infanterie et un détachement du génie. L'infanterie marche groupée sans détacher d'éclaireurs (non montés). Outre le détachement du génie, les sapeurs du premier régiment de l'avant-garde ainsi que les voitures portant les explosifs marchent avec cet échelon s'il y a lieu. Le commandant de l'avant-garde marche habituellement avec la tête d'avant-garde.

Gros. — Le gros comprend la majeure partie de l'infanterie et l'artillerie. Le commandant de la colonne marche habituellement avec cet échelon.

L'avant-garde doit prendre ses dispositions pour que la marche de la colonne ne soit ni arrêtée ni retardée. Les divers échelons de l'avant-garde se soutiennent réciproquement de manière à renverser tous les obstacles qu'ils ont devant eux.

Colonne d'infanterie sans cavalerie : Dans ce cas la tête d'avant-garde détache en avant d'elle une pointe d'infanterie chargée d'assurer le mieux possible le service qui incombe généralement à la cavalerie divisionnaire.

Commandant de l'avant-garde : Etudier l'itinéraire; se renseigner; se procurer un guide (page 114, note *a*) qui marchera à la pointe. Marcher soi-même avec la tête.

Fonctionnement d'une avant-garde sans cavalerie à proximité de l'ennemi.

Rôle des éclaireurs (*a*) **:** *Fonctionnement d'une avant-garde sans cavalerie, à proximité de l'ennemi.*

Isolés se dirigeant du côté de l'ennemi. — Ne pas les laisser dépasser, les envoyer avec ceux venant en sens inverse au chef de la pointe.

Obstacles, barricades, coupures. — Les dépasser et s'arrêter pour observer, pendant que la pointe cherche à rétablir le passage.

Hauteurs. — Au haut d'une montée, explorer des yeux la pente descendante (bois, villages, crêtes).

Défilés, routes encaissées, ponts, bois. — Traverser rapidement.

Lieux habités. — S'emparer d'un habitant, l'interroger,

(*a*) Lorsque les éclaireurs d'extrême pointe (cavaliers ou fantassins) arrivent à petite distance d'une crête ou d'un couvert (village, ferme, bois) qui les empêche de voir au delà, ils doivent forcer l'allure, se porter rapidement au sommet de la crête ou sur la lisière opposée du couvert; ils s'arrêtent ensuite en se dissimulant et en observant et ne repartent que lorsque la troupe en arrière est de nouveau à sa distance normale; pendant que l'extrême pointe est en position d'attente, l'un des éclaireurs doit autant que possible regarder en arrière de façon à assurer constamment la liaison avec les éléments à couvrir. — La section de pointe conforme, dans une certaine mesure, son mouvement à celui de l'extrême pointe; elle doit, en particulier, traverser vivement les couverts pour être à même de tenir la lisière opposée, si cela devient nécessaire (*Procédés de combat*, STIRN, page 135).

Aide-mémoire.   5

le garder au besoin comme guide, s'engager dans le village et chercher à en gagner rapidement la sortie. Pendant la nuit, se glisser jusqu'aux premières maisons; écouter; pénétrer dans une maison: s'emparer d'un habitant; le conduire au chef de la pointe.

Ennemi. — Au premier indice, rendre compte.

Haltes. — Continuer à surveiller.

Indices. — (255-256).

Rôle de la pointe (a) **:** Reconnaître le terrain refouler les patrouilles ennemies et rendre compte. Commandée toujours, en principe, par un officier qui reçoit communication de l'itinéraire, est muni d'une carte et accompagné d'un guide; il marche avec les éclaireurs.

Isolés. — Leur demander des indications sur l'ennemi, le terrain, la route, etc.; les faire conduire au commandant de l'avant-garde. Arrêter tout individu suspect.

Obstacles. — Chercher à rétablir le passage. En cas d'impossibilité, tourner l'obstacle, continuer la marche et prévenir le commandant de l'avant-garde.

Hauteurs. — Explorer des yeux la pente descendante (bois, villages, crêtes).

Défilés. — Les traverser rapidement et prendre position au delà pour faciliter le débouché.

Routes encaissées. — Détacher quelques hommes qui gagnent le sommet des talus ou pentes.

Ponts. — Examiner s'il existe des préparatifs de destruction. Voir le dessous et les voûtes.

Bois. — De faible étendue, le faire contourner par des patrouilles, puis s'engager dans le bois. S'il est étendu, faire reconnaître la lisière, puis pénétrer dans le bois, soutenu par la tête.

Lieux habités. — Faire reconnaître la lisière, s'engager dans le village et chercher à en gagner rapidement la sortie.

Ennemi. — Soutenir les éclaireurs.

Haltes. — Continuer à surveiller.

Indices. — (255-256).

Rôle de la tête d'avant-garde : Appuie et renforce la pointe; reconnaît sur les côtés les obstacles trop éloignés pour être fouillés par la pointe, répare et dégage la voie. Marchent habituellement avec elle : le détachement du génie, les sapeurs du régiment, voitures d'explosifs, le tout à la disposition du commandant de l'avant-garde qui marche généralement avec la tête.

Isolés. — Le commandant de l'avant-garde apprécie s'il doit les conserver; tout suspect est arrêté.

(a) Voir note à la page précédente.

Obstacles. — Le commandant de l'avant-garde prend ses dispositions pour rétablir le passage ; prévient le commandant de la colonne du retard probable.

Hauteurs latérales. — Envoyer des groupes d'éclaireurs pour observer le versant opposé.

Défilé. — Détacher des patrouilles pour en fouiller les abords. Si le défilé a une grande étendue, le commandant de l'avant-garde fait occuper les positions successives qui le commandent.

Routes encaissées. — Détacher quelques hommes qui gagnent le sommet des talus ou pentes.

Bois étendu. — Soutenir de très près la pointe, fouiller avec soin la partie du bois dans laquelle la colonne doit s'engager.

Lieux habités. — Les faire contourner par des patrouilles ; soutenir la pointe, s'engager dans le village et chercher à en gagner rapidement la sortie.

Ennemi. — Soutenir la pointe.

Haltes. — Continuer à surveiller. Pendant les haltes d'une certaine durée, élargir le réseau de surveillance.

Indices. — (255-256).

Rôle du gros de l'avant-garde : Prendre ses dispositions pour que la marche de la colonne ne soit ni arrêtée ni retardée. S'emparer des positions avantageuses, s'engager vigoureusement pour obliger l'ennemi à montrer ses forces, ou au moins le contenir pour donner au corps principal le temps de prendre ses dispositions à l'abri du feu (*a*).

Marches rétrogrades : L'avant-garde doit faire déblayer la route. La constituer en travailleurs (outils, explosifs). La distance au corps principal doit être assez grande pour que la marche de ce dernier ne soit pas retardée.

Communications dans la colonne : Sont établies au moyen de vélocipédistes. Dans les pays coupés et difficiles et dans les marches de nuit les différentes fractions sont reliées entre elles et avec le corps principal par les hommes de communication fournis par la fraction qui est en arrière.

FLANC-GARDES.

Elles sont composées de fractions constituées. Elles occupent, pendant le passage de la colonne, les points importants d'où l'ennemi pourrait inquiéter la marche.

(*a*) L'avant-garde doit chercher à déborder l'adversaire, et par une seule aile (*Procédés de combat*, STIRN, page 135).

Les flanc-gardes sont fournies par les premières troupes du gros de la colonne. En général, une flanc-garde comprend de l'infanterie chargée de résister sur l'emplacement choisi et quelques cavaliers dont le rôle est de signaler l'approche de l'ennemi.

Les flanc-gardes les plus efficaces pour la protection d'une colonne sont les flanc-gardes fixes. Il y a lieu d'employer cependant, dans certains cas, des flanc-gardes mobiles.

Les flanc-gardes assurent la protection des flancs menacés par des procédés identiques à ceux qui sont employés par les avant-postes ou les avant-gardes. Elles se fractionnent vers l'extérieur en échelons de plus en plus petits à mesure qu'on s'éloigne du corps principal.

Leur service fait, les flanc-gardes rejoignent leur colonne sans être astreintes à reprendre leur place.

Dans les petites colonnes, le service de flanc-gardes est assuré par de simples patrouilles d'éclaireurs se portant à quelques centaines de mètres sur les flancs. Elles sont accompagnées de cavaliers ou à défaut de cyclistes chargés de les éclairer elles-mêmes à une distance plus éloignée. Elles peuvent même, dans certains cas, être fournies exclusivement par des cavaliers avec ou sans cyclistes, et plus spécialement par des éclaireurs montés d'infanterie (9).

ARRIÈRE-GARDE

Elle est fournie par le corps qui est le dernier dans la colonne. Sa force est habituellement d'une compagnie pour une colonne de brigade.

Autant que possible, il lui est adjoint un détachement de cavalerie.

Dans les marches rétrogrades, l'arrière-garde a pour mission essentielle de couvrir la retraite du corps principal.

D'une manière générale, elle est composée comme une avant-garde dans la marche en avant.

Toutefois, comme elle ne doit pas compter sur l'appui du corps principal, il peut être nécessaire de la constituer plus fortement.

La cavalerie marche en arrière en tenant constamment le contact de l'ennemi et veille à la sûreté des flancs.

L'arrière-garde ralentit la poursuite de l'adversaire en créant des obstacles sur la route suivie. Lorsqu'elle est vivement pressée, elle occupe en s'échelonnant des positions successives qui lui permettent d'exécuter son mouvement de retraite. Elle fait au besoin des retours offensifs ou tend des embuscades afin de donner au corps principal le temps de s'éloigner. A moins d'ordre contraire, elle se retire toujours suffisamment à temps pour éviter d'être coupée et afin de ne pas obliger le corps principal à s'arrêter pour la dégager.

IV. — **Protection des colonnes aux colonies : en Algérie (*a*); en Indo-Chine et au Tonkin (*b*).**

V. — **Précautions à observer contre l'investigation aérienne.**

En toute circonstance, au cours des marches, pendant les rassemblements et au stationnement, on s'efforce de soustraire les troupes à la vue des observateurs aériens. = En marche, dès qu'un appareil aérien est signalé, on dégage les parties blanches de la route; on appuie le plus possible sur les côtés gazonnés ou bordés d'arbres, en se portant de préférence du côté opposé au soleil. Au besoin, l'infanterie et la cavalerie marchent dans les fossés. = En dehors des routes, ce sont les masses importantes et les troupes en mouvement qui attirent surtout l'attention des observateurs aériens. = On utilise le plus possible les bois, les vergers et les haies; en terrain découvert, les formations sont ouvertes et très diluées. Au besoin, on s'arrête en prenant de préférence la position à genou. Les parties du sol où on est le mieux dissimulé aux vues sont les zones séparant deux teintes différentes (par exemple, limite entre deux champs n'ayant pas la même couleur, bords des chemins, lisières des villages et des bois, etc.). = Au cantonnement, ce sont gé-

---

(*a*) **Dispositif du maréchal Bugeaud.** La troupe était divisée en trois colonnes parallèles, d'effectifs à peu près égaux. Le convoi était encadré en tête et en queue par la colonne du centre. Une petite fraction de la cavalerie éclairait la marche ; le gros de la cavalerie, réparti en deux groupes, marchait dans l'espace compris entre les colonnes extérieures et la colonne centrale. Pour franchir un col, des fractions des colonnes latérales étaient envoyées à l'avance, prenaient possession des hauteurs, et protégeaient ainsi la colonne centrale pendant son passage. (*Note de l'auteur.*)

(*b*) Quelquefois on constitue deux groupes distincts, soit comme troupe, soit comme commandement : l'un fixe, très fortement constitué et divisé en deux parties égales encadrant le convoi, dans l'intérieur duquel sont répartis quelques soldats indigènes pour surveiller et activer les coolies; l'autre mobile. Le tout, sous la direction d'un chef unique : les troupes européennes et indigènes étant réparties dans chacune des fractions proportionnellement à leur nombre.

Le convoi proprement dit détache à 150 ou 200 mètres en avant et en arrière une pointe exclusivement composée d'indigènes qui lance quelques éclaireurs. L'échelon mobile marche sur la même digue ou sur le même sentier, soit à l'avant, soit à l'arrière, suivant la direction probable de l'ennemi et le terrain. Mais lorsqu'une agglomération de villages paraît trop dangereuse, un cours d'eau trop boisé et trop encaissé, une gorge trop difficile, l'échelon mobile se détache, va sonder l'obstacle, l'occupe et permet à la colonne de le franchir avec quelque sécurité. (*Compagnie au service en campagne,* DE FONCLARE.)

néralement les parcs et les feux qui décèlent la présence des troupes. Il convient donc d'éviter les groupements de voitures formant des lignes régulières. Les voitures sont placées sous des hangars, des arbres, dans les cours ou en file le long des maisons et des haies, sous réserve de ne pas gêner la circulation. = Les cuisines sont installées autant que possible dans les habitations.

CHAPITRE III

STATIONNEMENT

I. — Cantonnements, bivouacs et camps.

PRINCIPES GÉNÉRAUX

Modes de stationnement : 1° Cantonnements ; 2° cantonnement d'alerte ; 3° cantonnement-bivouac ; 4° bivouac ; 5° camp (bivouac prolongé). N'employer le bivouac qu'en cas de nécessité. Chaque commandant de troupe répartit la zone de stationnement entre ses unités.

Campement (réunion du personnel chargé de préparer le stationnement).
Pour un régiment : le commandant de la compagnie de jour, 1 adjudant par bataillon (le campement d'un bataillon formant corps est toujours commandé par 1 officier), et par compagnie le fourrier, 1 caporal et 2 hommes. Il est souvent renforcé de la garde de police, mais il n'y peut marcher aucun équipage ou cheval de main. — Des cyclistes sont autant que possible adjoints au campement. — La réunion de plusieurs campements est commandée, à grade égal, par l'officier d'état-major du campement du quartier général des troupes réunies, ou, à son défaut, par l'officier le plus élevé en grade.

II. — Cantonnement.

Capacité du cantonnement : Compter par homme 1 mètre sur 2 ; par cheval 1 mètre sur 3. Un officier occupe la place de 5 hommes ; un cheval celle de 4 hommes (a). On peut mettre 10 hommes par habitant dans les campagnes et 5 à 6 dans les villes et localités industrielles. Ne jamais déloger les habitants de la chambre où ils ont l'habitude de coucher. Sont exempts de fournir le cantonnement dans le logement qu'ils occupent (mais non dans les dépendances qui peuvent être complètement séparées des locaux d'habitation, décret du 23 novembre 1886) les détenteurs de

---

(a) Le cube d'air désirable est de 12 mètres par homme et 20 mètres par cheval. (Général PIERRON.)

caisses publiques, femmes et filles vivant seules, communautés religieuses de femmes et écoles normales d'institutrices, lycées, collèges et pensionnats de jeunes filles, écoles de filles et écoles maternelles (Circ. min. des 31 mai 1887, 29 mars 1893, 15 septembre 1908) et les écoles mixtes quand elles sont dirigées par des institutrices (Circ. min. 15 février 1910). (Voir, pour le cantonnement en temps de paix, l'annexe V.)

PRÉPARATION DU CANTONNEMENT

Le commandant du campement le conduit à la mairie. La garde de police place des sentinelles aux issues de la localité pour empêcher les communications avec l'extérieur.

Il requiert la municipalité; consulte les plans, explore rapidement la localité et répartit ensuite le cantonnement entre les bataillons et la section hors rang (signaler pour qu'on n'y entre pas les maisons contaminées (*a*) (*b*); assigner les deux côtés d'une même rue à la même unité; loger les officiers dans le même quartier que leur troupe; (le parc en dehors des routes). Il fait reconnaître par *l'adjudant de jour* le logement du colonel, celui du médecin chef de service, le local réservé aux officiers et les écuries des équipages (à proximité du parc). (Pour les trains au stationnement, voir, pour le TC, page 105; pour le TR, page 110). Il fixe l'emplacement de la garde de police (au centre et autant que possible dans la maison commune) qui prend possession de son poste. Il reconnaît le point de rassemblement du régiment, les abreuvoirs, les endroits où les hommes prendront l'eau et ceux où ils devront laver leur linge; il fait placer des sentinelles aux puits et aux fontaines et fait commencer les travaux d'appropriation nécessaires. Il communique à la municipalité les ordres de réquisition. Il fixe le prix des denrées; s'il le peut, il fait faire tout de suite les distributions. Il dresse le tableau suivant, le fait afficher à la garde de police et le dicte aux adjudants et aux fourriers. Il fixe les points où ceux-ci attendront leur troupe; il se porte au-devant du chef de corps.

Un médecin par corps de troupes marche avec le campement. Il s'informe de l'état sanitaire de la localité, de la qualité des eaux et de la salubrité générale. Il

---

(*a*) Un médecin de l'ambulance marche avec le campement: il désigne les maisons dont les habitants sont atteints de maladies contagieuses; le chef du campement les fait marquer d'un signe apparent. (*Règlement du 31 octobre 1892*)

(*b*) Réserver quelques logements libres près de la mairie pour les donner aux hommes qui n'auraient pu trouver à se caser à l'endroit qui leur avait été désigné. (Général PIERRON.)

indique au chef de corps les maisons abritant ou ayant abrité des malades atteints d'affections contagieuses et demande que l'entrée de ces maisons soit interdite. Il fait consigner les fontaines et puits suspects. Il fait choix d'une installation pour les malades et éclopés et recherche les voitures disponibles pour les évacuations (a).

(a) On raye, suivant le cas, les deux mots ne se rapportant pas au cantonnement du jour.

e RÉGIMENT D'INFANTERIE

Renseignements et ordres à communiquer aux troupes avant l'entrée au cantonnement.

Localités occupées :   *Cantonnement* { *ordinaire.* / *d'alerte.* / *bivouac (a).*

Cantonnement.
- Etat-major..................
- 1er bataillon ....
- 2e bataillon................
- 3e bataillon................

Logements..
- Commandant du cantonnement..................
- Major du cantonnement....
- Colonel..................
- Officier supérieur de jour...
- Capitaine de jour..........
- Capitaine-major...........
- Officier de détails..........
- Officier d'approvisionnement
- Médecin de service........
- Vétérinaire................

Service.....
- Garde de police centrale du cantonnement...........
- Compagnie de jour.........
- Garde de police (emplacement)
- Autres gardes.............
- Compagnie du drapeau.....
- Plantons..................

(a) Service de santé en campagne.

Appels . ... {

Distribu-
tions.
(Lieu et
heure.) { Pain........................
Viande....................
Vivres de campagne........
Fourrages.................
Bois........................

Parc .... { Emplacement des voitures..
Emplacement des chevaux .
Heure de la visite..........

Eau .... { Potable....................
Abreuvoirs................
Lavoirs....................

Visite
des malades. { Heure de la visite (a).......
Lieu de la visite (147).......

Ambulance . { Emplacement ....
Evacuation des blessés......

Service
de la poste. { Emplacement du bureau....
Heure de la dernière levée.

Local réservé aux officiers.............
Point de rassemblement du régiment......
Point de rassemblement du régiment en
cas d'alerte..........................

Départ : à heure

PRESCRIPTIONS DIVERSES

———

(Travaux à exécuter..............

A , le 19 .

Le Chef de corps,

———

(a) Il est préférable de ne pas passer la visite immédiatement après
l'arrivée à l'étape : à ce moment beaucoup d'hommes sont fatigués et
découragés ; un peu plus tard ces hommes sont reposés et ont repris
courage. (Général PIERRON.)

Les adjudants répartissent le cantonnement entre les compagnies. Ils reconnaissent le logement des officiers de l'état-major et le point de rassemblement de leur bataillon.

Les fourriers logent leur compagnie par fractions constituées ; ils choisissent dans le lot de la compagnie les logements des officiers. A chaque maison, ils inscrivent à la craie sur la porte l'indication de la fraction, le nombre d'hommes et de chevaux, les noms et grades des officiers.

INSTALLATION AU CANTONNEMENT

La troupe est arrêtée à l'entrée du cantonnement où personne ne doit pénétrer avant le retour du commandant du campement (dégager les routes au besoin). La garde de police va à son poste si elle n'y est déjà.

Si elle a des prisonniers, elle les enferme dans la maison qu'elle occupe ou dans les maisons voisines.

Lorsqu'il y a plusieurs corps réunis dans le même cantonnement, le chef de corps le plus élevé en grade prend le titre de **commandant du cantonnement** et remplit les fonctions de commandant d'armes (un officier général commandant de cantonnement désigne un **major de cantonnement**). Il règle les services généraux des corps sans s'immiscer dans leur service intérieur ; prescrit les mesures d'ordre, de surveillance ; fixe les heures du réveil et de la retraite ; organise, s'il y a lieu, le service vélocipédique. La garde de police d'un corps est désignée comme **poste central de police**. Les corps de troupe y détachent des plantons. Eventuellement, le commandant du cantonnement désigne pour le cas d'alerte des *places d'armes* couvertes par les avant-postes et présentant de bons débouchés dans tous les sens. Il prescrit les mesures de sécurité nécessaires : 1º aux chefs de corps (faire garder les issues ou abords immédiats par des postes ou sentinelles ; dégager les débouchés ou les préparer ; travaux de défense ; dispositions à prendre en cas d'attaque) ; 2ᵗ à la gendarmerie (salubrité, maintien de l'ordre) (*a*) ; 3º à la municipalité (mesures propres à empêcher les habitants de communiquer avec l'ennemi ; limites à ne pas dépasser ; heures de rentrée au logis ; otages). En cas d'alerte, faire battre la générale.

Le commandant de la troupe dicte l'ordre comprenant éventuellement les instructions du commandant du cantonnement. Il reconnait ensuite la place d'armes.

(*a*) *Service en campagne.* (Instruction pratique modifiée du 27 mai 1906.)

Le drapeau est porté au logis du colonel par la compagnie cantonnée le plus à proximité.

Les commandants de compagnie, guidés par les fourriers, conduisent leur troupe dans son quartier. Arrivé au point de dislocation, faire lire l'ordre ; si ce n'est déjà fait, commander le service, et, s'il y a lieu, les appels, distributions, etc. Indiquer un point de ralliement où auront lieu les réunions, appels, distributions, etc. Envoyer à la garde de police un planton qui reconnaîtra auparavant le logement des officiers ; la compagnie désignée envoie en outre un planton qui reconnaîtra auparavant le logement du chef de bataillon ; faire relever par des petits postes les sentinelles placées par la garde de police aux issues voisines (avec mission d'arrêter toute tentative de surprise, toute communication entre les habitants et l'ennemi, de diriger vers les gardes de police les estafettes et les vélocipédistes). Barricader les issues, ou préparer les matériaux nécessaires (en requérant au besoin les habitants).

Les chefs de section, aidés des sous-officiers, surveillent l'installation, font organiser les feuillées et les cuisines (précautions contre l'incendie). En dehors des corvées régulières, les hommes ne peuvent s'éloigner de leur logement avant d'avoir procédé aux soins de propreté corporelle, nettoyé leurs armes et leurs effets et revêtu la tenue prescrite.

CANTONNEMENT D'ALERTE

Usité à proximité de l'ennemi ou quand la troupe doit pouvoir sortir très rapidement du cantonnement. L'installer alors de préférence au rez-de-chaussée et dans de grands locaux éclairés la nuit par les soins des habitants (les rues le sont par la municipalité). Les portes sont maintenues ouvertes ; au besoin on pratique des issues supplémentaires. Les hommes couchent tout habillés, prêts à prendre les armes : les cavaliers près de leurs chevaux, les officiers avec leur troupe ; les chevaux peuvent rester sellés et bridés et être réunis dans des cours, sur les places, etc. Dans chaque local, un homme veille pour entretenir la lumière et donner le signal en cas d'alerte.

CANTONNEMENT-BIVOUAC

Utilisé quand les ressources du cantonnement sont insuffisantes. On peut arriver à 40 hommes par habitant. Le commandant du cantonnement répartit entre tous les corps et services les locaux, abreuvoirs, fontaines, etc. ; les rues et les chemins restent libres ; des mesures spéciales sont prises pour faciliter les commu-

nications, la circulation des voitures; éviter les incendies, gaspillages d'eau, exigences illégitimes.

Les capitaines désignent les fractions qui bivouaque-
ront dans les cours ou jardins attenant à ces locaux.

Cantonnement en Indo-Chine et au Tonkin (*a*).

III. — Bivouacs.

Choix des emplacements (pages 255-256) (*b*).

PRÉPARATION DU BIVOUAC

Le commandant du campement reconnaît l'emplacement, répartit le terrain entre les bataillons,
indique la formation à prendre et se conforme dans la
limite possible aux indications relatives à ses fonctions
dans le cantonnement.

Les adjudants de bataillon jalonnent les limites
du bivouac de leur bataillon; vont au-devant de leur
bataillon et le conduisent.

Les officiers bivouaquent avec leur troupe.

INSTALLATION AU BIVOUAC

Bivouac d'un bataillon en colonne double :
Les abris ou les tentes sur une longueur égale au double
front de la section, dans le prolongement de la ligne des
faisceaux, leur grande dimension perpendiculaire ou
parallèle a cette ligne, suivant le terrain. Les cuisines
habituellement sur les flancs.

(*a*) Vu la grande étendue des villages, une troupe de faible effectif
ne saurait songer à les occuper on à les défendre en entier ; on doit rechercher, et l'on trouve toujours, soit des écarts, soit des coins possibles a isoler ; on s'y renferme et on s'y barricade facilement à l'aide de
haies de bambous existantes ou de palissades improvisées. (*Compagnie
au service en campagne*, DE FONCLARE.)

(*b*) Les espaces nécessaires pour lo bivouac sont les suivants (*Aide-
mémoire d'état-major*) :

Infanterie.	Bataillon d'infanterie.	en colonne double	front	112^m	prof.	112.
		déployé	—	245	—	95.
	Régiment.	en ligne de colonnes doubles	—	465	—	120.
		en colonne	—	140	—	385.
		déployé	—	1065	—	80·
Régiment de cavalerie.		en colonne	—	120	—	147.
		en bataille	—	280	—	125.
Artillerie.		une batterie	—	65	—	130.

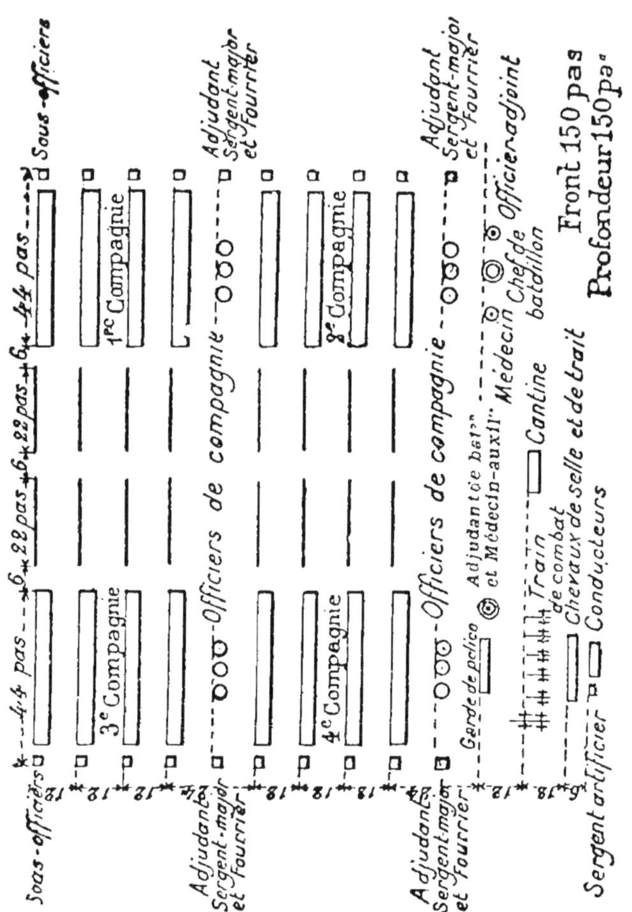

Bivouac d'un bataillon en ligne de colonnes : Les deux premières compagnies s'établissent comme les compagnies de tête de la colonne double : les deux autres à leur hauteur dans la même formation ; les compagnies du centre séparées par un intervalle de 24 pas. Suivant la direction du vent, les cuisines en avant du front de bandière ou en arrière de la troupe.

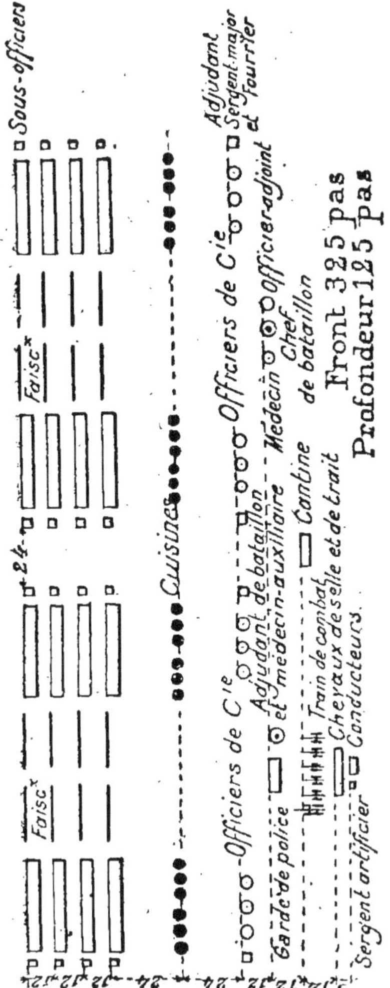

Bivouac en ligne : Lorsque le terrain ne présente pas une profondeur suffisante, le bataillon bivouaque en ligne. Dans chaque compagnie le bivouac établi à 6 pas en arrière des faisceaux sur deux lignes de tentes distantes elles-mêmes de 6 pas, les sous-officiers à la droite de leur section. La première ligne formée des escouades paires. Les sous-officiers, la garde de police, les cuisines, le train de combat, etc., occupent les mêmes emplacements que dans le bivouac en ligne de colonnes de compagnie.

Bivouac du régiment : Les bataillons sont disposés en ligne ou en colonne. Le drapeau à la tente du colonel. Le colonel, les officiers de l'état-major, le petit état-major et la section hors rang en arrière du bataillon désigné par le colonel. Le train de combat de chaque bataillon derrière son bataillon. Lorsque l'ordre est donné de réunir tous les trains, le parc est formé conformément aux indications du tableau ci-après :

Train régimentaire   *Train de combat*

4ª Bⁿ   3ª Bⁿ   2ª Bⁿ   1ªᵉ D.

Officier d'approvisionnem!

Vaguemestre   *Sergent major artⁱᵉ*

Chevaux du train régimentaire   *Chevaux du train régimentaire*   *Chevaux du 4ª Bⁿ*   *Chevaux du 3ª Bⁿ et 4 chevaux de selle de l'État major*   *Chevaux du 2ª Bⁿ et 4 chevaux de selle de l'État major*   *Chevaux du 1ªᵉ Bⁿ*

Fourrages

Conducteurs

Train régimentaire   4ᵉ Bⁿ   3ᵉ Bⁿ   2ᵉ Bⁿ   1ᵉʳ Bⁿ

Bivouac en Algérie (*a*).

IV. — Service dans les cantonnements et bivouacs.

DISPOSITIONS GÉNÉRALES

Différents tours de service : Les règles du service de place et du service intérieur sont appliquées autant que possible. Les gardes, détachements et travailleurs sont toujours fournis par fractions consti-

---

(*a*) Il n'est pas indispensable que le campement arrive longtemps avant la troupe ; on peut le détacher au moment de la grand'halte. Le bivouac est toujours établi en carré. La ligne des cuisines est tracée en avant des faisceaux. En pays ami il est utile de parquer les chameaux et les mulets de réquisition, une fois qu'ils ont été déchargés, à quelque distance du camp, sans dépasser la ligne des avant-postes. *Note de l'auteur.*)

tuées. Trois tours de service. *Premier tour :* Détachements qui ne sont relevés qu'après un certain nombre de jours. *Deuxième tour :* 1° Gardes de police, gardes intérieures, piquets, plantons, service habituel fourni par les fractions de jour et relevé toutes les vingt-quatre heures : 2° travaux militaires et corvées. *Troisième tour :* Service individuel dans les cantonnements et bivouacs.

Commandant du cantonnement (137).

Le chef de corps indique les heures des services qui n'ont pas été fixées par un ordre général ou un ordre du commandant du cantonnement.

SERVICE DE JOUR

Remplace le service de semaine : il est fourni alternativement par chaque bataillon ; il est pris du réveil au réveil.

Fraction de jour : Pour 1 régiment, 1 compagnie. Pour 1 bataillon formant corps ou détaché, 1 peloton. Elle fournit la garde de police (144), les autres gardes intérieures et le piquet (145).

L'officier supérieur de jour dirige l'ensemble du service intérieur et commande le service (avant l'entrée au cantonnement ou à l'appel du soir). Il a sous ses ordres la fraction de jour, les officiers de jour et l'adjudant-major de jour. Surveille la garde de police, le piquet, les autres gardes intérieures et les postes placés aux issues ; leur fait transmettre le mot par le capitaine de jour : ordonne les patrouilles et les rondes. Pendant les séjours, il se trouve à la garde montante qui défile devant lui. S'assure par lui-même, surtout la nuit, de la vigilance des gardes ; interroge, s'il y a lieu, les suspects arrêtés.

Le capitaine de jour est responsable de l'ordre dans les cantonnements ; est chargé des *distributions ;* a sous ses ordres la garde de police et les autres gardes intérieures ; se trouve à la garde montante et donne le mot et leurs consignes aux différents postes. Au cantonnement, il transmet les ordres, reçoit les appels, en rend compte au colonel et en fait rendre compte verbalement par l'adjudant à l'officier supérieur de jour ; transmet à ce dernier le rapport écrit et les comptes rendus verbaux du commandant de la garde de police. Veille aux exercices et aux travaux des punis et fait fréquemment la visite des postes. A défaut de gendarmerie, fait surveiller les cafés, auberges, etc. Est secondé dans son service par ses officiers et au besoin par les officiers de jour des autres compagnies. A défaut de capitaine de jour, le plus ancien des officiers de jour le remplace dans les distributions. Dans les

corps où il n'y a pas d'adjudant-major, les fonctions en
sont remplies par le capitaine de jour.

Dans un bataillon formant corps ou détaché, les
capitaines roulent entre eux pour le service de jour et
remplissent les fonctions de l'officier supérieur et du
capitaine de jour, mais l'officier du peloton de jour est
chargé des distributions.

Officier de jour de compagnie : Surveiller et
rendre les appels. Surveiller au cantonnement la corvée
de propreté. Ne peut s'absenter sans permission et sans
se faire remplacer.

Appels : Pendant les périodes de marche, l'appel
du matin a lieu au départ; l'appel du soir à l'heure
fixée (104).

Les jours de repos, habituellement trois appels : le
1er, une demi-heure après le réveil: le 2e, dans la journée: le 3e, le soir à l'heure fixée. L'appel du soir et
l'appel du matin, au logement ou à l'abri de l'escouade,
sous la surveillance des officiers de jour: sont reçus à
la garde de police par le capitaine de jour. L'appel de
la journée, quand il est prescrit en armes, sac au dos
(si l'ordre en est donné), dans les cantonnements, au
point de rassemblement de la compagnie : dans les bivouacs, sur l'emplacement des faisceaux; les tentes ou
abris restent dressés. Tous les officiers assistent à l'appel
de la journée; les capitaines passent l'inspection (armes,
munitions, vivres, chaussures).

Prise du service : Pendant les séjours, une demiheure après le réveil, la fraction qui prend le service se rassemble en armes. Les hommes de piquet
laissent leurs tentes ou abris dressés. Troupe inspectée
par l'officier supérieur de jour: défile devant lui: les
gardes vont occuper leurs postes, le piquet rentre dans
son cantonnement ou bivouac (145).

Garde de police : Chaque corps a sa garde de
police (pour 1 régiment, une section de la compagnie
de jour commandée par le chef de cette section; pour
1 bataillon formant corps, une 1/2 section commandée
par son sous-officier; pour 1 compagnie isolée, une escouade). Marche habituellement avec le campement (133).
Il y a toujours à la garde de police un clairon (a), plus
par compagnie un planton connaissant le logement des
officiers. Les ordres sont portés au chef de bataillon par
un planton spécialement commandé dans une compagnie. Elle assure l'ordre, surveille les équipages, les
munitions; garde les hommes punis (en fournissant au
besoin un poste de discipline): elle fournit sentinelles et
patrouilles (b). Au bivouac, elle peut construire des abris

(a) Et un ou plusieurs vélocipédistes. (*Note de l'auteur.*)
(b) La garde de police d'un des corps est désignée comme poste central de police (137).

et faire des feux. A la garde de police et dans toutes les gardes intérieures, un homme par escouade peut être chargé de la préparation des aliments ; mais ces postes n'envoient pas aux distributions, et les denrées leur sont apportées par les fractions de piquet. La garde rend les honneurs prescrits par le service intérieur et le service de place (mais sans tambour ni clairon). Le commandant de la garde se conforme aux ordres du capitaine de jour pour le maintien de l'ordre et de la propreté (147); fait faire par les sous-officiers de la garde les rondes et les patrouilles ordonnées par l'officier supérieur et le capitaine de jour; il peut en prescrire lui-même; fait surveiller les cantines, auberges, etc.; à l'appel du soir, les fait évacuer; veille à ce que les feux ne soient pas allumés avant l'heure prescrite, et soient éteints avant le départ; interroge les suspects arrêtés et les envoie, s'il y a lieu, au capitaine de jour. Au réveil, à l'appel du soir et à toutes prises d'armes du régiment, il fait prendre les armes à la garde et au poste de discipline; établit son rapport sur les deux postes et l'envoie au capitaine de jour. Au départ, la garde rentre dans le rang, mais ne quitte son poste qu'au moment de la mise en route du régiment.

Sentinelles : Au cantonnement, la garde d'un régiment d'infanterie fournit les sentinelles ci-après : une chez le colonel; une devant les armes; une ou plusieurs aux équipages et les sentinelles nécessaires au maintien de l'ordre, à la garde des eaux, etc.

Au bivouac, la garde fournit les sentinelles suivantes : une chez le colonel, une devant les armes, une sur le front de bandière de chaque bataillon, une sur chaque flanc du régiment, une ou plusieurs aux équipages.

Les sentinelles arrêtent de jour les individus suspects, et de nuit quiconque cherche à s'introduire dans le bivouac, même les soldats des autres armes. Celle du colonel l'avertit, en outre, de tout mouvement extraordinaire, et ne laisse déplacer le drapeau que par le porte-drapeau escorté de sa garde.

Piquet : Fraction disponible de la compagnie de jour, destinée à fournir détachements ou gardes extraordinaires et les soldats nécessaires à la réception et au transport des denrées destinées à la fraction de garde (144). Il est interdit aux hommes du piquet de sortir du cantonnement ou bivouac autrement que pour le service. Officiers, sous-officiers et soldats toujours habillés et équipés; chevaux sellés; sacs prêts; les appels et inspections sac au dos. Le piquet se réunit aux appels et aux prises d'armes du régiment. Pendant les séjours, il n'assiste ni aux exercices, ni aux revues.

Poste de discipline; punis: Ce poste est destiné à recevoir les hommes punis de salle de police et de prison. Dans les bivouacs, il est placé à environ

100 mètres en avant du front; peut faire des feux. Dans les cantonnements, est placé soit au bivouac dans un endroit découvert à proximité de la garde de police, soit dans un local voisin de cette dernière: les hommes punis y sont enfermés. Il est composé d'une escouade commandée par un sous-officier responsable envers le commandant de la garde de police. Le poste prend les armes toutes les fois que la garde de police les prend elle-même et rend les mêmes honneurs que les autres gardes (134). La sentinelle placée devant les armes surveille les prisonniers. La soupe des hommes punis leur est apportée par les soins de leurs caporaux d'escouade. Les hommes punis sont employés, en principe, à toutes les corvées et exercés au peloton de punition (a). Les chefs de corps font exécuter les punitions, en se rapprochant le plus possible du service intérieur (b).

Au départ du régiment, le poste et les hommes punis rentrent dans le rang. Les criminels qu'il n'a pas été possible d'envoyer à la prison du quartier général (148) sont attachés et gardés par leur compagnie: en arrivant au cantonnement, ces hommes sont remis à la nouvelle garde de police.

Honneurs et marques extérieures de respect : Les troupes ne rendent pas d'honneurs pendant la marche, ni pendant les haltes. Au stationnement, les gardes de police rendent les honneurs dans les conditions fixées par le règlement sur le service de place, mais sans faire de sonnerie.

(a) Le service intérieur du 25 août 1913 a supprimé le peloton de punition en temps de paix.

(b) La punition la plus efficace à infliger aux hommes en campagne est l'obligation de refaire le chargement de leur havresac, après une revue de linge et chaussures. = Les causes de punitions les plus fréquentes en campagne sont les refus d'obéissance immédiate et les réponses inconvenantes à l'occasion des corvées. Un homme ne veut être désigné une seconde fois pour une corvée que si tous ses camarades de l'escouade en ont déjà fait une. Il est donc essentiel, pour prévenir la plupart des punitions, de régler le tour des corvées sans négligence ni injustice. (Général PIERRON.)

(c) Honneurs à rendre par les gardes :

Drapeau......................................	Aux champs. Les officiers saluent du sabre.
Généraux de division chargés d'inspecter un ou plusieurs corps d'armée ou d'en diriger les manœuvres. Vice-amiraux chargés d'inspecter une ou plusieurs escadres ou d'en diriger les manœuvres. Généraux de division gouverneurs de Paris et de Lyon et commandants de corps d'armée, vice-amiraux commandants en chef à la mer ou préfets maritimes..........	Aux champs. Les officiers saluent.
Généraux de division ou vice-amiraux.	Le rappel. Les officiers supérieurs saluent.
Généraux de brigade et contre-amiraux commandants d'armes...	Le commandant de la troupe salue.

Les marques extérieures de respect sont dues en toute circonstances.

Mesures à prendre pour éviter les indiscrétions et renseigner le commandement. (Voir page 125.)

MESURES D'ORDRE

La corvée de propreté est surveillée, au cantonnement dans chaque quartier de compagnie, par le sous-officier de jour ; au bivouac, par le commandant de la garde de police pour tout le régiment.

Surveillance à exercer : Aucun officier ne peut s'absenter sans permission du cantonnement ou du bivouac. Les officiers et sous-officiers surveillent la propreté corporelle, les soins des chevaux ; l'entretien des effets, armes, harnachement ; la conservation des vivres et munitions. Visiter les cantonnements, maintenir la bonne intelligence entre les soldats et les habitants. Réprimer avec rigueur les infractions aux mesures de police sanitaire.

Ordinaires : Gérés par compagnie; préparation des aliments par escouade. Lorsqu'il est défendu d'aller à l'eau isolément, les sous-officiers de jour réunissent les corvées de la compagnie et les font conduire en ordre.

Auberges et cabarets : Défense d'y stationner plus que le temps nécessaire pour y faire ses achats.

Service de santé : *Visite* (page 136, note *a*) dans une salle spéciale à proximité de la garde de police.

Les malades et éclopés jugés en état de suivre le mouvement sont soignés au corps et marchent avec leur compagnie. Ceux qui doivent être évacués sont réunis assez à temps pour pouvoir être transportés aux gares de ravitaillement ou aux têtes d'étapes. Les hommes dont l'état est grave et le transport impossible sont remis aux autorités municipales qui sont requises d'assurer le traitement. Dès que ces hommes sont en état d'être évacués ou de rejoindre leur corps, ou sont décédés, les municipalités informent l'autorité militaire. Lorsqu'une fraction importante du corps est détachée, le chef de corps lui donne du personnel et du matériel sanitaires (*a*)

Commission de salubrité : Dans les cantonnements ou bivouacs qui doivent être occupés pendant plusieurs jours consécutifs, il est institué une « commission de salubrité » composée du major du cantonnement et du médecin le plus élevé en grade présent dans le cantonnement ou bivouac. Cette commission veille à l'exécution des prescriptions du commandement relatives à l'hygiène et propose toute mesure qu'elle juge nécessaire ou favorable au maintien du bon état sanitaire des troupes (*a*).

Infirmerie régimentaire : Lorsqu'un corps séjourne dans un cantonnement. il organise une infirmerie régimen'aire. On y admet les hommes qui paraissent susceptibles de se rétablir promptement, à l'exclusion de tout malade contagieux. Ceux des hommes traités à l'infirmerie, qui paraissent incapables de suivre au moment de la reprise prévue ou ordonnée du mouvement. sont évacués ou remis aux municipalités, suivant le cas (*b*).

Mutations : Les cartouches, vivres, outils des hommes entrant aux hôpitaux leur sont retirés, déposés sur les voitures de compagnie, ou répartis dans la compagnie (184).

Limites du cantonnement et du bivouac : Aucun officier ne peut s'absenter du cantonnement ou bivouac sans permission. Les limites ne doivent jamais être dépassées par les hommes. Des postes spéciaux y veillent au besoin.

Punitions : *Hommes* (145). = *Officiers.* Arrêts gardés dans la limite du cantonnement ou bivouac de la compagnie: mais l'officier prend ses repas avec ses commensaux habituels. Les militaires prévenus justiciables des conseils de guerre sont remis à la gendarmerie pour être conduits à la prison du quartier général (145).

Soldats : Consacrent au repos tout le temps dont ils peuvent disposer. Il leur est interdit de circuler avant l'heure du réveil ou du départ, de dépasser les limites du cantonnement ou du bivouac. Mettre en état les effets, armes, etc. (*c*).

Chevaux : Conduits en ordre à l'abreuvoir et en bridon plutôt qu'en collier. Ceux attachés à la même corde reçoivent l'avoine en même temps. Ceux qui refusent de manger sont surveillés ; le fourrage leur est donné à part par petite partie et arrosé d'eau salée. Les écuries, les emplacements des cordes (bivouac) sont nettoyés tous les jours.

Sonneries : Interdites dans les cantonnements ou bivouacs, sauf en cas d'alerte (149).

Sauvegardes : Les établissements publics ou particuliers (hôpitaux, couvents, moulins, etc), dont il importe d'interdire l'entrée aux troupes, d'une manière

---

(*a*) }
(*b*) } Service de santé en campagne.

(*c*) Pour empêcher des chaussures humides de perdre leur forme en se rétrécissant, les emplir de son qui en se chargeant d'humidité oppose résistance au rétrécissement et sèche rapidement les chaussures. (Général Pierron.)

absolue, reçoivent des sauvegardes établies par les officiers généraux seuls. Les hommes employés au service des sauvegardes reçoivent un ordre signé. (Il est aussi donné des sauvegardes écrites ou imprimées qui doivent être respectées comme une sentinelle.) La gendarmerie est chargée de la surveillance et de la police des sauvegardes.

Abris de bivouacs; cuisines; feuillées : Indiqués la nuit par des lanternes (365).

Départ : Ne pas troubler le repos des troupes pendant la nuit. Toujours être en état de prendre les armes; paquetage fait le soir; à moins d'ordres contraires, tous les matins à l'heure fixée par le commandement, la troupe est réunie prête à partir; communication par le chef de corps des ordres de départ (116). La garde de police, le poste de discipline et les punis rentrent dans le rang. Prévenus (148).

CANTONNEMENTS DANS LA ZONE
DES ÉTAPES

Dans un gîte d'étapes, les isolés et les commandants de détachements se présentent au commandant d'étapes (commandant d'armes) ou le préviennent de leur arrivée s'ils sont d'un grade supérieur au sien, et font viser par lui leur feuille de route. Toute colonne qui passe dans le voisinage en informe le commandant d'étapes. Les sous-officiers et soldats de passage ne doivent pas être retenus pour le service des étapes. Mais les petits détachements et isolés peuvent être maintenus provisoirement dans la localité pour être groupés en détachements. En principe, nourriture par l'habitant. Quand l'effectif est trop élevé, les distributions sont faites par la municipalité.

MESURES DE SÉCURITÉ

Commandant du campement (134). *Commandant du cantonnement* (137). *Commandant de compagnie* (138).

Alerte : Battre la générale. *Au cantonnement :* les hommes s'équipent et se rendent au point de ralliement de la compagnie. Les bataillons et le régiment se rassemblent et gagnent la place d'armes. Il est ordonné aux habitants de rester dans les maisons, fermer portes et fenêtres, volets ouverts, fenêtres éclairées. *Au bivouac :* les hommes se forment derrière les faisceaux; empêcher de les rompre prématurément.

Chaque commandant de cantonnement ou bivouac prend les dispositions nécessaires pour assurer, en toute éventualité, la sécurité des troupes sous ses ordres : issues ou abords immédiats gardés. = En principe, chaque corps de troupe d'infanterie ou de cavalerie assure la garde des issues dans son secteur. Parfois une fraction, prise dans un ou plusieurs corps, mais distincte des piquets, est désignée pour former réserve à l'intérieur du cantonnement. Cette fraction s'installe en cantonnement d'alerte ou au bivouac. = Les voies de communication sont dégagées; débouchés supplémentaires à l'intérieur ou à l'extérieur. = En pays ennemi, prendre des otages, interdire aux habitants de dépasser les postes et exiger qu'ils restent chez eux à partir d'une heure déterminée. Empêcher toute communication entre les habitants et les émissaires de l'ennemi.

V. — Avant-postes.

La protection des troupes au stationnement incombe à des éléments fournis par les avant-gardes, arrière-gardes, flancs-gardes. En outre le gros détache, si besoin, pour sa protection, des éléments en avant-postes.

Rôle des avant-postes. — Mission de résistance et de surveillance; ne pas chercher le combat. En cas d'attaque, ils n'hésitent pas à se sacrifier; ne cessent la résistance que sur ordre donné. L'infanterie, élément principal, doit coopérer étroitement avec la cavalerie. Le gros tient les points d'appui. Pendant le jour, la cavalerie attachée aux avant-postes prend à son compte tout ou partie de la mission de surveillance. Pendant la nuit, l'infanterie assume seule le double rôle de résistance et de surveillance; la cavalerie stationne en arrière. = Surveillance assurée, quel que soit l'éloignement de l'ennemi. La résistance n'est envisagée que si l'ennemi est en mesure d'intervenir et elle est préparée d'une manière d'autant plus complète que l'on se rapproche de l'adversaire. = S'il y a lieu de battre à grande distance des points importants, artillerie aux avant-postes. = Les avant-postes sont, autant que possible, établis de manière que les cantonnements les plus avancés et les points de rassemblement de la division soient à l'abri du feu de l'artillerie. Leur position est choisie d'abord en raison des facilités qu'elle offre pour la résistance. Il est en outre avantageux d'avoir, de cette position, des vues étendues. = Le service impose de grandes fatigues. Il ne faut donc y employer que l'effectif nécessaire.

Avant-postes en fin de marche. — La mission de fournir les avant-postes incombe à l'avant-garde tout entière si elle est faible (pour la division et les unités inférieures). Une grosse avant-garde peut, au contraire, ne mettre qu'une partie de ses forces aux avant-postes. = Le commandant de l'avant-garde est le commandant des avant-postes fournis par son avant-garde. = Si la zone à surveiller manque de profondeur, si elle présente des coupures ou des couverts, il est avantageux de la diviser en secteurs ayant chacun un commandant particulier subordonné au commandant de l'avant-garde. = En cas de marche rétrograde, l'arrière-garde fournit les avant-postes. On peut aussi faire prendre les avant-postes par des unités faisant partie du gros de la colonne. Ces unités s'installent avant l'arrivée de l'arrière-garde. = Les détachements de sûreté autres que les avant-gardes et arrière-gardes fournissent des avant-postes sur les directions qu'ils ont à garder, les commandants de ces détachements sont commandants des avant-postes fournis par leur détachement. = La même unité peut rester chargée pendant plusieurs jours consécutifs de la sûreté en marche et en station. = Les avant-postes sont constitués plus ou moins fortement, suivant la proximité de l'ennemi.

Avant-postes irréguliers ou à la Bugeaud (158).

Avant-postes loin de l'ennemi (158).

Avant-postes de combat (159).

Avant-postes à petite distance de l'ennemi. — Lorsque l'ennemi est assez près pour qu'une attaque de sa part soit possible, la question de résistance des avant-postes passe au premier plan. Sur les directions importantes, le dispositif est articulé en vue du combat et comprend en général :

Un premier échelon, constitué par des grand'gardes, qui tiennent les points du terrain se prêtant à la résistance;

Un deuxième échelon, formé par une réserve d'avant-postes, destinée à soutenir ou à recueillir les grand'gardes.

Les grand'gardes ont, en avant d'elles, des éléments de surveillance, petits postes, sentinelles, patrouilles. Dans les directions où une attaque est improbable, on se contente de simples postes de surveillance.

CAVALERIE

Couvre l'établissement des avant-postes. Elle place des vedettes et elle pousse des patrouilles au delà de la ligne de surveillance assignée aux avant-postes, suivant les indications du commandant de l'avant-garde. = Lorsque les avant-postes d'infanterie ont occupé leurs emplacements, la cavalerie se replie pour aller s'établir au stationnement et ne laisse aux avant-postes que la fraction désignée. = De jour, elle est répartie entre la réserve et les grand'gardes et fournit :

1' Des vedettes sur le front indiqué par le commandant des avant-postes;

2° Des patrouilles;

3° Eventuellement, des postes spéciaux pour occuper des points importants en avant.

De nuit, la cavalerie des avant-postes est groupée à la réserve des avant-postes ou cantonnée en arrière. Exceptionnellement, dans certains cas particuliers, les postes spéciaux établis le jour peuvent être maintenus la nuit. = Aux avant-postes, éviter d'employer les cavaliers pour les liaisons et la transmission des ordres. Ce service doit être assuré par cyclistes, quand les moyens de communication optiques ou électriques font défaut.

INFANTERIE. — ORGANISATION GÉNÉRALE.

Réseau : Le réseau complet (*réserve*, les *grand'gardes*, les *petits postes*, les *sentinelles*) peut comprendre aussi les *postes spéciaux*, les *postes d'examen*, le tout complété par des *rondes*, *patrouilles* et *reconnaisances*.

Ce réseau, placé sous un seul commandement, peut être modifié et simplifié dans chaque cas particulier.

Les communications entre les divers éléments du service d'avant-postes ont lieu au moyen de vélocipédistes. Le jour, elles peuvent aussi s'effectuer par signaux.

Numérotage : Les grand'gardes, les petits postes de chaque grand'garde et les sentinelles de chaque petit poste sont numérotés de la droite à la gauche.

Durée du service : Habituellement vingt-quatre heures.

Mot et signaux de reconnaissance (172) : Chacun doit les recevoir avant de prendre possession de son poste (on ne fait connaître aux sentinelles que le mot de ralliement ou les signaux). S'ils ont été retardés ou surpris par l'ennemi, le commandant des avant-postes en donne d'autres qu'il fait connaître aux postes voisins et au général de brigade. Il fixe de même les nouveaux signaux de reconnaissance que doivent employer les sentinelles.

Emplacements de jour et de nuit : En principe, les postes conservent jour et nuit les mêmes emplacements.

Il y a cependant intérêt à changer de place les sentinelles et même les petits postes, lorsque les avant-postes sont maintenus pendant plusieurs jours sur le même front au contact de l'ennemi. Dans ce cas, éviter de relever les avant-postes aux mêmes heures. Lorsque l'emplacement du petit poste doit être changé pour la nuit, le chef du petit poste le reconnaît à l'avance. Il gagne cet emplacement à l'heure fixée et, dès qu'il y est établi, il fait relever les sentinelles.

Si l'on n'est pas en vue de l'ennemi, il peut être avantageux de prendre les emplacements de nuit un peu avant la chute du jour, pour bien orienter tous les éléments de la grand'garde.

De nuit, la protection des troupes au stationnement est assurée par l'infanterie. = L'obscurité facilite les surprises, elle réduit notablement l'efficacité du feu. Les emplacements occupés par les avant-postes sont dissimulés avec le plus grand soin aux investigations de l'ennemi. Les divers éléments du réseau d'avant-postes restent, autant que possible, groupés et agissent de préférence par contre-attaques. = La surveillance mobile par des patrouilles doit être très active, surtout vers le point du jour. = A proximité de l'ennemi, et lorsque les avant-postes ont été établis pendant le jour, il peut être utile de leur assigner de nouveaux emplacements pour la nuit. Il y a souvent intérêt à ce qu'ils soient poussés plus en avant. = Ces emplacements sont surtout choisis de manière à tenir solidement le réseau des voies de communication conduisant vers l'ennemi. Les grand'gardes et la réserve d'avant-postes sont établies sur les routes et, autant que possible, dans les localités traversées par ces routes. Ces localités sont mises en état de défense. = Les places de rassemblement en cas d'alerte doivent présenter des débouchés faciles en vue des contre-attaques.

Afin d'assurer à la grand'garde le temps dont elle a besoin pour prendre ses dispositions, les petits postes peuvent être poussés à une plus grande distance que pendant le jour, et portés à proximité immédiate des sentinelles; des embuscades peuvent être tendues en avant. = Les emplacements choisis sont occupés à la tombée de la nuit; ils doivent avoir été reconnus à l'avance pendant le jour. = L'arrivée tardive au stationnement obligera souvent à effectuer. de nuit, le placement des avant-postes. = Les disposit ons d'ensemble ne peuvent être arrêtées que d'après la carte. Elles consistent généralement à occuper. sur les directions importantes, des points du terrain bien marqués et faciles à reconnaître, localités, ponts, carrefours, etc... = Toutes les mesures doivent être prises pour que les emplacements des différents éléments du réseau d'avant-postes soient exactement repérés. et que les liaisons soient bien assurées. = La réserve d'avant-postes et les grand'gardes se portent ensemble jusqu'au point où la réserve doit s'établir. De là, chaque grand'garde gagne son emplacement : un gradé de la réserve l'accompagne pour reconnaître cet emplacement et l'itinéraire qui y conduit. = L'installation des petits postes fournis par les grand'gardes s'opère d'après les mêmes principes. = Dès le point du jour, les commandants des grand'gardes et des réserves d'avant-postes font une reconnaissance rapide du terrain et modifient en conséquence, s'il y a lieu, les positions prises de nuit.

Postes spéciaux : La cavalerie peut être appelée à établir des postes spéciaux à une certaine distance en avant de la ligne de surveillance. La réserve des avant-postes fournit aussi les postes spéciaux destinés à occuper certains points importants.

Rondes : Les rondes sont faites par un officier ou un sous-officier, accompagné de deux ou trois hommes en armes. Elles s'assurent de la vigilance des sentinelles; elles relient entre eux les petits postes et les grand'gardes et elles concourent à la surveillance en observant pendant leur marche. = Les rondes circulent généralement à l'intérieur de la ligne de surveillance. = De jour comme de nuit, les rondes, les patrouilles et les troupes en armes se reconnaissent de la façon suivante :

Le chef qui, le premier, aperçoit la ronde, la patrouille ou la troupe crie : « Halte-là ! », puis : « Qui vive ? » A la réponse : « Ronde, patrouille, détachement de tel régiment ou France », il crie : « Avance à l'ordre », reçoit le mot d'ordre du commandant de la ronde, de la patrouille ou de la troupe et donne en échange le mot de ralliement. = Le commandant du détachement, de la ronde ou de la patrouille doit s'avancer seul; sa troupe est maintenue à distance jusqu'au moment où, son chef ayant été reconnu, elle est autorisée à pénétrer.

Patrouilles : Les patrouilles sont des détachements de force variable que les petits postes, les grand'gardes et au besoin la réserve, envoient en avant de la ligne des sentinelles pour surveiller les parties du terrain échappant à la vue de ces dernières, ou pour observer les mouvements de l'ennemi, lorsqu'on est en contact avec lui. = Les patrouilles constituent en principe l'élément mobile de la surveillance. Elles peuvent cependant, suivant les instructions reçues, s'immobiliser parfois pendant un temps plus ou moins long, soit pour mieux observer, en s'arrêtant sur les points d'où elles ont des vues étendues, soit pour tendre des embuscades. = Les commandants des grand'gardes ou de la réserve règlent le nombre, l'heure, l'itinéraire des patrouilles d'après la force de leur troupe, la nature du terrain et les possibilités d'attaque. = Quand les avant-postes doivent séjourner plusieurs jours sur un même terrain, l'heure de sortie et l'itinéraire des patrouilles sont changés chaque jour. = Vers le point du jour, les patrouilles doivent être plus fréquentes et reconnaître le terrain plus au loin; elles ne rentrent qu'au grand jour. = Pour éviter les méprises de nuit, les petits postes et sentinelles sont avertis des heures et lieux de sortie et de ceux probables de rentrée des patrouilles. = Les instructions données à chaque chef de patrouille avant son départ lui indiquent :

Le but précis de sa mission;

L'itinéraire général à suivre ou le secteur à parcourir;

Les points qu'il ne devra pas dépasser ou la durée approximative de sa mission;

Le mot d'ordre et de ralliement et les signaux.

Tout chef de patrouille communique à ses hommes le mot d'ordre et les signaux pour qu'ils puissent rentrer isolément, si la patrouille est obligée de se disperser. = Lorsqu'il le juge nécessaire, le chef d'un petit poste peut également envoyer des patrouilles. = Les patrouilles marchent avec précaution et sans bruit, en s'arrêtant souvent pour écouter et s'orienter; elles observent avec soin le terrain qu'elles parcourent. = De nuit ou en terrain coupé, les petites patrouilles d'infanterie ne s'avancent généralement pas à plus de 1 kilomètre de la ligne des sentinelles. Si les circonstances exigent qu'elles soient poussées plus loin, leur force est augmentée. Les hommes marchent sans sac, ne causent ni ne fument, arme approvisionnée.

Les patrouilles composées de quelques hommes seulement ne marchent pas groupées. Les hommes doivent être assez rapprochés pour se voir et se prêter un mutuel appui, assez éloignés pour ne pas être enlevés tous à la fois. Les patrouilles plus fortes marchent groupées; elles sont précédées de 3 ou 4 éclaireurs: au besoin, elles font couvrir leurs flancs et leurs derrières.

Une patrouille ayant pour mission de voir, son chef marche en tête. Si la patrouille comprend seulement quelques hommes, il les dispose de manière à se couvrir en arrière et sur les flancs; avec des unités plus fortes, il marche avec les premiers éclaireurs.

Le jour, les patrouilles se faufilent le long des haies, chemins creux, etc. (s'arrêter pour observer); la nuit et par le brouillard, elles se maintiennent, autant que possible, sur les chemins et sentiers ou le long de ces chemins afin de ne pas s'égarer (s'arrêter souvent pour écouter) : disposer les armes, l'équipement, etc., pour diminuer le bruit.

Les patrouilles évitent d'engager le combat et plus encore de se laisser couper; pour cela, elles prennent un autre chemin au retour. Si elles rencontrent un ennemi de force inférieure, elles cherchent à faire des prisonniers en l'attirant dans une embuscade. Si l'ennemi est en force, elles avertissent les petits postes en arrière et se replient en continuant à observer. = Au retour, s'arrêter souvent pour s'assurer qu'on n'est pas suivi. = En rentrant, le chef de patrouille rend compte de ce qu'il a observé au chef qui l'a envoyé. Tout renseignement important est transmis au commandant des avant-postes. = Les patrouilles se reconnaissent comme il est dit pour les rondes, page 154.

Reconnaissances (253) : Fournies par la réserve, Exécutées sur l'ordre du commandant des avant-postes, par des détachements placés sous le commandement d'un officier. Employer peu de monde; ne pas les prodiguer, et surtout éviter de les recommencer aux mêmes heures et par la même route.

Le chef de la reconnaissance communique à celui qui serait appelé à le remplacer les instructions reçues et indique à sa troupe le but de la reconnaissance, s'il n'a pas intérêt à le tenir secret. Les reconnaissances se gardent contre toute surprise. Elles cherchent à passer inaperçues et se portent de position en position. A proximité de la position qu'il doit reconnaître, le chef de la reconnaissance établit sa troupe, sous la protection des éclaireurs, dans une position d'attente qui lui permette de recueillir les fractions qu'il aura détachées. Il envoie ensuite des patrouilles sur les différents points qu'il importe de reconnaître et dirige lui-même la patrouille chargée de la mission la plus importante. Lorsqu'il s'agit d'explorer un terrain d'une certaine étendue, il peut aussi envoyer dans la direction générale de la marche et par des itinéraires différents des patrouilles chargées de reconnaitre les points qu'il ne peut voir lui-même; dans ce cas, il leur assigne toujours un point de ralliement. Souvent, afin de faire perdre sa trace à l'ennemi, il évite de suivre au retour le chemin par lequel il est venu. Si l'on rencontre l'ennemi, l'observer et le suivre sans se laisser apercevoir, le but étant de découvrir ses forces et ses projets, il ne faut le combattre que lorsqu'on y est forcé. Cependant quand l'ennemi marche sur le cantonnement ou le bivouac, le commandant de la reconnaissance ne doit pas hésiter à le combattre s'il a l'espoir de retarder sa marche. — Rapport écrit.

Indices. — (255).

Relèvement : Une grosse avant-garde peut rester chargée pendant plusieurs jours consécutifs de la sûreté en marche et en station, sous la réserve de faire participer successivement les différents éléments de l'avant-garde aux divers services des avant-postes. Quand les troupes reprennent la marche, le commandant des avant-postes donne les ordres nécessaires pour que les diverses fractions commencent à se rassembler dès que la ligne des sentinelles a été dépassée par les premiers éléments d'infanterie de l'avant-garde, et puissent reprendre en temps utile leur place dans la colonne. Ces fractions rejoignent l'avant-garde dont elles faisaient partie, si celle-ci n'est pas relevée ou prennent, dans la colonne, la place indiquée par le commandant des troupes.

Dans les marches rétrogrades, l'arrière-garde protège le rassemblement des avant-postes. Au besoin, les différentes fractions se rassemblent en marchant et battent en retraite par échelon, de position en position.

Quand les troupes stationnent, le relèvement des avant-postes a lieu conformément aux ordres du commandement. Pendant les périodes de stationnement, le service des avant-postes est habituellement de vingt-quatre heures. Le commandement fixe les conditions dans lesquelles les avant-postes sont relevés. Cette opération doit être faite en plein jour; l'heure à laquelle elle s'effectue doit changer chaque jour. Le commandant des avant-postes et les commandants des grand'gardes et des petits postes transmettent aux officiers qui les remplacent les consignes qu'ils ont reçues. Chaque commandant de grand'garde parcourt le terrain avec le commandant de la garde montante et lui fournit tous les renseignements qui lui sont utiles. Les commandants des petits postes agissent de même; lorsque leurs sentinelles sont relevées, ils rejoignent la grand'garde (*a*).

Poste d'examen : Dans certains cas il peut y avoir avantage à établir, sur la ligne même des petits postes, un poste spécial dit poste d'examen, chargé de recevoir, d'examiner et d'interroger les parlementaires,

____

(*a*) Relèvement des sentinelles (173).

déserteurs, prisonniers, d'une manière générale toutes les personnes étrangères à l'armée qui demandent à entrer dans les lignes. = Le commandant des avant-postes fixe la composition de ce poste d'examen et son emplacement, qui est généralement choisi sur la voie d'accès la plus importante. Cet emplacement est indiqué aux chefs de petits postes, qui dirigent sur le poste d'examen les isolés et les personnes étrangères à l'armée. = A proximité de l'ennemi, le commandant supérieur peut interdire d'une manière absolue l'entrée et la sortie des lignes.

Avant-postes irréguliers : Au contact et à proximité de l'ennemi, les troupes se couvrent par un réseau complet d'avant-postes. Loin de l'ennemi, le réseau des avant-postes est moins dense. Il comprend des grand'gardes soutenues par une réserve et détachant en avant d'elles des postes de 4, 6, 8 hommes (postes à la Bugeaud). Ces postes occupent les voies principales de communication, surtout aux carrefours, et se gardent par une sentinelle double ou simple, placée à une cinquantaine de pas en avant : les autres hommes du groupe s'assoient ou se couchent en se dissimulant de leur mieux : ils conservent l'arme à leur portée. La grand'garde assure la liaison de ces postes par un service de rondes et de patrouilles.

Ce dispositif peut être également employé dans un terrain fourré ou très accidenté, au cas où les sentinelles ne pourraient correspondre facilement avec leur petit poste.

Les postes à la Bugeaud trouvent aussi leur emploi dans un réseau complet d'avant-postes. Lancés, la nuit, en avant des sentinelles, ils peuvent remplacer les patrouilles et permettent de tendre des embuscades à l'ennemi.

Avant-postes loin de l'ennemi. — Loin de l'ennemi, quand on n'a à craindre que des incursions de partis de cavalerie ou de cyclistes, les avant postes sont réduits au minimum, de façon à ménager les forces de la troupe. La protection est obtenue en partie par le dispositif même des cantonnements, qui sont échelonnés en profondeur. Chaque cantonnement garde ses issues ; quelques postes sont poussés sur les principales directions à surveiller.

Avant-postes aux colonies *(a)*.

(a) Bivouac en carré. — Chaque face se protège par des petits postes à faible distance ; la nuit, détacher, en outre, de petits postes en avant des saillants (ancien règlement).

Pendant la nuit, en pays sauvage, on ne peut guère compter sur l'efficacité d'un réseau d'avant-postes constitué par des sentinelles doubles lorsqu'on emploiera ce procédé, il sera préférable de remplacer les sentinelles doubles par des postes de 4 à 6 hommes ; mais, en général, on ne devra mettre sa sécurité que dans un cordon serré de factionnaires appuyés à un obstacle continu formé par des voi-

Avant-postes en Indo-Chine et au Tonkin (*a*).

Avant-postes de combat : A la fin d'une journée de combat, lorsqu'on reste au contact de l'ennemi, les troupes engagées se couvrent, *sans attendre d'ordres*, par des avant-postes de combat. = Ces avant-postes sont fournis par les unités de première ligne qui, maintenues à proximité immédiate de la position de combat ou sur cette position même, se couvrent chacune pour leur compte par des fractions constituées, sections ou compagnies. Les éléments nécessaires pour la surveillance sont poussés en avant. = La position de combat est mise en état de défense. (Service en campagne.) (Voir aussi : Opérations de nuit; avant-postes de combat, Règlement de manœuvre.)

INSTALLATION.

Ordres donnés par le commandement (*b*). — Le rôle essentiel des avant-postes est de gagner le temps dont le commandant de la division a besoin pour prendre ses dispositions. = C'est donc au commandant de la division qu'il appartient de préciser nettement, pour chaque détachement appelé à fournir des avant-postes, la mission qu'il assigne au détachement, et le terrain à tenir en cas d'attaque de l'ennemi. = D'après sa mission, le but qu'il se propose et les possibilités d'attaque de l'ennemi, chaque commandant de détachement arrête l'effectif des avant-postes qu'il est appelé à fournir, leur ligne générale, le plan d'en-

---

tures ou tous autres objets. le corps principal étant lui même considéré comme tout entier aux avant-postes. (*La Guerre dans les colonies*, par le lieutenant-colonel Ditte.)

(*a*) Des petits postes ou des sentinelles sont placés à l'extérieur à courte distance, sur les digues ou les tertres assez fréquents qui émergent au-dessus des rizières; d'autres surveillent les avenues conduisant au village. Les soldats indigènes, fort intelligents, marchant nu-pieds, distinguant à merveille les bruits divers de la campagne et leur signification, constituent pour le service des sentinelles comme pour celui des patrouilles d'excellents auxiliaires; mais ils ont des tendances à s'endormir. Ils peuvent être laissés seuls en faction aux heures chaudes de la journée, qui sont les plus pénibles. et doublés seulement la nuit par les Européens. (*Compagnie au service en campagne*, DE FONCLARE.)

(*b*) Pour avoir le nombre des sentinelles disponibles dans une compagnie, il faut défalquer de la compagnie :

Gradés	28
Instrumentistes	4
Conducteurs	2
Infirmier	1
Ouvriers	2
Ordonnances	4
Cuisiniers	16
TOTAL	57

Aide mémoire.   6

semble de leur résistance, ainsi que leur répartition sur le terrain en raison de l'importance des directions à surveiller. Il fixe dans ses ordres : les directions à garder où les points à tenir, les emplacements des divers éléments de résistance (grand'gardes et réserve), leur force, ainsi que leur rôle respectif en cas d'attaque, et donne en outre tous les renseignements utiles sur la situation de la division et des unités voisines, celles de l'ennemi, etc. = Les commandants de grand'gardes et de réserve d'avant-postes ont le devoir d'arrêter à l'avance, d'après les mêmes principes, la répartition de leur troupe et la manière dont ils l'emploieront en cas d'attaque de l'ennemi.

D'autre part, le commandant de l'avant-garde fait connaître :

1° Ensemble de la position des avant-postes ;

2° Emplacement de la troupe à couvrir ;

3° Points où doit s'opérer la liaison avec les avant-postes voisins ;

4° Indications sur la situation des corps voisins et celle de l'ennemi ; si une route est prise comme démarcation entre deux secteurs, spécifier à quel secteur elle appartient ;

5° Effectif et composition des troupes d'avant-postes ;

6° Leur répartition entre les secteurs ;

7° Conduite en cas d'attaque ;

8° Commandant des avant-postes, ou commandants de secteurs :

Par suite, les disponibilités d'une compagnie sont les suivantes, savoir :

| | POUR UN EFFECTIF | | |
| | PAR COMPAGNIE DE | | |
	250 h.	200 h.	150 h.
Compagnie.			
Nombre d'hommes disponibles...............	193	143	93
Section.			
Nombre d'hommes disponibles	48	36	21
dont { le 1/4 pour le service de patrouilles.	12	9	6
{ les 3/4 pour le service de sentinelles.	36	27	18
Le 1/3 de ces nombres représente le nombre des sentinelles simples disponibles........	12	9	6
Et la 1/2 de ce dernier nombre représente le nombre de sentinelles doubles disponibles.	6	4	3
Si on en retranche une sentinelle simple devant les armes, il reste un nombre de sentinelles doubles égal à................	5	3	2

Toutes choses égales, il y aura avantage à avoir des petits postes aussi forts que possible pour diminuer les non-valeurs (sentinelles devant les armes...). (*Note de l'auteur.*)

9° Cavaliers, vélocipédistes ou éclaireurs montés (9) mis à la disposition des avants-postes.

(En principe, les grand'gardes forment une première ligne de résistance ; dans le cas contraire, le commandement détermine la ligne où doit avoir lieu la résistance.)

Commandant des avant-postes. A) *Ordre d'avant-postes :* L'ordre du commandant des avant-postes (donné d'après la carte) comprend :

1° *Situation.*

1° Renseignements sur l'ennemi ;
2° Cantonnements de la colonne ;
3° Mission de la cavalerie ;

2° *Mission des avant-postes.*

4° Numéros des compagnies de grand'garde, leurs secteurs et leurs emplacements approximatifs, éventuellement les emplacements de nuit.

5° Numéros des compagnies de réserve et l'emplacement de la réserve ;

6° Conduite à tenir en cas d'attaque ;

7° S'il y a lieu, l'emplacement du poste d'examen et sa composition ;

8° L'emploi des cavaliers, éclaireurs montés (9) ou vélocipédistes mis à la disposition des avant-postes ;

9° Le mot ou les signaux ;

10° Renseignements sur les corps voisins, les chemins ou points à surveiller particulièrement.

B) *Arrivée sur le terrain :* Le commandant de la cavalerie, après avoir reçu les ordres (152) et consulté la carte, continue sa route jusqu'à ce qu'il ait atteint un terrain favorable, place des vedettes à portée des voies de communication qui aboutissent sur le front de marche, de manière à ce qu'elles puissent embrasser une étendue de pays aussi grande que possible, et se fait éclairer par des patrouilles. Les réserves d'avant-postes et les grand'gardes restent sous les armes jusqu'à ce que les petits postes soient en place.

Sous la protection des vedettes et des reconnaissances de cavalerie, les avant-postes d'infanterie prennent leurs emplacements :

1° En principe, les grand'gardes d'infanterie restent groupées ; leurs chefs reconnaissent la place que les petits postes et les sentinelles devront occuper à la chute du jour. A ce moment le commandant de la cavalerie, ne laissant en place que son service de vedettes, se retire avec son gros, soit à la réserve des avant-postes, soit plus en arrière, pour se reposer jusqu'au jour. Quand les grand'gardes d'infanterie ont pris le service des petits postes et des sentinelles, les vedettes rejoignent à leur tour le gros de leur escadron.

2° Si la colonne ne dispose pas d'un détachement de cavalerie suffisant pour couvrir d'une surveillance effective la zone des avant-postes, on installe, même pendant le jour, les avant-postes et les sentinelles. Dans ce cas, on procède comme il est indiqué ci-après (162-163), et le déploiement des échelons les plus avancés du service de sûreté est protégé par le service des avant-postes qui prend à cet effet position au point convenable.

Dans les deux cas. le commandant des avant-postes visite sans retard tous les échelons des avant-postes, prescrit les modifications qui lui paraissent nécessaires et s'établit de sa personne à la réserve, dont il organise le service (postes spéciaux, garde de police, rondes, patrouilles, reconnaissance) et rend compte.

Dans les *marches en retraite*, les avant-postes sont fournis, si cela est possible, par le corps pr'ncipal, et s'installent avant l'arrivée de l'arrière-garde. Celle-ci traverse alors la ligne d'avant-postes et se retire sur le lieu de stationnement qui lui est assigné. Dans le cas contraire, l'arrière-garde pourvoit elle-même au service de sûreté.

Commandant de grand'garde (166): Le capitaine étudie, sur la carte ou sur les lieux, la zone à occuper et détermine les emplacements provisoires des différents échelons de son réseau, réunit les chefs de section. désigne les fractions en petits postes, répartit entre elles le terrain, indique la direction générale de l'ennemi, la *ligne probable* des petits postes et des sentinelles, et donne le mot et les signaux.

Pendant que les unités désignées comme petits postes partent en avant. le commandant de la grand'garde (laissant ses malades ou éclopés à la réserve) conduit sa troupe sur l'emplacement choisi et :

1° Organise le piquet (*a*) (167) ;

2° Organise le service des rondes (154), celui des patrouilles (155); donne connaissance aux petits postes (qui en préviennent les sentinelles) des heures de sortie et de rentrée (*b*); de l'emplacement du poste d'examen;

3° Donne des ordres pour l'installation (travaux à faire, abris à construire, alimentation; corvées d'eau, de vivres, etc.), soins de propreté;

(*a*) A la grand'garde, les chefs de patrouille et les gradés de ronde peuvent être envoyés, au moment le plus favorable. sur la ligne des sentinelles pour reconnaître le terrain à parcourir la nuit. (*Instruction pratique de l'infanterie en campagne.*)

(*b*) Partager sa troupe en quatre fractions égales qui fournissent à tour de rôle le piquet, celui-ci étant chargé du service des sentinelles (doubles) et des patrouilles. Ces quatre fractions sont établies en colonnes. le piquet en tête; former les faisceaux et mettre sac à terre. Les hommes de la demi-section de piquet restent à proximité des faisceaux; une escouade alimente les sentinelles nécessaires, une autre les patrouilles; le reste de la grand'garde est au repos. (*Compagnie au service en campagne*, DE FONCLARE.)

4° Envoie reconnaître l'emplacement des grand'gardes et se met en relation avec elles ;

5° Met sa troupe au repos dès que les petits postes sont installés (sentinelle devant les armes fournie par le piquet) :

6° Parcourt rapidement, accompagné du chef de chaque petit poste, le secteur de ce poste, rectifie au besoin; indique éventuellement un emplacement de nuit;

7° Reçoit les rapports des petits postes, fait et envoie celui (très simple) de la grand'garde (emplacements exacts des sentinelles, poste, etc., heure, itinéraire, composition, points de départ et de rentrée des rondes et des patrouilles, renseignements sur l'ennemi; croquis sommaire).

Chef de poste. A) *Installation* : Le chef du petit poste (*a*):

1° Laisse à la grand'garde les cuisiniers (*b*);

2° Se détache du gros de la compagnie et gagne l'emplacement assigné en couvrant sa marche par des patrouilles qui dépassent la ligne que les sentinelles auront à occuper;

3° Reconnaît le terrain, fixe l'emplacement du poste et des sentinelles (place une sentinelle devant les armes);

4° Organise son poste (169) ;

a) Désigne les gradés chargés de la surveillance de la relève et, s'il y a lieu, de la relève des sentinelles;

b) Désigne les chefs de patrouille (155), les gradés de ronde, les hommes qui doivent les accompagner (une patrouille est toujours tenue prête à partir);

c) Fait numéroter les soldats affectés au service des sentinelles en autant de groupes de 3 ou 4 files qu'il y a de sentinelles, de manière que les mêmes hommes soient affectés aux mêmes sentinelles (*c*).

(*a*) Se procure une montre, une lunette, une carte de la contrée, du papier, des enveloppes, de quoi écrire un rapport ; des allumettes et une lanterne. Il demande quelle conduite il devra tenir en cas d'attaque par des forces supérieures ; s'il devra se replier ou défendre un obstacle en attendant des secours ; il s'informe si, à la chute du jour, notre cavalerie se repliera derrière les avant-postes d'infanterie; il règle sa montre sur celle du commandant de la grand'garde. (Général PIERRON.)

(*b*) Les malades et les éclopés sont laissés à la réserve (162).

(*c*) Le chef de poste peut rassembler son monde dans l'ordre suivant :

Les hommes destinés à fournir la sentinelle devant les armes, couvrant les uns derrière les autres;

Les hommes destinés à fournir la sentinelle n° 1 (tous numérotés sentinelle n° 1), couvrant les uns derrière les autres ; à leur gauche, les hommes de la sentinelle n° 2, dans le même ordre, etc.

Les chefs de patrouille couvrant les uns derrière les autres, numérotés 1, 2, etc., et ayant à leur gauche leurs patrouilleurs.

Les rangs prennent trois ou quatre pas de distance. Mettre les sacs à terre.

5° Donne de suite, s'il le peut, la consigne des différentes sentinelles 1, 2..., et indique le chemin à suivre pour chacune d'elles ; les soldats les premiers à marcher dans chaque groupe partent aussitôt, soit isolément, soit sous la conduite d'un gradé, vers les emplacements à occuper ;

6° Donne des ordres pour l'alimentation, les soins de propreté, les corvées, etc... ;

7° Règle le service des patrouilles ;

8° Prévient les sentinelles des heures de sortie et de rentrée des patrouilles (a) ;

9° Se porte sur la ligne des sentinelles ; rectifie, s'il y a lieu, les emplacements primitivement choisis ; donne ou complète sur le terrain les consignes des sentinelles ;

10° Fait rentrer les patrouilles ;

11° Se met en communication avec les postes voisins ;

12° Compte rendu très simple au commandant de la grand'garde (emplacements exacts des sentinelles, du poste, heure, itinéraire, composition, points de départ et de rentrée des rondes et des patrouilles, renseignements sur l'ennemi ; croquis sommaire).

B) *Consignes particulières à donner aux sentinelles*. Tout chef de petit poste qui place une sentinelle double doit lui donner les consignes particulières suivantes :

1° Numéro de la sentinelle ;

2° Emplacement du petit poste, de la grand'garde et du poste d'examen ;

3° Renseignements sur l'ennemi ;

4° Secteur d'observation (et point de repère) ;

5° Conduite à tenir en cas d'attaque et ligne de retraite ;

6° Mot de ralliement et signaux particuliers. (L'arme approvisionnée prête à faire feu.)

EXÉCUTION DU SERVICE

Réserve. *Organisation :* En arrière des grand'-gardes, en un point où il soit facile de la porter dans toutes les directions, pour manœuvrer à l'abri du réseau de résistance formé par les grand'gardes. = Au moins la

---

Si on formait les faisceaux, on les formerait par rangs simples sur l'homme du centre. Le Règlement dit : Les hommes conservent l'arme à leur portée. (*Note de l'auteur.*)

En tout cas, si un poste est placé à une maison, ferme, etc..., il ne doit pas avoir ses armes en faisceau à l'extérieur sous la surveillance d'une sentinelle ; car, en cas de surprise, il risquerait de ne plus pouvoir reprendre ses armes, chaque homme doit avoir son arme sous la main à l'intérieur, les portes et fenêtres restant ouvertes. (Général PIERRON.)

(a) Aux petits postes, les chefs de patrouille et les gradés de ronde doivent être envoyés, au moment le plus favorable, sur la ligne des sentinelles pour reconnaître le terrain à parcourir pendant la nuit. (*Instruction pratique de l'infanterie en campagne.*)

moitié de l'effectif total des avant-postes sous le commandement direct du commandant des avant-postes. La réserve d'avant-postes doit être reliée par le téléphone et par des agents de liaison, avec les grand'gardes et avec l'autorité immédiatement supérieure. Les liaisons et transmissions des ordres doivent être, en principe, assurées par des cyclistes, quand les moyens de communication optiques ou électriques font défaut. = Fournit une *garde de police :* le reste au bivouac ou en cantonnement d'alerte. Régler le nombre, l'heure, l'itinéraire des patrouilles. Pas de sonneries, sauf en cas d'alerte. Pas d'honneurs. Les bagages peuvent être envoyés à la réserve; mais, le soir, les voitures sont chargées, les chevaux sellés et harnachés. Les distributions sont faites à la réserve d'avant-postes qui fait parvenir aux grand'gardes leurs denrées. Le matin, prendre les armes une heure avant le jour et se tenir prêt à combattre. Compte rendu et rapport sommaire sur les événements de la nuit. Toute indication concernant l'ennemi doit faire l'objet d'un compte rendu immédiat à l'échelon supérieur.

Personne n'est autorisé à traverser la ligne des sentinelles sans avoir été reconnu par le commandant du petit poste ou de la grand'garde dans les conditions fixées plus loin.

Rondes, patrouilles, reconnaissances : Pendant la nuit, la garde de police prend les armes pour tout ce qui s'approche d'elle.

Troupe arrêtée la nuit aux avant-postes : Son chef, s'il n'est pas porteur d'un ordre écrit ou n'appartient pas à la troupe couverte, est conduit au commandant des avant-postes : il est tenu de répondre à toutes les questions faites pour constater son identité.

Parlementaires : Recevoir de la grand'garde les dépêches et les envoyer au commandant des troupes. L'ordre d'introduction d'un parlementaire ne peut être donné que par le commandant des troupes lui-même ; le trompette reste au petit poste et le parlementaire est amené les yeux bandés à la grand'garde, d'où un officier le conduit à la réserve, puis au commandant des troupes : il est renvoyé au petit poste avec les mêmes précautions ; dans certains cas, par exemple si le parlementaire a pu recueillir des renseignements ou surprendre des mouvements, il doit être retenu temporairement. Toute conversation avec un parlementaire est rigoureusement interdite.

Prisonniers, déserteurs, gens suspects : Les interroger et les envoyer au Q. G. de la division (*a*).

(*a*) Questions qu'il faut toujours poser aux prisonniers et aux déserteurs au moment où l'on s'en saisit :

Numéro de la compagnie, du bataillon, du régiment, de la brigade, de la division; noms du commandant, du colonel, des généraux; cantonnement du régiment; des corps voisins (quels sont-ils ?); des quartiers gé-

Isolés demandant à entrer dans les lignes ou passant à proximité : Sont conduits au commandant des avant-postes.

Officiers ou détachements envoyés en mission ; militaires ou étrangers voulant sortir de la ligne : Le commandant de la grand'garde les fait accompagner jusqu'à la ligne des sentinelles. (Personne ne doit sortir sans autorisation.)

Relèvement (157).

Attaque de l'ennemi (156) : En principe, éviter toute tirail erie sur la ligne des sentinelles. = En cas d'attaque de l'ennemi, faire prendre les armes ; renforcer les grand'gardes attaquées ; les recueillir dans les positions choisies à l'avance et continuer le combat. Ne cesser la résistance que sur un ordre.

Grand'gardes. — La ligne générale des grand'gardes est déterminée par le commandant des avant-postes; elle est appelée *ligne de résistance des avant-postes.* = L'effectif habituel d'une grand'garde est d'une compagnie; il peut être diminué : il peut aussi être augmenté, quand il s'agit de tenir un point particulièrement important. = À chaque grand'garde, est affecté un secteur déterminé d'après le terrain. = La grand'garde détache généralement des petits postes et des patrouilles, pour surveiller le terrain en avant d'elle, et lui donner ainsi le temps de prendre ses dispositions de combat. L'effectif total employé pour les petits postes et les patrouilles doit être aussi faible que possible, afin de ne pas diminuer la capacité de résistance de la grand'garde. = La grand'garde a une mission d'ordre défensif. Le plus souvent, elle doit résister sur place; elle utilise les points d'appui naturels de la position qui lui a été assignée; elle en organise au besoin et elle stationne à proximité immédiate de sa position de combat. = Parfois l'attitude offensive s'imposera; dans ce cas, la grand'garde sera établie en un point central, d'où elle pourra se porter rapidement au-devant des forces ennemies qui au-

---

néraux : force de la compagnie ; nombre de malades Les munitions sont-elles au complet? Bruits qui circulaient au moment du départ. Y avait-il des ordres pour faire un mouvement prochain? Quelle direction suivait la colonne? Pourquoi a t-on déserté? (*Aide-mémoire d'état-major.*)

Pour s'assurer si un individu arrêté est suspect, on lui ordonne de retourner ses poches et d'ôter ses chaussures pour voir ce qu'elles contiennent.

On examine si, dans son porte monnaie, il n'y a pas une médaille, ou un jeton échancré, qui lui sert de signe de reconnaissance avec les siens.

On vérifie si les initiales portées sur son mouchoir de poche correspondent bien aux nom et prénom qu'il a donnés et si ses mains, son corps, sont conformes à la profession qu'il a déclarée. (Général Pierron.)

raient pénétré dans son secteur. = Une grand'garde ne doit pas abandonner sa mission ni son secteur pour se porter au secours d'une grand'garde voisine attaquée. Si cela est possible, elle doit l'aider par des feux, mais elle redouble de vigilance sur son front de surveillance. = La grand'garde est établie hors des vues de l'ennemi, au bivouac, abritée autant que possible, ou en cantonnement d'alerte. Les hommes conservent leur équipement jour et nuit. = Le quart environ de la grand'garde est de piquet, prêt à marcher au premier signal. Le piquet fournit une sentinelle devant les armes, et, s'il y a lieu, les hommes nécessaires pour observer les signaux des petits postes. = La grand'garde doit être en liaison avec ses petits postes, la réserve d'avant-postes et les grand'gardes voisines. Des cyclistes, des signaleurs, des téléphonistes, des éclaireurs montés et, éventuellement, des cavaliers, peuvent lui être adjoints à cet effet.

Personne n'est autorisé à traverser la ligne des sentinelles sans avoir été reconnu par le commandant du petit poste ou de la grand'garde dans les conditions fixées plus loin pour le petit poste. Les mêmes règles s'appliquent pour la reconnaissance par le commandant de la grand'garde. Quel que soit son grade, le chef d'une troupe arrêtée par des avant-postes est tenu de répondre à toutes les questions qui lui sont posées dans le but de vérifier son identité. Le commandant de la grand'garde s'assure de l'identité des personnes qu'il a qualité pour reconnaître. En cas de doute ou si le mot d'ordre n'a pu être donné par elles au chef du petit poste, il les interroge, les fait fouiller au besoin, et les envoie sous escorte au commandant des avant-postes. Batteries et sonneries interdites. Pas d'honneurs, pas de bagages. Distributions à la réserve des avant-postes qui fait parvenir les denrées à la grand'garde. Aliments des petits postes préparés à la grand'garde. Le matin, prendre les armes une heure avant le lever du jour et se tenir prêt à combattre; compte rendu et rapport sommaire sur les événements de la nuit. Toute indication concernant l'ennemi doit faire l'objet d'un compte rendu immédiat à l'échelon supérieur.

Rondes, patrouilles, reconnaissances : La nuit le piquet prend les armes.

Détachements n'appartenant pas à la troupe couverte, et se présentant *de jour* pour entrer dans les lignes (a).

Troupe ou détachement se présentant la nuit pour entrer dans les lignes : Aller reconnaître. Le piquet prend les armes. Ne laisser passer que si le chef est porteur d'un ordre écrit ou appartient au corps couvert par les

---

(a) Aller les reconnaître sur la ligne des sentinelles. Ce cas n'est pas prévu par le Règlement. (*Note de l'auteur.*)

avant-postes. D ans le cas contraire, envoyer sous escorte le chef de la troupe au commandant des avant-postes; faire tenir la troupe à distance; avertir les postes voisins de se tenir sur leurs gardes; se préparer à combattre.

Parlementaire : Donner reçus des dépêches et les faire parvenir sans retard au commandant des troupes par l'intermédiaire du commandant des avant-postes. L'ordre d'introduction d'un parlementaire ne peut être donné que par le commandant des troupes lui-même; le trompette reste au petit poste et le parlementaire est amené les yeux bandés à la grand'garde, d'où un officier le conduit à la réserve, puis au commandant des troupes; il est renvoyé au petit poste avec les mêmes précautions : dans certains cas, par exemple si le parlementaire a pu recueillir des renseignements ou surprendre des mouvements, il doit être retenu temporairement. Toute conversation avec un parlementaire est rigoureusement interdite.

Prisonniers, déserteurs, gens suspects : Les interroger sur tout ce qui concerne la sûreté de l'armée et les envoyer au commandant des avant-postes (page 165) note **(a).**

Isolés demandant à entrer dans les lignes ou passant à proximité : Les examiner, les interroger, les faire fouiller au besoin et les envoyer sous escorte au commandant des avant-postes.

Officiers ou détachements envoyés en mission; militaires ou étrangers voulant sortir de la ligne : Doivent être munis d'un laissez-passer ou ordre et se présenter au commandant de la grand'garde qui les fait accompagner jusqu'à la ligne des sentinelles par le commandant du petit poste. (Personne ne doit sortir sans autorisation.)

Relèvement (157).

Attaque de l'ennemi (150) : En principe, éviter toute tiraillerie sur la ligne des sentinelles. Avertir le commandant des avant-postes et les postes voisins de la marche et des mouvements de l'ennemi, ainsi que des attaques à craindre. En cas d'attaque de l'ennemi. soutenir ou recueillir ses petits postes et résister sur la position choisie; ne pas hésiter à prendre résolument l'offensive s'il se présente une occasion favorable (a). Avertir les postes voisins et le commandant des avant-postes. En cas d'attaque des grand'gardes voisines, prendre les armes et rester sur place. (En principe, les grand'gardes forment une première ligne de résistance; dans le cas contraire le commandement a déterminé la ligne où doit avoir lieu la résistance.)

(a) Ne pas hésiter à ouvrir le feu de bonne heure (*Procédés de combat*, STIRN, p. 170).

Petits postes. — Tout petit poste doit être commandé par un officier ou par un sous-officier éprouvé. = Les petits postes ne constituent pas une première ligne de résistance en avant de la grand'garde. Ils sont uniquement destinés à assurer la surveillance du secteur qui leur est assigné et à prévenir de l'approche de l'ennemi. En cas de surprise, ils font feu et évitent de se replier directement sur la grand'garde, afin de démasquer le champ de tir de cette dernière. = L'effectif de chaque petit poste est limité au nombre d'hommes indispensable pour fournir les sentinelles et les patrouilles nécessaires à la surveillance de son secteur.

Au cours des opérations d'investissement d'une place, la nécessité de fournir une chaîne de sentinelles suffisamment rapprochées et réparties sur tout le front assigné à la grand'garde, conduit à donner aux petits postes un effectif assez fort pouvant atteindre une section et à leur assigner un secteur de surveillance plus étroit. = Le petit poste fournit une ou plusieurs sentinelles doubles, ainsi qu'une sentinelle simple devant le poste toutes les fois qu'il fournit plus d'une sentinelle double. Les emplacements choisis pour les sentinelles doivent permettre d'assurer une stricte surveillance (*a*). = La ligne générale des sentinelles est habituellement désignée sous le nom de *ligne de surveillance des avant-postes.*

L'emplacement du petit poste est choisi d'après ceux des sentinelles; il doit permettre de communiquer facilement avec elles d'une part, avec la grand'garde d'autre part. Le plus souvent, les petits postes seront avantageusement établis sur les chemins ou à proximité immédiate. Leur emplacement doit être dérobé le mieux possible aux vues de l'ennemi. = Au petit poste, les hommes restent constamment équipés et conservent l'arme à leur portée. La nuit, une partie de l'effectif, la moitié au moins, reste constamment éveillée et vigilante; le reste peut être autorisé à dormir pendant quelques heures; les gradés alternent entre eux pour se reposer; il est généralement interdit d'allumer des feux et de fumer. = Personne n'est autorisé à traverser la ligne des sentinelles sans avoir été reconnu par le commandant du petit poste ou de la grand'garde dans les conditions fixées plus loin. = Le chef du petit poste reconnaît par le cri de : « Qui vive ? » Quand il lui a été répondu : « France,

---

(*a*) Le meilleur emplacement est près d'un carrefour, ou à un pont, à la lisière d'un bois permettant de voir sans être vu, ou derrière une ferme, ou à la lisière d'un village. Jamais dans un enclos fermé, ni trop près d'un bois, ou avec un défilé à dos. En cas de neige, de pluie ou de froid excessif, il peut s'abriter sous un hangar, sous une grange dans une maison, mais en ayant la précaution de laisser les portes ouvertes et de n'occuper que le rez-de-chaussée. (G⁻ˡ Pierron.)

soldat ou détachement de tel corps, patrouille ou ronde », ou quand les signaux convenus ont été faits, il crie : « Avance à l'ordre. » = S'il s'agit d'un détachement, d'une ronde ou d'une patrouille, le commandant du détachement, de la ronde ou de la patrouille doit s'avancer seul; sa troupe est maintenue à distance jusqu'au moment où, son chef ayant été reconnu, elle est autorisée à pénétrer. Même lorsque le mot d'ordre lui a été donné, le chef du petit poste doit prendre toutes les précautions voulues pour s'assurer de l'identité des personnes qu'il a qualité pour reconnaître. En cas de doute, ou si le mot d'ordre n'a pu être donné par elles, il les fait conduire au commandant de la grand'garde, qui les interroge, les fait fouiller au besoin et les envoie sous escorte au commandant des avant-postes. = Batteries et sonneries interdites. Pas d'honneurs. Pas de bagages. Distribution à la réserve des avant-postes. Aliments préparés à la grand'garde. Le matin prendre les armes une heure avant le lever du jour et se tenir prêt à combattre; compte rendu et rapport sommaire sur les événements de la nuit. Toute indication concernant l'ennemi doit faire l'objet d'un compte rendu immédiat à l'échelon supérieur. Les intervalles entre les petits postes sont surveillés par des patrouilles.

Rondes, patrouilles ou détachements appartenant à la troupe de service : Laisser entrer de jour comme de nuit après les avoir reconnus. Prendre les armes.

Détachement n'appartenant pas à la troupe couverte et se présentant de jour pour entrer dans les lignes (a).

Troupe ou détachement se présentant la nuit pour entrer dans la ligne : Prendre les armes. Avertir le commandant de la grand'garde qui vient reconnaître.

Parlementaire : Aller reconnaître. Prendre les dépêches et les envoyer au commandant de la grand'garde. Celui-ci en donne reçu et les fait parvenir sans retard au commandant de la division par l'intermédiaire du commandant des avant-postes. Rester auprès du parlementaire, et le congédier à l'arrivée du reçu des dépêches. Si le parlementaire demande à être reçu, lui faire bander les yeux ainsi qu'à son trompette et les conduire au petit poste en attendant l'ordre d'introduction qui ne peut être donné que par le commandant des troupes lui-même ; le trompette reste au petit poste et le parlementaire est envoyé les yeux bandés à la grand'garde, d'où un officier le conduit à la réserve, puis au commandant des troupes ; il est ramené au petit poste avec les mêmes précautions : dans certains cas, par exemple si le parlementaire a pu recueillir

______

(a) Les faire arrêter sur la ligne et prévenir le commandant de la grand'garde. Ce cas n'est pas prévu par le règlement. (*Note de l'auteur.*)

des renseignements ou surprendre des mouvements, il doit être retenu temporairement. Toute conversation avec un parlementaire est rigoureusement interdite.

Déserteurs : Aller les reconnaître. Ne les laisser approcher que successivement. Les envoyer à la grand'garde.

Prisonniers ou gens suspects : Les envoyer au commandant de la grand'garde.

Isolés demandant à entrer dans les lignes ou passant à proximité : Les examiner avec toutes les précautions voulues pour s'assurer de leur identité, même lorsqu'ils ont donné le mot d'ordre. En cas de doute, ou si le mot d'ordre n'a pu être donné par eux, les faire conduire au commandant de la grand'garde, qui les interroge, les fait fouiller au besoin et les envoie sous escorte au commandant des avant-postes. Si les personnes arrêtées font partie de petits groupes d'isolés, le chef du petit poste ne les laisse approcher que successivement.

Officiers ou détachements envoyés en mission; militaires ou étrangers voulant sortir de la ligne : Doivent être munis d'un laissez-passer ou d'un ordre et se présenter au commandant de la grand'garde qui les fait accompagner jusqu'à la ligne des sentinelles. (Personne ne doit sortir sans autorisation.)

Relèvement (157).

Attaque de l'ennemi (150) : En principe, éviter toute tiraillerie sur la ligne des sentinelles. Avertir le commandant de la grand'garde et les postes voisins de la marche et des mouvements de l'ennemi et des attaques à craindre. En cas d'approche de l'ennemi, le chef du petit poste fait prendre les armes et se porte de sa personne sur la ligne (une patrouille l'accompagne). Si l'ennemi signalé est un faible détachement, lui tendre une embuscade pour l'enlever ou lui faire des prisonniers. Dans le cas contraire, renforcer ou recueillir la ligne des sentinelles; faire prévenir le commandant de la grand'garde; résister, pied à pied. Si l'ennemi est repoussé, le faire suivre par une patrouille en ayant soin de lui indiquer une limite qu'elle ne doit pas dépasser. Si l'on est obligé de reculer, démasquer le front de la grand'garde.

Sentinelles : Selon les circonstances, les sentinelles doubles forment ou non une chaîne continue (qui suit les contours du terrain, dont le front est à peu près parallèle au front à garder et dont le parcours ainsi que les communications avec le petit poste sont dérobés à la vue de l'ennemi). Les emplacements choisis pour les sentinelles doivent permettre d'assurer une stricte surveillance. Le jour, on les place sur les hauteurs; la nuit, au bas des pentes (éviter de les poster près des moulins, usines, massifs d'arbres ou en arrière des lieux couverts). Des deux hommes qui composent la sentinelle double, l'un est fixe et observe; l'autre peut se déplacer pour parcourir les abords immédiats du terrain échappant à la surveillance de la sentinelle fixe. La ligne générale des sentinelles est habituellement désignée sous le nom de *ligne de surveillance des A. P.*

Les sentinelles doivent voir et entendre; elles sont attentives de l'œil et de l'oreille (ne pas s'envelopper la tête; choisir un point de repère fixe et apparent). Elles ne se dissimulent que si elles peuvent le faire tout en exerçant leur surveillance d'une manière effective. Elles ont toujours l'arme approvis.onnée, prête à faire feu; la nuit, baïonnette au canon; elles ne tirent que si elles aperçoivent distinctement l'ennemi et s'il constitue un danger immédiat pour elles ou pour le petit poste. Elles font feu également sur quiconque cherche à forcer leur consigne. Elles peuvent être autorisées à laisser leur sac au petit poste. De nuit, elles ne doivent ni s'asseoir ni se coucher. Elles ne rendent pas d'honneurs et ne se laissent pas distraire de leur service de surveillance par l'apparition d'un supérieur. Elles doivent communication à tout chef de patrouille ou de ronde et à tout officier ou gradé de leur compagnie de tout ce qu'elles ont remarqué depuis le commencement de leur faction. = En général. éviter tout bruit et tout mouvement inutile sur la ligne des sentinelles. A cet effet, on peut substituer l'usage des signaux aux interpellations à la voix; les sentinelles font les premières un signal convenu auquel il est répondu par un autre signal. Elles reçoivent ensuite le mot de ralliement. S'il ne leur est pas répondu immédiatement par l'autre signal convenu, elles font les commandements ordinaires à la voix. = Indépendamment de ces signaux de reconnaissance dont l'usage ne peut être qu'exceptionnel et qui sont changés souvent. on convient de signaux à employer pendant le jour, l'un pour appeler le chef du petit poste, l'autre pour signaler l'apparition d'une troupe ennemie.

La nuit, ou lorsque les sentinelles doubles n'aperçoivent pas le petit poste, un homme se détache, s'il le faut, pour prévenir. = Le signal fait par les sentinelles est transmis au petit poste par la sentinelle devant les armes; celle-ci répète le signal pour montrer qu'elle l'a compris.

Pour arrêter, les sentinelles crient, de jour comme de nuit : « Halte-là! » Si on ne s'arrête pas, elles crient, comme deuxième avertissement : « Halte-là ou je fais feu! » Dans le cas où, malgré cette seconde injonction. on continue à avancer, elles font feu.

Si on s'arrête, elles préviennent le chef du petit poste, mais ne se laissent pas approcher.

Personne n'est autorisé à traverser la ligne des sentinelles sans avoir été reconnu par le commandant du petit poste ou de la grand'garde dans les conditions fixées plus loin.

Troupe ou détachement se présentant la nuit (a) *pour rentrer dans les lignes :* Les arrêter et prévenir le petit poste, même si les commandants de troupes ou personnes inconnues montrent un laissez-passer ou un ordre écrit.

Parlementaire : L'arrêter au dehors et le faire tourner du côté opposé au poste. Prévenir le chef du petit poste.

Déserteurs : Leur ordonner verbalement ou par signe de déposer les armes et, s'ils sont à cheval, de mettre pied à terre et de dessangler leurs chevaux (faire feu s'ils n'obéissent pas); prévenir le poste.

Isolés ou groupes passant dans le voisinage : Les arrêter, prévenir le chef du petit poste et ne pas se laisser approcher.

Officiers ou détachements envoyés en mission ; militaires ou étrangers voulant sortir de la ligne : Le commandant de la grand'garde les fait accompagner jusqu'à la ligne des sentinelles. (Personne ne doit sortir sans autorisation.)

Attaque de l'ennemi (150) : En principe, éviter toute tiraillerie. Si l'on aperçoit une troupe ennemie, prévenir le chef du petit poste, se dissimuler, continuer à observer si l'ennemi se porte résolument en avant, faire feu ; en cas de surprise, faire feu à plusieurs reprises.

Relèvement : Les sentinelles doubles (ou devant les armes) sont relevées toutes les deux heures ou toutes les heures, selon la saison, mais toujours par moitié, afin qu'il y ait constamment dans chaque groupe de sentinelle double un homme connaissant le terrain et les consignes. Les hommes de relève se rendent directement du petit poste à leurs emplacements, ou y sont conduits par un gradé. La relève devant les armes est faite par un gradé.

(a) Ou de jour. Ce cas n'est pas prévu par le Règlement. (*Note de l'auteur.*)

CHAPITRE IV

TIR

I. — **Vulnérabilité des formations.**

(Ecole normale de tir. — 1903.)

A) *Ligne de tirailleurs sur un rang :* Les deux tableaux ci-après permettent de se rendre compte, pour une erreur de réglage déterminée, de la probabilité d'atteindre à une distance donnée une ligne de tirailleurs sur un rang, prise comme objectif d'un feu exécuté avec le fusil modèle 1886. Dans le premier tableau, l'erreur de réglage est exprimée en mètres; dans le second, cette erreur est exprimée en fractions décimales de la distance; dans les deux tableaux, la probabilité d'atteindre le but est exprimée en pour cent.

Exemple : Dans un tir à 1.000 mètres, on commet une erreur d'appréciation de distance de 100 mètres, soit 1/10 (0.10) de la distance. Quelle est la probabilité d'atteindre le but? — C'est 3 pour cent.

Dans le premier tableau, ce chiffre, lu sur le bord gauche du tableau, correspond à l'intersection de l'ordonnée de 100 avec la courbe 1.000.

Dans le second tableau, ce chiffre, lu sur le bord gauche du tableau, correspond à l'intersection de l'ordonnée de 0,15 avec la courbe 1.000.

TIR RÉGLÉ ET NON RÉGLÉ. — VULNÉRABILITÉ DE LA LIGNE SUR UN RANG.

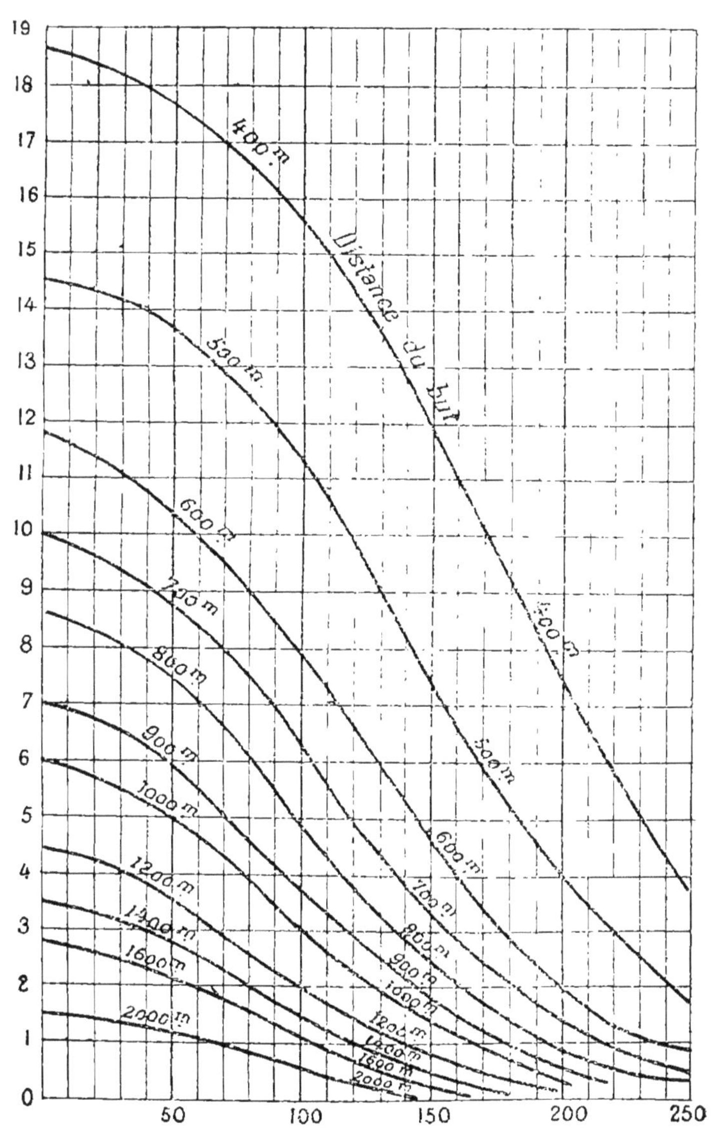

Erreurs de réglage exprimées en mètres.

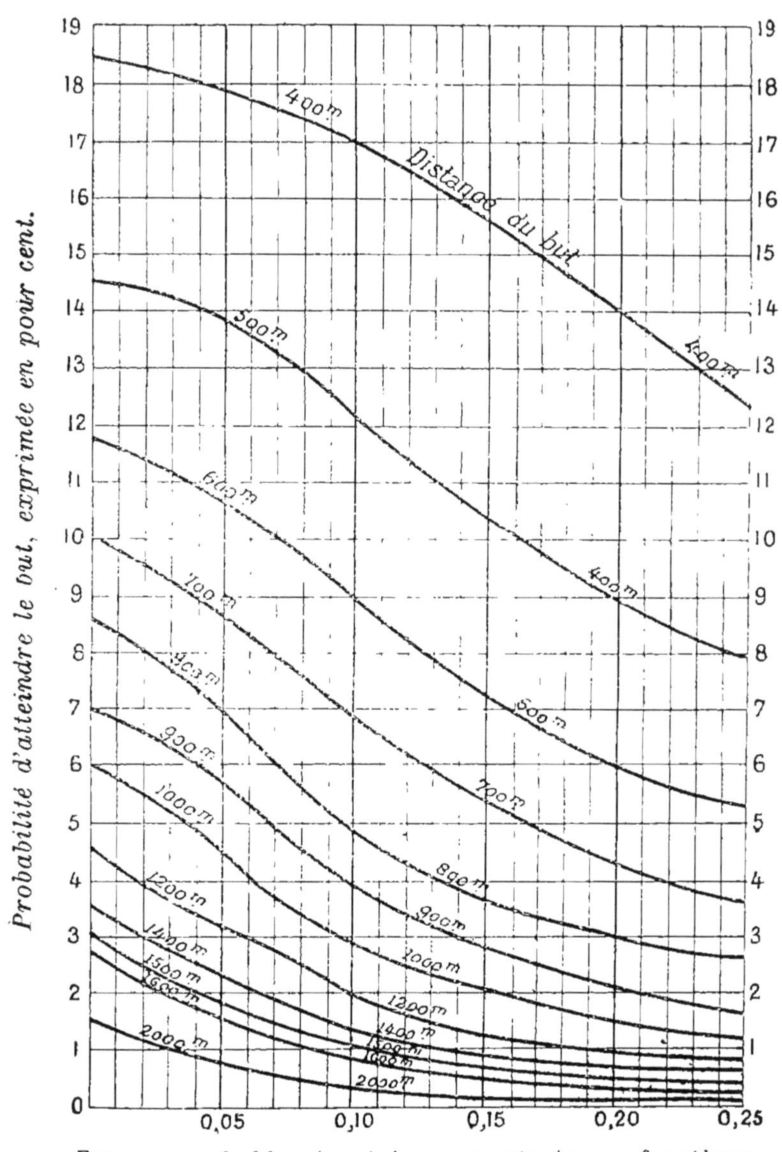

Erreurs probables de réglage exprimées en fractions décimales de la distance.

B) *Formations diverses* : La vulnérabilité de ces formations est obtenue en multipliant la valeur donnée par les graphiques ci-dessus pour la distance donnée par un coefficient déterminé. Ce coefficient est indiqué dans le tableau ci-après :

FORMATIONS.		Coefficients par lesquels on doit multiplier les valeurs du graphique.
Ligne de tirailleurs.	espacés à 1 pas..................	$\frac{1}{2}$
	— 2 pas..................	$\frac{1}{3}$
	— 3 pas..................	$\frac{1}{4}$
	— n pas..................	$\frac{1}{n+1}$
Section par le flanc.	à 900 mètres..................	1,5
	à 1.200 mètres..................	1
	à 1.700 —	0,5
Colonne de compagnie..................		4
Ligne de cavaliers sur deux rangs..................		2,5
Batterie d'artillerie, hommes et chevaux découverts (mise en batterie — amenez les avant-trains)....		2
Artillerie en batterie.	sans boucliers..................	$\frac{1}{2}$
	avec boucliers..................	$\frac{1}{7}$
Vulnérabilité par rapport aux formations debout.	formations à genou..................	0,8
	formations couchées dans la position de tir..................	0,5
	formations couchées, les hommes à plat..................	0,25
	tireurs derrière un retranchement.	0,15

II. — Vulnérabilité obtenue par un tir d'artillerie.

Tir d'une batterie à 2.200 mètres sur une compagnie occupant un front de 150 mètres, dans différentes formations.

FORMATIONS DE LA COMPAGNIE.	GENRE DE TIR.	Proportion d'hommes mis hors de combat (pour 100)
Compagnie en ligne sur un rang debout (1)	Tir en fauchant.	53 °/°
— — à genou .	Id.	45
Compagnie en ligne sur un rang couchée à la position de tir............	Id.	30
Compagnie en ligne sur un rang couchée à plat, sans havresac.........	Id.	12
Compagnie en ligne sur un rang couchée à plat, avec havresac au dos....	Id.	9
Compagnie en ligne sur un rang couchée, avec havresac placé devant....	Id.	4
Compagnie en ligne sur un rang tirant derrière une tranchée-abri.........	Id.	9
Ligne de sections par quatre.........	Tir sans faucher, 1 pièce tire sur chaque colonne.	25
Ligne de pelotons par quatre.........	Tir sans faucher, 2 pièces tirent sur chaque colonne	40
La compagnie en colonne par quatre...	Tir sans faucher, Les 4 pièces tirent sur la colonne.	62
Colonne de compagnie	Id.	60

(1) La vulnérabilité du deuxième rang des formations debout est seulement les 2,5 de celle du premier rang.

Pour un même front total occupé, la proportion d'hommes mis hors de combat dans chaque rang est la même, quel que soit leur espacement.

III. — Influence des formes du terrain.

Le Règlement sur l'instruction du tir du 31 août 1905 et les derniers cours de l'École normale de tir ne font plus mention de l'influence des formes du terrain..

IV. — Règles et limites d'emploi du tir individuel.

Voir page 191.

GROUPE.

V. — **Réglage du tir. — Appréciation des distances et étude du terrain.**

Réglage du tir : L'infanterie ne peut régler son tir, par l'observation des points de chute que dans des cas très rares.

Le choix de la hausse résultera donc généralement de l'appréciation de la distance.

La tension de la trajectoire permet d'employer uniformément la hausse de combat jusqu'aux distances de 600 mètres contre l'infanterie et de 800 mètres contre la cavalerie.

Pour obtenir des effets suffisants aux distances supérieures à 800 mètres, il est indispensable de fixer la hausse avec exactitude.

Les officiers et les gradés intelligents doivent être exercés à l'appréciation des distances.

Appréciation des distances : On apprécie les distances à la vue ou à l'aide d'instruments.

L'appréciation à la vue constitue un procédé très incertain.

L'examen de la carte est toujours utile. Il aide à limiter le champ des hésitations.

Il est bon, dans tous les cas, de prendre des indications auprès de celles des troupes voisines qui connaissent déjà le terrain, notamment auprès des batteries d'artillerie (a) (b).

(a) Il y a lieu de faire usage de deux hausses différant entre elles de 200 mètres.

A plus de 800 mètres si la distance est appréciée à la vue.

— de 1.100 à 1.200 si la distance est appréciée à la jumelle-télémètre.

A plus de 1.400 à 1.500 mètres si la distance est appréciée au prisme télémètre (*Ecole normale de tir*, 1903, page 45).

L'erreur probable des estimations de distance à la vue est de 15/100 de la distance (*Ecole normale de tir*, 1903, p. 215).

La jumelle télémètre permet d'apprécier les distances avec une approximation de 1/10 environ.

Le prisme-télémètre, avec une approximation de 4/100 environ. (Instruction du 8 février 1903 sur le matériel et champs de tir.)

(b) L'officier commandant une section isolée sur la défensive ou dans l'offensive a à se poser les huit questions suivantes :

1° Quelle position occuper ?

2° Quelle formation prendre ?

3° Lorsque l'ennemi parait, dois-je tirer ?

4° Quel effectif emploierai-je ?

5° Combien faudra-t-il que je fasse brûler de cartouches à chaque homme pour avoir des chances d'obtenir la destruction de la moitié de la troupe opposée ?

6° Quel genre de feu exécuter ?

7° Quel point viser ?

8° Quelle hausse employer ?

(On ne doit tirer que si on a au moins une chance d'atteindre un homme sur 100 balles tirées.) (Général LE JOINDRE.)

Etude du terrain : Au cours du combat, tous les instants de répit sont occupés à l'examen des accidents du sol que l'ennemi pourrait utiliser en vue de dissimuler sa marche, ou que l'on pourrait avoir à utiliser soi-même pour se porter en avant. On cherche à se rendre compte du tracé des chemins par l'observation des lignes d'arbres, maisons isolées, meules de paille, poteaux télégraphiques, etc., qui les bordent généralement.

Repérer le terrain, c'est déterminer la distance de quelques points remarquables, dont on déduira ensuite approximativement la distance des points où apparaîtra l'ennemi.

VI. — Conduite des feux.

(Voir pages 197, 198, 199, 200.)

VII. — Méthodes de tir des mitrailleuses.

Règles générales. Le choix des objectifs, l'ouverture du feu, l'intensité du tir sont déterminés par la situation tactique de l'unité que la section de mitrailleuses a pour mission d'accompagner et d'appuyer.

Le réglage du tir et la conduite du feu appartiennent exclusivement au chef de section. = La bonne exécution du tir dépend de l'attention, du calme et de l'habileté des servants. L'instruction pratique des tireurs est de la plus haute importance. = Les principes qui précèdent doivent servir de guide dans l'application des règles de tir contenues dans le présent règlement.

Exécution du tir. — Le mode de tir habituel de la mitrailleuse est le *tir débloqué, à cadence moyenne avec fauchage.* = Le *tir bloqué* en direction concentre les coups sur un front trop étroit. Le *tir débloqué*, même sans fauchage, permet de battre une plus grande partie du front de l'objectif ou de suivre les objectifs mobiles.

La *cadence moyenne*, ou cadence normale, est comprise entre 200 et 300 coups par minute.

Quand il y a lieu de tirer sans faucher, en tir bloqué ou à une cadence autre que la cadence normale, l'indication en est faite par le chef de section après le commandement de : *Hausse = Tant.*

Le tir bloqué en direction concentre les coups dans un espace restreint sur lequel il est généralement inutile d'accumuler les projectiles; aussi le tir bloqué n'est-il employé qu'exceptionnellement. Il peut cependant trouver son emploi : = 1° Contre des objectifs

étroits et particulièrement dangereux (groupe de tirailleurs postés derrière un abri, mitrailleuse en position, etc.). = 2° Pour faciliter dans certains cas le
réglage en portée par l'observation des coups.

La cadence lente, de 100 à 200 coups par minute, est
employée dans les circonstances où un tir ininterrompu et prolongé est tactiquement nécessaire. Lorsque l'observation des coups est possible, la cadence
lente se prête bien au réglage du tir.

La cadence rapide, qui dépasse 300 coups par minute, rend le service de la mitrailleuse délicat et
exige beaucoup de calme de la part des servants.
Elle ne doit être employée que très exceptionnellement et contre des objectifs importants, qui ne sont
visibles que momentanément.

Réglage du tir. Le tir sur une seule hausse a
une précision telle qu'un défaut de réglage de 50 mètres diminue sensiblement le rendement du feu aux
distances inférieures à 1.000 mètres et peut même le
rendre nul aux distances supérieures.

Toute la précision de la mitrailleuse repose sur la
connaissance de la distance exacte de l'objectif. L'emploi du télémètre permet, aux moyennes et aux petites
distances, de l'apprécier à 50 mètres près et d'éviter
ainsi des erreurs sensibles dans le réglage en portée.
= La première opération à exécuter avant le commencement de chaque tir est donc de déterminer avec
soin la distance télémétrique de l'objectif.

Il est, d'autre part, indispensable que chaque pièce
soit parfaitement réglée ou tout au moins que le chef
de section connaisse les défauts de réglage de chaque pièce de façon à faire subir aux appréciations té-
lémétriques les corrections nécessaires, s'il y a lieu.
= Quand les défauts de réglage dépassent une certaine limite, la pièce doit être renvoyée en manufac-
ture pour y être réglée à nouveau.

Le tir de la mitrailleuse peut encore être influencé
par des causes accidentelles de déréglage (échauffement du canon, circonstances atmosphériques, différences d'un lot de cartouches à l'autre, etc.). = L'appareil compensateur de réglage supprime la cause de
déréglage due à l'échauffement du canon. = Les autres causes de déréglage inopinées n'ont pas une
grande influence dans le tir aux petites distances; au
delà de 1.000 mètres, au contraire, elles peuvent suffire pour porter le groupement produit par une seule
hausse en dehors de l'objectif à atteindre. Il est donc
utile de les constater et d'y remédier, toutes les fois
que cela est possible, par l'observation des coups.

Quand l'observation des coups est impossible et
que les circonstances l'exigent, le chef de section peut,
pour augmenter les chances d'atteindre sûrement l'objectif, battre une profondeur de terrain suffisante et

employer des hausses échelonnées en principe de 50 en 50 mètres, en partant de la hausse télémétrique. = Mais, en raison de la grande consommation de munitions qu'il entraîne, le tir sur hausses échelonnées. progressives ou régressives, doit être réservé au cas très exceptionnel où les moyens habituels ne permettent pas d'obtenir le résultat réclamé par la situation tactique.

Tirs sur buts mobiles. — Le tir sur buts mobiles se fait également à cadence moyenne; les résultats obtenus dépendent essentiellement de la rapidité de décision du chef de section et du calme des servants. = Dans ses appréciations sur la hausse à employer, le chef de section tient compte du temps qui s'écoulera avant l'ouverture du feu ainsi que du déplacement probable de l'objectif pendant ce temps.

Lorsque l'objectif présentant un certain front se déplace latéralement par rapport au tireur, il faut viser la partie extrême du but du côté de la marche et tirer sur le même point jusqu'à ce que tout l'objectif l'ait dépassé. = Sur des objectifs traversant en oblique, on peut user du même procédé, mais en faisant varier la hausse au fur et à mesure que les distances changent. = Contre l'infanterie se présentant de front, il est toujours préférable de prendre la hausse courte qui se rapproche le plus de la distance appréciée au télémètre.

Aux petites distances, la hausse de 600 mètres assure convenablement le réglage du tir contre la cavalerie, quand on peut viser le pied du but, c'est-à-dire quand cette cavalerie est complètement visible.

Lorsque des circonstances exceptionnelles réclament l'emploi du tir sur hausses échelonnées, il y a généralement intérêt à commencer le feu par la hausse la plus faible.

Intensité du feu. — L'intensité du feu varie avec la cadence du tir et suivant qu'on emploie une seule mitrailleuse ou les deux mitrailleuses de la section à la fois.

En raison de la grande rapidité du tir, le chef de section peut le plus souvent faire face aux besoins de la situation avec une seule pièce.

Employer en même temps les deux pièces dans les circonstances ordinaires du combat entraînerait une dépense inutile de munitions.

Le chef de section ne doit cependant pas hésiter à faire tirer simultanément ses deux pièces dans certains cas urgents, par exemple :

1° Sur les fractions particulièrement menaçantes pour les troupes amies;

2° Sur les objectifs compacts qui ne doivent rester visibles que peu de temps.

Dans le cas du tir simultané, il convient de répartir

les objectifs entre les deux mitrailleuses et de don
ner, suivant les circonstances, une hausse commune
ou deux hausses différentes.

VIII. — **Ravitaillement en munitions.**

DISPOSITIONS GÉNÉRALES

1° *Sur le champ de bataille*, le ravitaillement est
assuré de l'arrière à l'avant. Les exigences de la comptabilité doivent plier devant celles du combat: la
promptitude passe avant la régularité. Les échelons
de l'arrière doivent se mettre en rapport avec ceux de
l'avant.

2° *En dehors du champ de bataille*, le ravitaillement
doit s'effectuer avec promptitude et régularité.

Pendant l'action, les commandants de bataillon, de
détachement, les chefs de groupe de voitures de compagnie, ont qualité pour signer des bons de munitions.
Il est fait droit immédiatement à toute demande de
munitions, quelle qu'en soit la forme.

En dehors du champ de bataille, tous les bons doivent
être contresignés par le chef de corps ou de détachement. Les bons ne doivent jamais excéder les besoins
reconnus, les chefs de corps ayant toujours la faculté
d'établir des bons supplémentaires. Si un détachement de voitures ou une corvée se présente sans bon
au ravitaillement, le commandant de la section n'en
satisfait pas moins à la demande verbale qui lui est
adressée, à moins que l'absence de bon ne soit pas suffisamment justifiée; il se fait, en tout cas, délivrer un
reçu par le commandant de la corvée. Afin de ne pas
fractionner les trousses, on n'est pas astreint, dans la
distribution, à fournir exactement le nombre de cartouches demandé. Les bons sont présentés aux sections
de munitions. Chaque corps de troupe établit, le plus
tôt possible après le combat, et au plus tard le lendemain matin, un état faisant ressortir la quantité de munitions nécessaire pour rétablir l'approvisionnement normal. Ces états sont adressés, par la voie hiérarchique,
au général commandant le corps.

REMPLACEMENT DANS LES CORPS POURVUS DE VOITURES DE COMPAGNIE

Personnel de ravitaillement : (Voir pages 102, 103.)

Tableau de répartition de l'approvisionnement de munitions en campagne.

COMPOSITION GÉNÉRALE de L'APPROVISIONNEMENT.	INFANTERIE	
	NOMBRE DE CARTOUCHES	
	portées par	par homme.
Munitions. I. De la ligne de bataille.	Les hommes.	88
	Les voitures à munitions de compagnie.	107,5
	Animal de bât des sections de mitrailleuses (pour mémoire).	(1.800)
	Caisson de section de mitrailleuses (pour mémoire).	(21.900)
	Totaux.	195,6
II. Du parc de corps d'armée.	1er échelon (sections de munitions)	44,2
	2e échelon (sections de munitions)	66,2
	Total.	110,4
	Totaux des munitions de la ligne de bataille et du parc de corps d'armée	306,0
III. Du grand parc d'artillerie d'armée.	Sont destinées à pourvoir au remplacement des munitions des parcs de corps d'armée.	

Les munitions d'une voiture de compagnie sont plus spécialement affectées à cette compagnie ; toutefois, la répartition entre les compagnies d'un bataillon ou d'un régiment peut varier selon le rôle de ces unités. (En général, avantager les fractions destinées à la première ligne.)

Maintien de l'approvisionnement : 1° *En station et en marche*, l'approvisionnement individuel est alimenté avant tout au moyen de cartouches retirées aux hommes pour quelque motif que ce soit (on n'a recours aux voitures de compagnie qu'en cas d'insuffisance de ces ressources); on peut dépasser l'approvisionnement individuel de quelques unités et aler (sur l'ordre du chef de corps, si un engagement paraît imminent) jusqu'à un paquet. L'excédent est mis sur les voitures de compagnie et, en cas d'impossibilité, sur les fourgons à bagages (placer les cartouches dans les caisses blanches, dans des sacs ou bissacs soigneusement noués). Ne faire de versement à l'artillerie que si les corps ne peuvent effectuer le transport. Les voitures de compagnie sont réapprovisionnées par les sections de munitions d'après l'ordre du commandement et sur la présentation de bons établis par les commandants d'unités.

2° *Au combat. a*) L'approvisionnement individuel est d'abord augmenté au moyen des voitures de compagnie dont les cartouches sont distribuées lorsque la troupe est sur le point d'être engagée (en profitant du rassemblement, des temps d'arrêt, etc.), ou même, avant le départ, à petite distance de l'ennemi, sur l'ordre du commandement, notamment pour l'avant-garde ou les premières troupes à engager; *b*) L'approvisionnement est ensuite alimenté au moyen de cartouches retirées aux hommes tués, etc., et au moyen des sections de munitions du parc de corps d'armée.

Rôle des voitures à munitions de compagnie sur le champ de bataille : En toutes circonstances, à moins d'ordres contraires, les voitures chargées de munitions suivent leur bataillon, réunies par groupe de quatre sous la conduite du sergent artificier (emplacement désigné par le chef de bataillon). En cas d'engagement inopiné et avant la distribution des cartouches des voitures, celles-ci sont, sous la conduite du sergent artificier, arrêtées et mises à l'abri du feu. Le chef de bataillon prend les mesures (193) pour faire parvenir les cartouches aux combattants. Les coffres vidés, les voitures de compagnie (qu'elles aient reçu ou non le chargement de havresacs et d'effets) sont réunies en un seul groupe par régiment, en arrière et à 1.000 mètres au plus de la réserve. Elles suivent ses mouvements sans s'astreindre à se mettre en marche en même temps (éviter de stationner dans les endroits découverts; aller rapidement d'une position à une autre; s'organiser défensivement sur chaque position). Le chef artificier dirige le groupe des voitures, assure la liaison avec le corps, reçoit les caissons des sections et les dirige d'après les ordres reçus. Pendant le combat, les voitures de compagnie ne sont pas ravitaillées par les sections. Après le combat, les voitures de compagnie rejoignent leur bataillon.

Ravitaillement par les sections de munitions : Lorsque les voitures de compagnie ne contiennent plus de munitions, le ravitaillement des troupes se fait au moyen des caissons de sections de munitions du 1er échelon du parc de corps d'armée. La liaison du groupe des voitures de compagnie avec la section de la division est établie par le commandant de cette section au moyen d'agents de liaison envoyés par lui.

Il envoie ses caissons de munitions qui sont dirigés sur les points de rassemblement des voitures de compagnie; le sergent-major chef artificier en avise le chef de corps.

Pour ravitailler des troupes, le chef de corps fixe le nombre de caissons à porter en avant et indique les points sur lesquels il convient de les diriger; ces points sont au maximum à 1.000 mètres de la ligne de feu et on profite des abris du terrain pour les en rapprocher le plus possible. (Dans les circonstances critiques, le chef de corps peut même ordonner de porter les caissons aux allures vives jusque sur cette ligne.) Le sergent-major chef artificier fait accompagner chaque caisson par un sergent artificier et par deux conducteurs en second des voitures de compagnie pour assurer la distribution des munitions. Dès qu'un caisson est vide, il est renvoyé au groupe des voitures de compagnie et de là il est conduit à la section de munitions par l'agent de liaison qui ramène un caisson plein. Le chef artificier remet à cet agent de liaison un bon indiquant la quantité de munitions délivrée, chaque fois qu'il renvoie à la section de munitions un caisson vidé en totalité ou en partie. Les chevaux de remplacement nécessaires aux voitures de compagnie leur sont fournis par les sections sur l'ordre du général commandant la brigade d'infanterie, qui devra en rendre compte.

Remplacement des munitions pendant le combat : 1° *Au moyen des ressources appartenant à l'unité.* — On profite de toute circonstance favorable pour remplacer les munitions consommées. Si la quantité en est faible, les cartouches retirées aux hommes tués ou blessés peuvent suffire; mais dès qu'elle atteint le tiers ou, selon les circonstances, le quart de l'approvisionnement initial, on a recours aux voitures de compagnie si les munitions qu'elles renferment n'ont pu être distribuées, puis aux caissons de sections de munitions en se conformant aux dispositions ci-après :

Tout déplacement d'hommes ou de voitures d'avant en arrière, en vue du remplacement des munitions, est absolument interdit sur le champ de bataille, sauf le retour des caissons vides (a). (Ce principe s'applique aux voitures de compagnies ou de sections.) Des hommes sont désignés *dans les compagnies de réserve* pour transporter sur la chaîne les munitions puisées aux voitures de compagnie ou aux caissons. Le transport des car-

---

(a) *Service en campagne*. (Instruction pratique du 27 mai 1906.)

touches s'opère au moyen de bissacs (24 par voiture de compagnie, 36 par caisson). Les hommes désignés sont en nombre égal à celui des bissacs à transporter (*a*) avec un supplément égal à la moitié environ de ce nombre. Ces hommes, commandés par un cadre suffisant, conservent leur équipement et leur fusil (*b*) ; ils se portent en ordre près des combattants, leur distribuent des cartouches et restent sur la ligne à la disposition du commandant de la compagnie qu'ils ont ravitaillée, et conservent les bissacs dans lesquels ils ont apporté les cartouches (*c*). Autant que possible les bissacs vidés sont rapportés à la voiture d'où ils proviennent. Lorsque les caissons (ou les voitures de compagnie) sont assez rapprochés des combattants et que le nombre des cartouches nécessaires force à vider un caisson (ou une voiture) d'un seul coup, on peut, en outre de l'emploi des bissacs, faire transporter les trousses restantes à la main (chaque homme transporte trois trousses). Lorsqu'on dispose de plusieurs caissons, on épuise un caisson avant d'en entamer un autre. Lorsqu'un caisson est sur le point d'être épuisé, le chef de groupe le fait vider dans les bissacs des voitures de compagnie.

2° *Au moyen des ressources appartenant à une autre unité :* Si l'ensemble des voitures d'un régiment ou si le groupe des quatre voitures d'un bataillon doit ravitailler sur le champ de bataille une fraction de troupe étrangère, le chef artificier ou le sergent artificier se fait autoriser, par son chef de corps ou le commandant de son bataillon, à délivrer les cartouches demandées ; il se fait remettre un bon ou même une simple note au crayon et portant le numéro du régiment, bataillon, compagnie, le nombre de cartouches demandé, le grade du requérant et sa signature. En cas d'extrême urgence, l'autorisation verbale du chef de corps ou du commandant de bataillon suffit. Sur l'ordre du général de brigade ou de division, une ou plusieurs voitures de compagnie d'un régiment peuvent être utilisées pour ravitailler un autre corps de la brigade ou division.

Ravitaillement après le combat : Le ravitaillement continue à s'effectuer suivant les principes ci-dessus, même pendant la nuit et pour des unités

---

(*a*) Chaque bissac peut contenir 64 paquets de 8 cartouches. Dans un cas très pressé, on peut se dispenser de défaire les trousses ; le chargement du bissac est alors composé de 8 trousses (8 paquets de 8 cartouches).

Poids du bissac : 16 kilogrammes.

Chaque homme transporte ainsi environ 500 cartouches 1886.

(*b*) Lorsque la distance, les difficultés du terrain, etc., rendent cette mesure indispensable, les hommes désignés peuvent être autorisés à déposer leur havresac près du caisson ; ils doivent toujours venir le reprendre.

(*c*) *Service en campagne.* (Instruction pratique du 27 mai 1906.)

bivouaquées. Le chargement des voitures de compagnie est reconstitué au moyen des caissons des sections. Ce n'est, qu'exceptionnellement et sur l'ordre spécial du commandant de corps d'armée que les voitures de compagnie sont envoyées à l'arrière pour se ravitailler. Si les hommes ont un excédent de cartouchès, cet excédent leur est retiré pour être replacé dans les coffres de la voiture de compagnie. Le ravitaillement a toujours lieu par transbordement et non par échange de voitures.

Ravitaillement des sections de mitrailleuses : Il est de la plus haute importance que le ravitaillement en munitions soit assuré d'une façon constante. = A l'ouverture du feu, chaque mitrailleuse doit disposer de 4 caisses de cartouches et d'un bidon rempli d'eau. = Lorsqu'il existe un abri à proximité des pièces, 100 mètres au maximum, le chef de section peut y faire constituer un approvisionnement de cartouches et, si possible, une petite provision d'eau; deux des pourvoyeurs restent dans cet abri et sont chargés, au commandement ou au signal de « RAVITAILLEMENT », de compléter à 4 par pièce le nombre des caisses pleines et d'emporter les caisses vides. Les deux autres pourvoyeurs assurent le va-et-vient entre l'échelon et l'abri. = A défaut d'abri naturel, les deux pourvoyeurs chargés du service des pièces en constituent un le plus rapidement possible, par simple aménagement des accidents du sol : levée de terre, fossé, dépression, etc., au moyen de leurs outils portatifs.

Le sous-officier adjoint, particulièrement chargé de veiller au ravitaillement et d'en assurer l'exécution, choisit avec soin l'emplacement de l'abri et les cheminements des deux pourvoyeurs; en cas de besoin, il demande aux compagnies voisines quelques hommes pour remplacer les pourvoyeurs manquants. = Il tient constamment le chef de section au courant des disponibilités en cartouches.

Le ravitaillement de l'échelon par le train de combat est assuré par le commandant de l'unité à laquelle la section est affectée. Le chef de section provoque des ordres. = Des hommes sont désignés dans les compagnies disponibles pour transporter à l'échelon les munitions nécessaires. = En cas d'urgence, le caisson (a) lui-même (ou des mulets de munitions) est amené le plus rapidement possible jusqu'à l'échelon.

(a) La lanterne et le fanion indicateurs de munitions sont portés par le caisson de bataillon, ou sont conservés par le sous-officier chef de caisson. Après l'action, les commandants de sections prennent des dispositions pour que, par de nouveaux échanges, chaque voiture soit rendue à l'unité à laquelle elle était affectée.

CHAPITRE V

COMBAT

I. — **Prescriptions diverses.**

Dès qu'un combat est prévu se préoccuper de la distribution des munitions (184); faire marcher les brancardiers à gauche de leur bataillon (120) et éventuellement les sapeurs-pionniers en tête des colonnes.

A l'approche d'un combat, les chefs des différentes unités se tiennent à la place normalement assignée en avant de la troupe pour lui servir de guide et en diriger les mouvements; ils s'en éloignent toutes les fois que les circonstances l'exigent, notamment pour faire la reconnaissance du terrain. Dans ce cas, la direction est assurée par le chef de l'unité de base. Le bataillon et les unités supérieures détachent leurs agents de liaison.

Service sanitaire : *But du service.* — Au combat, le service de santé régimentaire a pour mission : 1º De mettre les blessés à l'abri du feu de l'ennemi; 2º De constituer des places de pansement de première urgence dites « refuges pour blessés » lorsqu'elles sont dans le voisinage de la ligne de feu, et « postes de secours » lorsqu'elles sont établies plus en arrière; 3º D'opérer le transport des blessés depuis les refuges pour blessés jusqu'aux postes de secours et éventuellement jusqu'aux ambulances ou autres formations sanitaires parvenues sur le champ de bataille. — L'exécution du service est dominée par les principes suivants : *a)* Relever au plus tôt tous les blessés du champ de bataille ; *b)* Leur donner les soins nécessaires; *c)* Les mettre rapidement en état d'être évacués.

Dispositions préparatoires. — Aussitôt que l'ordre est parvenu de s'engager, le médecin chef de service prend les instructions du chef de corps. Il fait ensuite connaître à chaque médecin de bataillon dont le personnel est réuni (ou se réunit s'il ne l'a pas été antérieurement) : 1º Le personnel qui marchera avec les unités de première ligne; 2º Le personnel qui restera auprès de lui, avec tout le matériel roulant, à hauteur des éléments de manœuvre. — Lorsqu'un bataillon est détaché, il emmène son personnel et son matériel. Les brancardiers désignés pour accompagner les unités de première ligne sont munis, par les soins du médecin de bataillon, de brancards, musettes et bidons. Leurs sacs sont déposés sur la voiture médicale du bataillon. Le personnel qui reste avec le médecin chef de service, ainsi que le-

matériel roulant, marche sur les routes et, si les circonstances de terrain le permettent, sur les chemins de traverse et dans les champs, de manière à suivre les réserves du régiment d'aussi près que possible. Il utilise les cheminements et les couverts. Généralement, les voitures médicales, conduites par le sergent brancardier, auront intérêt à se conformer aux mouvements des voitures à munitions du régiment. En tout cas, leur présence sur le champ de bataille ne doit être ni remarquée ni repérée par l'ennemi. Après avoir groupé tous les éléments sanitaires, personnel et matériel, destinés à l'installation ultérieure du poste de secours, le médecin chef de service se tient auprès du colonel pour recevoir ou provoquer en temps utile les ordres nécessaires au fonctionnement de son service.

FONCTIONNEMENT DU SERVICE : *Refuges pour blessés.* — Au cours des marches d'approche, le service régimentaire accompagnant les éléments de première ligne peut être appelé à donner des soins aux blessés plus ou moins nombreux de cette période du combat. Il est alors constitué des refuges pour blessés. Sur la ligne de combat, ces refuges se forment généralement de manière automatique derrière les abris ou plis du sol. Les blessés viennent instinctivement s'y agglomérer pour échapper aux effets du feu de l'ennemi, ou bien ils y sont transportés par les brancardiers régimentaires pendant les courtes accalmies du feu ou pendant le combat si les couverts le permettent. Dans la défensive, qu'elle soit préméditée ou momentanée, il y a lieu de prévoir les emplacements de ces refuges pour blessés. Dans le premier cas, on les organise au même titre que les autres travaux de campagne ; dans le deuxième cas, on approprie à leur objet les couverts les plus proches des points où sont tombés les blessés ; les brancardiers affectés à la première ligne et munis d'outils portatifs sont employés à l'édification des terrassements nécessaires. En attendant leur transport vers l'arrière, les blessés des refuges y reçoivent les secours de première urgence. Les plaies y sont pansées avec le paquet individuel de pansement et le contenu des musettes de brancardier ; les fractures sont immobilisées avec des moyens de fortune (habillement, armement). Les hommes atteints de blessures légères et jugés en état de combattre sont renvoyés à leur unité après pansement s'il y a lieu. Dès que les circonstances de la lutte le permettent, les refuges sont évacués vers l'arrière. La présence du personnel du service de santé sur la ligne de feu, en donnant aux combattants les plus exposés la certitude qu'en cas de blessures, ils seront immédiatement conduits jusqu'au refuge le plus proche, mis à l'abri d'un nouveau danger et médicalement secourus, constitue un facteur moral qui est de nature à favoriser la cohésion et la valeur des troupes.

Poste de secours régimentaire : *Composition du poste de secours*. — Le poste de secours régimentaire est constitué par le groupement du personnel sanitaire resté à la disposition du médecin chef de service et par la réunion du matériel roulant (voitures médicales). Si le poste de secours doit s'installer en plein champ, assez loin des routes, sur un terrain ne permettant pas l'accès facile des voitures, le matériel est déchargé au bord d'un chemin et transporté à bras par les brancardiers sur l'emplacement choisi. Les voitures restent sous la surveillance du sergent brancardier. — *Installation du poste*. — Le médecin-chef doit éviter d'installer son poste prématurément. A cet effet, il attend que l'action soit nettement engagée, que les progrès de la première-ligne soient arrêtés, ou, en tout cas, que les pertes deviennent sérieuses. Comme la circulation méthodique de brancardiers transportant des blessés n'est possible que si le feu n'atteint pas une trop grande intensité, il y aura souvent intérêt à ne déployer un poste de secours en arrière d'un point qu'à partir du moment où l'effort principal du combat s'en est détourné. Le poste sera défilé aux coups de l'infanterie et autant que possible de l'artillerie ennemies ; il ne sera signalé, no plus que les chemins d'accès, par aucun fanion apparent ou autre signe visible de la position adverse. Des flèches à la craie, au charbon, ou même à la peinture, indiqueront les itinéraires les plus favorables pour s'y rendre. Tout mouvement de voiture visible sera interdit pendant l'action. Les circonstances de la lutte, la distance, le nombre, l'importance et la diversion des refuges pour blessés peuvent amener le médecin chef de service à établir plusieurs postes de secours. — *Fonctionnement du poste*. — L'action chirurgicale est limitée : 1° au pansement des plaies ; 2° aux secours immédiats ; 3° à l'application d'appareils simples et provisoires pour les fractures. Les blessés qui peuvent combattre sont renvoyés à leur unité après pansement ; les blessés capables de marcher sont, dans le plus bref délai possible, formés en détachements successifs commandés par le plus ancien gradé et dirigés sur le point de rassemblement des blessés de cette catégorie désigné par le commandement ; les autres blessés sont normalement évacués sur une formation sanitaire par les moyens de transport des groupes de brancardiers, mais le médecin chef ne devra pas attendre l'entrée en action de ces groupes si les ressources dont il dispose lui permettent de commencer l'évacuation de ces blessés. Les pansements qui doivent être refaits sont marqués d'un trait de crayon rouge. Le billet d'hôpital annexé au livret individuel reçoit, au poste de secours, les indications techniques nécessaires pour tous les hommes évacués sur une formation sanitaire.

Mouvement en avant. — Lorsque, par suite du mouvement en avant du régiment, la zone des refuges pour blessés devient trop éloignée du poste de secours, le médecin chef décide de l'opportunité de l'installation d'un nouveau poste. Le personnel et le matériel laissés en arrière rejoignent dès que les blessés du premier poste ont été évacués ou passés à une formation sanitaire.

Mouvement rétrograde. — En cas de mouvement rétrograde, les blessés sont évacués en commençant par les moins gravement atteints. Si l'évacuation du poste ne peut être achevée avant l'arrivée de l'ennemi, un médecin et quelques infirmiers restent auprès des blessés, sous la protection de la Convention de Genève. Il en est rendu compte au chef de corps.

Rôle des infirmiers régimentaires. — Les infirmiers régimentaires concourent : ceux de la première ligne, à l'organisation et au fonctionnement des refuges pour blessés ; ceux du poste de secours, à l'organisation et au fonctionnement dudit poste.

Rôle des brancardiers régimentaires. — Le rôle des brancardiers régimentaires consiste, en principe, à transporter les blessés, quelle que soit leur nationalité, depuis les refuges jusqu'au poste de secours, mais leur mission ne se borne pas seulement à ce transport, que le caractère des luttes actuelles rend de plus en plus difficile dans le voisinage de la ligne de feu ; elle comprend encore, spécialement pour les brancardiers de la première ligne, la recherche et la mise en état d'abris pouvant convenir comme refuges pour blessés, la conduite et le soutien des blessés jusqu'à ces abris, l'octroi de soins élémentaires aux blessés. Seuls, les médecins, infirmiers et brancardiers relèvent les blessés sur le champ de bataille : dans ce but, ils tirent parti de tous les abris et défilements du sol. Pendant les accalmies du feu, lors des progrès vers l'avant de la ligne de combat après la fin de la lutte, les brancardiers, dirigés par les médecins, parcourent et explorent avec soin le champ de bataille de leur régiment pour y rechercher les blessés. Ils les transportent, soit à bras, soit sur brancard, jusqu'au poste de secours. Le passage par le poste de secours n'est nullement obligatoire s'il se trouve une ambulance à proximité. Le passage par l'ambulance n'est pas davantage nécessaire pour les blessés pansés, si les trains ou convois d'évacuation ont accès jusque sur le champ de bataille. Dans ce cas, les blessés sont portés en entrée sur le registre de l'hôpital d'évacuation sur lequel ils sont dirigés. Les caporaux brancardiers veillent à ce que les armes préalablement déchargées, ainsi que les effets des blessés, soient emportés avec eux. La tâche des brancardiers régimentaires sera facilitée grâce à l'utilisation des voitures médicales (débarrassées de leur chargement de sacs). Les groupes de brancardiers viendront également en aide aux brancardiers régimentaires si, au moment où ils entrent en action, l'évacuation des refuges pour blessés n'est pas terminée. Lorsque tous les blessés d'un poste de secours ont été passés à un groupe de brancardiers ou à une formation sanitaire hospitalière, les brancardiers régimentaires remettent le matériel du poste dans les voitures médicales, reprennent leurs sacs, sont groupés avec les infirmiers par bataillon et reconduits à leurs unités.

Musiciens. — Les musiciens, y compris leurs chefs et sous-chefs, sont mis à la disposition du médecin-chef de service, sur sa demande et sur l'ordre du chef de corps, dès que la situation l'exige ou la fin du combat. Ils se rendent au poste de secours, y déposent leurs instruments, puis, sous la surveillance de leurs chefs et la direction technique des médecins, remplissent le rôle attribué ci-dessus aux brancardiers régimentaires.

Après le combat, les médecins, brancardiers, infirmiers, voitures médicales rejoignent leur bataillon.

Les médecins rendent compte à leurs chefs immédiats du fonctionnement de leur service (entrés, évacués, décédés, restants). Les commandants de compagnie et tous les officiers supérieurs concourent au rapport écrit de la journée. Signaler les hommes qui se sont distingués. Rapports spéciaux sur ceux qui auraient manqué à leurs devoirs. Si un militaire paraît mériter une mention particulière, il devient l'objet d'un rapport rédigé et signé par l'officier supérieur ou autre sous les yeux duquel le fait s'est passé (même s'il s'agit d'un officier sans troupe). Envoyer également au général : 1° état des pertes : 2° situation des munitions.

Les *prisonniers* sont désarmés immédiatement : ils ne doivent jamais être insultés, maltraités ou dépouillés. Il est interdit de leur extorquer par menaces ou mauvais traitements des renseignements contraires aux intérêts de leur pays. Les officiers sont séparés du reste de la troupe. Après le combat, les armes et munitions des prisonniers sont versés à l'artillerie, leur équipement à l'intendance, leurs chevaux et harnachement à la remonte. Les prisonniers sont conduits par les soins des corps qui les ont capturés sur des points désignés par le commandant et remis à la gendarmerie. Les officiers doivent être immédiatement séparés de la troupe. (Convoi de prisonniers : 252.)

Train de Combat et Train Régimentaire pendant le combat. (Voir pages 110 et 112).

II. — Le tirailleur au combat.

Quand il est arrêté, le tirailleur prend la position qui permet le mieux de voir l'objectif et le point à viser. Cette condition essentielle remplie, il cherche à appuyer le corps et le fusil pour exécuter un tir plus ajusté, et enfin à s'abriter des coups et des vues. Il doit, de sa propre initiative, adapter sa position aux formes du terrain. = Derrière une levée de terre, un parapet, dans un fossé, un sillon de champ, le tirailleur se place le plus près possible de la masse couvrante et prend une position en rapport avec sa taille et le relief du couvert; derrière un arbre, un tas de terre ou de pierres, une meule de paille, une maison, etc., il se place de manière à couvrir tout le côté gauche de son corps et à appuyer sa main gauche ou son fusil; sur une crête, il reste assez en arrière pour être couvert tout en observant de bien voir le terrain en avant.

Exécution du feu : Le feu exécuté au commandement du chef, sur un point nettement désigné et en visant le pied du but. Le tirailleur s'attache à bien voir le point à viser et à ne pas le perdre de vue pendant toute la durée de l'action. Il se sert de la cartouchière de droite et charge avec toute la rapidité possible. Tous les arrêts dans l'exécution du feu sont utilisés pour compléter la cartouchière de droite, d'abord avec les cartouches de la cartouchière de derrière et ensuite avec celles de la cartouchière de gauche. Exceptionnellement, dans la défense, les cartouches peuvent être déposées à terre, à côté du tireur, à la condition d'être isolées du sol. = Le tirailleur commence le feu immédiatement après le commandement, vise toujours avec calme et précision; dans le feu à volonté, il tire sans aucun arrêt jusqu'au commandement de « Cessez le feu » qu'il répète à ses deux voisins dès qu'il l'a entendu. Dans le feu à cartouches comptées, il s'attache à ne pas dépasser le nombre de cartouches indiqué. = Les tirailleurs doivent observer la plus exacte discipline dans l'exécution des feux; c'est à cette condition seulement que la section pourra infliger à l'ennemi des pertes qui faciliteront l'exécution du mouvement et, en outre, diminueront les périls du combat.

Emploi de l'outil : Pendant le combat, l'outil est porté au ceinturon. Dans l'attaque comme dans la défense, le tirailleur l'utilise sur l'ordre des officiers pour ouvrir des passages dans les haies ou à travers les diverses clôtures, pour aménager rapidement des abris naturels du sol, pour dégager le champ de tir et créer des abris individuels en terre. = Pour travailler sous le feu, le tirailleur dépose son sac en avant de lui dans la direction de l'ennemi, de manière à s'en faire un couvert, le fusil à côté du sac. Il se couche sur le côté gauche au point même où il doit travailler et creuse le sol avec l'outil tenu de la main droite; les terres sont jetées en avant en observant d'augmenter l'épaisseur du parapet en même temps que sa hauteur. Lorsque les circonstances le permettent, le tirailleur prend la position à genou et travaille avec les deux mains. = Le travail terminé, il reprend son sac, puis son fusil, tout en restant couché à terre et en continuant à observer l'objectif.

Le soldat isolé : Au combat, les anciens soldats remplissent en dehors du rang certaines fonctions qui peuvent les amener à agir momentanément en dehors de l'action immédiate de leurs chefs. Ce sont les patrouilleurs qui éclairent le front ou les flancs pendant les marches d'approche, les agents de liaison, les observateurs, les signaleurs, les téléphonistes. Les plus intelligents et les plus énergiques des anciens soldats dans leur troisième année de service peuvent même être appelés à commander une patrouille ou une escouade. Des instructions particulières fixent les règles qu'ils appliquent dans leurs fonctions spéciales; tous doivent savoir utiliser les couverts du sol pour se déplacer sur le terrain du combat et, en outre, connaître les limites de l'emploi du tir individuel. = *Utilisation du terrain :* pour se porter d'un point à un autre sur les terrains battus, le soldat isolé se dissimule aux vues et s'abrite des coups en utilisant les cheminements couverts; il traverse à vive allure les endroits découverts. = Lorsqu'il est chargé d'une mission urgente, il prend toujours l'itinéraire le plus direct en utilisant du mieux qu'il peut les abris qui se trouvent sur sa route. S'il dispose d'un temps plus long, il fait une rapide reconnaissance du terrain à parcourir, choisit l'itinéraire le plus favorable et chemine de couvert en couvert. = Un soldat isolé qui se déplace ainsi sur le terrain de l'action aura souvent à revenir au point de départ, lorsque sa mission sera accomplie. Pour être certain de ne pas s'égarer, il choisit sur sa route des points de repère bien nets qui le guideront à son retour.

Emploi du feu. — En principe, le soldat isolé ne tire que pour sa défense personnelle, ou pour donner l'alarme et signaler sans retard soit la présence, soit l'approche inopinée de l'ennemi; enfin, il tire s'il en a reçu l'ordre formel de son chef. = Ne jamais tirer à plus de 400 mètres sur un isolé (fantassin ou cavalier), à plus de 600 mètres sur un groupe d'au moins quatre hommes, se servir toujours de la hausse de 400 mètres.

III. — La section au combat.

La section combat en tirailleurs et encadrée dans la compagnie; tous ses éléments s'engagent en même temps, sur le même front et restent sous les ordres du chef de section. = Exceptionnellement, la section peut agir en dehors de l'action immédiate du capitaine pour remplir sur le front ou sur les flancs certaines missions de sûreté.

L'approche : Au cours de l'approche, la section marche en colonne par quatre ou par deux, réunie ou fractionnée par demi-sections, exceptionnellement par escouades, d'après les principes et à l'aide des commandements de l'école de section. = Le *chef de section* se tient en tête de sa troupe et la guide. S'il est chargé de la direction, il suit le capitaine ou marche sur le point assigné; s'il commande une section subordonnée, il est attentif aux ordres et aux gestes du capitaine et se maintient à la place qui lui est attribuée dans la formation prescrite; quand les circonstances l'obligent à s'en écarter, il la reprend le plus tôt possible. = Les *serre-files* surveillent l'exécution des mouvements et en sont responsables; ils répètent au besoin les commandements du chef de section et maintiennent la discipline du rang. Lorsque le chef de section s'écarte momentanément de sa place normale, soit pour reconnaître le terrain, soit pour prendre les ordres du capitaine, le plus ancien des serre-files se porte immédiatement en tête de la section et la guide. = En cas de fractionnement de la section, les chefs de demi-section, éventuellement les chefs d'escouade, marchent en tête de leur troupe et la guident en se conformant aux règles données plus haut pour le chef de section. La direction est prise sur la fraction devant laquelle se trouve le chef de section.

Le chef de section règle l'allure de la section. Il fait marcher « sans cadence »; mais dès qu'il sent la nécessité de rétablir l'ordre, ou d'obtenir de la troupe plus d'attention et plus de correction dans l'exécution, il fait reprendre le pas cadencé. = Les formations à adopter et les mouvements à exécuter pour utiliser le terrain et dérober l'approche aux vues de l'ennemi, pour éviter les effets du feu et arrêter les attaques de cavalerie, sont ordonnées en principe par le capitaine. A défaut d'ordres, et dans les circonstances urgentes, le chef de section prend, de sa propre initiative, toutes les mesures utiles pour éviter les pertes. = Pour traverser les zones battues par le feu de l'artillerie, il fractionne sa section, l'étale sur tout le front dont il dispose, fait accélérer l'allure et au besoin prendre le pas gymnastique. S'il doit franchir une crête, il dispose sa section à l'abri dans la formation la plus favorable et lui fait traverser le terrain dangereux à la course, au besoin par petits groupes. Quand l'efficacité du feu de l'ennemi le rend nécessaire, il peut faire coucher sa troupe pour laisser passer la rafale; il reprend ensuite le mouvement en avant. En butte au tir de l'infanterie, il déploie la section en tirailleurs. = En cas d'attaque inopinée de la cavalerie, la section lui fait face immédiatement par les moyens les plus simples et les plus rapides et l'accueille par des feux par salves. Si elle n'a pas le temps de tirer, elle se couche pour laisser passer la charge. = Lorsque les circonstances obligent le chef de section à modifier la formation initiale ou à s'écarter de la direction assignée, il y revient le plus tôt possible. = Le chef de section détache son agent de liaison auprès du capitaine au plus tard lorsqu'il reçoit l'ordre d'attaquer.

L'attaque : Au reçu de l'ordre d'attaque, le chef de section indique très brièvement à tous ses subordonnés l'objectif de la section. A partir du moment où l'attaque commence, le chef de section fait exécuter, de sa propre initiative, tous les mouvements que nécessitent les circonstances. Il conduit tout d'abord la section face à son objectif, puis la fait marcher droit sur cet objectif en se maintenant sensiblement à hauteur des sections voisines. La section progresse ainsi dans l une des formations d'approche, sans arrêt, jusqu'au moment où le chef se rend compte qu'elle est sur le point de pénétrer sur le terrain battu par les feux d'infanterie; il la fait déployer en tirailleurs à l'abri des coups et, autant que possible, des vues de l'ennemi. Il la porte ensuite en avant sans arrêt, jusqu'au moment où, la continuation du mouvement n'étant plus possible, le capitaine donne l'ordre d'ouvrir le feu. = Dans l'attaque, une bonne infanterie commence le feu le plus tard possible, à portée efficace et uniquement pour détruire ou neutraliser momentanément les résistances qui arrêtent le mouvement en avant.

Il est commandé soit par le chef de section ou par le serre-file qu'il a désigné, soit par les chefs de demi-section ou les chefs d'escouade lorsque le tir est exécuté par fraction. En principe, les caporaux ne prennent pas part au feu; ils secondent les sous-officiers dans la surveillance de l'exécution du feu. = Les commandements pour les feux sont toujours faits avec le plus grand calme, en laissant entre chacun d'eux le temps nécessaire pour l'exécution des mouvements qu'ils comportent. Les serre-files s'assurent que les tirailleurs chargent avec toute la célérité possible, visent avec soin et tirent sans interruption jusqu'au commandement de *Cessez le feu* ou jusqu'au moment où le nombre des cartouches est brûlé. Ils vérifient constamment la direction du tir et surveillent la consommation des munitions.

Conduite du feu. — Le premier feu est ouvert sur l'ordre du capitaine, exceptionnellement, si les circonstances l'exigent, sur l'ordre du chef de section. = Le chef de section conduit le tir, c'est-à-dire qu'il fixe la nature du feu, le point à viser, la hausse, le commencement et la cessation du feu.

Le feu s'exécute à volonté, à cartouches comptées, à répétition et par salves. = Le feu à volonté s'emploie surtout aux distances rapprochées, alors qu'il faut accabler l'ennemi de projectiles pour favoriser la progression. = Le feu à cartouches comptées est celui qui permet le mieux de maintenir la troupe en main, de changer d'objectif, de surveiller la consommation des munitions et de la proportionner au résultat cherché. = Le feu à répétition est exécuté lorsqu'il faut obtenir l'effet maximum dans le minimum de temps. = Le feu par salves ne s'emploie que dans des circonstances exceptionnelles, contre la cavalerie, la nuit ou lorsque le chef a besoin de reprendre sa troupe en main.

Quelle que soit sa nature, le feu doit prendre, dès qu'il est ouvert, toute son intensité; il est exécuté par rafales violentes dont la durée correspond au but poursuivi : appuyer le mouvement en avant ou profiter d'un moment où l'ennemi est plus vulnérable (a). = L'intensité du feu dépend du nombre des tireurs et de la vitesse de leur tir. = La vitesse du tir résulte de la promptitude de la charge et de l'adresse des tireurs dans l'exécution de tous les mouvements du tir; il ne faut jamais la rechercher au détriment de la visée qui doit toujours être correcte et précise. Un tir non ajusté ne produit pas d'effet. = En principe, la section entière tire au commandement du chef de section ou du serre file qu'il a désigné. Lorsqu'il est utile de limiter la consommation des munitions ou d'entretenir le feu pendant un temps assez long, le chef de section fait tirer successivement les différentes fractions (demi-sections ou escouades); il fixe la nature du feu, le point à viser et la hausse. Le feu est exécuté par fractions constituées. Le feu par quelques hommes choisis ne se justifie que dans des circonstances très exceptionnelles.

Dans l'attaque, chaque section tire droit devant elle sur son objectif. Tous les tirailleurs de la section visent un point de l'objectif nettement désigné par le chef de section et sur ce point le pied du but. Ces prescriptions ont pour objet de limiter les effets de la dispersion toujours considérable sur le champ de bataille. = Dès que la section, dans sa progression en avant, arrive à l'endroit où l'objectif est

---

(a) Aux moyennes et aux petites distances, il y a presque toujours intérêt à répartir le feu lorsque la troupe opposée est bien visible et que son front dépasse sensiblement la longueur de la gerbe. On constate facilement si cette condition est remplie en tendant le bras dans la direction du but, la main redressée, le premier doigt levé.

A toutes les distances, la largeur apparente de la 1re phalange de l'index est à peu près égale à la largeur battue par le feu collectif lorsque les hommes visent un même point (*Ecole normale de tir*, 1903, p. 150)

La vitesse du feu à volonté de 6 coups à la minute doit être un minimum. (Général LE JOINDRE.) — Mais à la vitesse de 8 coups à la minute, les hommes ne peuvent pas tirer plus de 4 minutes dans la position debout, 6 à 7 minutes dans la position à genou et couché (*Ecole normale de tir*, 1903).

visible, le chef de section l'arrête, en la dissimulant aux vues autant que possible, et désigne très clairement le point que les tirailleurs devront viser dès que le feu sera ouvert. Les serre-files, en faisant placer les armes dans la direction du point à viser, s'assurent que tous les tirailleurs ont bien saisi l'indication du chef de section. = Dans certaines circonstances exceptionnelles, par exemple pour battre un front étendu ou lorsque la troupe est abritée, bien en main, en pleine possession de son calme et susceptible de tirer avec précision, le chef de section peut donner à chaque demi-section et même à chaque escouade un point à viser particulier et faire tirer par fraction. = Lorsque le feu a été ouvert d'une façon imprévue, avant que le point à viser ait été désigné méthodiquement par le chef de section (attaque inopinée, objectif très vulnérable apparaissant subitement), les serre-files ont une attention toute particulière à vérifier la direction des armes et à rectifier les erreurs commises.

Pour obtenir des effets à grande distance, il est indispensable de fixer la hausse avec exactitude; au contraire, à partir de 800 mètres, la hausse de 400 mètres, dénommée hausse de combat, répond à tous les besoins.

Avant tout, le chef de section doit rester maître de faire ouvrir et cesser le feu à sa volonté. Le tir n'a qu'un but, préparer la reprise du mouvement ou l'appuyer pendant son exécution. Un chef qui n'obtient pas l'obéissance absolue aux commandements de COMMENCEZ LE FEU ou de CESSEZ LE FEU, s'expose à ne pas profiter des occasions favorables aussi bien pour tirer que pour gagner du terrain en avant. = L'observation des effets du tir (a) présente, à certains moments, une assez grande importance, surtout lorsque

---

(a) Comment obtenir la supériorité du feu?

Une force d'un effectif moitié moindre que celle qui lui est opposée fera subir à celle-ci numériquement les pertes qu'elle éprouvera elle-même :

1° Si elle occupe le même front que celle-ci;

2° Si, occupant un front moitié moindre, elle tire dans la position couchée, l'autre restant debout;

3° Si ayant un front moitié moins étendu que l'adversaire, elle est en état de tirer deux fois plus vite tout en conservant un tir aussi ajusté.

4° Si, les formations étant semblables, elle emploie la hausse exacte, tandis que son adversaire fait une erreur de hausse de 100 mètres;

5° Si le tir de l'adversaire a une dispersion double;

6° Si tout en ayant la même formation que l'adversaire, on a abrité les tireurs derrière une tranchée ou un ressaut du sol qui les couvre à moitié.

En outre, la troupe la plus faible n'éprouvera numériquement que la moitié des pertes d'une façon double qui lui serait opposée :

1° Si elle occupe un front double de celui de l'adversaire, c'est-àle tir est exécuté aux distances supérieures à 800 mètres. Le chef de section est secondé dans la conduite du tir par des gradés et des soldats doués d'aptitudes spéciales qui remplissent le rôle d'*observateurs*. = Ces observateurs, munis de jumelles, se tiennent à côté du chef de section dès le commencement de l'attaque. Ils apprécient les distances et donnent sur les effets du feu des indications qui permettent au chef de section de fixer la hausse avec exactitude.

Le chef de section apporte une attention particulière à connaître constamment le nombre de cartouches dont disposent ses hommes; il proportionne la consommation des munitions à ce nombre et au but précis qu'il se propose. Tirer sans but, c'est gaspiller ses munitions; dépenser un nombre de cartouches exagéré, c'est risquer de rester désarmé et impuissant dans la période décisive du combat. Dès que l'approvisionnement en munitions commence à diminuer, le chef de section en rend compte au capitaine.

Exécution du feu. — Les feux sont exécutés soit au commandement du chef de section ou d'un serre-file désigné par lui, soit à celui des chefs de demi-section ou des chefs d'escouade, lorsque le tir est exécuté par fraction. En principe, les chefs d'escouade ne prennent pas part au feu, ils secondent les sous-officiers dans la surveillance de l'exécution du tir.

Exécution du mouvement. — A partir du moment où le feu est ouvert et où la section déployée en tirailleurs doit progresser sur le terrain battu par l'infanterie adverse, elle se porte en avant par bonds rapides.

Le chef de section entraîne sa section en avant tout entière à son commandement, droit sur son objectif. Toutefois, dans certains cas, pour traverser des terrains très battus, pour utiliser des cheminements favorables, parfois pour constituer un échelon de feu susceptible d'appuyer le mouvement des autres fractions, il peut donner l'ordre à chacune des demi-sections ou même aux escouades de se porter en avant successivement pour gagner l'emplacement où il les

---

dire si entre chaque homme se trouve un intervalle quadruple de celui qui sépare les tireurs ennemis;

2° Si elle réunit deux des conditions énumérées ci-dessus sous les numéros 2° à 6°;

3° Si, tout en ayant la même formation que l'adversaire, elle est couverte par un abri protégeant contre les coups les trois quarts de la surface des tireurs.

Enfin, la troupe la plus faible prendra une supériorité absolue sur un adversaire de force double si elle réunit trois des conditions énumérées ci-dessus, ou si elle est placée dans une tranchée sur un front égal à celui qu'occupe l'adversaire. (Général LE JOINDRE.)

Une compagnie qui marchera en avant (par échelons) de 900 à 200 mètres aura besoin de seize minutes et brûlera 70 cartouches par homme. (Général LE JOINDRE.)

reformera sous son commandement. = Le but, c'est de gagner du terrain; tous les moyens sont bons pour l'atteindre, à la condition de ne faire agir jamais que des fractions constituées et commandées et de progresser avec énergie et promptitude.

Lorsque la section doit tirer après l'exécution du bond, le chef de section attend, pour faire ouvrir le feu, que les hommes aient repris haleine et soient en état d'exécuter un tir ajusté.

Le feu de l'ennemi causera des vides sur la chaîne au cours de l'exécution du bond en avant; les tirailleurs doivent, s'il est nécessaire, appuyer du côté du chef de section, de manière à reprendre les intervalles qui viendraient à s'ouvrir d'une façon exagérée. Il est essentiel, pour assurer l'action du commandement, qu'après l'exécution de chaque bond, la chaîne reprenne autant que possible et malgré les pertes sa densité normale. = Lorsque, pour les mêmes motifs, les intervalles qui séparent les sections s'augmentent d'une façon exagérée, le chef de section cherche à reprendre l'intervalle normal au cours de la marche en avant. Les sections d'une même compagnie doivent toujours s'efforcer de se rapprocher de la section la plus avancée vers l'ennemi, section qui est généralement dirigée par le capitaine.

Au fur et à mesure que la section se rapproche de l'objectif, les efforts de tous tendent à joindre l'ennemi, le plus tôt possible et coûte que coûte. Le chef de section profite de toutes les occasions pour porter sa troupe en avant. L'augmentation de l'intensité du feu des éléments voisins, l'éclatement des projectiles de l'artillerie amie sur l'objectif d'attaque, la diminution de l'efficacité du tir de l'adversaire, sont des indications précises qui doivent l'inciter à entraîner ses hommes en avant, pour les amener au point d'où ils pourront, d'un dernier bond, aborder l'ennemi à la baïonnette.

Lorsque, malgré tout, le mouvement en avant est momentanément interrompu, le chef de section fait aménager un abri à l'aide des outils portatifs. Un certain nombre de tirailleurs sont désignés pour continuer le feu, ou sont prêts à tirer, tandis que les autres creusent le sol en prenant la position la moins vulnérable. = Dès qu'une occasion favorable se présente, la section exécute un nouveau bond. Elle ne doit jamais reculer sans un ordre de l'autorité supérieure.

Section de renfort. — La section en renfort est à la disposition du capitaine; elle doit suivre le mouvement de la chaîne à l'initiative de son chef; mais, sauf circonstances exceptionnelles, n'intervient que lorsqu'elle reçoit un ordre d'attaque. = Personnellement, le chef de section se tient devant sa troupe; il observe avec soin le terrain et la marche du combat, de manière à faire progresser sa section au bon moment et par les cheminements les plus favorables. Il reste en liaison constante, autant que possible à la vue, avec le capitaine, qui lui donnera l'ordre d'attaquer. = La section de renfort emploie, dans les terrains couverts, l'une des formations en colonne usitées pour l'approche, de manière à mieux utiliser le terrain. En terrain découvert, elle a le plus souvent intérêt à se déployer en tirailleurs dès le début, pour n'avoir à exécuter aucun mouvement sous le feu. Dès qu'elle pénètre sur ce terrain, elle se porte en avant par bonds. = Au reçu de l'ordre d'attaque du capitaine, le chef de section place sa section face à son objectif si elle n'y est déjà, et la conduit droit devant elle vers le point où elle doit intervenir. Si la distance est trop grande, il progresse par bonds calculés de telle façon que les tirailleurs arrivent sur la chaîne en pleine possession de leurs moyens. = Si la section doit agir dans un intervalle libre, elle s'y engage, dépasse la chaîne et gagne en avant l'emplacement où elle commencera le feu, appuyée dans ce mouvement par le tir de tous les éléments voisins. = Si, au contraire, les intervalles n'existent pas, elle double la chaîne et s'efforce de l'entraîner en avant. Toutes les énergies des combattants sont tendues vers l'ennemi, l'attention de leurs chefs est absorbée par les incidents de la lutte; c'est donc à la section de renfort à leur imposer le mouvement qu'ils n'ont pas été capables d'exécuter à l'aide de leurs moyens. Au moment où ils sont près d'arriver sur la chaîne, le chef de section, les serre files et les tirailleurs entraînent de la voix et du geste leurs camarades dans un nouveau bond en avant. Après l'exécution de ce bond, les gradés se partagent le commandement des groupes formés par le mélange des fractions constituées.

Assaut. — La section marche à l'assaut au pas de course au commandement de EN AVANT A LA BAÏONNETTE du chef de section répété par tous. = Les tirailleurs se portent en avant réunis et marchent sur le groupe adverse que leur indique le chef de section de la voix et du geste. Chaque tirailleur doit tenir à honneur de triompher du plus grand nombre d'adversaires possible et la lutte se poursuit à l'arme blanche avec la plus farouche énergie, jusqu'à ce que le dernier combattant ennemi soit hors de combat, qu'il ait mis bas les armes ou qu'il ait fui. = A ce moment, les gradés qui restent debout rallient les combattants et les établissent sur les emplacements favorables pour exécuter les feux de poursuite sans précipitation, avec calme et sang-froid. Le chef de section, ou, à son défaut, le plus ancien des serre-files, prend les ordres du capitaine pour l'organisation de la position conquise et ultérieurement pour le rassemblement.

La défense. — Dans la défense, la section occupe l'emplacement qui lui a été assigné par le capitaine.

Elle reste toujours réunie sous le commandement de son chef. La section trouve, dans l'organisation judicieuse du terrain et dans la préparation des éléments du tir, un surcroît de force qui lui permet d'occuper des fronts plus étendus que dans l'attaque. Elle y parvient en augmentant les intervalles qui séparent les demi-sections et même les escouades. Dans chaque fraction, les tirailleurs restent toujours groupés sous les ordres directs de leurs chefs. Une section de 50 hommes, ainsi disposée et qui a un champ de tir bien découvert, peut tenir sous son feu un front de près de 100 mètres.

Avant tout autre travail, le chef de section fait dégager le champ de tir, mesurer à la vue, à l'aide d'instruments, ou, éventuellement, au pas la distance des principaux points de repère du terrain; il fait placer, s'il y a lieu, des points de repère artificiels et supprimer les objets visibles, situés à proximité de son emplacement de combat et qui pourraient servir de repère à l'ennemi (buissons, arbres isolés, etc.). = Les données du tir sont remises par écrit à tous les gradés. = Le chef de section fait exécuter les travaux ordonnés par le capitaine, suivant une marche progressive, de manière qu'ils puissent être utilisés à tout moment.

Tant que le combat n'est pas engagé, les tirailleurs sont maintenus en arrière des emplacements de combat ou bien dissimulés dans les tranchées. Seuls, des sentinelles et des observateurs munis de jumelles surveillent le terrain et préviennent de l'approche de l'adversaire. = Dès que l'ennemi est signalé, les tirailleurs occupent les emplacements préparés sans attirer l'attention de l'ennemi; ils disposent leurs cartouches à côté d'eux. Les chefs de section désignent les objectifs. = Lorsque l'ennemi se présente avant la fin des travaux essentiels, le chef de section fait continuer ces travaux par un certain nombre d'hommes, tandis que les autres se préparent à tirer.

Le premier feu est ouvert sur l'ordre du capitaine; il commence et cesse ensuite à l'initiative du chef de section. Dans la défense, le feu a pour but d'arrêter ou, tout au moins, de ralentir la progression de celles des troupes assaillantes qui agissent sur le front de la section. Le feu est conduit par rafales violentes et prend toute son intensité dès qu'il est réglé. Un tir non réglé est arrêté et repris ensuite sur des données différentes. = Dans la défense, le fait que les tirailleurs sont abrités, qu'ils tirent sur appui, à distance connue, sur des objectifs assez visibles, permet d'ouvrir le feu à grande distance et même de faire des changements d'objectifs pour concentrer le tir sur celles des troupes assaillantes qui sont les plus avancées ou les plus vulnérables. = La possibilité de dérober pendant longtemps les emplacements exacts des tireurs permet également d'obtenir des effets de démoralisation très puissants en ouvrant le feu par surprise. Pour aider à cette surprise, et aussi pour éviter les pertes, les tirailleurs doivent se découvrir le moins possible pendant l'exécution du tir. = Le moment le plus favorable pour l'exécution des feux est celui où les assaillants se portent d'un abri à un autre. Le chef de section ou les chefs de fractions, dans le cas où ils commandent le feu, cherchent à briser l'élan de l'adversaire en couvrant de projectiles les espaces qu'il traverse pendant l'exécution de son mouvement.

La section ne doit pas se laisser aborder à la baïonnette. Dès que l'adversaire est parvenu à distance d'assaut, le chef de section fait mettre la baïonnette au canon, enlève ses hommes et les entraîne en avant en appliquant les principes de l'assaut (a).

EMPLOI TACTIQUE DES SECTIONS DE MITRAILLEUSES DANS LES TROUPES D'INFANTERIE.

Voir aussi au combat, page 141 (Règlement man.).

Propriétés tactiques des mitrailleuses. — La mitrailleuse tire la même cartouche que le fusil d'infanterie, dont elle possède toutes les qualités balistiques; toutefois son tir présente avec celui du fusil des différences essentielles : il est beaucoup plus rapide; en raison de la stabilité de l'affût. il est moins influencé par la nervosité du tireur; la direction du feu reste toujours aux mains du chef. = Il en résulte que le feu très condensé des mitrailleuses est susceptible de produire, dans un temps très court, des effets décisifs sur un point donné. Mais, en tant que troupe combattante, la section de mitrailleuses, à laquelle manque la capacité offensive résultant du mouvement en avant, ne peut agir qu'en liaison intime avec l'infanterie, dont elle est l'auxiliaire.

En dehors des cas très exceptionnels, l'emploi des mitrailleuses aux grandes distances n'est pas avantageux; les résultats obtenus ne sont pas en rapport avec la dépense de munitions; enfin, en décelant leur présence trop tôt, les mitrailleuses risqueraient de se

---

(a) Mais si une section est dans une tranchée-abri et que l'ennemi s'avance rapidement pour l'attaquer. la section ne doit pas quitter la tranchée pour aller attaquer l'ennemi à la baïonnette, car elle perdrait tous les avantages de sa position et de son feu. Cette règle d'une importance capitale ne doit pas être enfreinte sous prétexte d'initiative. (Général Pierron.)

faire détruire sans profit par l'artillerie ennemie. = La mitrailleuse est surtout *l'arme des moyennes et des petites distances;* elle agit normalement par rafales courtes et intenses, exécutées autant que possible par surprise, sur les points où il importe d'arrêter l'ennemi ou de briser sa résistance, pour faciliter la marche de notre infanterie.

Le tir de la mitrailleuse est particulièrement efficace, quand il peut prendre l'objectif d'enfilade ou d'écharpe. = Il a généralement peu d'effet sur les lignes minces ou les chaînes de tirailleurs à larges intervalles. Il peut, au contraire, s'attaquer avec succès à tous les buts animés se présentant en ordre un peu compact : lignes pleines, renforts, soutiens, réserves, contre-attaques, etc.

C'est à une aile ou en arrière des vides de la première ligne que les mitrailleuses, quand le terrain s'y prête, se trouvent le mieux placées pour suivre attentivement les phases de la lutte et être en mesure d'intervenir efficacement au profit de leur infanterie. = Le tir par-dessus des troupes amies n'est exécuté que si la conformation du terrain permet d'établir deux ou plusieurs lignes de feu étagées.

En résumé, les conditions d'emploi des mitrailleuses dépendent essentiellement des effets qu'elles peuvent produire. = En aucun cas, les mitrailleuses ne sauraient remplacer l'artillerie. = Le canon, arme à longue portée et à grande puissance, engage le combat de loin et en poursuit toutes les phases à la volonté des chefs des grandes unités : divisions ou corps d'armée. = La mitrailleuse est, au contraire, l'arme auxiliaire de l'infanterie dans toutes les circonstances du combat rapproché. Elle constitue entre les mains des chefs des petites unités : bataillons ou régiments, une réserve de feux mobile, souple et particulièrement efficace quand elle intervient à propos et en un point décisif.

Il faut donc éviter de faire donner prématurément les mitrailleuses et de les grouper. Elles agiront le plus souvent par section, en liaison immédiate avec les troupes d'infanterie, au milieu desquelles elles trouveront des emplacements favorables et convenablement abrités.

Emploi tactique. — Il appartient au chef de corps de répartir entre ses bataillons ou détachements tactiques les sections de mitrailleuses dont il dispose, en tenant compte de la mission confiée à chacun d'eux. = Le choix de la zone d'action et l'indication du but à poursuivre regardent le chef de l'unité qui dispose de la section. = Mais la plus grande initiative doit être laissée au chef de section pour le choix des cheminements et des emplacements de tir, ainsi que pour la conduite du feu. Le choix de la position de tir est particulièrement important; le chef de section doit en faire la reconnaissance avec le plus grand soin.

Marches sur routes. — Pendant les marches, le chef de corps conserve, en principe, à sa disposition les sections de mitrailleuses. Il fixe la place que chacune d'elles doit occuper dans la colonne. = Il peut également, quand les unités du régiment reçoivent une mission spéciale (avant-garde, flanc-garde, arrière-garde), leur affecter d'avance les sections de mitrailleuses. C'est alors aux commandants de ces unités que revient le soin de régler la marche des sections de mitrailleuses qui leur sont momentanément rattachées.

En principe, le train de combat des sections marche en tête du train de combat de l'unité à laquelle les sections sont affectées.

Marches d'approche. — Dès qu'on arrive dans la zone de feu, le chef de section a toute initiative pour régler la marche de ses mitrailleuses à la condition de rester en liaison étroite avec son unité. = Tant que le matériel reste chargé, la section de mitrailleuses ne peut progresser qu'en utilisant des itinéraires défilés. = En terrain découvert, le matériel est déchargé et transporté à bras. La section de tir progresse dès lors en utilisant les mêmes procédés que l'infanterie. = L'échelon, commandé par le caporal approvisionneur, s'efforce de rester constamment en liaison avec la section de tir; il suit le mouvement de cette section dans la formation la plus convenable et à une distance variable suivant les circonstances et le terrain. = Quand les mitrailleuses sont déchargées, les animaux de bât sont soigneusement défilés avec l'échelon.

Offensive. — Les mitrailleuses interviennent directement dans le combat offensif, en renforçant par leur feu celui des groupes de combat. = Cette intervention s'exerce surtout sur les points où certaines unités, momentanément immobilisées, ont pour mission de protéger par leur feu la marche des fractions voisines. = Tout en cherchant à suivre les unités engagées d'aussi près que possible, les mitrailleuses ne doivent pas s'astreindre à les accompagner pas à pas. Elles progressent par bonds, de position de tir en position de tir, mais n'ouvrent le feu que si la situation tactique l'exige, ou s'il se présente des objectifs suffisamment vulnérables pour justifier la dépense de munitions qui en résultera. = Elles s'efforcent d'arriver sur la position en même temps que les troupes d'assaut.

L'emploi de la mitrailleuse est surtout indiqué pour couvrir les flancs d'une attaque, occuper les points d'appui à mesure qu'on s'en est emparé, en vue de poursuivre l'ennemi par son feu et de lui interdire tout retour offensif, jalonner une position de repli.

Défensive. — Les mitrailleuses sont particulièrement aptes à renforcer l'infanterie dans l'occupation des points d'appui, soit sur le front, soit sur les flancs d'une ligne de combat. = Leur emploi permet donc à la défense d'économiser les effectifs immobilisés dans l'occupation du terrain et, par suite, de conserver une proportion plus importante de troupes disponibles pour la manœuvre. = On trouvera fréquemment une utilisation avantageuse des unités de mitrailleuses dans le flanquement des parties du front privées de feux directs et dans la constitution d'échelons de feu pour couvrir les flancs. = On les emploiera surtout à renforcer la défense des points particulièrement menacés, à repousser les assauts, à empêcher les mouvements tournants, à accompagner les contre-attaques. = Dans certains cas, on peut utiliser les mitrailleuses dès le début, pour battre efficacement les voies d'accès principales et les points de passage obligés (ponts, défilés, etc.), mais, en principe, il convient de réserver leur emploi pour les moyennes et les petites distances, où elles donneront leur maximum de rendement. = En vue de cette action capitale, on doit — au cours du combat — soustraire ces engins le plus soigneusement possible aux vues et aux coups et ne déceler leur présence que le plus tard possible. Si le terrain ne permet pas ce défilement, on construira au besoin des abris pour les pièces et les servants. L'action des mitrailleuses peut encore être augmentée par le dégagement du champ de tir, le repérage du terrain, un approvisionnement considérable de munitions.

Les mitrailleuses peuvent, dans certains cas, être utilement employées aux avant-postes : en particulier pour arrêter l'ennemi à certains points de passage ou pour assurer la possession des points d'appui que l'on a intérêt à conserver.

Combat de nuit — Dans l'offensive, les mitrailleuses ne peuvent guère être employées que pour maintenir l'occupation des points d'appui conquis. = Dans la défensive, elles sont utilisées pour occuper un retranchement, renforcer un point d'appui, barrer les issues d'un cantonnement, battre une route ou un passage obligé, etc. = On aura toujours soin de les installer derrière un obstacle matériel, qui les mette à l'abri de la surprise immédiate, et on ne perdra pas de vue que le tir de nuit sera toujours efficace lorsqu'il aura été préparé de jour.

Combat en retraite. — Les mitrailleuses sont envoyées à temps sur les positions de repli successives. Par leur feu, elles protègent la manœuvre en retraite des unités au contact. = Ces déplacements sont généralement opérés en transportant le matériel à bras ou sur l'épaule; les animaux ne sont rechargés que si l'opération peut être exécutée absolument à l'abri et s'il existe des cheminements défilés.

Liaisons et solidarité de combat. — Le chef d'une section de mitrailleuses dispose pour les liaisons d'un soldat bicycliste. = En station ou en marche, le chef de section reçoit du chef de l'unité d'infanterie dont il relève tous les ordres nécessaires. = Dès qu'un engagement devient probable, il passe le commandement au sous-officier et se rend, suivi de l'agent de liaison, auprès du commandant de l'unité avec laquelle il doit opérer, pour reconnaître la situation et prendre ses instructions. = Lorsqu'il a reçu des indications précises sur la mission à accomplir ou le but à atteindre, il détermine rapidement le premier emplacement de la section. L'agent de liaison rejoint celle-ci pour la guider vers la position à occuper. = Pendant toute la durée de l'action le chef de section se tient, au moyen de l'agent de liaison, en relations avec le chef de l'unité d'infanterie. Il le renseigne sur sa situation et reçoit de lui, s'il y a lieu, de nouvelles instructions.

Les fractions d'infanterie et les sections de mitrailleuses concourant à la même action se doivent un mutuel appui.

La section de mitrailleuses se trouvant le plus souvent encadrée par d'autres troupes n'a pas besoin de protection spéciale. Dans le cas contraire, le chef de l'unité dont elle relève pourvoit à sa sécurité. = Quand, par suite des circonstances mêmes du combat, les sections de mitrailleuses peuvent redouter une surprise ou une attaque inopinée, il appartient aux fractions d'infanterie les plus voisines de les en garantir, en disposant sur le flanc dangereux ou en arrière d'elles les échelons de surveillance ou de protection nécessaires. = Réciproquement, les sections de mitrailleuses doivent se sacrifier au besoin, dans les moments critiques, pour arrêter les progrès de l'adversaire et venir en aide à leur infanterie.

V. — L'infanterie dans le combat.

L'approche. — A partir du moment où elle est lancée à l'attaque, l'infanterie ne peut agir que droit devant elle; toute conversion, toute manœuvre sous le feu l'expose à des pertes inutiles. Il est par suite essentiel de l'amener par des cheminements choisis face à ses objectifs et de lui faire prendre, hors de la portée tout au moins du feu de l'infanterie adverse, toutes les dispositions utiles pour qu'elle n'ait plus qu'à agir droit devant elle. = L'attaque est donc précédée de mouvements préparatoires, constituant *l'approche*, et dont l'objet est d'amener les unités chargées de cette attaque aussi près que possible de leurs objectifs et de les disposer face à ces objectifs.

Dès que le combat devient imminent, l'infanterie prend toutes les dispositions utiles pour être en mesure d'agir sans aucun retard et avec vigueur. Le bataillon et les unités supérieures détachent leurs agents de liaison. Les cartouches des voitures à munitions sont distribuées, les sapeurs pionniers passent en tête des colonnes si le commandement le juge utile. = Les conditions dans lesquelles les troupes entrent en action dépendent le plus souvent de l'activité déployée par leurs chefs pendant cette période préparatoire à la lutte. Cette activité ne doit se démentir à aucun moment.

Liaisons. — A tous les degrés de la hiérarchie, les chefs doivent tenir leurs subordonnés au courant de la situation et des intentions du commandement. Les chefs des unités subordonnées doivent rendre compte à leur supérieur hiérarchique de leur situation particulière ainsi que de tous les incidents. = Dès qu'ils connaissent le but de l'approche, les colonels appellent à eux les chefs de bataillon et le leur communiquent; ceux-ci le font connaître à leurs capitaines. = En principe, le bataillon, le régiment et la brigade sont représentés auprès du chef de l'unité supérieure par un officier monté qui remplit le rôle d'agent de liaison. Cet officier doit être en mesure de donner tous les renseignements utiles sur la situation de l'unité qui l'a détaché et se tenir au courant de la situation d'ensemble, de manière à pouvoir renseigner son chef direct en temps voulu. C'est là son rôle essentiel. = Les agents de liaison sont accompagnés d'estafettes à cheval ou à bicyclette. Ceux-ci portent les ordres et les nouvelles que les agents de liaison ne jugent pas utile de communiquer personnellement. = En dehors de ces agents de liaison, les généraux de brigade et les colonels peuvent détacher momentanément des officiers montés pour suivre la marche des unités voisines ou pour les renseigner sur certains incidents importants qui se passent en dehors de leur vue.

Dispositif d'approche. — A partir du moment où elle quitte la colonne de route pour exécuter son approche, l'infanterie évolue à travers champs en un dispositif lui permettant de cheminer facilement, d'utiliser le terrain pour dérober ses mouvements et masquer ses rassemblements. = Le bataillon sert de base au dispositif d'approche. Sa formation est déterminée par la nécessité d'assurer l'ordre et la cohésion et d'échapper au feu de l'artillerie, éventuellement à celui de l'infanterie ou à l'action de la cavalerie adverse. = La disposition des bataillons les uns par rapport aux autres dépend du terrain, de la distance de l'ennemi et de la situation. Les formations en colonne permettent, grâce à leur souplesse, de bien utiliser les cheminements du sol et conviennent particulièrement à la marche en terrain coupé ou sous bois. La colonne double de sections par quatre et la ligne de sections par quatre sont moins maniables, mais aussi moins profondes et moins vulnérables : elles peuvent être avantageusement employées sur un terrain découvert. = Au début de l'approche, le dispositif des grosses unités d'infanterie doit le plus généralement répondre à la seule nécessité d'utiliser les cheminements. Il peut comporter une seule colonne pour le régiment; deux colonnes pour la brigade. Au cours de l'approche, ce dispositif se transforme peu à peu, de manière à permettre un déploiement rapide en vue du combat; les colonnes se multiplient pour conduire finalement les différents bataillons en face de leurs objectifs par les itinéraires les plus courts et avec le minimum de pertes et de fatigues. = La brigade et le régiment encadrés se disposent généralement par régiments ou par bataillons accolés; la brigade et le régiment isolés ou ayant un flanc découvert, prennent un dispositif par régiments ou bataillons successifs, qui donne le moyen d'échelonner des éléments vers les directions dangereuses et de parer à une attaque imprévue.

Marche d'approche (a). — Le chef, orienté par ses reconnaissances, désigne le bataillon de direction, il le guide de manière à l'amener au point précis qui lui est assigné. = Les bataillons subordonnés se maintiennent sensiblement à la place qui leur est attribuée dans l'ensemble; leurs chefs modifient, s'il y a lieu, la formation initiale suivant le terrain et les circonstances. = Tous les chefs d'unité se tiennent en tête de leur troupe et la guident. = En principe, les haltes horaires sont maintenues, de manière à amener les troupes à l'attaque en pleine possession de leurs moyens physiques; les emplacements doivent cependant être masqués aux vues de l'ennemi.

La reconnaissance des itinéraires, celle des emplacements favorables pour les rassemblements ou les arrêts sont faites par des officiers montés qui guident ensuite les colonnes. = Dans certains cas, notamment à travers bois, dans les terrains coupés ou marécageux, il peut être nécessaire de préparer et de jalonner les itinéraires. C'est la mission des sapeurs pionniers d'ouvrir des débouchés et d'établir des moyens de passage. = Ces différentes opérations s'effectuent sous la protection des avant-gardes ou des éléments chargés de couvrir l'approche.

L'approche doit toujours être gardée, en avant, sur

(a) Pour les marches de l'ennemi, voir page 122. Pour la place des chefs d'unité, les intervalles et les distances, note a, page 101.

ses flancs et en arrière. Si sa protection n'est pas assurée par les avant-gardes ou les unités déjà engagées au combat, le chef détache à distance du feu efficace d'infanterie des fractions constituées (bataillons, compagnies, sections) dont l'importance est proportionnée à l'effectif de sa troupe et qui sont dotées d'éclaireurs montés, et même de cavalerie. Lorsque ces détachements ne sont pas nécessaires, l'approche est simplement couverte par de fortes patrouilles, qui surveillent ou fouillent les mouvements de terrain se prêtant aux surprises de la cavalerie adverse. = Ce sont ces éléments avancés qui ont la mission de prendre le contact de l'ennemi.

Marche sous le feu de l'artillerie (a). — Dès que l'approche amène l'infanterie dans la zone qui peut être battue par l'artillerie adverse (environ 4 ou 5 kilomètres des positions susceptibles d'être occupées par l'artillerie de campagne), les chefs d'unité font prendre à l'avance les dispositions nécessaires pour soustraire leur troupe au feu sans ralentir la marche et en se maintenant dans la direction assignée. = C'est en dérobant ses mouvements aux vues et en progressant rapidement que l'infanterie échappe le plus facilement au feu de l'artillerie. Dans ce but, elle

---

(a) L'infanterie, pour marcher sous le feu de l'artillerie, prend, le plus souvent, la formation en colonne par quatre. Si elle est exposée à un feu à visée directe, elle se fractionne par sections ou demi-sections également espacées sur le front et l'utilisant en entier. Elle pourra avantageusement stationner en ligne dans la position couchée. Si, en raison de la nature du terrain, de la distance, de ses propres déplacements ou de son peu de visibilité, l'infanterie présume qu'elle n'a pas à redouter le tir à visée directe de l'artillerie et que celle-ci sera conduite à répartir ses projectiles sur une grande étendue, elle se formera en colonnes de sections ou de pelotons par quatre. Elle peut même, quand elle est complètement masquée, se former par compagnie tout entière par quatre. Pour traverser un espace découvert, l'infanterie progressera par petits groupes successifs marchant à une allure vive ou même au pas gymnastique. (*Ecole normale de tir.* 1903.)

Pour échapper à un feu d'artillerie réglé, il faut avancer de 60 mètres ou reculer de 140. (Général LE JOINDRE.)

(a) *Formation des troupes de soutien.* — Lorsqu'on aura des raisons de penser qu'une troupe n'est exposée qu'aux effets indirects du feu, on la formera en colonne par quatre. Les groupes ainsi formés peuvent être d'autant plus importants qu'on est plus certain que des effets directs ne sont pas à redouter. Si l'on a l'impression que la troupe a des chances d'être atteinte par des coups directs, on la formera soit en ligne, soit en petits groupes par quatre, suivant qu'on la croira plus ou moins exposée. (*Ecole normale de tir,* 1903.)

Une compagnie de deuxième ligne en pays plat est à disposer en ligne de sections par quatre, à 37 mètres d'intervalle, à 400 mètres en arrière de la première ligne — et non en colonne de compagnie... Toutes les fois qu'une troupe de deuxième ligne se trouve masquée par un obstacle quelconque aux vues de l'ennemi, sa nouvelle formation doit être par le flanc, de préférence par compagnies entières. (Général LE JOINDRE.)

Quand les troupes de deuxième ligne sont à plus de 300 mètres de la première, elles peuvent marcher par bonds successifs; en deçà de 300 mètres leur marche doit être interrompue. (Général LE JOINDRE.)

utilise les plis du terrain et y adapte ses formations; elle profite de tous les couverts importants, des bois étendus, des grosses localités, des lignes d'arbres élevés pour se rapprocher à l'insu de l'ennemi. Si le terrain est découvert, elle s'étale en largeur et en profondeur de façon à diminuer sa vulnérabilité. = Lorsqu'elle pénètre dans les zones battues par le feu de l'artillerie adverse, l'infanterie se forme en petites colonnes peu profondes, au besoin par petits groupes, qui se succèdent à intervalles différents, en accélérant l'allure. Les fractions qui sont obligées de s'arrêter prennent la position à genou ou couchée en serrant sur le rang de tête. = Les chefs de bataillon et les capitaines prescrivent au moment opportun les dispositions qui conviennent le mieux aux circonstances, en observant que l'obligation d'atteindre le but assigné en temps voulu doit primer le souci d'éviter des pertes. Le soin qu'ils prennent de prévoir les mesures propres à éviter les mouvements dangereux et les fatigues inutiles contribue à la bonne exécution de l'approche.

Utilisation des bois. — Les bois constituent des masques à l'abri desquels l'infanterie peut dissimuler complètement son approche et ses rassemblements. = Lorsqu'ils sont touffus, mal percés et profonds, la marche peut y devenir très lente et la direction est difficile à conserver. Au contraire, les bois de faible profondeur, bien percés et de parcours facile fourniront souvent le moyen de dissimuler les mouvements et de faire les préparatifs d'attaque à l'abri des vues et des coups.

Dans la marche sous bois, l'unité de direction suit les chemins ou les lignes naturelles du terrain orientés vers le but assigné; à défaut, elle se dirige à la boussole. Les colonnes profitent de tous les chemins transversaux pour se relier. = En tête de chaque colonne, des sapeurs pionniers ou même quelques porteurs d'outils formés en équipes qui se relayent, frayent le chemin à l'aide de serpes, de haches ou même de pelles-bêches. = Le débouché d'un bois nécessite des précautions particulières, surtout lorsque la lisière a pu être repérée par l'artillerie adverse. Toutes les dispositions sont prises à couvert; au signal du chef, les unités débouchent par surprise et se portent d'un seul bond assez loin en avant pour éviter les coups qui pourraient être dirigés sur la lisière. Si le débouché a lieu par unités successives, les éléments de deuxième ligne évitent de sortir du bois aux mêmes points que ceux qui les précèdent.

Marche à proximité de la cavalerie adverse. — Au cours de l'approche, l'infanterie doit se garder avec soin contre l'action de la cavalerie adverse. Elle prend toutes les dispositions utiles pour l'écarter des colonnes en évitant de se laisser détourner de son but et retarder dans son mouvement. L'infanterie n'a d'ailleurs rien à craindre de la cavalerie, même supérieure en nombre, quand elle sait garder son sang-froid et faire usage de son feu. = C'est la mission propre des éléments qui assurent la protection des colonnes d'empêcher la cavalerie adverse de parvenir jusqu'à elles. = Les formations les meilleures lorsque la cavalerie est dans le voisinage sont celles qui permettent de faire face rapidement à la charge et de fournir des feux puissants. Si la cavalerie est signalée en avant, les sections de tête marchent déployées en tirailleurs; si, au contraire, il faut s'attendre à la voir paraître sur les flancs, c'est la colonne par quatre ou par deux qui permet le mieux de continuer à progresser et de rester prêt à faire face à l'attaque. = Un dispositif échelonné permet dans tous les cas à l'infanterie de poursuivre son mouvement tout en la mettant en situation de fournir des feux puissants en cas d'attaque. = Au moment de la charge, toutes les unités qui sont directement menacées s'arrêtent, font face à l'ennemi par les mouvements les plus simples, mettent baïonnette au canon et ouvrent le feu au commandement des chefs de section. Les unités qui ne sont pas menacées continuent leur mouvement. = Si la charge surgit à trop courte distance pour que le feu puisse être ouvert, les chefs de section font coucher les hommes. = L'infanterie peut se trouver aux prises avec des unités de cavalerie combattant à pied; elle les attaque avec le minimum de forces et poursuit son mouvement avec le reste.

Rassemblements. — Les troupes rassemblées au cours de l'approche forment, suivant leur importance, un ou plusieurs groupements disposés de manière à utiliser aussi complètement que possible les couverts du terrain, à éviter les masses compactes et à se trouver en mesure de déboucher dans les directions qui peuvent leur être assignées ultérieurement. = Le bataillon forme la base du dispositif de rassemblement; sauf cas exceptionnel, il reste groupé. = Le régiment et la brigade ont, au contraire, intérêt à s'articuler largement; les distances et les intervalles entre les bataillons doivent cependant rester tels que l'action du commandement puisse s'exercer et que la transmission rapide des ordres soit assurée. Les formations en colonnes doubles et en lignes de colonnes sont généralement celles qui permettent le mieux d'utiliser le terrain. = Les emplacements du rassemblement doivent être gardés à courte distance dans toutes les directions. = Dès qu'une troupe d'infanterie est rassemblée, son chef se place au point d'où il peut le mieux observer le terrain et fait exécuter les reconnaissances et les travaux nécessaires en vue de la reprise de la marche; au besoin, les itinéraires sont jalonnés. Ces mesures prennent une grande importance pour une troupe rassemblée en arrière d'un bois qu'elle aura à traverser par la suite. = Le commandant du rassemblement se relie avec les chefs des unités subordonnées; au besoin, il les appelle à lui pour pouvoir communiquer instantanément ses ordres. = Toutes les unités sont mises au repos, mais elles observent rigoureusement l'ordre et le silence; les soldats sont maintenus derrière les faisceaux; les officiers·et les gradés restent à leur place.

Prise de contact. — Les éléments qui couvrent l'approche sur le front marchent droit sur la direction qui leur a été assignée, jusqu'à ce qu'ils arrivent au contact des détachements avancés de l'ennemi. = Lorsque l'approche est protégée par des unités constituées, celles-ci attaquent les fractions ennemies qu'elles rencontrent. Si l'approche est simplement couverte par des patrouilles, ces dernières rendent compte dès qu'elles sont arrêtées et continuent à observer en gardant le contact. = Les éléments qui couvrent l'approche permettent ainsi aux troupes d'attaque d'éviter les déploiements prématurés qui ralentissent leur mouvement et de prendre leur dispositif d'attaque avant d'arriver sur le terrain battu par les feux de l'infanterie adverse.

L'attaque (a) : Marcher sans tirer le plus longtemps possible, progresser ensuite par la combinaison du mouvement et du feu jusqu'à distance d'assaut,

---

(a) *Dispositif d'attaque à adopter si :*

1° *Le défenseur occupe une position sensiblement en ligne droite ?*

Bien reconnaître la position ennemie. Déployer une partie de nos forces devant le front de la position, la majeure partie perpendiculairement ou obliquement à cette position, sur un flanc.

Rappeler les détachements en les dirigeant contre une aile du défenseur.

2° *Le défenseur a une aile appuyée ?*

Faire effort avec le gros de nos forces contre l'aile non appuyée. Masquer notre marche d'approche.

3° *Le défenseur occupe une position en potence ?*

Placer notre artillerie de manière à enfiler les deux branches de la potence. Masser le gros de nos forces vis-à-vis de l'angle de soudure des deux branches, pour prendre ces branches à revers.

4° *Le défenseur occupe une position concave ?*

Diriger le gros de nos forces de manière à prendre d'enfilade une des cornes de la concavité. Faire une feinte du côté opposé.

5° *Le défenseur occupe une position convexe ?*

Envelopper la convexité sous des feux concentriques d'artillerie. Faire en même temps effort contre une aile avec le gros de nos forces pour prendre tout le dispositif à revers.

6° *La position du défenseur présente des saillants et des rentrants ?*

Attaquer d'abord les saillants, pour éviter les feux croisés partant des rentrants.

7° *Le défenseur a pris position sur un plateau ou sur une crête ?*

Aborder la crête ou le plateau en un endroit qui soit en dehors du feu efficace du défenseur, en masquant avec soin la marche de la colonne tournante. Après avoir pris pied sur la crête, exécuter une

donner l'assaut à la baïonnette et poursuivre le **vaincu**, tels sont les actes successifs d'une attaque d'infanterie.

Ordre d'attaque : Toute attaque doit avoir un but défini; c'est l'œuvre essentielle des chefs, à tous les degrés de la hiérarchie. d'indiquer aux différentes unités (brigades, régiments, bataillons. etc.) l'objectif qu'elles devront atteindre. = L'ordre d'attaque est donné au bataillon et aux unités inférieures verbalement et exceptionnellement par écrit; toujours par écrit aux unités supérieures au bataillon. Cet ordre comporte, pour toutes les unités : l'indication précise des objectifs assignés aux éléments de première ligne, la direction à suivre par les renforts ou les bataillons disponibles et, s'il y a lieu, des renseignements sur l'action des troupes voisines. Pour les unités supérieures au bataillon. l'ordre contient en outre l'indication de la direction générale de l'attaque. les renseignements sur l'ennemi, éventuellement les limites de la zone d'action assignée. la place où se tiendra le chef, l'emplacement de l'artillerie.

Prise du dispositif d'attaque. — Avant d'entamer l'action, l'infanterie prend un dispositif d'attaque, c'est-à-dire que ses éléments se répartissent sur le

---

conversion et venir frapper un flanc du défenseur. Faire une feinte contre le front de la position, avec la moindre partie de nos forces.

8° Le défenseur est derrière un cours d'eau ?

Le contenir de front en occupant les ponts et les gués : passer le cours d'eau avec le gros de nos forces en amont ou en aval pour attaquer le défenseur en flanc.

9° Le défenseur a sa position coupée en deux par un cours d'eau ?

Masser nos forces vis-à-vis une des deux parties pour s'en emparer et faire des démonstrations vis-à-vis de l'autre.

10° Comment peut-on dissimuler la marche d'une colonne tournante ou enveloppante ?

En lui faisant traverser, le jour, les bois ; la nuit, les espaces découverts exposés à la vue de l'ennemi.

11° Comment peut-on exécuter, pendant le jour, une marche de flanc devant la position ennemie ?

En la dissimulant dans les bas-fonds, ou derrière des bois, ou derrière des bourrelets du terrain.

12° Le défenseur occupe avec une partie de son front la lisière de grands bois ; avec l'autre partie, un terrain plus ouvert ?

L'assaillant déploie son artillerie vis-à-vis des bois. de manière à empêcher le défenseur d'en déboucher ; et il fait son principal effort, avec le gros de ses forces, dans le terrain relativement ouvert qui lui permet de manœuvrer et de faire prévaloir ses masses.

13° Quand on opère dans une vallée longitudinale, dont une rivière occupe le fond, faut-il occuper les deux rives ?

Oui, surtout si sur chaque rive il y a des emplacements de batteries qui permettraient de détruire, à coups de canon, les entrées et les sorties des tunnels, des ponts, des viaducs, des gares, etc. Dans tous les cas, on doit s'éclairer au loin sur chaque rive, pour découvrir à temps toute tentative de passage. (Général PIERRON.)

front de manière à pouvoir agir par le mouvement et par le feu et s'échelonnent en profondeur pour constituer les renforts et les troupes disponibles. = Dans la brigade et le régiment, un certain nombre de bataillons sont en première ligne. Les compagnies de tête de ces bataillons sont prêtes à se déployer pour constituer la *chaîne de tirailleurs;* les autres compagnies, échelonnées en arrière, forment les *renforts*. = Les bataillons qui ne sont pas en première ligne restent *disponibles* en arrière des renforts, échelonnés sur une profondeur plus ou moins grande.

Pour atteindre son but, une attaque a besoin d'être appuyée par des troupes fraîches disposées en profondeur derrière les bataillons de première ligne. Il en résulte que l'infanterie ne peut pas attaquer des fronts trop étendus et qu'elle ne doit pas être répartie uniformément sur la première ligne. Le plus souvent, son chef s'attache à porter son effort principal sur une portion limitée de l'objectif assigné. Dans ce but, il attribue aux bataillons qui attaquent ce point des fronts restreints, de manière à leur permettre de constituer de puissants renforts, et groupe en arrière une fraction importante des unités disponibles pour appuyer vigoureusement les bataillons de première ligne au moment voulu. = Les risques que toute manœuvre sous le feu fait courir à l'infanterie obligent le plus souvent les chefs à placer d'emblée les bataillons disponibles dans la zone où ils veulent produire leur effort principal, sans attendre que les incidents du combat leur révèlent les points faibles de l'adversaire.

Normalement, le bataillon attaque sur une seule direction un objectif unique. L'étendue de cet objectif ne peut guère dépasser 500 mètres. = Le régiment et la brigade peuvent au contraire attaquer à la fois deux ou trois objectifs distincts, en faisant agir le gros de leurs forces sur un d'entre eux. = Pour une brigade, le front sur lequel les objectifs d'attaque sont répartis ne doit pas excéder 2.000 mètres. Au-dessus de cette limite, la liaison entre les différentes attaques serait mal assurée; insuffisamment alimentées, ces attaques manqueraient de puissance.

Sur le front d'attaque, les bataillons, compagnies, sections en première ligne, sont séparés par des intervalles suffisants pour que leur mouvement puisse s'effectuer sans gêner l'action des fractions voisines.

Dans chaque section, éventuellement dans chaque demi-section ou chaque escouade quand la section a été fractionnée, la densité de la chaîne de tirailleurs est d'environ un homme par mètre courant; une densité plus grande nuirait à la bonne exécution du tir et à la rapidité du mouvement.

Les renforts et les troupes disponibles suivent sans attendre d'ordres. Le plus souvent, ils sont disposés dans la zone où ils auront à agir, de manière à n'avoir qu'à marcher droit devant eux pour intervenir; ils utilisent toutes les ressources du terrain pour se rapprocher de la chaîne.

Progression de l'attaque : Les compagnies de première ligne doivent être en mesure de combattre dès qu'elles sont sur le point de pénétrer dans la zone qui peut être battue par le feu de l'infanterie adverse. Elles constituent la chaîne de tirailleurs, autant que possible à l'abri des vues et des coups, et progressent rapidement jusqu'au point où l'objectif d'attaque est visible. A ce moment, les capitaines désignent l'objectif des sections de première ligne. La marche continue ensuite énergique et rapide, sans tirer, jusqu'au moment où il est nécessaire d'appuyer le mouvement par le feu. = Dans les terrains coupés et couverts, des patrouilles commandées par des officiers ou des sous-officiers précèdent les tirailleurs et les éclairent à petite distance jusqu'à l ouverture du feu. Si l'unité n'est pas étroitement encadrée, elle s'éclaire également sur ses flancs par des patrouilles qui y sont maintenues après l'ouverture du feu.

Ouverture du feu. — A moins de circonstances exceptionnelles, le premier feu est ouvert sur l'ordre du capitaine; le premier feu des mitrailleuses sur l'ordre du chef de bataillon. = Le feu est conduit par le chef de section et exécuté à son commandement ou à celui des chefs de demi-section ou d'escouade. Il est le plus souvent concentré sur un point déterminé de l'objectif de chaque section et exécuté par rafales courtes et violentes. = Toute la tactique d'attaque de l'infanterie réside dans l'emploi combiné du mouvement et du feu. = La préoccupation de tous est de gagner du terrain en avant. Le mouvement s'exécute par bonds rapides sous la protection du feu des éléments voisins. Les bonds doivent être aussi longs que le permettent la nécessité de conserver l'ordre le plus rigoureux et le souci d'amener à l'assaut des tirailleurs non essoufflés et en pleine possession de leurs moyens. = Les éléments de la chaîne qui ne peuvent progresser redoublent l'intensité de leur feu quand ils voient les fractions voisines exécuter un bond; ils ont le devoir de se porter à leur tour en avant dès qu'ils le peuvent. = C'est en mettant toute leur énergie à gagner du terrain vers l'ennemi, chacune pour son compte, que les différentes fractions de la chaîne s'entr'aident le plus efficacement. Elles profitent, pour se jeter en avant, de tous les moments favorables, notamment de ceux où le feu de l'ennemi est moins efficace, où les projectiles d'artillerie éclatent sur la ligne ennemie et où le tir des éléments voisins est plus violent. = Les gradés et les soldats les plus énergiques ont le devoir de donner l'exemple et de tout tenter pour gagner du terrain.

Action des renforts. — Tant que la chaîne peut avancer par ses propres moyens, les renforts suivent en utilisant le terrain et en prenant les formations les moins vulnérables; sur un terrain complètement découvert, ils se portent en avant par bonds. Ils se maintiennent à une distance telle qu'ils ne soient pas exposés aux effets du feu dirigé contre la chaîne. = Le chef de toute fraction de renfort a le devoir de suivre attentivement les incidents du combat, de manière à être prêt à intervenir au premier signal ou même spontanément si les circonstances l'exigent.

Lorsque le mouvement s'arrête ou même se ralentit, l'entrée en action des renforts reste le seul moyen de donner une nouvelle vigueur à l'attaque. = L'intervention des renforts est déterminée par un ordre d'attaque bref et précis du capitaine pour les sections de renfort, du chef de bataillon pour les compagnies de renfort. = L'ordre d'attaque envoyé à une fraction de renfort lui fixe nettement son objectif; il est communiqué par un agent de liaison ou donné par geste. = L'intervention des bataillons disponibles est déterminée de même par un ordre d'attaque émanant de l'autorité qui s'est réservé l'emploi de ces bataillons.

Les renforts ou les bataillons disponibles attaquent autant que possible par les intervalles libres de la chaîne; ils se portent, sans perte de temps, par l'itinéraire le plus direct et le plus favorable, en face de leur objectif d'attaque s'ils n'y sont déjà. Ils marchent ensuite droit sur cet objectif d'un mouvement ininterrompu ou par bonds successifs en s'attachant à dépasser la chaîne avant d'ouvrir le feu. Leur progression est réglée de manière à les amener, en pleine possession de leurs moyens et non essoufflés, au point où ils auront à combiner le feu et le mouvement. = Les fractions qui doublent la chaîne s'efforcent de l'entraîner en avant.

Au début de l'action, les intervalles qui existent sur le front permettent d'éviter le mélange des unités. Mais, au cours de l'attaque, l'arrivée successive des troupes fraîches sur les points où le commandement veut concentrer les efforts, les incidents divers de la lutte, imposent le renforcement par doublement et entraînent le mélange des unités. Les officiers et sous-officiers devront alors se partager le commandement. *Ce doit être une des préoccupations constantes des chefs de prendre les mesures nécessaires pour assurer jusqu'au dernier moment l'action du commandement, seule garantie de la vigueur des attaques.*

Assaut : Le mouvement en avant amène les troupes qui marchent sur un même objectif à distance rapprochée de l'adversaire. A ce moment, les combattants ont tous la volonté d'aborder l'ennemi à la baïonnette; les officiers qui sont sur la chaîne saisissent toutes les occasions pour les entraîner à l'assaut. = Si. malgré toute leur volonté de gagner du terrain, certaines fractions de la chaîne ne peuvent vaincre les résistances opposées et donner l'assaut, elles s'accrochent au sol, et continuent à agir par le feu. En tenant ainsi l'ennemi sous la menace constante de l'attaque à la baïonnette, elles facilitent l'action des fractions voisines. Mais ces temps d'arrêt ne doivent être que momentanés; les unités qui les subissent saisissent la première occasion de poursuivre leur attaque jusqu'à l'assaut. = L'assaut peut aussi être déterminé par un acte du commandement qui lance sur la chaîne les troupes fraîches encore à sa disposition. Celles-ci renforcent les tirailleurs comme il a été dit plus haut et les entraînent en avant. A ce moment du combat, c'est dans la rapidité de l'exécution que résident les plus grandes chances de succès.

L'assaut est le couronnement nécessaire de toute attaque. Qu'il soit provoqué par l'initiative des chefs subordonnés ou par un acte du commandement il est exécuté d'après les mêmes principes. = Dès que le moment de l'assaut devient proche. la baïonnette est mise au canon, et le mouvement se poursuit alternant au besoin avec le feu. jusqu'au moment où, d'un seul bond ininterrompu, les tirailleurs entraînés par les officiers et les gradés prennent le pas de course et se jettent baïonnette haute sur l'adversaire, au cri de : EN AVANT A LA BAÏONNETTE ! Les tirailleurs se groupent derrière leurs chefs et marchent contre les fractions adverses les plus voisines. les abordent. les détruisent à l'arme blanche ou les dispersent. Les clairons et tambours sonnent ou battent la charge. = A la sonnerie de la charge, toutes les fractions de la chaîne ainsi que les éléments encore disponibles qui se trouvent à proximité se portent en avant. Aucune hésitation n'est permise. Le devoir d'appuyer immédiatement et avec tous ses moyens les groupes qui se lancent à l'assaut engage l'honneur militaire des chefs de tous grades.

Dès qu'une fraction des assaillants a détruit ou repoussé les fractions adverses qu'elle avait prises pour objectif, elle se tourne contre les groupes voisins ou poursuit les fuyards de ses feux pour les empêcher de se reformer. = Une fois maîtresses de leur objectif, les troupes qui ont donné l'assaut sont ralliées vivement sur les emplacements les plus proches d'où elles pourront agir par le feu soit contre les groupes ennemis qui se retirent, soit contre les troupes fraîches qui tenteraient des retours offensifs; au besoin elles s'y retranchent Les mitrailleuses sont mises en batterie sur le terrain conquis.

Continuation de l'attaque et rétablissement de l'ordre : Après toute attaque réussie, l'infanterie occupe et met en état de défense le terrain conquis, qu'elle ne doit abandonner à aucun prix. = La conquête des premiers objectifs ne suffit généralement pas pour consommer la destruction des forces ennemies. L'infanterie sera donc souvent amenée à fournir plusieurs attaques successives, séparées par des accalmies plus ou moins complètes et plus ou moins longues; dans tous les cas, elle devra poursuivre l'adversaire pour l'empêcher de se reformer. Cette tâche incombe aux unités qui ont le moins souffert, ou à des troupes fraîches. L'intervention immédiate de ces éléments assure la continuité du mouvement et donne à l'action cette allure d'offensive ininterrompue qui ne laisse pas à l'ennemi le temps de réparer ses échecs. = Sous la protection des troupes qui reprennent le mouvement vers de nouveaux objectifs, les unités maintenues momentanément sur le terrain conquis se réorganisent. Les officiers rassemblent leurs hommes et en font l'appel; ils reconstituent le commandement, font compléter l'approvisionnement en munitions, etc.... Tout le monde se prépare à marcher de nouveau en avant. = Lorsque l'ennemi abandonne définitivement la lutte et bat en retraite, la poursuite, commencée par les feux d'infanterie et d'artillerie, est menée sans répit jusqu'à épuisement des forces par toutes les troupes en état de marcher.

Emploi des mitrailleuses dans l'attaque : Le colonel les maintient en général pendant l'approche avec les bataillons de première ligne. Au début de l'attaque, elles marchent habituellement avec les renforts de ces bataillons. = Elles sont ensuite portées en ligne sur les points où il est nécessaire d'augmenter l'intensité du feu pour appuyer le mouvement. = A partir de ce moment, les mitrailleuses suivent d'aussi près que possible les mouvements de la chaîne en se portant sur les points d'où elles pourront le mieux l'appuyer de leur feu, le plus souvent sur les flancs, en face des intervalles ou sur les positions dominantes. = Elles accompagnent les tirailleurs jusqu'à l'assaut et cherchent à arriver en même temps qu'eux sur la position adverse pour en assurer l'occupation et poursuivre l'ennemi.

La défense (a) : Une unité d'infanterie qui a mission de tenir un point du terrain ne doit jamais l'abandonner sans un ordre. Elle résiste jusqu'au bout; cha-

---

(a) **Emploi du terrain.**

1° Terrains à inclinaison supérieure. — Sont favorables aux formations échelonnées en profondeur, surtout lorsqu'ils comportent des couverts permettant de masquer les échelons en arrière. Ils conviennent médiocrement aux formations en colonne et par quatre.

2° Terrains à inclinaison inférieure.

a) Si le terrain en arrière de la crête est fortement incliné, la ligne

cun se fait tuer sur place plutôt que de céder du terrain. Si l'ennemi réussit à la faire reculer, elle met tout en œuvre pour reprendre le terrain perdu. = Le feu est l'unique moyen de lutte pour les unités momentanément fixées au terrain par leur mission; il acquiert une plus grande puissance du fait qu'il est exécuté par des troupes postées et qui ont souvent la possibilité de déterminer à l'avance les éléments du tir; mais son but est toujours d'infliger à l'ennemi des pertes qui le mettent à la merci des troupes désignées pour attaquer.

Ordre de défense : Une unité d'infanterie chargée d'une mission défensive reçoit un *ordre de défense* de son supérieur hiérarchique. Cet ordre, qui est communiqué dans les mêmes conditions que l'ordre d'attaque, définit la tâche à remplir, la partie du terrain sur laquelle la résistance sera organisée, les conditions de cette organisation, le temps probable dont on pourra disposer, les moyens matériels mis à la disposition de l'unité (voitures légères d'outils, ou outils de parc...), l'indication du poste de commandement de l'unité immédiatement supérieure et des liaisons à établir soit avec ce poste, soit avec les unités voisines et l'artillerie.

Reconnaissance et répartition des troupes. — L'organisation d'un front défensif (*a*) comporte la création de centres de résistance comprenant chacun un ou plusieurs points d'appui. Les dispositions relatives à la préparation de la défense et à la répartition des troupes sont basées sur la reconnaissance du terrain. Cette reconnaissance, plus ou moins complète, suivant le temps dont on dispose, est l'œuvre personnelle des chefs d'unité. = La reconnaissance porte sur le ter-

de combat sera très avantageusement placée derrière la crête; les réserves, plus en arrière, seront à la fois masquées et à l'abri des coups.

b) Sur les terrains à faible pente, la ligne de combat pourra être maintenue à la crête ou portée en avant. — Dans le premier cas, des précautions devront être prises pour protéger les troupes en arrière : on les disposera en dehors des ailes si l'étendue de front ne s'y oppose pas; on ménagera sur la ligne de combat des intervalles qui, dépourvus de feux, n'attireront pas ceux de l'adversaire et en arrière desquels on placera les soutiens. on adoptera la formation à front étroit, les hommes dans la position couchée. — Dans le second mode d'occupation, il conviendra de porter la ligne de combat à 200 mètres au moins en avant de la crête si le terrain est uniformément incliné jusqu'à l'emplacement probable de l'ennemi; cette distance peut être moindre sur un terrain qui se relèverait en arrière de la ligne de combat de manière à arrêter les coups trop longs. (*École normale de tir*, 1903.)

(*a*) L'organisation complète comporte :
1° Des détachements de couverture,
2° Une avant ligne ;
3° Une position principale ;
4° Des lignes successives en arrière ;
5° Des détachements échelonnés aux ailes.
(*Procédés de combat*, commandant STIRN, page 64.)

rain que l'adversaire doit parcourir, sur le front de résistance, ses points d'appui et ses flanquements. Elle a pour objet de rechercher les cheminements qui peuvent amener l'assaillant à couvert à proximité de la position, les obstacles qui gênent ses mouvements, les points par lesquels il est forcé de passer; puis, de déterminer les parties du terrain à occuper pour battre efficacement l'attaque par le feu. La reconnaissance porte également sur la préparation des contre-attaques et sur les facilités qu'offre le terrain pour la reprise de l'offensive.

Les emplacements occupés par les unités qui sont en première ligne doivent permettre de fournir des feux puissants autant que possible jusqu'à la portée efficace du feu d'infanterie (entre 800 et 1.000 mètres) et d'échapper aux vues lointaines de l'artillerie adverse dans la mesure où le terrain le permet. Un front défensif doit s'adapter étroitement au terrain. Les éléments dont il se compose ne sont généralement pas jointifs, ni sur le même alignement; le tracé en est déterminé de manière à permettre aux unités qui les occupent de combiner leurs feux et de battre efficacement les parties les plus intéressantes du terrain comme les points de passage forcés, ainsi que celles où le feu de l'artillerie amie prendra toute son efficacité. = Toutes les parties d'un même front ne présentent pas les mêmes facilités pour la défense et la contre-attaque. Il appartient à chacun de tirer le meilleur parti du terrain qui lui est attribué et de remédier au besoin à ses défectuosités par une organisation solide et appropriée.

La reconnaissance permet de déterminer les emplacements à occuper, les travaux à exécuter et de fixer le rôle des unités chargées de la défense. Les unes tiennent le front, d'autres sont maintenues en arrière pour constituer les renforts (section et compagnie) ou les troupes disponibles (bataillon et unités supérieures). = Il y a toujours intérêt à confier à une même unité constituée les parties du front dont la défense doit être étroitement conjuguée, comme un point d'appui et ses abords, un saillant et ses flanquements. = Les intervalles qui séparent les différents points d'appui doivent être battus par le feu et étroitement surveillés. = Une organisation solide et judicieuse permet de réduire les effectifs à employer sur le front et de maintenir plus de monde en arrière pour les contre-attaques. = Seuls, le bataillon et les unités plus fortes disposent de moyens suffisants pour combiner la défense et la contre-attaque. Le rôle attribué à la compagnie reste purement défensif ou offensif. = Dans les circonstances normales, un bataillon ne peut pas tenir solidement un front dépassant 800 à 1.000 mètres d'étendue.

Les troupes chargées de la défense se portent à

proximité de leurs emplacements de combat et s'y groupent à l'abri des vues de l'ennemi en se conformant aux règles posées pour l'approche. = Elles se couvrent, soit par de simples éléments de surveillance chargés de prévenir de l'approche de l'ennemi, soit par des unités constituées d'infanterie (sections et compagnies) accompagnées d'éclaireurs montés ou de petites fractions de cavalerie, éventuellement de mitrailleuses. = Ces détachements sont postés en travers des directions par lesquelles l'adversaire peut accéder à la position; ils arrêtent les patrouilles adverses et permettent de faire la reconnaissance du terrain et de procéder à son organisation en toute sécurité. Au moment de l'attaque, ils fournissent une première résistance qui donne aux troupes le temps d'occuper leurs emplacements de combat et s'il y a lieu de terminer les travaux de défense. Dès que ce résultat est atteint et d'après l'ordre qui leur a été donné, ces détachements se replient par des itinéraires reconnus, de manière à ne pas gêner les feux de la défense et vont se réunir aux renforts ou aux troupes disponibles.

Mise en état de défense : L'organisation d'un front défensif se poursuit d'après un plan d'ensemble et est exécutée par les troupes d'infanterie chargées de la défense, aidées au besoin par des troupes du génie. Les travaux sont exécutés progressivement, de manière à pouvoir être utilisés quel que soit le moment de l'attaque. = Une mise en état de défense méthodique comprend l'organisation des emplacements où seront installées les troupes, l'organisation de communications défilées, celle des liaisons téléphoniques et au besoin des lignes successives qui permettent d'arrêter un premier succès de l'ennemi et de préparer les retours offensifs. = L'infanterie n'aura pas toujours le temps et les moyens de procéder à une mise en état de défense complète. Il importe avant tout qu'elle s'assure des vues étendues en dégageant le champ de tir. Ces deux opérations s'exécutent concurremment et avant tout autre travail. La détermination des éléments du tir comporte le repérage des points saillants du terrain et notamment de ceux où l'ennemi est forcé de passer. A défaut de points de repère bien apparents, il peut être utile d'en créer d'artificiels.

Les meilleurs travaux sont les plus simples, ceux qui utilisent les accidents naturels du sol, qui échappent aux vues de l'ennemi ou sont difficiles à repérer. Ils doivent permettre aux occupants d'avoir des vues étendues, les mettre à l'abri des coups et leur donner le moyen de prendre des positions commodes pour l'exécution du tir. Les tranchées doivent être profondes et étroites, les déblais masqués aux vues. Des tranchées peuvent être simulées pour attirer le feu de l'ennemi sur les parties non occupées par les troupes de la défense.

Exécution de la défense : Dès que le combat est sur le point de s'engager, les unités chargées de défendre le front occupent leurs emplacements de combat.

Feux. — Elles ouvrent en principe le feu par section dès que l'ennemi parvient aux distances où le tir est efficace. Abritées, ne présentant qu'un but difficile à atteindre, connaissant les distances de tir, elles peuvent, même à grande distance, infliger des pertes sérieuses à l'ennemi. = Dans certains cas, les unités chargées de la défense peuvent avoir intérêt à ouvrir le feu par surprise à la distance où il produit son effet maximum. = Le feu des mitrailleuses est dirigé principalement sur les parties du terrain où l'ennemi est forcé de passer et où l'on peut remarquer une certaine accumulation des forces de l'attaque. Il est également utilisé à flanquer les parties importantes du front. = Toutes les fois que l'infanterie agit en liaison avec l'artillerie, elle doit connaître à l'avance les parties du terrain des attaques que celle-ci peut battre efficacement. Elle s'efforce alors par ses feux de retenir l'adversaire le plus longtemps possible sur la zone la plus dangereuse. = Le feu est généralement suspendu pendant que l'infanterie adverse est arrêtée et abritée; il reprend dès qu'elle se met en mouvement. = Dans la défense, comme dans l'attaque, le feu est ouvert sur l'ordre du capitaine et dirigé par les chefs de section.

Renforts et troupes disponibles. — Les renforts et les troupes disponibles sont destinés à soutenir les élément engagés sur le front ou bien à contre-attaquer. = Dans le premier cas, elles doublent les unités qui combattent pour augmenter l'intensité de leur feu ou bien s'établissent dans les intervalles, sur certaines parties du terrain dont la marche de l'action dévoile l'importance ou qu'on n'avait pas cru utile d'occuper dès le début. = Les contre-attaques sont l'œuvre du commandement local ou celle du commandement supérieur. La nécessité d'utiliser le terrain le plus favorable peut amener à lancer les contre-attaques suivant une idée préconçue indépendante des incidents du combat; toutefois, les facilités que le terrain offre éventuellement aux renforts ou aux troupes disponibles pour manœuvrer à l'abri du feu permettent souvent au chef de profiter des fautes ou des défaillances de l'adversaire et de le contre-attaquer dans des conditions d'à-propos plus favorables. = Le but de la contre-attaque doit être, comme celui de toute attaque, nettement indiqué par un ordre d'attaque. Cet ordre précise les points du terrain qu'il faut atteindre et qui ne devront pas être dépassés. = La direction suivie par la contre-attaque doit être telle que le feu des troupes établies sur le front demeure efficace le plus longtemps possible. = Le moment le plus favorable pour exécuter une contre-attaque est celui où l'adversaire étant arrivé à courte distance, son artillerie est obligée de cesser ou d'allonger son tir. Préparée à couvert, généralement derrière les intervalles libres de la ligne de résistance, la contre-attaque cherche à déboucher par surprise et se porte résolument en avant en combinant le feu et le mouvement dans les conditions fixées pour l'attaque. Elle est poussée à fond jusqu'à ce que le but assigné soit atteint. Le débouché de la contre-attaque doit provoquer le redoublement de l'intensité du feu sur tout le front.

Retour offensif. — Les unités dont le rôle est purement défensif et qui agissent par le feu ne doivent pas se laisser aborder de pied ferme. Dès que l'ennemi est sur le point d'arriver à distance d'assaut, elles se lancent sur lui à la baïonnette. = Impuissantes à arrêter l'attaque, les troupes de la défense sont reformées sur les lignes de résistance situées en arrière. La préoccupation de tous est alors de préparer de vigoureux retours offensifs pour chasser l'ennemi du terrain qu'il a conquis. Ces retours offensifs sont exécutés dès que les unités ont été réorganisées et avec la vigueur qui doit caractériser toute attaque.

Reprise de l'offensive : L'échec de l'attaque adverse, qu'il soit provoqué par le feu des éléments qui défendent le front ou bien par le succès des contre-attaques, peut motiver la reprise générale du mouvement en avant par toutes les troupes opérant dans une même zone, sous les ordres d'un même chef; il appartient à ce chef de prescrire le mouvement, d'en calculer la portée et de lui donner un objectif très précis en s'inspirant de la situation générale et des instructions du commandement supérieur.

Rupture du combat : Si, malgré tous leurs efforts, les troupes de la défense ne parviennent pas à se maintenir sur leurs emplacements, elles s'accrochent au sol et disputent le terrain pied à pied, tant qu'elles n'ont pas l'ordre leur prescrivant de se replier. = La retraite s'effectue sous la protection d'un repli installé à l'avance sur les lignes du terrain d'où il est possible de battre par des feux efficaces les débouchés des positions que la défense doit évacuer. Les unités qui se retirent dégagent le nouveau front et vont se reconstituer au plus tôt en arrière.

La rupture du combat de jour, sous le feu, constitue toujours une opération difficile; il y a intérêt à tenir jusqu'à la nuit pour se dérober ensuite à la faveur de l'obscurité.

VI. — **Particularités du combat de l'infanterie.**

Opérations de nuit : Au cours du combat, la nuit est utilisée pour réorganiser les troupes, les ravitailler en vivres et en munitions et les faire reposer éventuellement pour les rapprocher de leurs objectifs, pour exécuter des attaques ou des contre-attaques. La nuit est également utilisée pour rompre le combat.

Avant-postes de combat. — Lorsque la décision n'a pas été obtenue à la chute du jour, les unités de première ligne restent sur place, au contact de l'ennemi, prêtes à reprendre l'action. Elles prennent alors le nom d'*avant-postes de combat*. Les mitrailleuses sont installées en première ligne et pointées sur les directions probables d'attaque qui ont été repérées; les armes des unités qui sont sur la chaîne sont disposées pour le tir de nuit, les projecteurs installés de façon à fouiller le terrain en avant. Ces unités placent des sentinelles, se couvrent au besoin par des postes et envoient des patrouilles. Certaines de ces patrouilles peuvent rester embusquées à proximité de l'ennemi pour éventer tous ses mouvements. = Une partie des renforts et des troupes disponibles est de piquet; les autres se reposent. Certaines unités peuvent exécuter ou compléter les travaux dont la marche du combat a fait reconnaître la nécessité. Un peu avant le lever du jour, la surveillance redouble, les unités qui sont sur la chaîne multiplient les patrouilles et les renforts sont tenus prêts à marcher.

Il est indispensable d'assurer, pendant la nuit, aux troupes qui ont combattu, le repos dont elles ont besoin pour réparer leurs forces et pour se préparer à de nouveaux efforts. Les avant-postes doivent donc s'abstenir de tout acte de nature à provoquer l'action adverse; les sentinelles et les patrouilles évitent les coups de feu qui pourraient causer des alertes inutiles. = Lorsque les circonstances le permettent, les unités de première ligne qui ont été particulièrement éprouvées par le combat peuvent être relevées à la faveur de l'obscurité, et certaines unités ramenées en arrière de la ligne de combat. Parfois même, le service des avant-postes peut être allégé.

L'approche. — L'obscurité permet d'exécuter, à l'insu de l'ennemi et à l'abri des effets du feu, les marches d'approche qui amènent les troupes à courte distance des objectifs qu'elles attaqueront à la pointe du jour ou même la nuit. Ces marches s'effectuent sous la protection des avant-postes de combat ou d'unités établies préalablement dans des conditions analogues, aux emplacements propices. Elles s'exécutent le plus longtemps possible sur les routes au

pas sans cadence (a), en se maintenant sur les côtés
gazonnés de la chaussée, puis à travers champs en
colonnes serrées, couvertes à courte distance par
des patrouilles. Les précautions les plus minutieu-es
sont prises pour éviter le bruit; l'équipement e. le
campement sont convenablement arrimés; le silence
est rigoureusement observé, il est interdit de se servir du sifflet; les commandements sont transmis à
voix basse par des agents de liaison; les chevaux et
les voitures sont groupés en queue de colonne. Si
exceptionnellement il est nécessaire d'allumer des
lanternes, les lueurs en sont soigneusement masquées
dans la direction de l'ennemi; il est interdit de fumer.
= Quand les colonnes ne suivent pas les chemins ou
les lignes naturelles du terrain, les itinéraires reconnus à l'avance sont jalonnés pour éviter toute erreur
de direction (b).

Lorsque l'approche a pour but d'occuper une position importante située en dehors de la ligne des
avant-postes et non tenue par l'adversaire, l'infanterie prend toutes les précautions indiquées ci-dessus.
Elle se porte groupée aussi loin qu'elle le peut sans
éveiller l'attention de l'ennemi, puis gagne par petites
fractions les emplacements assignés. Dès qu'elle s'y
trouve en force, elle s'y organise et s'y retranche
pour arrêter toute attaque.

Attaques et contre-attaques. — Les attaques et contre-attaques de nuit sont exécutées par l'infanterie,
qui est seule apte à combattre dans l'obscurité; préparées en secret et dans tous leurs détails, elles doivent n'exiger que des mouvements simples et suivre
des itinéraires faciles. = Le terrain à parcourir est
préalablement reconnu de jour, et à la tombée de la
nuit, de manière à être examiné sous ses différents
aspects.

Les attaques de nuit ont toujours pour but la conquête d'un objectif précis. Quand l'effectif consacré à
l'opération est important, il est nécessaire d'organiser des attaques distinctes visant chacune l'en'ève-
ment d'un point déterminé du terrain. Le commandement obtient le résultat d'ensemble qu'il poursuit
en fixant les heures respectives des différentes attaques. = L'ordre d'attaque, outre les ind.cations habituelles, fixe le rôle particulier des différentes unités,
la direction que suivront les troupes disponibles, la
conduite à tenir après l'enlèvement des objectifs d'attaque, éventuellement les po.nts de ralliement et les
signaux de reconnaissance.

(a. Les colonnes doivent être guidées par des officiers qui ont reconnu
les itinéraires. (Général HAGRON, 1904.)

(b) Éviter le pas cadencé ; pas de voitures pas de sacs (commandant
STIRN, 174). — Ne pas marcher en un seul tronçon non articulé. (STIRN,
179). - Diviser la troupe en élément d'attaque et élément d'occupation. (STIRN, 180).

La nuit, le tir de l'adversaire est négligeable : la valeur des troupes, leur discipline et leur cohésion suppléent au nombre. L'action d'ensemble d'effectifs importants étant très difficile à régler dans l'obscurité, il n'y a généralement pas intérêt à mettre en première ligne, contre un même objectif, des unités supérieures au bataillon. = Les unités disponibles, bien dans la main de leurs chefs et connaissant à l'avance le rôle qui leur incombera après l'attaque, suivent les unités de première ligne à courte distance et généralement en échelon débordant, prêtes à exploiter leur succès.

Les unités chargées de l'attaque, formées en colonne ou en ligne de sections par quatre, baïonnette au canon, marchent dans le plus grand silence sur leurs objectifs, sans répondre au feu. Elles ne s'arrêtent que pour reprendre haleine. Le succès réside avant tout dans la rapidité et la continuité du mouvement en avant. Les efforts de tous tendent à arriver le plus vite possible jusqu'au gros des forces adverses, sans se laisser arrêter par la résistance des avant-postes. = Dès que les assaillants sont à portée de l'ennemi, ils l'abordent à la baïonnette au commandement de leurs chefs, le dispersent et sont ensuite ralliés sur les lisières extérieures qu'ils organisent dans les mêmes conditions qu'après un assaut de jour.

Le résultat d'une attaque ou d'une contre-attaque exécutée en pleine nuit est forcément limité. L'exploitation immédiate du succès dans l'obscurité est difficile et la troupe qui a exécuté l'attaque doit le plus souvent se borner à occuper le terrain conquis. Tout en étant préparées de nuit, les attaques destinées, dans l'esprit du chef, à déterminer le mouvement général en avant, sont exécutées un peu avant l'aube et suivies, aux premières heures du jour, de l'entrée en ligne immédiate de troupes de toutes armes amenées à pied d'œuvre à la faveur de l'obscurité.

Défense. — Les troupes qui ont une mission défensive arrêtent les attaques de nuit par des feux violents exécutés à très courte distance et suivis immédiatement de contre-attaques à la baïonnette. = C'est en accumulant sur les directions principales d'attaque les obstacles qui peuvent gêner le mouvement des assaillants et en exécutant des contre-attaques par surprise sur leurs flancs qu'on les arrêtera le plus sûrement. = La marche du combat fait généralement ressortir les points dont l'ennemi peut avoir intérêt à se rendre maître par des attaques de nuit. La défense de ces points doit être étudiée avant la chute du jour et préparée au besoin pendant la première partie de la nuit, les itinéraires à suivre par les contre-attaques reconnus et au besoin jalonnés, les troupes chargées de les exécuter désignées et placées à pied d'œuvre au repos, mais prêtes à marcher.

Rupture du combat. — La nuit favorise la rupture du combat et permet aux troupes de se dérober à l'insu de l'ennemi ou tout au moins en évitant les effets de son action immédiate. Le mouvement s'effectue sous la protection d'avant-postes de combat, qui conservent le contact et prennent toutes les dispositions utiles pour donner le change à l'adversaire. En cas d'attaque, ces avant-postes tiennent sur place pendant le temps nécessaire à l'écoulement des colonnes, au besoin contre-attaquent et se sacrifient pour empêcher l'assaillant d'arriver jusqu'à ces colonnes. = Le mouvement de retraite s'exécute en prenant toutes les précautions indiquées pour l'approche de nuit; les itinéraires sont reconnus et au besoin jalonnés, les chevaux et les voitures prennent la tête; on évite le bruit. = Les unités disponibles rompent les premières. Les avant-postes suivent, sur l'ordre du chef, lorsque les queues de colonnes sont hors de l'action immédiate de l'adversaire; s'ils ne sont pas attaqués, ils quittent leurs emplacement par fraction, sans éveiller l'attention de l'ennemi, et sous la protection des avant-postes avancés. Ceux-ci restent au contact et se dérobent vivement à leur tour, lorsque les éléments qu'ils couvrent ont gagné une distance suffisante.

Attaque d'un bois. — Pour attaquer un bois, l'infanterie prend comme premier objectif la lisière et mène l'action d'après les principes généraux. Son effort se concentre généralement contre les saillants et les parties de la lisière permettant à la défense d'en flanquer les abords. = Maîtresses de la lisière, les fractions de première ligne sont rapidement reconstituées. Dès que l'ordre est rétabli, elles s'engagent sous bois, en profitant de tous les chemins, sentiers, pistes, etc., pour marcher vivement de l'avant en talonnant les défenseurs et en les empêchant de s'installer sur de nouvelles positions. Les formations à prendre varient suivant la nature du bois. Elles ont pour base la compagnie. Dans les bois de futaie, de parcours facile, les compagnies sont formées en ligne de section ou de demi-section par quatre ou par deux. Les intervalles entre les sections sont d'autant plus grands que le bois est moins épais; ils doivent permettre un déploiement aussi rapide que possible. = Des patrouilles plus ou moins fortes, suivant les facilités qu'offre le terrain pour cheminer, précèdent le gros des compagnies de première ligne. = Lorsque le bois est très fourré, on forme un moins grand nombre de colonnes; les compagnies marchent parfois par pelotons; celles qui se trouvent en première ligne se font précéder simplement par de petites patrouilles. = La liaison entre les compagnies est assurée par des patrouilles dans le sens du front et par des jalonneurs dans le sens de la profondeur.

En principe, les compagnies de première ligne n'agissent par le feu que si le bois est assez clair pour permettre de découvrir le terrain à une certaine distance en avant. Elles ont toujours intérêt à brusquer l'attaque pour aborder l'ennemi à la baïonnette. Les renforts et les troupes disponibles sont généralement employés à prolonger les compagnies de première ligne; dans ce cas, ils cheminent à travers les parties libres du bois pour déborder l'ennemi et attaquer en flanc ou à revers. = Les unités qui attaquent se préoccupent uniquement de gagner du terrain dans la direction qu'elles ont reçue, jusqu'à ce qu'elles soient arrivées à la lisière opposée, ou, si le bois est très profond, à une clairière ou une coupure transversale. Elles s'y remettent rapidement en ordre, en occupent solidement la lisière et aident ensuite les unités voisines en prenant en flanc ou à revers les troupes ennemies qui les arrêtent.

Attaque de lieux habités. — L'attaque est dirigée contre la lisière et exécutée comme l'attaque d'une lisière de bois. = Dès que la lisière est forcée sur un point, les unités de première ligne s'y installent solidement et préviennent. s'il y a lieu, par un signal convenu, l'artillerie qui a appuyé l'attaque d'avoir à allonger son tir; elles s'engagent ensuite dans l'intérieur de la localité et s'efforcent de gagner rapidement la lisière opposée. Les unités disponibles s'étendent sur tout le pourtour de la localité pour y pénétrer par les différentes issues. la cerner complètement et faire tomber les défenses intérieures en les attaquant de flanc ou à revers. = Si l'ennemi a organisé la défense intérieure de la localité. l'attaque progresse pied à pied. en conquérant successivement les différents groupes de maisons où l'adversaire résiste. A cet effet, elle les investit méthodiquement. y ouvre des brèches au moyen d'explosifs; au besoin, quelques pièces de canon sont amenées à très courte portée pour démolir les obstacles qui arrêtent l'attaque. = Les débouchés de la localité sont tenus solidement en vue de parer à tout retour offensif venant de l'extérieur.

Défense des points d'appui (bois et localités). — La mise en état de défense méthodique d'un point d'appui. (bois, localités) comprend l'organisation du front généralement installée à la lisière extérieure et celle des issues. Dans certains cas, cette organisation est complétée par la préparation d'une défense intérieure. Toutefois. celle-ci doit être réservée pour les points d'appui présentant une certaine profondeur; l'organisation intérieure de bâtiments isolés et de boqueteaux exposés au feu de l'artillerie ennemie est généralement peu avantageuse. = La lisière est prolongée au besoin par des tranchées, afin de faire agir dès le début un nombre de fusils suffisant. Lorsqu'elle n'a pas de vues sur le terrain de l'attaque ou qu'elle peut être battue par l'artillerie adverse, il y a intérêt à porter tout ou partie de la résistance en avant, dans des tranchées. = Les saillants, les parties de la lisière qui en assurent le flanquement, les ailes et tous les points faibles sont renforcés, les issues sont barricadées (a). = Des communications défilées sont ouvertes pour permettre le mouvement des renforts, des défenses accessoires établies en avant du front (b).

Dans les localités, la défense intérieure est organisée en choisissant des bâtiments solides, masqués par la lisière aux vues de l'artillerie ennemie. = Ces bâtiments sont aménagés aussi complètement que possible, de façon à pouvoir s'appuyer réciproquement et à se prêter à une défense prolongée même après avoir été complètement investis. Les rues y accédant sont barrées; les murs sont percés de créneaux; toutes les précautions sont prises en vue d'empêcher les incendies.

Dans les bois, la ligne de défense intérieure est marquée par les lisières de clairières ou de coupes, les tranchées forestières, etc... Elle est organisée en vue de permettre de concentrer des feux (c) sur les chemins ou les directions par lesquels l'ennemi peut avancer. = Sur certains points, des abatis sont créés en avant du front, de manière à arrêter l'attaque à bonne portée des feux de la défense. Le commandant

---

(a) Pour détourner d'une tranchée abri le feu de l'artillerie ennemie, donner au parapet un très faible relief et la même apparence qu'au terrain adjacent : créer, à 50 ou 100 mètres en avant ou en arrière, une autre tranchée très visible qui attirera le feu de l'ennemi, mais qu'on n'occupera pas. (Le meilleur moyen de créer cette fausse tranchée est de labourer le sol avec une charrue.)(Général PIERRON.)

(b) S'il y a du côté de l'ennemi des récoltes sur pied, les faire aplatir en y faisant passer des fractions en ordre serré. Faire disposer des gerbes comme repères. (Général PIERRON.)

(c) L'infanterie, quand elle a le moyen de régler son tir et qu'elle a des munitions, ne doit pas hésiter à ouvrir le feu, même aux grandes distances, sur une artillerie qui change de position ou qui est en formation de marche... Une troupe d'infanterie qui connaît la direction d'une batterie masquée en action obtiendra le plus souvent, en tirant sur la crête dans cette direction, des effets appréciables, si elle peut se procurer la distance. (*Ecole normale de tir*. 1903.)

Il faut une section d'infanterie pour combattre une section d'artillerie, une compagnie d'infanterie pour combattre une batterie... Une compagnie qui a pris position à 1.200 mètres d'une batterie ennemie devra consacrer un tir concentré de 30 cartouches par homme sur cette batterie, pour avoir des chances de la chasser. (Général LE JOINORE.)

de la défense d'un point d'appui désigne, dans son ordre de défense, les troupes qui tiendront la lisière et celles qui seront chargées de la défense intérieure. Ces troupes restent abritées à proximité de leurs emplacements de combat jusqu'au moment où l'assaillant prononce son attaque. Des observateurs surveillent le terrain et signalent l'approche de l'ennemi. = Les unités que le commandant du point d'appui garde à sa disposition sont généralement placées en arrière et en dehors d'un des flancs, du côté où elles pourront le plus facilement exécuter des contre-attaques.

Les défenseurs font tout ce qui est en leur pouvoir pour conserver la lisière (a). Lorsqu'un point de celle-ci vient à tomber entre les mains de l'ennemi, toutes les forces qui se trouvent à proximité l'attaquent pour en reprendre possession. = Si ces attaques échouent, la défense se poursuit sur la position organisée à l'intérieur, ou est combinée avec des contre-attaques dans lesquelles les troupes disponibles cherchent à prendre l'ennemi en flanc. = Enfin, lorsque, malgré la résistance des défenseurs, les assaillants parviennent à occuper le point d'appui et ses issues, les efforts de tous tendent à l'empêcher d'en déboucher jusqu'au moment où il sera possible de reprendre l'offensive.

Attaque et défense d'un défilé. — L'attaque d'un défilé défendu en avant est dirigée de préférence contre l'un ou les deux flancs du défenseur, de manière à atteindre au plus tôt l'entrée du défilé. Celui-ci est ensuite traversé rapidement. = Pour progresser dans une vallée, de faibles fractions suivent le fond, tandis que la majeure partie des forces s'avance par les hauteurs dominant la vallée, en portant ses ailes en avant, de façon à atteindre les débouchés avant les défenseurs. = Pour attaquer un défilé défendu en arrière, par exemple un pont, il faut constituer de puissants échelons de feu sur la rive dont on est maître. Sous la protection de ces feux, les unités les plus rapprochées du pont le franchissent à la course, au besoin par petits groupes, et vont en occuper les débouchés, pour permettre aux autres unités de passer à leur tour.

Un défilé est défendu en avant, lorsqu'il importe d'en conserver les deux issues, par exemple pour

___

(a) Mais il n'est pas toujours avantageux de border la lisière même avec sa troupe parce que l'artillerie ennemie réglera son tir sur la lisière qu'elle rendra bientôt intenable par ses projectiles.

Il vaut mieux placer la troupe à une cinquantaine de mètres en avant de la lisière, derrière un pli de terrain ; ou bien, en arrière de la lisière, derrière la deuxième ou la troisième rangée d'arbres. (Général PIERRON.)

assurer le débouché d'une colonne, ou encore pour couvrir la retraite d'une troupe qui traverse le défilé. = Dans le premier cas, la défense est portée assez en avant pour que le débouché de la colonne et son déploiement éventuel ne soient pas gênés. Dans le second cas, les troupes sont placées de manière à laisser le défilé libre et attirer, autant que possible, sur d'autres points, les feux de l'assaillant. S'il est nécessaire, les troupes chargées de la défense prennent vigoureusement l'offensive pour tenir l'adversaire éloigné des points d'où il pourrait menacer l'entrée du défilé. = Dans certains cas, la défense en arrière est la plus favorable. Les troupes sont alors établies sur les points qui leur permettent le mieux de battre le défilé de feux convergents. = Pour défendre un défilé à l'intérieur, les troupes s'établissent à un endroit où le défilé s'élargit; les flancs sont gardés avec soin; des détachements sont au besoin échelonnés le long du défilé pour assurer la ligne de retraite.

Combat en retraite et détachements de couverture (*a*).

Combat aux Colonies. — Voir annexe I.

VII. — **Rôle particulier des unités supérieures et de la compagnie.**

La brigade et le régiment.

La brigade est la plus grosse unité d'infanterie dont tous les éléments peuvent être réunis, bien dans la main de leur chef, pour combattre sur le même terrain. = Le régiment est par excellence l'unité de combat de l'infanterie. = La brigade et le régiment disposent de forces suffisantes pour attaquer plusieurs

---

(*a*) Les conditions auxquelles devra satisfaire la conduite du combat seront :

1° *Invisibilité des fronts* ;

2° *Extension des fronts* ;

3° *L'echelounement* des éléments de couverture ;

4° Les *distances* entre les échelons dépendront avant tout du terrain. Les *positions* à occuper devront offrir un grand champ de tir et une retraite facile.

5° *Protection des flancs* par des éléments échelonnés.

6° *Ouvrir le feu de loin.* Large approvisionnement en munitions ;

7° *Repliement* des échelons quand l'ennemi arrivera aux portées réellement efficaces (800 à 1000m.).

8° *Cheminements* de retraite défilés et biens reconnus ;

9° *Patrouilles laissées en arrière* sur la position évacuée ;

10° *Les échelons demasqués* soutiennent de leur feu la retraite de ceux qui se replient ;

11° *Placer les échelons à l'avance* si on le peut.

STIRN (*Procédés de combat*, page 100).

objectifs ou pour défendre plusieurs points d'appui contigus; ils peuvent conserver des unités disponibles, par conséquent mener le combat dans tous ses développements et fournir des efforts répétés et de longue durée. Les principes de leur action sont analogues et s'appliquent à tout groupement comprenant plusieurs bataillons et placés sous le même commandement.

L'approche. — Il est essentiel de maintenir des relations étroites entre la division, la brigade et le régiment. Pendant tout le cours de l'action, l'autorité supérieure doit être avisée de tous les incidents qui peuvent l'intéresser. Les renseignements recueillis sur l'ennemi, les prises de contact, l'enlèvement des premiers objectifs, le but assigné aux attaques successives, le résultat des contre-attaques font notamment l'objet de comptes rendus très brefs et rapidement transmis. = Avant le combat, le général de brigade met les colonels au courant de la situation d'ensemble et de ses intentions; le colonel agit de même vis-à-vis des chefs de bataillon. = Le général de brigade et le colonel, chacun dans sa sphère, font reconnaître et préparer les itinéraires; ils prescrivent les mesures ayant pour objet de couvrir les mouvements et les rassemblements, d'assurer la liaison des colonnes et la protection du terrain sur lequel sera pris le dispositif d'attaque ou de défense. Ils précèdent le bataillon de direction et donnent en cours de mouvement les ordres nécessaires pour orienter la marche, la plier au terrain et aux circonstances. = Le général de brigade et le colonel reçoivent tous les renseignements recueillis par les fractions qui couvrent la marche, observent ou font surveiller par des observateurs le terrain environnant et s'orientent sur la situation; ils s'efforcent de prévoir et d'ordonner à l'avance les mesures qui assurent la bonne exécution du mouvement et permettent de conduire les colonnes sans détours inutiles au point précis où elles prendront le dispositif de combat.

L'attaque. — Le but de l'attaque est fixé par l'autorité supérieure; la brigade et le régiment peuvent attaquer un ou plusieurs objectifs contigus, répartis sur un front plus ou moins étendu. Le chef de ces unités fixe le point où il portera son effort principal et arrête son dispositif d'attaque en conséquence. L'ordre de l'autorité supérieure, l'examen de la situation, une rapide reconnaissance du terrain des attaques faites à la vue, la certitude d'un appui plus efficace de l'artillerie sur certaines parties du front servent de base à sa décision.

A partir du moment où la lutte est entamée, le général de brigade comme le colonel n'ont plus d'autres moyens d'intervenir que de lancer à l'attaque les bataillons disponibles. Ils se tiennent donc de leur personne, avec leurs agents de liaison, à portée de ces bataillons. Ils occupent ainsi successivement des postes d'où ils peuvent suivre l'ensemble de l'action et en particulier l'attaque des bataillons qu'ils ont l'intention d'appuyer plus vigoureusement. De leur côté, les bataillons disponibles restent en liaison intime avec le colonel ou le général de brigade et se tiennent prêts à marcher au premier signal. = Les agents de liaison qui suivent le général de brigade ou le colonel forment un groupe assez important qui peut attirer l'attention de l'ennemi. Ils se tiennent constamment à une certaine distance en arrière du chef et utilisent tous les couverts du sol, soit pour s'abriter pendant les arrêts, soit pour se dissimuler pendant leurs déplacements. Les chevaux sont groupés à distance.

Le choix du moment et du point précis où devront intervenir les forces disponibles est l'œuvre personnelle du chef. Tant que les bataillons de première ligne progressent, il suit leur mouvement avec les bataillons dont il dispose; lorsqu'il juge utile de donner une plus grande vigueur au mouvement en avant, il lance ces derniers à l'attaque autant que possible dans les intervalles libres. Quoi qu'il arrive, il a l'obligation stricte d'engager jusqu'au dernier homme et même d'intervenir personnellement dans la lutte pour atteindre le but fixé par l'autorité supérieure. Il se porte sur la chaîne auprès de l'élément qui est le plus avancé vers l'ennemi, en prend le commandement et l'entraîne en avant. Le devoir des éléments voisins est alors de suivre l'impulsion du chef en redoublant d'activité; ils se rapprochent de lui en resserrant les intervalles de son côté dans le mouvement en avant jusqu'au moment où tous abordent l'ennemi à la baïonnette.

Le rôle des bataillons qui ont donné l'assaut est d'assurer l'occupation et l'organisation du terrain conquis. Celui du chef à cet instant est de prévoir et d'ordonner le plus promptement possible les mesures propres à assurer la continuité du mouvement, soit pour consommer la défaite de l'adversaire par une poursuite sans merci, soit pour l'attaque de nouveaux objectifs. = L'ordre de l'autorité supérieure fixe la direction générale à suivre après l'enlèvement des premiers objectifs. Le général de brigade, le colonel, après une rapide reconnaissance, déterminent sur cette direction le but des nouvelles attaques et les organisent le plus rapidement possible à l'aide des troupes fraîches ou de celles qui ont le moins souffert. C'est seulement après avoir donné les ordres pour la reprise de l'attaque et s'être assurés de leur exécution qu'ils prennent, et au besoin provoquent de la part du commandement, toutes les

mesures utiles pour la réorganisation et le ravitaillement en munitions des troupes maintenues sur la
position. Le but est alors de reconstituer au plus
tôt des unités qui soient en état de marcher pour appuyer les nouvelles attaques, en ne laissant momentanément en arrière que les forces strictement nécessaires pour assurer l'occupation du terrain conquis.

La défense. — Les principes qui précèdent s'appliquent dans leur ensemble à la défense comme à
l'attaque. = La reconnaissance du terrain, qui peut
s'effectuer dans des conditions de sécurité souvent
complètes, prend une plus grande importance au
point de vue de la conception des mesures propres à
assurer la défense des centres de résistance et des
points d'appui. C'est elle qui sert de base à la décision du chef relativement aux choix des emplacements sur lesquels sera organisée la résistance, à la
répartition des forces sur ces emplacements et au
groupement des bataillons disponibles en arrière. =
La défense de chacun des points d'appui est confiée
à des unités constituées. Le groupement en vue d'une
mission commune d'unités provenant de régiments ou
de bataillons différents doit être tout à fait exceptionnel. = L'approvisionnement en outils mis à la disposition de la brigade ou du régiment est réparti entre les différents points d'appui suivant leur importance.

Les bataillons disponibles maintenus à l'abri des
vues sont, suivant le cas, répartis ou groupés en face
des points où ils pourront être appelés à agir. = Le
général de brigade et le colonel arrêtent, chacun dans
sa sphère, l'emploi des bataillons disponibles et fixent
notamment le moment et le but des contre-attaques.

La coordination des efforts des troupes qui combattent sur le front, comme la réussite des contre-attaques, reposent entièrement sur l'action du commandement. Le chef doit donc suivre avec attention toutes les péripéties de la lutte et ordonner en temps
voulu les mesures propres à faire converger les feux
et les contre-attaques sur les points sensibles de la
ligne adverse. Cette action du chef est assurée par
le choix judicieux du poste de commandement et par
l'organisation des liaisons, notamment des liaisons
téléphoniques, optiques et par signaux, entre les différentes unités d'infanterie comme entre les différentes armes.

Organes spéciaux et service du régiment (a).
— Au cours du combat, le colonel doit donner ses
instructions aux éclaireurs montés, aux sections de
mitrailleuses, au train de combat, assurer le fonctionnement du ravitaillement en munitions et celui du
service de santé du régiment. = Il répartit les éclaireurs montés, suivant les besoins, entre les fractions
constituées ou les patrouilles chargées de couvrir
l'approche. Dès que les éclaireurs montés n'ont plus
leur emploi sur le front ou sur les flancs, ils rejoignent le colonel qui les groupe généralement en arrière des bataillons disponibles ou au train de combat. Les éclaireurs montés laissent alors un agent de
liaison auprès du colonel.

Le colonel attribue les sections de mitrailleuses aux
différents bataillons suivant la mission qu'il leur assigne. Les mitrailleuses agissent par section et en liaison immédiate avec les bataillons.

Le colonel donne les ordres concernant les mouvements du train de combat. Celui-ci est maintenu
groupé en arrière des bataillons disponibles, autant
que possible, à proximité des chemins et à l'abri des
couverts du terrain. Son chef reste en liaison avec

(a) *Mémento pour l'ordre d'attaque d'un régiment.*

Appeler les chefs de bataillon. — Leur communiquer le but de
l'approche.
Tâche des différents bataillons.
Répartitions des sections de mitrailleuses.
Répartition des voitures d'outils.
Répartition des éclaireurs montés.
Indications au médecin-chef sur la marche probable de l'action.
Faire envoyer les agents de liaison.
Faire reconnaître les itinéraires.
Distribution des cartouches.
Mouvements du T. C.
Poste de commandement.

*Mémento pour l'ordre de défense d'une position par un
régiment.*

Appeler les chefs de bataillon. — Leur communiquer la situation
d'ensemble et ses intentions.
Tâche des différents bataillons.
Eventuellement : Emploi des bataillons disponibles.
Moment et but des contre-attaques.
Répartition des sections de mitrailleuses.
Répartition des voitures d'outils
Répartition des éclaireurs montés.
Indications au médecin-chef sur la marche probable de l'action.
Faire envoyer les agents de liaison.
Faire reconnaître les itinéraires.
Distribution des cartouches.
Ravitaillement en munitions.
Mouvements du T. C.
Poste de commandement.

(Note de l'auteur.)

le colonel : dans ses déplacements, il s'attache particulièrement à ne jamais gêner le mouvement des troupes.

Le ravitaillement en munitions est assuré dans son ensemble par le commandement supérieur qui pousse les sections de munitions d'infanterie, entières ou fractionnées, sur les points favorables, à environ 1.000 à 1.500 mètres en arrière des points où stationne le train de combat. Dès qu'une section de munitions ou une fraction de section est mise à la disposition d'un corps, elle détache un agent de liaison auprès du colonel, qui envoie, le moment venu, demander par l'agent de liaison le nombre de caissons nécessaires. Ces caissons sont dirigés sur le point de stationnement du train de combat. De là, le commandant du train de combat, selon les instructions du colonel, les pousse sur les points où les munitions doivent être distribuées (généralement un caisson par bataillon et un caisson par section de mitrailleuses).

Le service de santé est assuré, pendant le combat, par le médecin chef du service de santé d'après les instructions du colonel. Celui-ci donne aux médecins, sur la marche probable de l'action, toutes les indications utiles pour que ceux-ci se rendent compte des conditions dans lesquelles ils doivent organiser la relève et le transport des blessés, les refuges et les postes de secours.

Le bataillon.

Le bataillon est l'unité tactique de l'infanterie. Encadré, il dispose de moyens suffisants pour mener l'attaque jusqu'à l'assaut et pour tenir un front en combinant la défense et la contre-attaque. Il peut également, agissant en liaison avec les autres armes, remplir des missions comportant momentanément une indépendance relative.

L'approche : Le bataillon sert de base au dispositif d'approche et au dispositif d'attaque; il reste le plus souvent réuni sous le commandement immédiat de son chef. = Les mesures à prendre pour la protection de l'approche sont prescrites par le colonel et, à défaut, par le chef de bataillon. Ce dernier fixe la formation à prendre et les mesures de détail utiles pour assurer l'exécution des ordres du colonel. Pendant l'approche, il se tient généralement devant la compagnie qu'il a chargée de la direction; il la guide ou lui donne des points de direction successifs, de manière à marcher exactement sur le point assigné en maintenant le bataillon à la place qu'il doit occuper dans le régiment. Il reste en liaison constante avec le colonel, soit à la vue, soit à l'aide de patrouilles commandées par des sous-officiers. = Les modifications successives qu'il est utile d'apporter à la formation initiale du bataillon en vue d'utiliser les cheminements du sol, de diminuer les pertes ou de parer aux menaces de la cavalerie, sont ordonnées par le chef de bataillon, toutes les fois qu'il peut les prévoir suffisamment à l'avance; dans le cas contraire, par les capitaines.

Les agents de liaison (l'adjudant-major ou l'officier-adjoint au chef de bataillon, le caporal clairon, les fourriers et le cycliste du bataillon) se groupent auprès du chef de bataillon dès que le bataillon entame l'approche.

L'attaque : Dès qu'il a reçu l'ordre d'attaquer, le chef de bataillon oriente la marche des compagnies qu'il a désignées pour être en première ligne, de manière à les placer face à l'objectif dans une formation qui leur permette de se déployer rapidement. Le mouvement en avant se poursuit sous la protection des éléments qui couvrent la marche, jusqu'au moment où l'objectif du bataillon est près de devenir nettement visible. Le chef de bataillon fait alors une rapide reconnaissance du terrain, prend sa décision au sujet de la répartition de l'objectif entre les compagnies de première ligne, de la place des compagnies de renfort, du rôle des mitrailleuses, appelle à lui les capitaines et donne l'ordre d'attaque en désignant très clairement le point précis de l'objectif sur lequel chacune des compagnies marchera. Les officiers mettent pied à terre, leurs chevaux sont conduits vers les bataillons disponibles. = L'ordre d'attaque ne peut pas toujours être donné dès le début, d'une façon aussi précise. En terrain couvert notamment, les objectifs sont souvent peu visibles avant les prises de contact, qui sont longues et laborieuses. Le chef de bataillon est donc amené, dans bien des cas, à marcher par bonds, en donnant aux compagnies de première ligne une série de points de direction intermédiaires, et à ne fixer qu'ultérieurement les objectifs définitifs de l'attaque (a).

(a) *Type d'ordre d'attaque pour un bataillon :* 1 Renseignements sur l'ennemi et nos troupes collatérales. — 2. Tâche du bataillon. — 3. Compagnie de direction. — 4. Compagies échelonnées sur les ailes, en arrière. — 5. Compagnie de réserve. — 6. Formation des compagnies. — 7. Distribution d'un supplément de cartouches. Place des voitures de compagnie. — 8. Groupement des brancardiers auxiliaires. Poste de pansement. — 9 Patrouilles sur les flancs. — 10. Appréciation des distances. — 11. Ouverture du feu. — 12. Place de chef du bataillon.

Type d'ordre d'occupation de position par un bataillon : 1. Renseignements sur l'ennemi et sur nos troupes collatérales. — 2. Objectif de bataillon. — 3. Secteur de chaque compagnie. — 4. Compagnie de réserve. — 5. Patrouilles pour éclairer les flancs. Coopération de la cavalerie. — 6. Distribution d'un supplément de cartouches. Mesure des distances. — 7. Ouverture du feu Coopération de l'artillerie. — 8. Groupement des brancardiers auxiliaires. Poste de pansement. — 9. Place assignée aux voitures de compagnie. — 10. Place du commandant du bataillon. (Général PIERRON.)

Dans une attaque encadrée contre un objectif nettement visible, le chef de bataillon cherche à prendre immédiatement la supériorité sur son adversaire, en constituant très fortement la ligne d'attaque dès le début; il met généralement au moins deux compagnies en première ligne. = En pays couvert et tant qu'il n'a pas pu désigner nettement l'objectif, il a parfois intérêt à ne mettre en ligne qu'une seule compagnie, pour conserver le moyen de faire face à l'imprévu et de remédier à une erreur toujours possible dans le choix de l'objectif.

Pendant l'attaque, le chef de bataillon se tient généralement à proximité des compagnies de renfort, à un point d'où il peut suivre les divers incidents de la lutte. Il a derrière lui ses agents de liaison; ceux-ci prennent les précautions nécessaires pour échapper aux vues de l'ennemi. = Une fois l'attaque commencée, il s'agit, avant tout, de conserver la supériorité morale sur l'adversaire en assurant la continuité du mouvement en avant. Le chef de bataillon engage donc résolument ses renforts, par fraction de compagnie ou par compagnie entière, dès qu'il se rend compte que le mouvement manque de vigueur et est près de s'arrêter. C'est en lançant ses renforts à l'attaque sans marchander, droit devant eux, contre un point unique de l'objectif et autant que possible dans les intervalles libres, que le chef de bataillon a le plus de chance d'atteindre le but qui lui est assigné.

Le chef de bataillon se porte sur la chaîne avec la dernière fraction de renfort et prend personnellement le commandement de l'élément le plus avancé vers l'ennemi. Son intervention provoque un redoublement d'activité sur toute la ligne. Les compagnies voisines de celle avec laquelle il se trouve resserrent les intervalles de son côté en avançant, jusqu'au moment où tout le bataillon se lance à l'assaut à son commandement.

Dès que l'adversaire est en fuite, le chef de bataillon donne les ordres nécessaires pour l'exécution des feux de poursuite et l'organisation de la lisière extérieure de l'objectif conquis. S'il a encore des renforts à sa disposition, il peut les lancer à la suite de l'ennemi, en leur fixant un objectif d'attaque sur la direction générale à suivre ultérieurement; mais, à cet instant, sa première préoccupation doit être d'assurer la conservation du terrain conquis. Il y laisse, s'il le faut, la plus grande partie de ses forces et fait mettre au besoin la position en état de défense. Aussitôt que les dispositions nécessaires ont été prises à cet effet, les unités sont réorganisées. Le chef de bataillon constitue, au besoin, à l'aide des hommes et des cadres disponibles, des groupements provisoires susceptibles de prendre part aux nouvelles attaques. Il provoque, le cas échéant, des ordres au sujet du réapprovisionnement en munitions. = Le chef de bataillon a le devoir de rendre compte des incidents importants du combat au colonel, surtout lorsqu'il n'opère pas sous son action immédiate. La prise de contact, l'entrée en action des derniers renforts, le résultat de l'assaut doivent notamment faire de sa part l'objet de comptes rendus brefs et précis.

La défense : Dans la défense, le bataillon reste généralement réuni de manière que ses éléments agissent en combinaison. = Le chef de bataillon fait la reconnaissance, donne l'ordre fixant la répartition des troupes et les conditions de la mise en état de défense. Un certain nombre de compagnies sont chargées de l'organisation et de la défense du front; ces compagnies agissent uniquement par le feu. Les autres compagnies constituent les renforts; elles organisent le terrain en arrière, les communications et les liaisons. Pendant le combat, ces compagnies renforcent les unités qui agissent sur le front ou exécutent des contre-attaques. = Sauf ordre de l'autorité supérieure, la mission d'un bataillon placé sur la défensive se borne à la conservation du terrain confié à sa garde. Les moyens qu'il emploie : défense pure sur certaines parties du front, contre-attaques sur d'autres, n'ont pas d'autre but. Le chef de bataillon doit mettre tout en œuvre pour l'atteindre. Visant cet objet précis : assurer la possession du front, les contre-attaques exécutées par les compagnies de renfort ne sauraient avoir qu'une portée très limitée. = Pendant l'action, le chef de bataillon se tient au point où il peut le mieux suivre les incidents du combat. Il est relié étroitement par le téléphone, la télégraphie optique, par signaux ou par des agents de liaison empruntant des itinéraires défilés, avec ses capitaines et avec le colonel, souvent avec le commandant de l'artillerie. = Son principal souci est d'assurer la convergence des feux de l'infanterie et des mitrailleuses sur les parties du terrain où l'attaque progresse plus facilement et de réaliser la concordance des efforts, en particulier avec l'artillerie.

Bataillon détaché. — Le bataillon, et notamment le bataillon formant corps, est parfois appelé à remplir sur le front ou sur les flancs et même en dehors de l'action immédiate des avant-gardes, certaines missions, comportant une indépendance momentanée. Il lui est attribué pour ces missions une fraction plus ou moins importante de cavalerie. Le bataillon peut aussi être soutien d'artillerie. = Les règles qui suivent ont pour but de fixer le rôle de l'infanterie dans ces opérations, dont les principes sont posés par le service en campagne. Elles s'appliquent au bataillon détaché et à tout groupement de plusieurs compagnies auquel des missions du même genre pourraient être confiées et même à la compagnie isolée.

Dans un détachement comprenant de la cavalerie et de l'infanterie, la cavalerie est chargée de la recherche des renseignements. L'infanterie constitue l'élément de résistance qui appuie la cavalerie ou bien la recueille. Elle appuie la cavalerie, en forçant les résistances devant lesquelles celle-ci est arrêtée et en se portant successivement sur les points du terrain d'où partiront les reconnaissances. Lorsque l'infanterie est simplement chargée d'assurer le repli éventuel de la cavalerie, elle tient les points de passage obligés, les mouvements importants du terrain, les lignes d'eau, les crêtes, etc., et permet ainsi à la cavalerie de venir, le cas échéant, se rallier sous sa protection.

Tant qu'elle n'a à redouter que la cavalerie adverse (a), l'infanterie peut occuper des fronts étendus, mettre toutes ses unités en ligne sans conserver de renforts. Elle doit alors assurer l'action du commandement par des liaisons bien établies, garder toujours chaque section groupée et battre par des feux efficaces les intervalles, à moins que ces derniers ne soient couverts par des obstacles infranchissables à la cavalerie. = Ainsi déployé sur un front étendu, un bataillon peut, dans certains cas, sans avoir besoin de concentrer tous ses éléments, attaquer et enlever avec une partie de ses forces seulement, des points faiblement occupés par la cavalerie adverse. Mais s'il rencontre une résistance sérieuse, en particulier s'il doit forcer une position tenue par de l'infanterie, il sera obligé de se concentrer préalablement pour attaquer un front restreint en prenant un dispositif échelonné en profondeur.

Le rôle d'un bataillon soutien d'artillerie consiste à mettre les batteries à l'abri des attaques de l'infanterie et de la cavalerie adverses. = Une partie des compagnies est répartie sur le front (b), assez loin de l'emplacement des batteries pour les protéger efficacement contre le feu de l'infanterie adverse, sans toutefois gêner leur tir. D'autres sont maintenues à proximité immédiate des pièces et des groupes d'échelon, de préférence sur les flancs extérieurs, pour les garantir contre toute surprise de la cavalerie. Le commandant du soutien se met en relation avec le commandant des batteries. = Ces principes s'appliquent à toutes les unités chargées, sur le champ de bataille, d'assurer la protection de l'artillerie.

La compagnie.

La compagnie combat presque toujours encadrée

(a) Sur un terrain à pente un peu faible l'infanterie placée devant l'artillerie doit être au moins à 300 mètres en avant ; sur une pente très raide, il suffit qu'elle soit à 30 mètres au-dessous de l'artillerie. (Général Le Joindre.)

(b) Dans la plupart des cas, il n'y a pas lieu d'ouvrir le feu à plus de 800 ou 900 mètres. (*Ecole normale de tir*, 1903.)

dans le bataillon; elle peut cependant remplir soit sur
le front, soit sur les flancs, soit en soutien de l'artillerie ou de la cavalerie, des missions qui l'amènent à
agir momentanément en dehors de l'action immédiate
du chef de bataillon. = La compagnie tire toute sa
valeur de la bravoure de ses soldats et de l'esprit de
solidarité qui les unit, de l'expérience et de l'énergie
du capitaine, de la vigueur des officiers et des cadres
subalternes :

L'approche (a): — Dès qu'il a été mis au courant
des intentions du chef de bataillon, le capitaine les
communique à tous ses subordonnés. Il profite du
premier temps d'arrêt pour faire mettre l'outil au cein-

(a) En résumé : dès qu'il a connaissance de son objectif, le commandant d'une compagnie de première ligne qui doit se porter à l'attaque,
place son unité face à l'objectif, en profitant des couverts que présente le terrain. — Avant de sortir du dernier couvert, qui précède
la zone balayée par le feu de l'ennemi, le capitaine réunit sa compagnie et indique tous les points suivants : l'objectif et le rôle assignés à la compagnie, l'effectif des essaims, les intervalles qui doivent séparer les essaims (intervalles larges) et, dans chaque essaim,
les files de tirailleurs (intervalles resserrés à deux pas ou, en cas
d'impossibilité, à un pas; l'essaim de base et le point de direction sur
lequel il devra s'avancer; la ligne approximative d'ouverture du feu;
le nombre de patrouilles qu'il sera nécessaire d'envoyer jusqu'à la
ligne d'ouverture du feu. — Il désigne, s'il y lieu, les éléments qui
devront être maintenus momentanément en renforts de compagnie. —
Autant que possible, les essaims se déploient par des mouvements
latéraux en arrière du couvert où s'est effectué le rassemblement
préalable; le capitaine donne ensuite le signal de l'attaque. Si les
essaims n'ont pu se déployer en arrière du couvert, ils se déploient
en éventail, en débouchant successivement du couvert. — Jusqu'à la
ligne d'ouverture du feu, choisie à 1000 mètres au maximum de la
position ennemie, les essaims marchent, autant que possible, en
colonne par deux, en cherchant avant tout à défiler leur mouvement :
ils sont précédés, à 500 ou 600 mètres, par les patrouilles qui s'arrêtent sur la ligne d'ouverture du feu. — Le feu n'est commencé par
les essaims, sur cette ligne, que si l'ennemi a ouvert le feu. — Jusqu'à 400 mètres environ de l'ennemi, les essaims progressent par
hommes isolés ou mieux par groupes de quatre hommes, leur mouvement se fait par échelons et par essaims jumelés, un essaim tirant
pendant que l'autre progresse. Le tir employé est le feu d'hommes
désignés ou, de préférence, le tir à cartouches comptées ou enfin, s'il
n'est pas possible de se faire entendre, le feu à volonté, commençant
et cessant au sifflet. Les bonds des essaims sont d'environ 50 à 60
mètres et même plus, si les circonstances le permettent. Dans leurs
bonds, les essaims cherchent alternativement à se dépasser. — A partir de 400 mètres environ, le mouvement des essaims s'exécute tout
l'essaim à la fois, en ligne, par bonds de 20 à 30 mètres. Avant de
sortir de son abri, chaque essaim exécute une rafale à répétition le
feu à peine terminé, le chef entraîne son essaim à la course et gagne
l'espace de 20 à 30 mètres : tout l'essaim se couche ensuite, approvi-
sionne l'arme et se prépare à exécuter une nouvelle rafale, puis un
nouveau bond. Les essaims cherchent ainsi à se rapprocher à petite
distance de l'ennemi, en menant un véritable assaut dans lequel les
rafales et les bonds de 20 à 30 mètres à la course alternent peu à peu
d'une façon continue. Lorsque, à environ 80 ou 50 mètres de l'ennemi,
ils sont tous à peu près à la même hauteur, ils exécutent la charge à
la baïonnette, en ordre aussi compact que possible, avec l'appui des
éléments de renfort qui se sont rapprochés petit à petit de la ligne de

turon. = La compagnie exécute l'approche en ligne de section par quatre ou en colonne par quatre à intervalles et à distances variables. Le capitaine se tient devant la section qu'il a désignée pour assurer la direction et la guide. S'il est amené à quitter sa place pour faire une reconnaissance dans le rayon d'action limité de sa compagnie, ou pour prendre les ordres du chef de bataillon, il donne un point de direction au chef de section qui le remplace momentanément comme guide. = Au cours du mouvement, le capitaine est attentif aux ordres et même aux gestes du chef de bataillon; il suit la direction qui lui a été indiquée et maintient sa compagnie sensiblement à la place qui lui est assignée par rapport aux unités voisines. Il évite à ses hommes toute fatigue inutile, profite de tous les temps d'arrêt pour les faire reposer et notamment pour faire mettre sac à terre. = Le capitaine dispose tout d'abord sa compagnie d'après la formation initiale prescrite par le chef de bataillon; il prend par la suite et de sa propre initiative toutes les dispositions utiles pour éviter les effets du feu et pour parer aux attaques de cavalerie. Sans s'écarter de la zone de terrain qui lui est attribuée et en observant d'éviter tout retard inutile dans la marche, il fait ouvrir ou resserrer les intervalles ou les distances entre les sections, les fractionne par demi-sections ou par escouades, les arrête derrière les crêtes pour les leur faire franchir rapidement au moment propice, avec ensemble ou successivement suivant les circonstances; il peut même modifier la formation, l'échelonner, etc... C'est dans les terrains difficiles que le rôle du capitaine, obligé d'utiliser les couverts et de conserver la liaison avec son chef de bataillon, est le plus délicat. Toutes les fois qu'il agit en dehors du regard de son chef et qu'il perd de vue les compagnies voisines, il détache des patrouilles commandées par des sous-officiers pour maintenir la liaison à la vue.

Lorsque la compagnie est détachée sur le front pour couvrir l'approche et prendre le contact, le capitaine pousse en avant de fortes patrouilles chargées de garantir la compagnie contre toute surprise, de le renseigner sur les itinéraires à suivre et de le préve-

---

combat en cheminant en arrière des intervalles de cette ligne. — Pendant tout le cours de l'action, les essaims n'hésiteront pas à ouvrir le feu par rafale et à répétition, quelle que soit la distance, sur les fractions ennemies qui se présenteront à découvert, de façon à prendre sur l'adversaire l'ascendant moral. — Dès le départ du point de rassemblement préalable, les outils sont portés à la ceinture : les chefs des essaims les utiliseront, sans règles fixes, au mieux des circonstances. Lorsque les essaims sont arrêtés et ne tirent pas, ils doivent toujours profiter de ces moments d'arrêt pour aménager les abris, toutes les fois qu'ils peuvent le faire sans que les hommes aient trop à se découvrir (*Procédés de combat*, STIRN, pages 46, 47, 48).

ir des points où il rencontrera les premières résis-
unces de l'ennemi. Il prend un dispositif assez large
our couvrir effectivement toute la zone de terrain
ui lui est attribuée. Les sections marchent tout
'abord en colonne, séparées par de larges interval-
:s, prêtes à se fractionner ou à se déployer au pre-
iier signal. Dès qu'elles peuvent craindre le feu de
infanterie adverse, elles se forment en tirailleurs.
es sections règlent leur mouvement sur la section de
irection; si certaines d'entre elles sont séparées des
utres par de grands intervalles, le capitaine leur
onne un point de direction particulier. = La compa-
nie chargée de couvrir un flanc applique des prin-
ipes analogues. Elle se dispose le plus souvent en
olonne par quatre, ses sections se suivant à plus ou
.oins grandes distances, échelonnées au besoin du
ôté dangereux et couvertes par de fortes patrouilles.
orsqu'elle est attaquée, la compagnie se conforme
énéralement aux règles indiquées pour la défensive
, agit, autant que possible, par le feu à grande dis-
unce; elle a le devoir de mettre tout en œuvre et au
esoin de passer à l'attaque pour remplir sa mission.
Le capitaine d'une compagnie détachée sur le front
u sur le flanc s'attache particulièrement à se main-
:nir exactement sur la direction assignée et à rester
1 liaison constante avec le chef de la troupe qu'il
ouvre. = Il donne à un officier le commandement de
une des patrouilles détachées sur le front et le
iarge de rechercher les points de direction succes-
fs ainsi que les itinéraires les plus favorables pour
mener la compagnie en face de l'objectif désigné par
:.commandement ou de celui que le capitaine s'est
onné en raison de sa mission. = Le capitaine laisse
n ou plusieurs agents de liaison auprès du chef de
i troupe dont il est détaché. En cours d'exécution de
a mission, il lui rend compte de tous les événements
ui peuvent l'intéresser et lui transmet notamment les
enseignements recueillis sur l'ennemi.

L'attaque : - Au reçu de l'ordre d'attaque du chef
e bataillon, le capitaine porte sa compagnie, cou-
erte s'il y a lieu par des patrouilles, face à son ob-
ectif par le chemin le plus direct et en utilisant les
ouverts du terrain pour masquer son mouvement;
out en marchant, il la dispose pour l'attaque et la
onduit ainsi, sans arrêts inutiles, jusqu'au point où,
objectif étant près de devenir visible, il pourra don-
er lui-même l'ordre d'attaquer. = Toutes les fois
ue la compagnie est groupée, le capitaine donne
ordre d'attaque à haute voix, de manière à ce que
out le monde l'entende. Dans le cas contraire, il ap-
elle à lui les chefs de section, les conduit à la limite
u couvert et leur désigne clairement leur objectif;
es chefs de section le font connaître à tous leurs
ommes. = Si le terrain est découvert et l'objectif

bien visible, le capitaine peut mettre ses quatre sections en ligne dès le début, de manière à donner immédiatement à l'action toute la vigueur dont elle est susceptible. En pays couvert, et tant qu'il peut y avoir incertitude sur l'objectif d'attaque, il a intérêt à garder un certain nombre de sections en renfort.

Pendant le combat, le capitaine se tient à proximité des renforts tant que ceux-ci ne sont pas en ligne. Il a derrière lui, comme agents de liaison, le caporal fourrier, un clairon, un homme par section et, éventuellement, le cycliste. Lorsque toutes les sections sont en ligne, le capitaine marche avec celle qui est la plus avancée vers l'ennemi ou celle qu'il y a intérêt à pousser plus vigoureusement en avant.

Dès que l'ordre d'attaque leur a été donné, les sections marchent sur l'objectif assigné, sans tirer et avec la seule préoccupation de gagner du terrain. Elles se déploient en tirailleurs avant d'entrer dans la zone efficacement battue et évitent de se laisser surpendre en colonne par le feu d'infanterie qui peut être très meurtrier à partir de 1.000 à 1.200 mètres. = Le capitaine n'a pas à intervenir avant le moment où il devient nécessaire de tirer pour appuyer le mouvement. Il donne alors l'ordre d'ouvrir le feu.

Si le capitaine a conservé des renforts, il les engage dans les intervalles libres, dès qu'il n'a plus aucun doute sur l'objectif d'attaque. Il se porte alors de sa personne sur la chaîne à la section la plus avancée vers l'ennemi. A partir de ce moment, son rôle consiste, comme celui des chefs de section, à exciter l'ardeur de ses hommes par son exemple et son courage et à s'efforcer d'entraîner toujours plus avant vers l'ennemi celles des unités qui sont soumises à son action directe. Les sections voisines rivalisent d'ardeur et resserrent les intervalles du côté du capitaine jusqu'au moment de l'assaut. = Le capitaine s'efforce de diriger et de coordonner les derniers bonds des tirailleurs pour leur donner plus de puissance et pour les orienter vers les groupes adverses les plus compacts. Après le succès, il rallie les combattants qui sont à sa portée sur les points favorables à l'exécution des feux de poursuite et les y établit solidement pour s'opposer à tout retour offensif.

La compagnie peut, pendant l'attaque, être en renfort. Orienté par le chef de bataillon sur les points de son intervention probable et sur la place qu'il devra occuper en arrière des compagnies de première ligne, le capitaine fixe le dispositif de la compagnie et règle ses mouvements. Dès qu'il pénètre dans la zone battue, il s'efforce de placer les sections, de manière qu'elles n'aient qu'à marcher droit devant elles pour attaquer. Chaque section conserve l'initiative d'approprier sa formation aux circonstances; celles qui ont des terrains favorables peuvent rester en colonne, réunies ou fractionnées par demi-sections ou escouades, mais se déploient en tirailleurs avant de déboucher sur les terrains battus par le feu. = Le capitaine se tient en avant de la section de direction à un point d'où il peut suivre les incidents du combat et rester en liaison intime avec le chef de bataillon. = Il porte sa compagnie en avant tout entière ou par section, en profitant des moments où le feu de la chaîne est plus violent et celui de l'ennemi moins efficace. Il se maintient à une distance telle que, tout en tenant sa troupe à l'abri du feu dirigé contre la première ligne, il soit toujours à portée d'intervenir dans le combat, soit sur l'ordre du chef de bataillon, soit de sa propre initiative si les circonstances l'exigent.

La défense (a). — Dans la défense, la compagnie peut être chargée d'organiser et de tenir une partie du front attribué au bataillon, de renforcer les unités déjà sur le front ou de contre-attaquer. Une même compagnie ne peut remplir qu'une mission exclusivement défensive ou offensive. = L'ordre du chef de bataillon fixe la mission de la compagnie; si elle est chargée de tenir une partie du front, cet ordre détermine les emplacements à occuper et à organiser, les travaux à y exécuter, les moyens d'action mis à la disposition de la compagnie, l'appui à donner aux éléments voisins et à en recevoir, le rôle des mitrailleuses et celui de l'artillerie, etc... Le capitaine, après une rapide reconnaissance, détermine la tâche de chacune des sections, l'ordre d'urgence des travaux et la progression à suivre pour qu'ils puissent être utilisés à tout moment; il répartit entre les sections les outils mis à sa disposition. Une section ne peut en général remplir qu'une mission simple, la maintenant en entier sous le commandement de son chef. = Avant tout autre travail, le capitaine fait dégager le champ de tir et préparer les éléments du tir. Il répartit entre les sections les parties intéressantes du terrain des attaques, de telle façon que tous les objectifs qui s'y présenteront soient battus, si possible,

---

(a) Opérations essentielles et ordres qu'aura à donner, à son arrivée sur la position qui lui est assignée, le commandant d'une compagnie destinée à agir en première ligne dans un combat défensif : ces opérations et ordres concernent : la détermination de la position de combat; la détermination de la position de rassemblement ou d'attente; l'organisation et la mise en état de défense de la position de combat; le repérage des distances; la répartition du terrain à battre entre les sections qui seront déployées dès le début; l'envoi en avant, s'il y a lieu, d'une avant-ligne, chargée de couvrir l'organisation de la position, de prévenir de la marche de l'ennemi et de la retarder; la désignation des gardes de tranchée laissées sur la position de combat, des signaleurs et des observateurs, les indications relatives à leur relève; la désignation des fractions destinées à être employées en renfort. (*Procédés de combat*, STIRN, p. 76.)

par des feux croisés ou convergents. Il fait me
surer les distances de tir et placer, s'il est nécessaire
des points de repère artificiels. S'il se trouve dans l
voisinage des mitrailleuses, il utilise le télémètre pou
faire mesurer les distances.

Lorsque tous les préparatifs de la défense sont fait
et les travaux terminés, la compagnie prend une posi
tion d'attente à l'abri des vues en laissant en avant l
nombre d'observateurs nécessaires pour surveille
très étroitement le terrain des attaques. = Dès qu
l'approche de l'ennemi est signalée, les sections, su
l'ordre du capitaine, se portent rapidement à leur
emplacements de combat. = Le capitaine, qui a été
orienté par le chef de bataillon sur l'action de l'artil
lerie et sur celle des compagnies voisines, se port
avec ses agents de liaison au point d'où il pourra l
mieux suivre la marche des assaillants. Il donne l'or
dre d'ouvrir le feu lorsqu'il le juge convenable. L
feu est conduit par les chefs de section qui en règlen
l'intensité suivant l'importance et la distance des ob
jectifs. = Au cours du combat, la possibilité qu'il a
de faire porter ses ordres par des itinéraires défilé
lui permet d'intervenir auprès des chefs de sectior
pour amener la convergence des feux sur les objec
tifs les plus dangereux. = Si le feu est impuissant à
arrêter l'attaque, le capitaine donne le signal de l'as
saut dès que l'adversaire arrive à bonne distance.

Une compagnie de renfort applique les principes
posés pour la défense ou pour l'attaque, suivan
qu'elle reçoit l'ordre d'agir par le feu sur le front ou
de contre-attaquer.

En soutien de l'artillerie ou de la cavalerie, und
compagnie applique les principes posés pour les mis
sions de même nature incombant au bataillon.

VIII. — **Détachements.**

Instruction pratique du 27 mai 1906 sur le service de l'infanterie
en campagne. (Voir, n° 241, le *Combat des détachements*.)

Constitution : Peuvent être composés de tout
ou partie d'un même corps de troupe; les fractions qu
entrent dans la constitution des détachements sont tou
jours des fractions constituées. Un tour est établi entre
les bataillons et compagnies.

Commandant : Désigné par l'autorité qui a or
donné la formation du détachement. Un détachement
composé de fractions prises dans différents corps doit,
si possible, être commandé par un officier supérieur en
grade aux officiers de ces fractions. Le commandant
d'un détachement a l'autorité d'un chef de corps pour
la police, la discipline et le service des troupes. Les
plaintes en cassation passent par le chef de corps.

Préparation des opérations : Donner au chef
le détachement des instructions (écrites si possible) très précises ; lui fournir des guides (114) ; en prendre plusieurs, les questionner séparément, les confronter ensuite. Le chef du détachement étudie son opération à l'avance et communique ses ordres et renseignements à son second (*a*). A la rentrée, rendre compte.

Conduite des détachements : Se conformer suivant le cas aux principes de : sûreté, marches, cantonnements.

Dans les *surprises*, la première condition du succès est le secret. Le moment le plus favorable est le point du jour. Profiter aussi de la pluie, de la nuit, du brouillard, de la chaleur. Éviter les villages, les routes. Forcé de traverser les lieux habités, les faire fouiller. Obligé d'y prendre des vivres, les faire apporter à l'extérieur et en quantité supérieure à son effectif. En cas de séjour, envoyer des espions, prendre des otages, empêcher la communication des habitants avec le dehors... Pour combattre, confier à chaque fraction de sa troupe une mission spéciale ; désigner point de ralliement et ligne de retraite ; agir avec soudaineté et énergie en gardant une réserve compacte. Si on a pu faire brèche dans le réseau de surveillance ennemie, continuer sa marche en se dissimulant, et attaquer au dernier moment. Si le détachement est signalé, ne pas se laisser arrêter par le réseau de surveillance, et arriver sur l'ennemi en même temps que le détachement. Ordonner la retraite dès le résultat obtenu. = *Surprise d'un cantonnement :* Attaquer simultanément sur plusieurs points ; une fraction attaque ; on occupe les issues ; la réserve se tient en dehors de la localité. = *Surprise d'une troupe en marche :* Choisir un terrain où l'ennemi aurait des difficultés à se déployer.

Attaque d'un convoi : De préférence, dans les haltes quand il commence à parquer, que les attelages sont à l'abreuvoir, qu'il franchit un défilé. Opérer comme pour une surprise. Une fraction attaque l'escorte, une les voitures ; une en réserve. Dans l'attaque des voitures, immobiliser les premières et les dernières voitures ; les hommes se dispersent, cherchant à couper les traits. Si le convoi est parqué, manœuvrer pour attirer l'escorte au loin. S'il est considérable, l'attaquer sur plusieurs points. Les mesures de détail sont autant que possible arrêtées à l'avance, pour éviter toute confusion et tout retard. — Le convoi enlevé, organiser une escorte et l'emmener ; si les attelages sont insuffisants, laisser

---

(*a*) Quand un chef de détachement prévoit que par suite de circonstances imprévues il ne pourra être sur le point assigné, il doit en aviser de suite l'autorité supérieure, pour qu'elle puisse en tenir compte dans ses combinaisons. Le talent d'un chef consiste le plus souvent à arriver le premier au bon endroit avec tout son monde. (Général Pierron.)

les voitures chargées des objets les moins importants
et y mettre le feu.

Réquisition, fourrage, destruction : Arrivé à destination, partager sa troupe en deux parties : la plus faible exécute l'opération ; l'autre la protège et se porte dans la direction de l'ennemi (avec une fraction observant, l'autre servant de soutien) ; en cas d'attaque, elle repousse l'ennemi ou couvre la retraite de manière à permettre le ralliement du reste de la troupe.

IX. — Des convois et de leur escorte.

Commandement : Le commandant de l'escorte d'un convoi a toute autorité sur les troupes, agents, voituriers, etc., de ce convoi. S'il ne se compose que de munitions, le commandement appartient à l'officier d'artillerie, s'il est d'un grade égal ou supérieur à celui du commandant de l'escorte ; sinon, ce dernier défère autant que possible aux demandes de l'officier d'artillerie sur les heures de départ, haltes, etc. Il défère de même aux observations des officiers d'artillerie ou du génie, ou des fonctionnaires, s'il s'agit d'un convoi de matériel de leur arme ou service. Les officiers étrangers à l'escorte qui marcheraient avec le convoi ne peuvent y exercer aucune autorité sans l'assentiment du commandant, qui dispose, dans l'intérêt du service, de tous les militaires présents d'un grade inférieur ou égal au sien.

Division du convoi : S'il est considérable, le partager en plusieurs divisions (a) : affecter une garde à chacune, répartir des soldats de distance en distance pour surveiller les conducteurs de voitures de réquisition. Ordre habituel : voitures de munitions, voitures de subsistances, voitures d'effets. Au surplus, adopter toujours un ordre tel que les voitures dont la conservation importe le plus soient dans l'ordre le plus propre à les préserver du danger.

Marche du convoi : L'escorte et la marche sont réglées suivant l'ennemi, les localités, les chemins, etc. Se faire donner à ce sujet des renseignements précis, les vérifier (b). La veille du départ, parquer comme en route. Vérifier le chargement et les voitures (pièces de

---

(a) Mettre en tête de chaque groupe une sorte de gradé chargé d'assurer la communication et l'exécution des ordres. (Général PIERRON.)

(b) Se faire précéder par des émissaires pour prendre les mesures de sécurité convenables. — Ecrire aux postes fixes le long de la route d'envoyer des détachements en reconnaissance au-devant du convoi, ou d'occuper les défilés par lesquels il doit passer. (Général PIERRON.)

recbange). Réquisitionner outils et travailleurs. Assurer la subsistance des hommes et attelages. — Choisir la route la plus praticable. Faire marcher les voitures par deux, à 2 mètres de distance, toujours dans le même ordre et numérotées. — Eviter le combat si possible. Le rôle de l'escorte est d'éclairer le convoi et au besoin de le défendre. (Un convoi n'est pas organisé pour combattre; l'officier qui le commande doit le conduire en entier à destination. C'est là son seul but.) — Partager l'escorte en deux groupes : l'un, le plus faible, assure la protection immédiate et la garde du convoi (avant-garde, arrière-garde, flanqueurs, garde des voitures); il fait corps avec le convoi. L'autre, sous le commandement direct du commandant du convoi, forme une colonne isolée qui marche là où elle est le mieux placée pour s'interposer, le cas échéant, entre le convoi et l'ennemi; il s'éclaire au loin.

Haltes, parcs : Faire des haltes horaires: très rarement des grand'haltes, et seulement dans des lieux reconnus et très favorables. La nuit, bivouaquer ou cantonner en des lieux favorables pour se garantir d'une surprise ou d'une attaque (a). Choisir pour le parc un endroit permettant d'atteler ou de rompre avec ordre ; les voitures habituell·ment sur plusieurs rangs, les timons dans une même direction ; entre chaque rang, une rue assez large pour la circulation. Si le convoi bivouaque et qu'on craigne une attaque, former le parc en carré, les roues à l'extérieur.

Défense d'un convoi en marche : Pendant que le convoi continue sa marche, le gros de l'escorte se porte au-devant de l'ennemi, sans toutefois se laisser attirer hors de portée de la défense du convoi. S'il ne peut s'opposer à l'attaque du convoi, il concourt à sa défense au même titre que le groupe de protection immédiate. Essayer de faire filer les voitures les plus importantes avec une partie de l'escorte. (Emmener d'abord les munitions.) — Si le convoi est attaqué inopinément et dans l'impossibilité de continuer sa marche, parquer hors de la route, en carré. — S'il n'est pas possible de sauvegarder le convoi, y mettre le feu ; emmener les attelages; les tuer au besoin.

Défense d'un convoi de chemin de fer : Si on prévoit qu'un convoi de chemin de fer peut être attaqué, une escorte d'infanterie est placée dans les premières voitures. Le chef de l'escorte prend la direction du train: les agents de l'exploitation doivent déférer à ses ordres.

Attaque d'un convoi (249).

(a) Et de la désertion. De préférence dans un endroit clos gardé par des sentinelles. (Général PIERRON.)

Convoi par eau : Un petit poste sur chaque bateau ; un détachement sur un bateau particulier, en avant ou en arrière ; cavaliers sur les flancs ; avant-garde et arrière-garde par terre.

Convois de prisonniers : Recevoir du commandement : 1° instructions ; 2° ordre de mouvement ; 3° un état nominatif des prisonniers ; 4° un mandat d'indemnité à percevoir avant le départ. S'assurer un interprète (au besoin parmi les prisonniers). Ces convois exigent une vigilance spéciale, prudence et fermeté. Diviser la colonne en deux parties, l'une chargée de la garde immédiate des prisonniers, l'autre du service de sûreté. Séparer les officiers des soldats. Prendre des précautions minutieuses pour éviter les évasions. Mettre les prisonniers en colonne et par groupes de vingt (sous la direction de gradés) qu'on fait précéder, suivre et flanquer par l'escorte. Au départ, charger les armes devant les prisonniers ; baïonnette au canon. Défendre toute conversation entre l'escorte et les prisonniers ; défense à ceux-ci de communiquer avec les habitants et les prévenir que toute tentative de résistance sera réprimée avec sévérité.

Cantonner dans une église ou de grands bâtiments, les éclairer ; laisser une seule porte ouverte et y mettre une garde. Au départ et à l'arrivée, ou dans les séjours, matin et soir, appel.

En cas d'attaque de l'ennemi, une partie de l'escorte garde les prisonniers qu'elle oblige à rester couchés ; l'autre partie repousse l'ennemi. Dès qu'on le peut, presser la marche, enfermer les prisonniers dans un grand bâtiment qu'on garde et défend.

A l'étape, appel en présence du commandant d'étapes qui donne récépissé sur l'ordre de mouvement et garde l'état nominatif. Signaler les évadés. Rejoindre le plus promptement possible son corps d'armée. A l'arrivée, compte rendu.

Convois de prisonniers par chemin de fer (373).

Escorte d'un train (369).

X. — Reconnaissances générales.

PRINCIPES GÉNÉRAUX

Composition : Sont exécutées par des officiers accompagnés de quelques cavaliers (*a*) ou d'un détachement. Ces détachements varient suivant le but, la distance à parcourir, le pays, et comprennent de l'in-

___

(*a*) Ou vélocipédistes. (*Note de l'auteur.*)

fanterie ou de la cavalerie, ou des troupes de toutes
armes.

Conduite d'une reconnaissance (*a*) : Recevoir
une instruction qui précisera les renseignements à
obtenir et contiendra des indications complètes sur
la destination à donner aux comptes rendus, leur fré-
quence ou périodicité (*b*). Communiquer ces renseignements au général de brigade dont dépendent les avant-
postes, qui y ajoute les indications par lui recueil-
lies (sur l'ennemi ou les localités) (*c*). Etudier sur la
carte, terrain, itinéraire et moyens (routes, voies ferrées,
postes, télégraphe) de transmission des renseignements.
— Marcher groupé en se couvrant par des éclaireurs.
Chercher à passer inaperçu (*d*). Souvent avantageux
d'arriver la nuit devant l'objectif pour l'examiner à la
pointe du jour. Ne s'engager dans les villages, bois, ra-
vins, etc., qu'après les avoir fait fouiller par les éclaireurs qui recueillent des renseignements ou prennent des
otages(*e*) : noter les points importants du terrain, surtout
ceux utiles pour la retraite (*f*). Souvent utile de changer d'itinéraire pour le retour (*g*).

En cas de rencontre de l'ennemi, observer en se dissi-

(*a*) Se munir de : lunette, boussole, montre, crayon, papier, enveloppes. Si l'on doit revenir au point de départ, se munir, si possible,
d'une tenue sombre (manteau, etc.), n'emporter aucun papier qui
pourrait être utile à l'ennemi (calepin, annotation sur cartes), au
besoin, notes en langage secret. Prendre, si possible, un bon cheval
de couleur sombre. Ces prescriptions s'appliquent également au personnel de la reconnaissance. Choisir des hommes intelligents, ayant
bonne vue et parlant la langue du pays. Emmener quelques mulets
avec des cacolets ou des litières pour rapporter les blessés. Si l'on doit
côtoyer une rivière en restant en communication avec l'autre rive,
emmener une voiture portant une nacelle de réquisition avec ses accessoires. (Général PIERRON.)

(*b*) Collationner sa carte avec celle du commandant des troupes : régler sa montre, convenir d'un langage secret ; le cas échéant, réclamer des renseignements sur l'heure de rentrée, nos avant-postes,
situation de l'ennemi. (*Manuel des reconnaissances*, général PIERRON.)

(*c*) Et le mot ou les signaux. Communiquer aussi ces renseignements
au chef appelé à succéder, le cas échéant, au commandant de la reconnaissance. Faire connaître aux hommes le but de la reconnaissance,
le mot et le point de ralliement ou les signaux. (*Manuel des reconnaissances*, général PIERRON.)

(*d*) Suivre les vallons, les bois ; éviter les lieux habités. (*Manuel
des reconnaissances*, général PIERRON.)

(*e*) Si l'on interroge des habitants, leur poser des questions simples :
questionner de préférence les enfants, cantonniers, médecins de campagne, débitants de carrefours, voyageurs, étrangers. Dans une localité,
saisir les registres de la gare, de la poste, de la mairie, les journaux
dans les cafés, etc. Recueillir les calepins des prisonniers, des blessés, des cadavres. (*Manuel des reconnaissances*, général PIERRON.)

(*f*) Regarder quelquefois en arrière, pour se rappeler l'aspect du
terrain : noter aux carrefours les enseignes des cabarets, etc. (*Manuel
des reconnaissances*, général PIERRON.)

(*g*) *Dans la sphère présumée de l'ennemi procéder par bonds suc-*

mulant. N'attaquer que pour mieux voir; si l'on est obligé de combattre, attaquer vivement et rompre le combat dès que le but est atteint.

---

cessifs et vivement d'un observatoire à un autre. (*Manuel des reconnaissances*, général Pierron.)

Reconnaissance d'un ennemi en marche: Opérer de préférence sur le flanc de l'ennemi; constater d'abord la direction de sa marche, puis sa force et sa composition. (*Manuel des reconnaissances*, général Pierron.)

Lorsqu'on a pu apprécier la longueur d'une troupe, on peut en déduire l'effectif en appliquant les règles suivantes :

Longueur d'une troupe d'infanterie = N/2 mètres, N représentant le nombre d'hommes.

Longueur d'une troupe de cavalerie = N mètres, N représentant le nombre des chevaux.

Longueur d'une troupe d'artillerie = Nx 20 mètres, N représentant le nombre des voitures. (*Aide-mémoire d'état-major*.)

Voir d'ailleurs, page 287, des renseignements sur la longueur des colonnes.

Reconnaissances par détachements mixtes: Utiles dans les pays fourrés. Si les troupes légères de l'ennemi essaient de tenir dans des couverts, faire contourner leurs flancs hors de portée de fusil par la cavalerie: l'artillerie ouvre le feu contre la lisière; si l'ennemi essaie de tenir, l'infanterie attaque, le chasse et le rejette sur la cavalerie. (*Manuel des reconnaissances*, général Pierron.)

Reconnaissance de l'ennemi au repos: Nécessaire de percer le réseau des avant-postes. Eviter les villages, passer dans les bas-fonds ou bois; choisir l'heure des repas; laisser l'escorte à un défilé en arrière; se faire accompagner d'un seul officier. Pour traverser une plaine découverte en présence de vedettes ennemies, s'intercaler dans un troupeau qui soulève de la poussière. Si l'ennemi est campé, compter les tentes, s'il bivouaque, évaluer la superficie (page 78). (*Manuel des reconnaissances*, général Pierron.)

Reconnaître l'ennemi en position de combat: Diriger sur la position présumée un faisceau de patrouilles dont le chef limite le front (au plus 1.500 mètres) à étudier par chacune d'elles et de façon à constater : 1° orientation générale et étendue du front ennemi; 2° point d'appui des ailes ou dispositif de l'adversaire pour protéger ses flancs; 3° forme de la ligne de bataille ennemie; saillants, rentrants; 4° itinéraire à suivre pour arriver sans être vu sur le flanc de l'ennemi. Quand on est arrêté par les coups de fusil, déboîter et prendre une direction parallèle à la position probable bordée par l'ennemi et donner des coups de sonde vers les points d'appui. Centraliser les renseignements et en déduire : 1° front de l'ennemi (flancs); 2° forme de la position; 3° points d'appui des ailes; 4° si possible, emplacement de la masse la plus considérable des forces ennemies. (*Manuel des reconnaissances*, général Pierron.)

Reconnaissance des positions: I. *Position d'attente.* — La choisir à proximité des carrefours ou débouchés permettant de prendre les différentes directions; emplacement abrité des vues et des coups de l'ennemi, autant que possible à portée du bois, de l'eau et, si on le peut, des ressources en vivres, liquides ou rafraîchissements.

II. *Position de combat.* — Les conditions idéales, rarement réunies, sont : 1° bien couvrir, directement ou indirectement, la ligne de retraite; 2° permettre des feux efficaces sur le terrain des attaques sur le front et sur les flancs; ne pas offrir d'angles morts ou abris pour s'approcher à couvert; 3° avoir les flancs protégés par des obstacles garantissant des feux d'enfilade, ou par des échelons de troupe n'ayant devant elles aucun défilé qui permette d'exécuter une

Indices. *Poussière.* — Les nuages qui s'élèvent régulièrement signalent une colonne en marche. Infanterie : poussière basse. Cavalerie : poussière haute et légère. Artillerie : poussière haute et épaisse.

Reflets. — Les reflets du soleil sur des objets brillants sont l'indice d'une troupe en mouvement. Effets de lumière intermittents la nuit, sont généralement des signaux.

Feux de bivouac. — Intensité de la fumée le jour, éclat et nombre des feux ou leur reflet sur le ciel la nuit, renseignent sur l'emplacement et l'importance

---

contre-attaque ; 4° ne pouvoir être facilement reconnue ni tournée à petite distance ; 5° avoir une étendue proportionnée à l'effectif (3 hommes par mètre courant de la ligne de défense, et autant en réserve générale) ; 6° ne présenter en arrière aucun obstacle ou défilé qui arrêterait l'écoulement en cas de retraite.

L'obstacle le plus formidable à opposer à l'assaillant est un glacis ras, couvert de projectiles. Il est dangereux et le plus souvent funeste d'occuper des avant-lignes. Les retours offensifs ne doivent être exécutés de front par le défenseur que quand l'assaillant se trouve dans des angles morts. On distribuera les troupes le long de la ligne à défendre de façon à doubler ou tripler le nombre des défenseurs là où la position est le plus accessible.

III. *Position d'avant-garde.* — *a*) Pendant une marche, occuper de préférence la tête d'un défilé et s'éclairer au loin.

b) Après la marche, occuper un cours d'eau ou une crête qui se trouve au moins à double portée de canon en avant des cantonnements.

c) Au début d'un combat, si l'avant-garde est assaillie par des forces supérieures, se déployer sur un front restreint ; s'encadrer, s'il est possible, entre deux points d'appui ; sinon couvrir ses flancs par des échelons. En face d'un ennemi en position, saisir des points d'appui ; tâter les flancs de l'ennemi à l'aide de la cavalerie ; chasser les postes avancés d'infanterie ; n'attaquer la position principale qu'après en avoir reçu l'ordre, et attendre la fin du déploiement de la cavalerie.

IV. *Positions pour les avant-postes.* — Les pousser au delà des couverts (bois, etc.), qui entourent le bivouac ou cantonnement et masqueraient l'approche de l'ennemi.

La position doit comprendre : 1° zone d'exploration de la cavalerie ; 2° zone des petits postes et grand'gardes ; 3° ligne principale de résistance de la réserve des avant-postes ; cette ligne (située sur une crête, ou derrière un cours d'eau, une coupure du sol, etc.) sera éloignée de 5 à 6 kilomètres au moins des bivouacs de première ligne.

a) *Offensive.* — L'avant-garde et ses avant-postes s'établiront en avant des défilés à franchir par la colonne.

b) *Retraite.* — Si les avant-postes ont pour mission de couvrir la retraite de la colonne à travers des défilés, leur position sera choisie comme ci-dessus. Sinon ils borderont une coupure du sol ; au delà de cette coupure sera la ligne d'observation des postes avancés. Dans une retraite, tenir les avant-postes plus loin du gros des forces que dans une marche en avant.

c) *Marche de flanc.* — Couvrir les flancs à grande distance ; occuper des coupures parallèles aux flancs ; détruire les passages.

d) *Position d'attente défensive.* — Le but est surtout de prévenir ; donc avoir des vigies sur les points culminants et des patrouilles dans les chemins, bas-fonds, bois.

V. *Emplacement de bivouac.* — Est subordonné aux exigences tacti-

Aide-mémoire.   9

d'un bivouac. L'ennemi allume quelquefois des feux nombreux pour dissimuler un mouvement.

Bruits divers. -- Roulement des voitures, aboiements prolongés des chiens indiquent un passage de troupes.

Traces. — Traces de pas, empreintes des chevaux et des voitures, peuvent servir à reconnaître la direction et la composition des colonnes.

Bivouacs abandonnés. — Indiquent force et composition des troupes qui ont bivouaqué.

Remarques. — Lorsqu'on se trouve en arrière d'une troupe faisant feu, chaque coup de fusil ne laisse percevoir qu'une seule détonation. Au contraire, lorsqu'on se trouve en avant ou sur le flanc d'une troupe qui tire ou lorsqu'on essuie son feu, chaque coup de fusil laisse percevoir deux détonations. La première est très stridente et semble émaner d'une direction qui fait avec l'emplacement réel du tireur un angle plus ou moins grand suivant la distance à laquelle se trouve l'observateur ; la seconde, souvent sourde ou du moins assez faible, est la seule qui donne la direction des tireurs. En d'autres termes, on ne peut déterminer l'emplacement de l'adversaire qu'en se basant sur la seconde détonation produite par tout coup de feu.

---

ques, à la forme du terrain, à la dimension des espaces libres. Le choisir en arrière de la position de combat, offrant des débouchés faciles dans toutes les directions, dérobé à la vue de l'ennemi par une crête, pli de terrain, bois ; à 5 ou 6 kilomètres en arrière du gros des avant-postes ; à proximité des villages, fermes ; ou, à leur défaut, des bois pourvus de bonnes communications ; de l'eau. Il est dangereux de s'installer dans des prairies, ou trop près des routes ; d'occuper des bivouacs récemment évacués, ou près de marais, eaux stagnantes, cimetières, villages contaminés, etc. Le sol doit être sec, résistant, légèrement incliné, dépourvu de pierrailles. Superficie des bivouacs (page 139).

VI. *Position d'arrière-garde.* — Confier la reconnaissance à un officier expérimenté qui part d'avance. Elle doit posséder une grande valeur défensive et de solides points d'appui aux ailes ; l'attaque de front devra en être difficile et un mouvement tournant impraticable. L'arrière-garde n'a pas besoin d'un terrain favorable à l'offensive ; de forts obstacles en avant du front seront bien à leur place. La distance minima entre deux positions successives pendant la retraite devra être au moins égale à la portée maxima des bouches à feu et elles doivent être telles que l'aile qui court le risque d'être débordée change alternativement.

Le *rapport* (91) indiquera : 1° Étendue de la position, orientation générale et direction par rapport à la ligne de retraite ; 2° points d'appui pour les flancs, emplacements à affecter aux postes de couverture ; 3° nature du terrain sur le front et les ailes, zones battues par les feux, couverts et angles morts dont pourrait profiter l'assaillant et moyens de les annuler ; 4° protection de la ligne de retraite, nature des derrières de la position ; 5° routes et bas-fonds à éclairer, vigies à placer sur les points culminants ; 6° travaux de fortification à faire, masques à créer, couverts à raser, obstacles à supprimer, chemins à ouvrir ; 7° emplacements pour les parcs à munitions, emplacements pour les ambulances (d'après le *Manuel des reconnaissances* du général PIERRON).

Il est indispensable de tenir compte de ces données pour ne pas fournir de renseignements erronés.

Transmission des renseignements : Se servir de tous moyens (poste, télégraphe, vélocipédistes, etc.). Ménager le plus possible hommes et chevaux (*a*).

Rapport (91).

CAS PARTICULIERS

Reconnaissance d'un ennemi en marche (page 254).

Reconnaissance par détachements mixtes (page 254).

Reconnaissance de l'ennemi au repos (page 254).

Reconnaissance de l'ennemi en position de combat (page 254).

Reconnaissance des positions (d'attente, de combat, d'avant-garde, d'avant-postes, de bivouac, d'arrière-garde, rapport) (pages 255 et 256).

XI. — **Guerre de siège.**

SERVICE DES TROUPES DANS LES SIÈGES

Troupes de garde et travailleurs d'infanterie. — A partir de l'occupation de la première position d'approche de l'infanterie, dite ligne de couverture de l'artillerie de siège, le système d'avant-postes qui couvrait la ligne d'investissement fonctionne dans toute l'étendue du front d'attaque sous le nom de « garde des approches ». La garde des approches a pour mission de garder les positions d'approche conquises et leurs communications en arrière, de protéger les travailleurs et de chercher à prendre pied sur le terrain en avant. Ce service est assuré par l'infanterie qui fournit aussi le personnel nécessaire à l'exécution des travaux et les travailleurs auxiliaires pour l'artillerie et le génie. Le service est réglé par secteur et exécuté par fractions constituées d'après un tour établi. La garde des approches se monte par vingt-quatre heures; la journée de travail est de douze heures et peut être fractionnée. Cette durée se rapporte à la présence effective sur les chantiers, non compris le temps des trajets pour s'y rendre ou en revenir.

(*a*) Tout renseignement envoyé par une patrouille comprendra : (91).

Garde et travailleurs sont commandés la veille et ne fournissent aucun autre service.

Service de la garde des approches. — Elle fonctionne comme un réseau d'avant-postes. Les grand'gardes s'établissent dans les couverts ou tranchées de la position d'approche. La réserve est à l'abri, en arrière de la position d'approche, assez près pour pouvoir y arriver avant l'ennemi. En avant, détacher des fractions constituées, dites fractions avancées, qui cherchent constamment à progresser vers la place. Elles prennent et conservent le contact avec l'infanterie de la défense, saisissent toutes les occasions d'engager avec elle le combat de mousqueterie, pour prendre pied de plus en plus près de la ligne des forts. — Elles s'installent en créant des couverts qui pourront être utilisés pour les travaux ultérieurs. Les fractions avancées sont soutenues par les grand'gardes et la réserve qui ouvrent le feu à grande distance sur les rassemblements ou les troupes ennemies en mouvement. La garde des approches est largement approvisionnée en munitions, surtout si les communications en arrière sont difficiles.

DÉFENSE DES PLACES

Fractionnement de la garnison. — Le gouverneur détermine la répartition de la garnison entre les services suivants :

1º Troupes des secteurs extérieurs ;
2º Garnison des points d'appui principaux de la ligne des forts :
3º Garnison du noyau central ;
4º Réserves générales.

Dans l'infanterie, les services en armes et les travaux en armes sur les points les plus exposés au feu de l'ennemi sont exécutés par fractions constituées d'après un tour établi. Dans les secteurs, les autres troupes d'infanterie forment la réserve de secteur.

Les fractions non employées fournissent le piquet, les travailleurs employés aux travaux les moins exposés, les corvées générales et intérieures. La durée du service en armes est de vingt-quatre heures ; la durée journalière des travaux et autres services est de douze heures pouvant être fractionnée et non compris le temps nécessaire pour aller aux chantiers ou en revenir.

IIIᵉ PARTIE

RENSEIGNEMENTS GÉNÉRAUX

CHAPITRE Iᵉʳ

ADMINISTRATION ET COMPTABILITÉ

I. — Comptabilité des corps de troupe en campagne.

Règles générales. Bureau spécial : Les commandants des compagnies mobilisées tiennent, à partir du premier jour de la mobilisation, le carnet de comptabilité de campagne. Avant le départ, ils remettent à la portion centrale tous les documents de comptabilité du temps de paix. Se conformer, pour l'établissement, la tenue et l'arrêté du carnet, à l'instruction qui y est annexée. Ils emportent les livrets matricules et le carnet de comptabilité de campagne (renouvelés tous les trois mois, fournis par les soins du corps et payés sur le fonds commun). Chaque corps de troupe doit être constamment pourvu d'un nombre de carnets double de celui correspondant aux fractions à mobiliser pour le service de guerre (renouvellement assuré par le conseil central). Ils emportent également le carnet d'ordinaire de campagne, un registre d'ordres, des situations administratives, des feuilles de prêt, et les carnets d'escouades, de sections et de pelotons. Dès la mobilisation, il est formé au dépôt un *bureau spécial* pour l'établissement des comptes des compagnies mobilisées; il est chargé de la reddition de leurs comptes au titre de l'intérieur. Le trésorier est le chef du bureau spécial de comptabilité (personnel à lui adjoindre fixé par le chef de corps ou le commandant du dépôt). Il n'est pas créé de bureau spécial dans les corps dont le nombre de compagnies mobilisées est au-dessous de trois. Dans ce cas, le chef de corps désigne les commandants d'unités restés sur le territoire qui doivent remplacer le bureau spécial de comptabilité. La comptabilité des fractions mobilisées appartenant à des compagnies ou sections formant corps est réglée par la portion restée sur le territoire. Le chef de bureau spécial de la comptabilité est substitué aux commandants de compagnies sur le pied de guerre pour l'établissement des feuilles de journées et autres documents de comptabilité. Le bureau spécial de comptabilité est dissous aussitôt après la reddition des comptes de la période de guerre. Les mutations sont inscrites sommairement sur les contrôles des unités mobilisées. L'officier-payeur tient un registre d'effectif et des distributions pour les unités mobilisées, au moyen des situations administratives fournies journellement par les commandants de ces unités. Ce registre présente l'effectif journalier pour l'ensemble des unités, les gains et les pertes modifiant l'effectif de la veille, ainsi que les vivres et les denrées perçus.

Carnet de comptabilité : Au jour de la mobilisation, chaque compagnie reçoit un carnet (un deuxième exemplaire par unité mobilisée est emporté par l'officier-payeur, pour les besoins qui pourraient se produire avant l'arrivée des carnets que la portion centrale envoie trimestriellement). Ce carnet est destiné à recevoir l'inscription sommaire des diverses opérations de comptabilité. Les sous-officiers comptables doivent les conserver sur eux dans toutes les circonstances. Les carnets (certifiés par les commandants de compagnies) sont adressés, dans les cinq premiers jours qui suivent le trimestre expiré, à l'officier remplissant les fonctions de major à l'armée. Ce dernier les fait collationner par l'officier-payeur et l'officier chargé des détails de l'habillement, et les fait parvenir ensuite au conseil d'administration central. Le major fait expédier aux compagnies mobilisées les carnets destinés à remplacer ceux du trimestre courant.

Dès que les unités mobilisées, rappelées à l'intérieur, sont rendues à leur destination, elles tiennent elles-mêmes un registre de comptabilité trimestrielle nouveau pour la période de paix.

Livret matricule : Les mutations intéressant le service de la solde n'étant plus portées sur les livrets matricules, il importe d'inscrire avec le plus grand soin sur ces livrets, au tableau *Services et positions diverses,* les mutations affectant la position militaire des officiers et des hommes de troupe.

Situations administratives destinées à la portion centrale : Les portions mobilisées adressent chaque jour à la portion centrale les situations administratives.

Etat d'effectif destiné au sous-intendant militaire : L'officier faisant fonctions de major (ou l'officier commandant) adresse chaque jour à ce fonctionnaire un état d'effectif.

Dispositions spéciales : Les unités qui se mobilisent dans des conditions particulières de rapidité tiennent, en temps de paix, sur une feuille volante, un contrôle des hommes de l'armée active et des réservistes constituant l'unité mobilisable, de telle sorte qu'au moment du départ il n'y ait plus qu'à l'annexer au carnet de comptabilité.

II. — Solde

SOLDE DES OI[...]

SOLDE ET INDEMNITÉS.	COLONEL.	LIEUTENANT-COLONEL.	CHEF DE BATAILLON. Après 4 ans de grade ou 32 ans de service.	CHEF DE BATAILLON. Avant 4 ans de grade.	MÉDECIN-MAJOR. Après 4 ans de grade ou 32 ans de service.	
	fr. c.	fr. c.	fr. c.	fr. c.	fr. c.	f[...]
SOLDE NETTE.						
De présence (par jour)............	33 00	25 00	22 50	20 00	22 50	9[...]
D'absence (par jour) moitié de la solde de présence...............	»	»	»	»	»	
Indemnité en marche et de séjour temporaire avec troupe..........	5 »	5 »	5 »	5 »	5 »	
INDEMNITÉ DE MONTURE.						
Officiers subalternes et supérieurs aux catégories de grade correspondant....................	par mois............... 15 » ; par jour............... 0 50					
INDEMNITÉ POUR FRAIS DE SERVICE.						
Colonel ou lieutenant-colonel chef de corps......................		6 »		6 »		
Officier supérieur commandant un bataillon formant corps..........		2 50		2 50		
INDEMNITÉ D'ENTRÉE EN CAMPAGNE.						
Officiers montés.................	1.200	1.000	900		1.0[...]	
Officiers non montés.............						
INDEMNITÉ POUR PERTE D'EFFETS.						
Aux militaires faits prisonniers....	800	700	600		6[...]	
Aux militaires non prisonniers { montés.......	680	600	515		5[...]	
{ non montés....			400		4[...]	
1re mise de harnachement..........			295			
1re mise d'équipement.............			525			

…légations.

…ERS ET ASSIMILÉS.

	CAPITAINE …ECIN-MAJOR DE 2ᵉ CL., de musique de 1ʳᵉ cl.			LIEUTENANT MÉDECIN AIDE-MAJOR de 1ʳᵉ classe, chef de musique de 2ᵉ classe.				SOUS-LIEUTENANT médecin aide-major de 2ᵉ cl., chef de musique de 3ᵉ cl		SOUS-LIEUTENANT DE RÉSERVE n'ayant pas accompli la durée légale du service.
	Après 8 ans de grade; après 25 ans de service.	Après 4 ans de grade; après 20 ans de service.	Avant 4 ans de grade.	Après 8 ans de grade et 20 ans de service.	Après 8 ans de grade; après 15 ans de service.	Après 4 ans de grade; après 10 ans de service.	Avant 4 ans de grade.	Après 6 ans de service.	Avant 6 ans de service.	
.	fr. c.	fr. c.	fr. c.	fr. c.	fr. c.	fr. c.	fr. c.	fr. c.	fr. c.	fr. d.
0	17 00	15 50	14 00	13 55	12 05	11 05	10 05	9 »	7 »	7 »
»	»	»	»	»	»	»	»	»	»	»
»	3 »	3 »	3 »	3 »	3 »	3 »	3 »	3 »	3 »	3 »

15 »
0 50

»	»	»	»	»	»	»	»	»	»
»	»	»	»	»	»	»	»	»	»

CAPITAINE	LIEUTENANT
700	500
600	400
400	300
350	325
300	275
295	295
525	525

INDEMNITÉ POUR FRAIS DE BUREAU.

GRADES.			Régiment d'infante-rie.	Bataillon de chas-seurs.	Zouaves, tirailleurs
			fr. c.	fr. c.	fr. c.
Officier payeur.	Allocations générales.	par mois..	60 00	43 50	72 00
		par jour ..	2 00	1 45	2 40
	Par compagnie......	par mois..	5 10	5 10	6 00
		par jour ..	0 17	0 17	0 20
Off. command. la portion princ. d'un régim. sans exercer le commandem. sup. du corps.		par mois..	25 50	»	25 50
		par jour ..	0 85	»	0 85
Off. administr. un détachem. d'au moins deux comp..		par mois..	4 50	4 50	4 50
		par jour ..	0 15	0 15	0 15

SOLDE DE LA TROUPE.

GRADES	SOLDE JOURNALIÈRE (A)		SOLDE MENSUELLE (B)			INDEMNITÉS en marche ou de séjour temporaire avec troupe		Fête nationale (c)
	de présence	d'absence	de la 6e à la 8e année	de la 9e à la 11e année	à partir de la 12e année	chef de famille servant au delà de la durée légale	Célibataire ou chef de famille servant pendant la durée légale	
Adjudant-chef	3 19	1 60		207 00	207 00	2 00	1 50	1 50
Adjud., sous-chef de musique, chef armur. de 1re clas.	2 44	1 53	177	184 50	192 00	2 00	1 50	0 70
Sergent-major, tambour-major, chef armur. de 2e clas.	1 02	0 83	135	142 50	150 00	1 50	0 50	0 70
Sergent et sergent fourrier	0 72	0 68	126	133 50	141 00	1 50	0 50	0 70
Caporal fourrier	0 52	»	»	»	»	1 50	0 50	
Caporal, caporal tambour ou clairon, caporal sapeur, musicien après 10 ans de fonctions	0 22	»	»	»	»	0 15	0 15	0 30
Soldat, tambour, clairon, sapeur, musicien	0 05	»	»	»	»	0 15	0 15	0 30

(A) La solde journalière se cumule avec la prime fixe de 0 fr. 20, et avec la prime de viande si celle-ci n'est pas fournie gratuitement.
(B) La solde mensuelle est exclusive de toute autre allocation.
(c) Cette indemnité n'est allouée qu'aux militaires à solde journalière.

Hautes payes : 1° Les sous-officiers à solde journalière, servant au delà de la durée légale, touchent :

Haute paye journalière...................................... 1 »

2° Les caporaux dans les mêmes conditions touchent :

Haute paye journalière
(après 2 ans de service............ 0 60
{ après 6 ans   — 0 65
(après 10 ans   — 0 70

3° Les soldats dans les mêmes conditions touchent :

Haute paye journalière
(après 2 ans de service............ 0 20
{ après 6 ans   — 0 25
(après 10 ans   — 0 30

Indemnités aux adjudants et assimilés.

Entrée en campagne. 100 fr. Perte d'effets, 150 fr. 1re mise d'équipement, 405 fr.

DÉLÉGATIONS

Les officiers et assimilés, les sous-officiers à solde mensuelle peuvent déléguer en faveur de leurs femmes, ascendants ou descendants, jusqu'à concurrence de la moitié de leur solde. Ils peuvent souscrire au profit d'un autre membre de leur famille ou d'un tiers des délégations dont le montant ne doit jamais excéder le cinquième de cette solde si elle est supérieure à 2.000 francs et le dixième seulement si elle est inférieure à ce chiffre. Les sous-officiers rengagés, commissionnés ou servant au delà de la durée légale sont également autorisés à déléguer au profit de leurs femmes, ascendants ou descendants, l'indemnité de logement, la haute paye dont ils sont en possession, enfin la prime ou la part de prime qui leur serait due dans les conditions de la loi du 21 mars 1905. Les officiers et sous-officiers qui veulent souscrire des délégations peuvent en faire, dès le temps de paix, s'ils le jugent utile, la déclaration au conseil d'administration.

III. — Alimentation.

ALIMENTATION PENDANT LES MOUVEMENTS DE CONCENTRATION

Troupes transportées par chemin de fer : Sont nourries, pendant le trajet, d'après les règles spéciales déterminées page 267. A leur arrivée, elles doivent avoir au complet les vivres et l'avoine de débarquement (85). = *Troupes faisant mouvement par voie de terre* : Doivent également posséder à leur arrivée sur la base de concentration, outre les vivres de réserve et des trains régimentaires, les vivres de débarquement. Ces vivres de débarquement sont portés par des voitures requises dans les garnisons et licenciées dans la gare de concentration. Les vivres régimentaires sont portés sur les voitures du train régimentaire chargé au départ des garnisons d'un jour de pain et d'un jour de biscuit ou de deux jours de pain.

ALIMENTATION PENDANT LES TRANSPORTS STRATÉGIQUES

L'alimentation des hommes pendant les transports de concentration est assurée :

1º Au moyen de vivres fournis par l'administration militaire dans les lieux de mobilisation pour toute la durée du trajet à raison de :

375 grammes de pain   } par période de 12 h.
150 gr. de viande assaisonnée   } ou inférieure à 12 h.

2º Au moyen de repas fournis par l'ordinaire à raison d'un repas par période de 24 h. — Ces repas se composent de viande froide et de charcuterie, de fromage ou d'autres denrées analogues, achetées la veille du départ pour toute la durée du trajet.

3º Au moyen de café chaud distribué dans les stations-haltes-repas, à raison de 25 centilitres par période de 12 heures. Ces hommes peuvent, à leur passage dans les stations-haltes-repas, remplir leurs petits bidons d'eau additionnée d'eau-de-vie.

Ces vivres sont désignés sous la rubrique : « Vivres de chemins de fer. »

Ils sont consommés aux heures habituelles des repas. Les conserves avariées sont remplacées à la station-halte-repas la plus proche.

Les vivres du sac et de débarquement ne doivent, en aucun cas, être consommés pendant le trajet en chemin de fer.

En cas de besoins urgents ou imprévus, des distributions de café chaud, de conserves de viande et de sel pourront être faites aux troupes à charge de remboursement.

Alimentation des chevaux : Les troupes de toutes armes touchent au départ, pour leurs chevaux, du foin et de l'avoine en quantité proportionnée à la durée du trajet en chemin de fer à raison de 5 kil. de foin et de 2 kil. d'avoine par animal et par jour.

Il ne doit pas être touché à l'avoine de bissac délivrée au départ.

« Toutes ces perceptions ont lieu au titre des transports stratégiques. »

Les gradés assurent le bon ordre pendant les repas

et pendant les distributions, sous l'autorité du commissaire militaire de la gare.

Le commandant de la troupe assure, sous sa responsabilité, la restitution à l'officier d'administration de la station-halte-repas des récipients dans lesquels les denrées lui ont été délivrées.

ALIMENTATION SUR LA BASE DE CONCENTRATION

La viande fraîche, la paille, le foin, le combustible et les liquides sont exclusivement obtenus au moyen d'achats et de réquisitions opérés sur place, généralement par les soins des officiers d'approvisionnement. L'intendance fournit : pain, avoine, petits vivres (a).

ALIMENTATION PENDANT LA PÉRIODE DES OPÉRATIONS ACTIVES

Officiers d'approvisionnement : Ont pour mission de fournir directement, à l'aide des trains régimentaires ou par des achats ou réquisitions sur place, les vivres qui leur sont journellement nécessaires et de contribuer à l'exploitation des ressources locales, conformément aux ordres du commandement et sous la direction technique de l'intendance.

Ils tiennent ces fonctionnaires au courant des variations d'effectifs, de la situation des approvisionnements, des ressources livrées, de celles qui leur feraient défaut pour le lendemain et de celles encore disponibles dans les cantonnements.

APPROVISIONNEMENTS DE VIVRES PORTÉS PAR LES TROUPES OU A LEUR SUITE

L'ensemble des vivres transportés par les troupes ou à leur suite comprend :

1° Les vivres de réserve.................	2 jours, avoine 1 jour.
2° Les vivres des trains régimentaires, environ..................................	2 jours, avoine 2 jours.
3° Les vivres du convoi administratif de corps d'armée, environ...............	2 jours, avoine 2 jours.
4 Les vivres du convoi administratif d'armée, environ.....................	2 jours, avoine 2 jours.
Soit au total environ............	8 jours de vivres. 7 jours d'avoine.

(a) Ces dispositions, extraites de l'ancienne instruction sur l'alimentation en campagne, ne figurent plus dans la nouvelle.

Pour l'alimentation en viande, les ressources comprennent en plus des sept jours (*a*) environ de viande de conserve compris dans les vivres ci-dessus, quatre jours de viande fraîche qui peut être fournie par les troupeaux marchant à la suite des troupes et qui sont constitués ainsi qu'il suit :

    1° Troupeaux de ravitaillement......... 2 jours de viande.
    2° Parc de bétail de corps d'armée.... 1 jour de viande
    3° Parc de bétail d'armée............. 1 jour de viande.

        Soit au total................... 4 jours de viande sur
                                              pied

Les hommes et les chevaux ont à leur disposition, soit sur eux, soit au train de combat, les vivres nécessaires à la consommation de la journée. Ces vivres, provenant des ressources locales ou prélevés sur les trains régimentaires et les troupeaux, sont dits : « Vivres du jour ».

Composition et taux des rations en temps de guerre. Suppléments. Substitutions : Trois espèces de rations :

    1° La ration de vivres de réserve ;
    2° La ration forte ;
    3° La ration normale.

La première n'est consommée que sur l'ordre du commandement, la deuxième est allouée au cours des opérations actives, la troisième pendant les stationnements de quelque durée ou pour toute période de la guerre n'imposant pas aux troupes de grandes fatigues.

Des suppléments de rations peuvent être alloués en raison des fatigues exceptionnelles d'un effort exigeant une plus grande réparation des forces. Ils peuvent être ajoutés soit à la ration forte, soit à la ration normale. Ils sont accordés pour un seul jour, sauf à être renouvelés, s'il y a lieu. Les officiers y ont droit comme les hommes de troupe, proportionnellement au nombre de rations qui leur est alloué d'après les tarifs.

Les généraux commandant les corps d'armée, les divisions de cavalerie, et tout officier général commandant une troupe opérant isolément, peuvent prescrire le passage d'une ration à l'autre, les suppléments, les substitutions et l'indemnité représentative, à charge d'en rendre compte.

Le droit de prescrire des substitutions et d'allouer l'indemnité représentative est aussi accordé aux généraux commandant les divisions d'infanterie, qu'elles opèrent ou non avec les corps d'armée.

Quand les troupes vivent sur le pays, le droit de prescrire des substitutions est dévolu à tout chef de corps ou de détachement ayant rang d'officier.

(*a*) 28 juillet 1909.

L'indemnité en remplacement de vivres est accordée lorsque les ressources locales sont abondantes ; surtout allouée aux isolés (plantons, vélocipédistes, télégraphistes, ordonnances, etc...) et aux petits détachements (postes de correspondance, cavaliers d'escorte, etc...).

Toutefois, dans l'intérêt de la santé des hommes et de la discipline, il est préférable de prescrire la nourriture chez l'habitant.

Vivres de réserve : Les vivres de réserve comprennent : 2 jours de pain de guerre, de sucre, de café en tablettes, de viande de conserve et de potage salé (a), 1 jour d'eau-de-vie et 1 jour d'avoine.

Les vivres de réserve sont distribués aux troupes avant leur départ des lieux de mobilisation.

En principe, ils sont portés : en partie dans le sac de l'homme ou le paquetage du cheval, en partie sur les voitures marchant à la suite immédiate des troupes ; ceux des officiers sont portés partie par l'officier, partie sur les voitures.

Chacun doit veiller constamment à la conservation intacte des vivres de réserve ; les chefs de corps et de détachement sont responsables.

Ils ne peuvent être consommés que sur un ordre du commandement.

Dans tous les cas (perte, avarie ou consommation), les vivres de réserve doivent être remplacés dans le plus bref délai possible.

Vivres régimentaires : La composition du chargement des trains régimentaires est fixée de manière à assurer simultanément la reconstitution d'une ration de vivres de réserve (b) et la distribution des vivres du jour.

Ces trains transportent pour l'effectif de l'unité correspondante :

2 jours de pain biscuité, de sel, de lard et d'avoine au taux de la ration forte ;

1 jour de riz et 1 jour de légumes secs, au taux de la ration forte ;

2 jours de sucre (1 jour au taux de la ration de réserve, 1 jour au taux de la ration forte) ;

2 jours de café (1 jour au taux de la ration de réserve, 1 jour au taux de la ration forte) ;

1 jour de viande de conserve et de potage salé (c), au taux de la ration forte ;

1 jour d'eau-de-vie.

(a) En principe, le potage salé est distribué en même temps que la viande de conserve ; mais le commandement peut prescrire de consommer séparément l'un ou l'autre de ces produits.

(b) Sauf pour le pain de guerre qui est remplacé momentanément par du pain biscuité, jusqu'à ce que du pain de guerre ait pu être envoyé de l'arrière.

(c) 28 juillet 1909.

Les trains régimentaires reçoivent, avant le départ des garnisons, leur chargement complet en vivres, y compris le pain.

En principe, les fourgons à vivres de chaque train régimentaire sont groupés en trois sections dites : section de distribution; section de ravitaillement et section de réserve. Chacune des sections de distribution et de ravitaillement porte 1 jour de vivres ; la première est destinée à assurer les distributions du jour, tandis que l'autre est employée à son propre ravitaillement. La section de réserve comprend les fourgons portant la réserve de vivres, les équipages divers, les chevaux haut-le-pied et de main.

Vivres - du convoi administratif de corps d'armée : Les vivres du convoi administratif de corps d'armée comprennent :

2 jours de pain biscuité, de sel, de lard, de viande de conserve, de potage salé et d'avoine, au taux de la ration forte ;

1 jour de riz et 1 jour de légumes secs, au taux de la ration forte ;

2 jours de sucre (1 jour au taux de la ration de réserve, 1 jour au taux de la ration forte);

2 jours de café (1 jour au taux de la ration de réserve, 1 jour au taux de la ration forte).

Des voitures à viande sont mises à la disposition des troupes.

Certains corps peuvent être dotés de cuisines roulantes. Dans ce cas, la viande est apportée du centre d'abat au cantonnement par les voitures à viande. Avant le départ, la viande est mise en totalité ou en partie dans la marmite de la cuisine. La cuisson se fait pendant la marche et la soupe peut être distribuée dès l'arrivée au cantonnement.

Les matériels de campagne mis à la disposition des troupes et des services, pour assurer l'alimentation, comprennent :

Les matériels des officiers d'approvisionnement (séries régimentaires d'outils de boucher et petits outillages à distribution).

PROCÉDÉS DIVERS D'ALIMENTATION
ET DE RAVITAILLEMENT.

Principes généraux : Ne jamais entraver la liberté des opérations.

Maintenir intactes aussi longtemps que possible les réserves de vivres et les renouveler en temps voulu.

Réduire au strict minimum le nombre de voitures employées aux ravitaillements et les fatigues à imposer aux équipages.

Toutes les fois que les circonstances le permettent,

prescrire de faire fournir les repas par les habitants ou les communes.

Quand ce procédé ne peut être employé, les approvisionnements portés par les trains régimentaires sont utilisés.

Si les trains ne peuvent assurer les distributions en temps opportun, les ressources locales sont exploitées pour fournir directement aux troupes les denrées nécessaires.

Enfin, soit à défaut de ressources locales, soit dans le cas où celles-ci ne peuvent être réunies en temps utile, le commandement ordonne de consommer les vivres de réserve.

Les trains régimentaires et les convois administratifs, quand ils sont utilisés, sont ravitaillés le plus rapidement possible :

1° Par l'utilisation, dans la plus large mesure, des ressources du pays ;

2° Par des approvisionnements venant de l'arrière et transportés par les voies ferrées (ou navigables);

3° Par les magasins s'il en a été constitué ;

4° Par les voitures des échelons successifs : convois administratifs de corps d'armée pour les trains régimentaires, convois administratifs d'armée ou convois du service des étapes pour les convois administratifs de corps d'armée, convois du service des étapes pour les convois administratifs d'armée.

Fourniture des repas par les habitants ou les municipalités. *Nourriture chez l'habitant* : Ce procédé, employé normalement pour les isolés et pour les petits détachements, peut être aussi prescrit pour les autres unités.

Quand des fractions importantes doivent vivre chez l'habitant, la répartition des troupes doit être réglée de concert avec la municipalité.

La nourriture est demandée par demi-journée ou par journée entière, soit par convention amiable sous forme d'achat, soit par voie de réquisition. Des tarifs limites sont toujours établis.

La composition des repas pour la troupe et pour les officiers (ainsi que le prix de remboursement s'il y a lieu) est fixée par le commandement. Les municipalités sont chargées d'en donner avis aux populations; cette notification peut aussi être faite directement par l'autorité militaire au moyen d'affiches générales.

Pour déterminer la composition des repas, il est tenu compte des ressources du pays et de la nécessité de donner aux troupes une nourriture équivalente à la ration réglementaire.

En vue de diminuer les charges imposées aux habitants, le pain peut être fourni, aux détachements importants, au moyen de distributions régulières. Le même procédé peut être employé pour la viande.

La nourriture des chevaux peut être demandée aux habitants ou aux municipalités; mais il est préférable de réunir les denrées et de les distribuer.

Les journées ou demi-journées de nourriture fournies par les habitants, à la suite de conventions amiables, sont constatées par des certificats partiels, tenant lieu de reçus.

Fourniture des repas par les municipalités. — Le commandement peut prescrire aux municipalités de faire préparer, dans un local spécial, un certain nombre de repas. Ce moyen est avantageux pour nourrir les officiers, les détachements en exploration ou en avant-garde, les convois de prisonniers, de malades ou de blessés, etc.

Exploitation directe par les troupes. *Dispositions générales* (a) : Lorsqu'une localité est occupée par un seul corps, l'officier d'approvisionnement est chargé de l'exploitation.

Si les différentes unités d'un corps sont réparties dans des cantonnements trop éloignés les uns des autres pour que l'officier d'approvisionnement puisse procéder lui-même à l'exploitation dans toutes les localités, le chef de corps peut en charger les commandants d'unité.

Dans les localités où se trouvent plusieurs corps, le commandant du cantonnement règle les conditions dans lesquelles devra être faite l'exploitation par les officiers d'approvisionnement de ces corps.

Deux modes pour exploiter les ressources locales : les achats et les réquisitions.

Achats. — A moins d'impossibilité, il est toujours procédé par voie d'achats.

Les denrées sont payées immédiatement.

Lorsque les commandants d'unité sont chargés des achats, ils payent directement au moyen d'avances reçues de leur corps ou de prélèvements faits sur les fonds de l'ordinaire.

Les achats sont traités, de préférence, avec les municipalités en les considérant comme un créancier unique. En pays ennemi, elles doivent toujours être contraintes à centraliser les fournitures. Ne s'adresser directement aux particuliers qu'en cas de nécessité absolue; les fournisseurs particuliers sont alors payés directement.

En principe, les prix de la mercuriale établie avant l'arrivée des troupes servent de base pour les conventions amiables, sauf à les augmenter légèrement, s'il est nécessaire. Lorsque des tarifs limites d'achats ont été fixés par le service de l'intendance, ils sont pris pour base.

(a) On peut admettre qu'une localité agricole non encore traversée peut nourrir sans difficulté, pendant un ou même deux jours, une troupe de passage trois ou quatre fois plus nombreuse que la population; dans les communes industrielles, l'alimentation est plus difficile.

Réquisitions. — Sur le territoire national, sont exécutées, puis régularisées, dans les formes prescrites par la loi sur les réquisitions et le décret qui y fait suite.

Le droit de requérir est délégué aux officiers d'approvisionnement et, lorsque cela est nécessaire, aux capitaines commandant les compagnies et aux commandants de détachement.

Exceptionnellement, tout commandant de troupe ou chef de détachement est autorisé, même sans être porteur d'un carnet de réquisition, à requérir, sous sa responsabilité personnelle, les prestations nécessaires aux besoins journaliers des hommes et des chevaux placés sous ses ordres. Ces réquisitions sont toujours faites par écrit et signées; établies en double expédition : l'une reste entre les mains du maire et l'autre est adressée immédiatement, par la voie hiérarchique, au commandant de corps d'armée. Il est donné reçu des prestations fournies.

Si, après avoir reçu et exécuté un ordre de réquisition, les autorités locales demandent la transformation de cette réquisition en achat à l'amiable, afin de bénéficier du payement immédiat, cette opération peut être consentie, sous la condition que l'ordre de réquisition soit restitué et que les reçus des prestations fournies n'aient pas été délivrés. L'ordre annulé est annexé au carnet à souche des ordres de réquisition et il est fait mention de la conversion de la réquisition en achat.

En pays ennemi, les réquisitions sont exécutées conformément aux ordres du général en chef; elles sont exercées et constatées, autant que possible, en suivant les formes prescrites pour le territoire national.

Lorsque les autorités locales ne défèrent pas aux ordres de réquisition, ou si elles ont pris la fuite, les réquisitions sont exécutées de vive force. Ce procédé, généralement peu productif, n'est employé qu'en cas d'absolue nécessité. Les ordres les plus sévères sont donnés pour que les saisies soient exactement limitées aux prestations indispensables; les détachements chargés de l'exécution doivent être commandés, autant que possible, par des officiers. Il est pris note et rendu compte des quantités obtenues, en vue des réclamations qui pourraient être faites ultérieurement.

Coupes de bois. — *Récoltes sur pied et en terre.* — Même en territoire national, il peut être nécessaire de recourir à l'emploi de bois sur pied ou de récoltes en terre. La valeur des arbres et des récoltes est estimée de concert avec l'administration forestière et les municipalités.

Chaque corps coupe ou récolte au moyen de ses corvées ou avec le concours d'habitants et d'outils requis.

Distribution aux troupes. *Vivres du jour* : Il est distribué, chaque soir, aux troupes les denrées suivantes :

Le pain (*a*), les petits vivres, l'avoine, pour toute là journée du lendemain;

La viande (avec le lard si l'on distribue de la viande fraîche, ou du potage salé si l'on distribue de la viande de conserve), les liquides aux troupes bivouaquées, le foin, la paille, le combustible pour la soirée et la matinée du lendemain;

La paille de couchage pour le jour même;

Les vivres, l'avoine et les fourrages, ainsi distribués pour être consommés journellement, sont dits *vivres du jour*.

La distribution du pain, des petits vivres, de l'eau-de-vie (s'il y a lieu) et de l'avoine est faite, en général, au moyen des approvisionnements portés par les trains régimentaires; celle de la viande fraîche au moyen de la viande chargée sur les voitures à viande (*b*) ou dans les cuisines roulantes.

Le combustible, le foin, la paille et les liquides autres que l'eau-de-vie, sont achetés ou requis sur place.

La partie de ration qui n'est pas consommée avant le départ du lendemain est portée : la viande froide dans la gamelle, le pain et les petits vivres dans l'étui-musette; l'avoine des chevaux dans l'étui porte-avoine ou dans les voitures dont disposent les troupes.

Les mesures qui précèdent permettent d'assurer, les jours de marche, la subsistance des hommes et des chevaux sans attendre l'arrivée au cantonnement des trains régimentaires.

Ravitaillement des trains régimentaires. *Dispositions générales concernant la marche et le chargement des trains régimentaires* : La marche des trains régimentaires doit être, autant que possible, réglée de manière que la section chargée d'assurer la distribution des vivres du jour puisse effectuer cette opération avant la fin de la journée et que celle envoyée au ravitaillement rejoigne assez à temps son cantonnement pour prendre part à la marche du lendemain.

Loin de l'ennemi, les trains régimentaires peuvent être intercalés dans les colonnes, en totalité ou en partie, à la suite des unités auxquelles ils appartiennent; à proximité de l'ennemi, ils marchent groupés en arrière des colonnes.

Le chargement des trains régimentaires doit être

(*a*) La durée de conservation du pain biscuité est de dix jours au maximum; elle est moindre lorsque les circonstances climatériques et les conditions de fabrication et de transport sont défavorables.

(*b*) Le lard peut être également chargé sur les voitures à viande; il appartient, d'ailleurs, aux chefs de corps de prescrire, au sujet du transport de cette denrée, les dispositions qu'ils jugeront convenables pour en assurer l'utilisation dans les meilleures conditions possibles.

toujours au complet (a): la section qui a assuré la distribution doit être recomplétée, le plus tôt possible, le soir même, le lendemain matin ou au cours de la marche du lendemain.

Sauf dans des cas exceptionnels, le commandement ne doit pas imposer aux attelages des trains régimentaires des parcours supérieurs à 35 kilomètres par jour, y compris l'étape journalière.

Les mouvements doivent être réglés de façon à laisser, aux hommes et aux chevaux, le temps nécessaire pour prendre leurs repas et le repos indispensable.

Ravitaillement des trains régimentaires. — Centres de ravitaillement. — Les trains régimentaires sont ravitaillés, dans la plus large mesure, au moyen des achats ou des réquisitions opérés sur place; à défaut de ressources locales, à l'aide de denrées livrées soit aux gares de ravitaillement, soit par les convois administratifs.

Les trains régimentaires qui peuvent se rendre à ces gares et rejoindre ensuite leurs cantonnements sans avoir à parcourir de trop longs trajets, sont ravitaillés à ces gares. Ils s'y succèdent suivant un ordre fixé par le commandement. Les autres trains sont recomplétés par le convoi administratif de corps d'armée.

Lorsque les trains sont ravitaillés par le convoi administratif, les ordres du corps d'armée indiquent les points et les heures où s'effectueront ces opérations. Ces points sont dénommés « Centres de ravitaillement ».

Ravitaillement en viande : Toutes les fois que cela est possible, les troupes reçoivent de la viande fraîche.

En principe, fournie par l'exploitation des ressources locales : à défaut, par les troupeaux de ravitaillement.

La distribution de la viande aux troupes est assurée, dès l'arrivée au cantonnement, au moyen de la viande portée sur les voitures à viande ou dans les cuisines roulantes.

Le bétail est abattu la veille au soir, dans la nuit ou dans la matinée suivante, d'après les ordres reçus, à la diligence des officiers d'approvisionnement ou du service de l'intendance, suivant le cas. La viande est chargée immédiatement sur les voitures à viande ou placée dans les cuisines roulantes.

Lorsque les troupes ne peuvent recevoir de la viande fraîche, il leur est distribué soit de la viande demi-salée,

---

(a) Pour le ravitaillement des trains régimentaires, les envois ne doivent comporter que des quantités arrondies : sac complet pour l'avoine, dizaine de kilogr. pour les petits vivres (riz, légumes secs, sel et café torréfié en grains). Les perceptions des corps sont réglées en conséquence et les bons de réapprovisionnement établis d'après ces indications.

frigorifiée ou congelée, soit de la viande de conserve (avec potage salé), prélevée sur les trains régimentaîres ou les vivres de réserve.

Lorsque l'éloignement de l'ennemi le permet, les officiers d'approvisionnement et les sous-intendants divisionnaires sont envoyés à l'avance dans la zone des cantonnements pour y rechercher et y réunir le bétail.

Si les ressources locales sont insuffisantes, les officiers d'approvisionnement adressent d'urgence, au sous-intendant de leur formation, une demande faisant connaître le nombre de rations dont ils auront besoin pour le lendemain. Ce fonctionnaire leur fait livrer le bétail nécessaire, soit sur pied, soit abattu, en un point qu'il indique, situé le plus près possible des cantonnements.

Lorsqu'il est urgent de renouveler les troupeaux, les officiers d'approvisionnement peuvent être prévenus directement par les sous-intendants et ils sont tenus de prendre livraison d'office des animaux ou de la viande abattue. Dans ce cas, l'état du bétail sur pied est vérifié par un vétérinaire militaire, et la qualité de la viande abattue, par un médecin.

Ravitaillement en foin pressé : L'alimentation en foin est assurée par les ressources locales.

Si elles ne suffisent pas, et si les substitutions sont impossibles, des demandes spéciales de foin pressé sont adressées au directeur des étapes et des services.

Les besoins sont calculés à raison de 2 kgr. 500 par cheval et par jour.

Les corps doivent prévoir les moyens nécessaires pour le transport de ce foin jusqu'à leurs cantonnements à partir des gares de ravitaillement ou des points de contact avec les convois.

Fonctionnement du service dans les diverses circonstances de guerre. *Marches en avant.* — *Stationnements de courte durée :* Les dispositions qui précèdent sont normalement applicables pendant les marches en avant et les stationnements de courte durée.

Combats. — Lorsqu'un combat devient imminent ou est engagé, les trains régimentaires et les convois administratifs étant maintenus ou renvoyés en arrière, le commandement est obligé, en général, d'ordonner la consommation de tout ou partie des vivres de réserve (a).

Le commandement fixe aux trains régimentaires des points de rassemblement, *où ils se tiennent en liaison constante avec les troupes* et prêts à se mettre en route

---

(a) Lorsque les corps sont pourvus de cuisines roulantes, elles doivent, même dans l'éventualité dont il s'agit, être poussées le plus près possible des troupes.

au premier ordre ; dès que cela est possible, les voitures strictement nécessaires pour le ravitaillement sont poussées en avant.

Poursuites. — Prises de denrées sur l'ennemi. — Pendant les poursuites, la rapidité de la marche en avant et la destruction des voies de communication ne permettent pas généralement d'exécuter les ravitaillements avec régularité.

Le commandement prescrit :

1° De recourir dans la plus large mesure à la nourriture chez l'habitant ;

2° D'augmenter le plus possible, pour parer à l'insuffisance des ressources locales, les quantités de vivres de réserve qui peuvent être transportés par les troupes ou à leur suite immédiate, notamment pain de guerre, conserves de viande, potage salé.

Les prises d'approvisionnements de denrées sur l'ennemi servent à recompléter les trains régimentaires ou les convois administratifs. Les prises ne sont jamais partagées ni vendues.

Marches rétrogrades. — Les ressources du pays traversé étant presque toujours insuffisantes, l'alimentation et le ravitaillement sont assurés par les dépôts de vivres échelonnés le long des lignes de marche.

Les trains régimentaires assurent les distributions tant que cela est possible ; précédant les colonnes, ils vont se ravitailler aux dépôts de vivres qui ont été constitués, ou aux gares de ravitaillement si les voies ferrées sont exploitables et pas trop éloignées.

Si les corps peuvent abattre eux-mêmes, les livraisons sont faites en des points indiqués à l'avance, à proximité des cantonnements à atteindre, et les voitures à viandes ou les cuisines roulantes sont chargées comme dans les marches en avant.

Nombre de rations de vivres et de chauffage allouées aux officiers, sous-officiers, etc.

| GRADES. | NOMBRE DE RATIONS par grade et par jour. | | | | OBSERVATIONS. |
| | Vivres. | Chauffage. | | | |
		Cuisson des aliments.	Préparation du café.	Chauffage d'hiver.	
Officiers supérieurs et assimilés..........	3	6	»	6	Les agents mobilisés des divers services (trésorerie, postes, télégraphes, douanes et forêts) ont droit au nombre de rations de vivres et de chauffage prévues pour les officiers et hommes de troupe suivant la correspondance du grade.
Capitaines et assimilés.	2	4	»	4	
Lieutenants ou sous-lieutenants et assimilés..	1 1/2	3	»	3	
Employés militair" sous-officiers...........	1	2	»	2	
Sous-officiers de troupe.	1	2	1	2	
Hommes de troupe.. ..	1	1		1	
Personnel non désigné au présent tarif......	1	1	»	1	

Composition des rations de vivres.

DENRÉES.	RATION de VIVRES de réserve.	RATION FORTE.	RATION NORMALE
	kilogr.	kilogr.	kilogr.
Pain.... (Pain ordinaire...........	»	0.750	0.750
(ou Pain biscuité.........	»	0.700	0.700
(ou Pain de guerre.......	0.300 (1)	0.600 (2)	0.600
Vivres-viande. (Viande fraîche...........	»	0.500	0.400
(ou Viande de conserve assaisonnée...........	0.300	0.300	0.200
Légumes secs ou riz...	»	0.100	0.060
Sel................. ..	»	0.020	0.020
Sucre.................	0.080	0.032	0.021
Café torréfié. (en tablettes.....	0.036	»	»
(en grains ou en tablettes......	»	0.024	0.010
ou Café vert.,.........	»	0.0285	0.019
Lard (chaque fois que l'on distribue de la viande fraîche)..	»	0.030	0.030
Potage salé (distribué, en principe, en même temps que la viande de conserve).........	0.050	0.050	0.050
Eau-de-vie	0 l. 0625	»	»
A tout homme (Vin...........	»	0 l. 25	0 l. 25
bivouaqué ou (ou Bière......	»	0 l. 50	0 l. 50
à titre excep- (ou Cidre......	»	0 l. 50	0 l. 50
tionnel...... (ou Eau-de-vie..	»	0 l. 0625	0 l. 0625

(1) 6 galettes en moyenne.
(2) 12 galettes en moyenne.

Tarif des suppléments extraordinaires : Les suppléments extraordinaires le plus habituellement alloués sont :

La ration de liquide ou 1/3 de la ration de pain, ou 1/5 de la ration de viande.

On peut aussi allouer une fraction déterminée : 1/2, 1/3, 1/4 de la ration forte ou normale.

Ces suppléments peuvent être remplacés par tous autres aliments équivalents existant sur les lieux.

L'ordre qui accorde des suppléments de ration doit préciser les corps, fractions de corps, détachements ou services auxquels le supplément s'applique.

Tarif de certaines substitutions.

On peut remplacer la ration de viande de bœuf par :	RATION FORTE (0^k,500).	RATION NORMALE (0^k,400).
	kilos	kilos
Veau, mouton, porc, lapin, volaille, cheval, poisson frais	0.500	0.400
Boudin, œufs, fromage mou.................	0.375	0.300
Morue salée...........................	0.300	0.250
Lard fumé	0.300	0.240
Cervelas, viande fumée, viande d'Amérique ou d'Australie fumée ou marinée et salée, thon mariné, hareng salé, sardines salées..	0.250	0.200
Fromages de Gruyère ou de Hollande, Chester, Roquefort, Parmesan.....................	0.250	0.200
Saucisse ou saucisson fumé, hareng fumé....	0.200	0.150
Sardines à l'huile......................	0.150	0.100
Morue sèche, poudre de viande............	0.125	0.100
Lait de vache.........................	3 lit.	2 lit. 1/2

La ration de légumes secs ou de riz peut être remplacée par :	RATION FORTE (0^k,100).	RATION NORMALE (0^k,60).
Pommes de terre.	0.750	0.450
Navets, carottes, choux.....................	1.000	0.600
Choucroute...............................	0.600	0.360
Conserves de légumes.....................	0.120	0.070
Farine de froment	0.100	0.060
Pâtes d'Italie (nouilles, vermicelle, etc.).....	0.100	0.060
Farine de maïs..........................	0.100	0.060
Fromage de Gruyère ou de Hollande.........	0.070	0.040
Fromage mou............................	0.110	0.060

La ration réglementaire de café peut être remplacée par 5 grammes de thé et la ration de lard par 30 grammes de saindoux ou 40 grammes de graisse de bœuf.

On peut remplacer :

Un tiers de la ration de pain ou de pain de guerre par	Farine de froment, de maïs, de riz, de légumes.....................	0^{k}180
	ou Pâtes d'Italie, semoules........	0.180
	ou Pommes de terre..............	1.300
La ration forte de viande fraîche (500 gr.) ou de conserves de viande (300 gr.) par.........	Porc salé.....................	0.360
La ration normale de viande fraîche (400 gr.) ou de conserves de viande (200 gr.) par ..	Porc salé.....................	0.240

Composition des rations de fourrages et les substitutions en ce qui concerne les fourrages.

DÉSIGNATION des PARTIES PRENANTES.	RATION DE CHEMIN DE FER (pour 24 heures) en temps de guerre.		RATION DE GUERRE (1).			CHEVAUX AU VERT.		
	Foin.	Avoine.	Foin.	Paille.	Avoine.	Foin.	Paille.	Avoine.
Officiers d'infanterie — Chevaux de trait des équipages de l'infanterie........	5.00	2.00	2.50	2.00	5.00	40	2.50	2.00
4ᵉ CLASSE. Mulets de toute provenance.............	5.00	2.00	2.50	2.00	4.50	40	2.50	2.00

(1) Le taux et la composition indiqués au présent tarif n'ont rien d'absolu. Pour le service en campagne, les rations varient nécessairement selon la nature et l'importance des ressources des contrées où les armées opèrent.

Substitutions.

GRAINS EN REMPLACEMENT DE L'AVOINE

Maïs......................	poids pour poids.	
Orge......................	—	—
Seigle.....................	—	—
Blé.......................	2/3 du poids.	
Féveroles, fèves, pois,.............	3/5 du poids.	

Blé et légumineuses ne doivent entrer que pour une fraction de 2/3 pour le blé et 3/5 pour les légumineuses dans la ration. Tous les autres grains, orge, maïs, seigle, peuvent être totalement substitués à l'avoine. Plusieurs grains peuvent simultanément entrer dans la ration en remplacement d'avoine. Le remplacement des grains par fourrage n'est admis qu'en cas de nécessité absolue.

FOURRAGES EN REMPLACEMENT DU FOIN

Sainfoin....................	poids pour poids.	
Luzerne....................	—	—

En cas de nécessité absolue :

Paille (froment, avoine, orge, seigle).	double du poids de foin.
Avoine en grains....................	moitié du poids de foin.

DENRÉES POUR CHEVAUX SOUMIS A UN RÉGIME SPÉCIAL

(Infirmerie, etc.)

Son.....................	moitié en sus de l'avoine.
Farine d'orge.............	8/10 du poids de l'avoine.
Carottes ou panais........	6 fois le poids de l'avoine.
Paille (uniquement pour chevaux à l'infirmerie)	{ 4 kil. pour 1 kil. de foin sec. 3 kil. 500 pour 1 kil. d'avoine.

SUBSTITUTION DE DENRÉES SIMILAIRES

Les denrées ci-après ne peuvent pas remplacer d'une manière absolue celles de la composition normale des rations. La commission militaire de médecine et d'hygiène vétérinaire recommande :

1º En remplacement d'avoine : orge, seigle, maïs, sarrasin, vesces, fèveroles, poids pour poids et pouvant entrer pour un quart dans la ration. Les vesces doivent être données exceptionnellement, en petite quantité, un quart ou un cinquième et pendant quelques jours seulement.

2º En remplacement de foin : trèfle, spergule, vesces, millet, trèfle incarnat, poids pour poids dans la proportion du tiers.

Les gerbes non battues des céréales (blé, seigle, orge, avoine), de 12 à 15 kilogrammes suivant l'arme, équivalent à une ration complète d'hiver.

Les carottes, d'après les bases suivantes : 6 kilogrammes de carottes pour 1 kilogramme d'avoine, 3 kilogrammes pour 1 kilogramme de foin, 2 kilogrammes pour 1 kilogramme de paille, sans dépasser. pour cette dernière substitution, 3 kilogrammes de la denrée fourragère par cheval et par jour.

Composition des rations de chauffage
et de paille de couchage.

RATION DE CHAUFFAGE

1° CUISSON DES ALIMENTS ET PRÉPARATION DU CAFÉ.

Ration individuelle d'ordinaire aux troupes en station, logées ou cantonnées chez l'habitant, lorsque ce dernier ne fournit pas le combustible :

$$\text{Bois} \dots \dots \dots \quad 0 \text{ k}.850$$
$$\textit{ou } \text{Charbon} \dots \dots \dots \quad 0 \quad 530 \text{ (1)}$$

Ration individuelle d'ordinaire aux troupes campées, baraquées où bivouaquées :

$$\text{Bois} \dots \dots \dots \quad 1 \text{ k}.010$$
$$\textit{ou } \text{Charbon} \dots \dots \dots \quad 0 \quad 630 \text{ (1)}$$

NOTA. — Dans les cas exceptionnels où il y aurait lieu d'allouer exclusivement des rations individuelles pour la préparation du café, leur taux sera le suivant :

Bois.... 0 k. 050 ⎱ avec double ration pour les sous officiers à
ou Charbon. 0   030 ⎰ solde journalière et les parties prenantes traitées comme eux.

2° CHAUFFAGE D'HIVER.

Ration individuelle, due aux troupes bivouaquées, peut être allouée aux autres troupes sur l'ordre du commandement :

$$\text{Bois} \dots \dots \dots \quad 1 \text{ k}.000$$
$$\textit{ou } \text{Charbon (1)} \dots \dots \dots \quad 0 \quad 600$$

Le commandement peut accorder des suppléments de ration.

Les sous-officiers à solde journalière et parties prenantes traitées comme tels ont droit à la double ration, qu'il s'agisse de la cuisson des aliments, de la préparation du café ou du chauffage d'hiver.

(1) Il est alloué pour l'allumage 500 grammes de bois par 20 rations de charbon (25 grammes par ration).

PAILLE DE COUCHAGE
(allouée sur l'ordre du commandement).

	Paille longue.	Paille courte.
Une ration entière de........	5 k. 000	7 k. 000
ou Une demi-ration............	2 500	3 500

Les troupes bivouaquées ont toujours droit à la demi-ration.

Pour les troupes en station sous la tente ou baraquées, la paille de couchage est renouvelée tous les
quinze jours. Les troupes de passage cantonnées chez
l'habitant peuvent recevoir, à titre exceptionnel et sur
l'ordre du commandant de corps d'armée, une ration ou
demi-ration de paille de couchage. Les troupes cantonnées sur un même point pendant plus de trois jours ont
droit à la paille de couchage (5 kilogrammes par
homme), paille de litière et de bottillon.

Ravitaillement en tabac. — En cas de guerre,
le tabac est fourni aux officiers et hommes de troupe,
soit à titre gratuit, soit à titre onéreux, suivant la situation des troupes. La gratuité du tabac est accordée aux
troupes ayant droit aux vivres de campagne, mais seulement dans le cas de mobilisation générale. Dans tous
les autres cas, les distributions de tabac sont effectuées
à titre onéreux.

Le taux de la ration journalière est fixé ainsi qu'il
suit :

```
Tabac caporal pour les officiers............... 20 grammes.
Tabac de cantine pour la troupe............ 15     —
```

Le tabac caporal est distribué au kilo, les quantités
perçues doivent correspondre, au maximum, à une consommation journalière de 20 grammes par officier.

Le tabac de cantine étant empaqueté par 100 grammes,
le paquet ne correspond pas à un nombre exact de rations.
Pour éviter des complications d'écritures et pour faciliter les distributions, le tabac de cantine est délivré à
raison d'un paquet pour sept jours et par homme.

Les troupes de campagne sont ravitaillées en tabac
par des envois des stations-magasins. Le tabac est délivré aux officiers d'approvisionnement des corps chargés
d'en assurer la distribution aux parties prenantes.

IV. — Services de l'habillement et du harnachement.

Les effets de toute nature du service de l'habillement et du harnachement sont fournis, remplacés,
entretenus au compte de l'État qui prend à sa charge les
frais des ferrures et de traitement des animaux.

APPROVISIONNEMENTS

Modes de ravitaillement. 1° *Habillement :* Il est
pourvu au remplacement des effets d'habillement en
campagne :

Par des livraisons des stations-magasins (et éventuellement des dépôts);

Par des achats faits par des portions détachées, et,
éventuellement, par des réquisitions ou des prises sur
l'ennemi ;

Par des confections organisées dans les localités occupées.

En général, les stations-magasins pourvoient les corps des effets de la 1re portion ; les dépôts en effets de la 2e portion.

2° *Harnachement :* Effets de la 1re portion par les approvisionnements du dépôt de remonte mobile :

Effets de la 2e portion par des expéditions des dépôts, par des réquisitions ou des prises sur l'ennemi ; par des confections.

Dans les périodes de stationnement prolongé ou d'occupation, il peut être formé à proximité des troupes des magasins temporaires d'habillement et de harnachement.

Demande des effets et objets de la 1re portion. 1° *Habillement :* Aux époques périodiques fixées par les commandants de corps d'armée et à toute époque, s'il y a urgence, les corps adressent à l'intendant du corps d'armée leur demande d'effets à fournir par les stations-magasins.

Ces demandes sont transmises par le commandement au directeur des étapes et les envois de la station-magasin sont faits et acheminés à destination dans les conditions prévues par l'instruction sur le service des étapes.

Dans certains cas, les expéditions peuvent être faites directement de la station-magasin à destination des corps.

2e *Harnachement :* Aux époques fixées par le commandement, et plus fréquemment s'il y a urgence, les corps adressent leurs demandes aux généraux commandant les corps d'armée qui y font donner satisfaction par le dépôt de remonte mobile.

Demande des effets dont les dépôts approvisionnent leurs portions actives : Aux époques périodiques que fixent les commandants de corps d'armée ou accidentellement, s'il y a nécessité, les portions actives adressent leurs demandes d'effets avec indication de l'époque à laquelle il convient que ces effets parviennent à la gare régulatrice.

Ces demandes sont centralisées et transmises par les commandants de corps d'armée aux commandants des régions territoriales de l'intérieur.

Les dépôts font leurs envois au fur et à mesure des besoins prévus et adressent des bulletins détaillés des expéditions.

Après réception de ces bulletins, les corps actifs font parvenir au général commandant le corps d'armée la demande d'envoi de ceux des colis dont il a un besoin immédiat.

Sur l'avis transmis par le commandant de corps d'armée, le directeur des étapes fait expédier des gares régulatrices les colis demandés.

Achats directs : Lorsque les circonstances sont favorables, les portions actives peuvent acheter sur les lieux des effets des deux portions se rapprochant suffisamment des types réglementaires et susceptibles d'un utile service de guerre (surtout des effets de linge ou objets accessoires). Les conseils d'administration éventuels peuvent déléguer aux capitaines le soin de ces achats qui sont faits, sans autorisation préalable, dans la limite du prix maximum notifié aux corps. Au delà ils sont autorisés, s'il y a urgence, par le sous-intendant. Les achats sont payés comptant. Les corps sont remboursés de leurs avances dans les conditions ordinaires.

Si les fonds des corps ne permettent pas l'avance, le livrancier remet les factures au sous-intendant militaire qui désintéresse le créancier.

Réquisitions : Les réquisitions de matières et objets d'habillement sont soumises aux règles générales. Le général en chef fixe la destination à donner aux prises sur l'ennemi. A défaut d'ordre de cette nature et en cas d'urgence, les généraux peuvent affecter ces effets aux magasins, convois ou troupes sous leurs ordres.

Ateliers de confection organisés dans les localités occupées : Plus particulièrement du ressort des services administratifs. Néanmoins, les corps de troupe peuvent être appelés à user de cette ressource. Les généraux fixent le salaire et le mode de paiement des ouvriers requis. Le corps achète ou requiert les matières premières si elles ne sont pas fournies par un magasin administratif, ainsi que les fournitures accessoires.

Emploi des effets du convoi régimentaire (17) : Constituent une réserve pour des besoins urgents et qui, lorsqu'elle est entamée, doit être recomplétée sans retard. Quand des besoins urgents se produisent pour des corps non dotés d'une réserve d'effets, le général commandant la division peut prescrire à un corps doté de ladite réserve de délivrer les effets nécessaires.

EXÉCUTION DU SERVICE

Remplacement d'effets : Les effets de toute nature sont remplacés lorsque leur état l'exige. Leur mise hors de service est proposée par le conseil d'administration et soumise à l'approbation du sous-intendant. S'il y a désaccord entre ce dernier et le conseil, le général de brigade prononce. Dans les deux cas, la mise hors de service est justifiée par le procès-verbal que rapporte le sous-intendant.

Ateliers de réparations : Les réparations de toute nature, les retouches, etc., sont exécutées, comme pour les corps à l'intérieur, de clerc à maître et aux frais de l'Etat. En général, les réparations sont exécutées dans l'intérieur des compagnies. Néanmoins, le chef de corps a toute latitude pour la réunion des ouvriers en ateliers. Les conseils d'administration éventuels font la répartition entre les unités des outils et matières dont ils ont dû se pourvoir dès le temps de paix ; ils achètent sur place les matières premières et outils de complément.

Effets emportés par les hommes ou les animaux faisant mutation : En campagne, tout homme qui change de corps ou de compagnie, ou qui rejoint le dépôt ou une portion détachée de l'intérieur, emporte tous ses effets. Le commandant de compagnie établit le bulletin de passage. Les hommes entrant à l'ambulance ou à l'hôpital emportent de même leurs effets quand les circonstances ne s'y opposent pas. Tout animal qui change d'unité dans les corps est pourvu de ses effets de harnachement. En ce qui concerne les animaux qui changent de corps, l'autorité qui prescrit la mutation indique les effets de harnachement à emporter.

Emploi des effets réintégrés : Les effets d'habillement réintégrés dans les corps et encore utilisables à l'intérieur sont expédiés par les portions en campagne à leurs dépôts toutes les fois que les circonstances le permettent. S'il y a empêchement, le commandement assigne la destination à donner. Les effets de harnachement devenus disponibles sont renvoyés au dépôt de remonte mobile ou aux magasins de l'arrière. Les effets de ces deux services inutilisables reçoivent, quand il se peut, les mêmes destinations qu'à l'intérieur ; à défaut, ils sont abandonnés ou détruits.

Mise hors de service ou perte d'effets : Lorsque des effets ou armes sont mis hors de service par suite de circonstances de guerre, le commandant de l'unité en fait mention sur son carnet de comptabilité de campagne. Il procède de même pour la perte des effets en service autres que ceux des première et deuxième portions. La constatation est faite par un procès-verbal que rapporte le sous-intendant militaire. Si le procès-verbal ne peut être rapporté immédiatement, le corps établit des bulletins sommaires relatant les faits. Ces bulletins sont envoyés au sous-intendant qui les annexe au procès-verbal dès que celui-ci a été rapporté. Le sous-intendant délivre au corps un extrait de procès-verbal qui relate distinctement les résultats par compagnie ; les inscriptions au carnet de comptabilité de campagne sont complétées par la mention de la date du procès-verbal et du fonctionnaire qui l'a rapporté. Il n'est pas établi de procès-verbaux pour les pertes d'effets des première et deuxième portions en service.

Ferrure: Les frais de ferrure, tonte et infirmerie sont dans tous les cas à la charge de l'Etat.

Ecritures. *Registres à tenir :* L'officier délégué à l'habillement tient seulement le registre des entrées et sorties du matériel (approvisionnement de l'Etat), ainsi que les extraits des contrôles généraux. Chaque commandant d'unité tient le carnet de comptabilité en campagne, et fa't sur les livres des hommes les inscriptions réglementaires comme en temps de paix. *Registre des entrées et sorties du matériel (approvisionnement de l'Etat)*: Est tenu comme à l'intérieur ; mais le détail des entrées et sorties, résultat des distributions et des réintégrations, est porté au fur et à mesure. *Carnet de comptabilité de campagne:* La première inscription à faire aux entrées comprend le matériel emporté par la compagnie lors de sa mise sur le pied de guerre. Néanmoins, aucune entrée initiale ne doit être portée pour les effets en service des première et deuxième portions. Au paragraphe de l'armement, le capitaine mentionne le numéro des armes emportées par les hommes entrés aux ambulances ou hôpitaux, ainsi que le numéro des armes non retrouvées à la suite d'une action. Les carnets sont collationnés en fin de trimestre par l'officier d'habillement en ce qui le concerne.

V. — Service de l'armement.

Versements d'armes : Les armes qui, par suite des pertes, sont en excédent de l'effectif; les armes qui ne peuvent être réparées par l'armurier ; les armes ramassées sur le champ de bataille, trouvées sur les déserteurs, etc., sont, sur l'ordre du général commandant la brigade, versées à l'artillerie de la division ou au parc du corps d'armée. Les versements d'armes d'un corps à un autre ne peuvent avoir lieu que sur l'ordre du général commandant la division si les deux corps font partie de la même division, ou du général commandant le corps d'armée dans le cas contraire. En campagne, les versements d'armes à l'artillerie ou à un autre corps ne donnent lieu à aucune imputation pour les dégradations constatées.

Conservation des armes dans les corps. *Mutations, détachements, hommes entrant aux ambulances :* Les détachements ou isolés faisant mutation emportent toujours leurs armes, à moins que la mutation n'entraîne un changement dans l'espèce d'armement. Les hommes entrant aux ambulances ou hôpitaux emportent leurs armes quand les circonstances le permettent (ils n'emportent jamais les munitions); elles sont rendues aux hommes quand ils sortent de l'ambulance ou de l'hôpital. Les armes des hommes décédés ou envoyés en congé de convalescence sont versées au magasin d'artillerie le plus voisin, par les soins du comptable de la formation sanitaire qui informe du versement les corps intéressés. = *Armes perdues ou hors d'état d'être réparées :* Les procès-verbaux de perte ou de détérioration sont approuvés par le commandant du corps d'armée, qui autorise, en même temps, le remplacement des armes perdues ou de celles hors d'état d'être réparées. Toute perte d'arme par cas de force majeure est constatée par un procès-verbal. Les armes perdues par les hommes ou emportées par les déserteurs sont portées sur leur décompte. Les armes hors d'état d'être réparées, ainsi que celles qui ne peuvent être remises en état de servir à l'aide des ressources fournies par la caisse du chef armurier, sont, aussitôt que possible, versées à l'artillerie. = *Revues de l'armement par les officiers et par le chef armurier :* Les officiers des compagnies doivent passer fréquemment la visite des armes : ces visites sont surtout nécessaires après de longues marches et à la suite d'un combat. En général, elles ont lieu sans séparer le canon de la monture. Le chef armurier, ou, à son défaut, un ouvrier armurier assiste, autant que possible, à ces visites d'armes. *Imputations des réparations :* Toutes les réparations sont au compte de l'Etat et elles sont exécutées d'après les bulletins nominatifs délivrés par le commandant de compagnie et envoyés aussitôt que possible au bureau spécial de comptabilité. Le régime de clerc à maître est applicable à tous les corps mobilisés, y compris leur dépôt et leurs fractions détachées à l'intérieur ou hors du territoire.

Munitions. *Visite des munitions entre les mains des hommes :* Les officiers de compagnie doivent, par des visites fréquentes, s'assurer que les hommes ont toutes les quantités réglementaires de cartouches et que ces munitions sont en bon état de service. Si des cartouches paraissent avariées, il en est fait mention dans la situation adressée à l'artillerie. L'artillerie les fait remplacer aussitôt que possible. *Réapprovisionnement des corps en munitions* (183).

Les prescriptions relatives à la visite de l'armement des corps par les officiers d'artillerie cessent d'être en vigueur en temps de guerre.

VI. — **Réquisitions.**

Droit de réquisition : Le général en chef a seul le droit d'ordonner des contributions en argent. Pour les contributions en nature, le droit de réquisition est exercé par les généraux et peut être délégué à tout officier commandant un détachement, une compagnie ou tout officier d'approvisionnement. Tout commandant de troupe ou de détachement opérant isolément peut, même sans être porteur d'un carnet de réquisition, requérir les prestations nécessaires aux besoins journaliers de sa troupe; il en rend compte par la voie hiérarchique au commandant du corps d'armée.

Sont exigibles par voie de réquisition tous les objets ou services nécessaires aux besoins de l'armée : logement, vivres, chauffage, moyens de transport, matériaux, ouvriers, guides, conducteurs, traitement des malades, etc.

Ne sont pas considérés comme disponibles :

1° Les vivres nécessaires pour l'alimentation de la famille pendant trois jours;

2° Dans les établissements agricoles, industriels ou autres, les grains ou autres denrées alimentaires ne dépassant pas la consommation de huit jours;

3° Chez un cultivateur, les fourrages ne dépassant pas la consommation de quinze jours.

Exécution des réquisitions : Sont toujours faites par écrit, établies en double expédition, dont l'une reste entre les mains du maire et l'autre est adressée au général commandant le corps d'armée. Il est donné reçu des prestations fournies. Ordres de réquisition et reçus sont détachés de carnets à souches. Les ordres de réquisition sont adressés aux municipalités ou, à leur défaut, aux notabilités locales. En cas de refus des autorités locales, l'autorité militaire a recours à la force (a). Prendre note et rendre compte des quantités obtenues. En cas de réquisition de chevaux et de voitures pour un déplacement de plus de cinq jours, estimation contradictoire faite par l'officier requérant et le maire. Quand il y a pertes ou dommages, le chef du détachement où étaient employés les chevaux et les voitures délivre au conducteur un certificat de constatation. Même formalité en cas de réquisitions d'outils ou de matériaux pour plus de huit jours. Si on restitue ensuite les objets, procès-verbal de restitution, ainsi que des détériorations; mention est faite sur le reçu auquel le procès-verbal est annexé.

Les guides, les conducteurs et les chevaux requis sont nourris comme les hommes et les chevaux de la troupe qui les emploie.

Les individus requis reçoivent, à l'expiration de leur mission, un certificat qui en constate l'exécution, et délivré : pour les guides, par les commandants de détachements; pour les messagers, par les destinataires; pour les conducteurs, par les chefs de convois; pour les ouvriers, par les chefs de service compétents.

Si une personne requise d'un service personnel aban-

(a) En temps de guerre, les habitants cachent leurs bestiaux dans les bois, dans les îles, et leurs denrées dans les meules de paille aux environs des villages. (Général PIERRON.)

donne son poste, l'officier qui constate cet abandon prévient le procureur de la République du domicile du délinquant.

Lorsqu'il y a lieu de requérir le traitement de malades ou blessés, les maires fournissent des locaux spéciaux pour les malades ou les blessés, et, à défaut de locaux spéciaux, les répartissent chez les habitants; s'il s'agit de maladies contagieuses, ils doivent pourvoir aux soins à donner, dans des bâtiments où les malades puissent être séparés de la population. En cas d'extrême urgence, et seulement sur des points éloignés du centre de la commune, l'autorité militaire peut requérir directement des habitants le soin des malades ou blessés; cette réquisition ne peut jamais s'appliquer à des malades atteints de maladies contagieuses.

En pays ennemi, les réquisitions sont exercées autant que possible en suivant les formes prescrites pour le territoire national (*a*). Tout abus d'autorité et tout acte de pillage doivent être punis avec la dernière rigueur.

VII. — Service de la remonte.

En temps de guerre, sont remontés à titre gratuit : 1° les officiers subalternes actifs ; 2° pour les chevaux de complément les officiers généraux et supérieurs actifs; 3° tous les officiers de réserve et de territoriale.

La réforme de ces chevaux est prononcée par l'officier général sous les ordres duquel est placé le détenteur. En cas d'accident dans le service ou à l'occasion du service, le faire constater par un procès-verbal du vétérinaire, accompagné du rapport motivé du chef de corps.

Remplacement, au combat, des chevaux des voitures de compagnie (186).

VIII. — Etat civil aux armées.

ACTES PUBLICS DE L'ÉTAT CIVIL

Dispositions générales. *Officiers de l'état civil militaire ; leur compétence :* Les fonctions d'officiers de l'état civil sont remplies : 1° dans chaque corps, par le trésorier; 2° dans chaque compagnie ou bataillon détaché, par l'officier commandant. En France, la compétence de ces officiers s'étend aux personnes non militaires qui se trouvent dans les forts et places fortes

---

(*a*) Nota. — Le concours de la cavalerie de sûreté est prévu pour l'exploitation des ressources locales.

assiégés. Les actes concernant les prisonniers de guerre français à l'étranger sont établis dans les formes usitées dans le pays. Les officiers de l'état civil militaires peuvent instrumenter : 1º dès que la mobilisation est décrétée ou l'état de siège déclaré, alors même qu'il serait encore possible de s'adresser aux officiers de l'état civil ordinaires; 2º hors du territoire français, en tout temps, même après la signature de la paix; 3º dans les colonies, toutes les fois que l'autorité civile est dans l'impossibilité d'instrumenter. *Tenue des registres :* L'officier de l'état civil tient un registre coté et paraphé par le chef de corps. Les registres des portions détachées sont cotés et paraphés avant le départ. Les actes de l'état civil énoncent lieu, année, jour et heure où ils sont reçus; prénoms, noms, âge, profession et domicile de tous ceux qui y sont dénommés, sont inscrits sur le registre, de suite, sans blanc. Ratures et renvois approuvés et signés comme l'acte. Rien écrit par abréviations, aucune date en chiffres. Les actes sont reçus en présence de deux témoins du sexe masculin, âgés de 21 ans au moins, parents ou autres, Français ou non. Donner lecture de l'acte aux comparants et aux témoins; faire mention de cette formalité. L'acte est signé par l'officier de l'état civil, comparants et témoins, ou mention est faite de la cause qui empêche de signer. Si les témoins ne peuvent se rendre dans les délais auprès de l'officier compétent, acte reçu par l'officier de l'état civil le plus rapproché. Si aucun officier de l'état civil n'est à la portée, procès-verbal de la déclaration des témoins dressé par un fonctionnaire de l'intendance et, à défaut, par l'officier le plus élevé en grade présent. Expédition de l'acte ou du procès-verbal envoyée à l'officier de l'état civil compétent, qui transcrit cette pièce sur son registre et l'y annexe.

Envoi au ministre : Pour chaque acte et dans le plus bref délai, expédition est envoyée au ministre directement par l'officier de l'état civil s'il est chef de corps ou de détachement et, dans le cas contraire, par l'intermédiaire du conseil d'administration. Chaque mois, un extrait du registre, collationné et séparé par acte, est envoyé, accompagné d'un bordereau, dans les mêmes conditions. L'acte de décès et l'extrait sont imprimés sur la même feuille. A la fin de la campagne, les registres sont arrêtés et envoyés au ministre.

Naissances: Déclaration dans les trois jours.

Mariages : Les publications faites à huit jours d'intervalle au dernier domicile des deux époux sont mises à l'ordre du jour du corps vingt-cinq jours avant la célébration.

Décès: Le genre de mort n'est relaté que si la mort a été occasionnée par des blessures reçues devant l'ennemi ou en service commandé, etc. Pour tout militaire mort dans une explosion, un incendie, etc., et dont le corps ne peut être retrouvé, cette circonstance est constatée par un procès-verbal transcrit sur le registre de l'état civil; une expédition envoyée au ministre. A la suite de chaque action, l'officier de l'état civil est informé du nom des militaires manquants. Il fait appeler, pour chaque individu, les deux témoins qui attestent les causes de l'absence. Il constate, par des actes séparés, la mort ou la disparition des hommes absents. Si l'acte de décès ne peut être établi (insuffisance de témoins, déclarations non concordantes, etc.), dresser un procès-verbal relatant la ou les déclarations reçues, l'inscrire au registre de l'état civil, envoyer une expédition au ministre. Si le décès n'est affirmé par aucun témoin, établir un acte de disparition relatant les circonstances et, s'il y a lieu, les présomptions de décès. Cet acte, non inscrit au registre, est adressé en original au ministre.

Inventaire : Le décès de tout militaire doit être suivi de l'inventaire des papiers, objets et valeurs laissés par le défunt (fait par un officier ou, à défaut, par un sous-officier assisté de deux témoins).

Scellés : Au décès d'un officier, d'un officier supérieur ou assimilé, d'un chef de corps ou de service et de tout officier ou fonctionnaire qui a rempli une mission spéciale et qui est supposé détenteur de pièces ou documents intéressant le département de la guerre, les scellés peuvent être apposés par les fonctionnaires de l'intendance, sur la réquisition de l'autorité militaire. Un officier délégué par le général commandant la division assiste à la levée des scellés.

ACTES PRIVÉS

Ces actes sont enregistrés sans détail, sur un mémorial coté et paraphé comme le registre de l'état civil.

Certificats de vie : Délivrés, dans les corps, par le conseil d'administration; aux isolés, par l'intendance. Signés par l'autorité qui les délivre et par le requérant.

Testaments : Peuvent être reçus soit par un officier en présence de deux témoins, soit, dans un détachement, par l'officier commandant ce détachement, assisté de deux témoins, à défaut d'officier supérieur. Le testament de l'officier commandant un détachement peut être reçu par l'officier qui vient après lui dans l'ordre du service. Les témoins doivent être mâles, majeurs, français; ils ne peuvent être ni les légataires, ni les parents et alliés du testateur, jusqu'au quatrième degré; ni les commis ou délégués de la personne par laquelle l'acte est reçu. Il est donné au testateur, en présence de deux témoins, lecture de son testament: mention en est faite dans l'acte. Les testaments sont signés par le testateur, par ceux qui les ont reçus et par les témoins. L'un des témoins au moins doit signer et mention est faite de la cause qui empêche l'autre de signer. Les testaments (deux originaux ou un original et une expédition) sont adressés par courriers différents au ministre de la guerre. = Le testament olographe ne sera pas valable s'il n'est écrit en entier, daté et signé de la main du testateur.

Tutelle temporaire : Si un militaire, hors du territoire français, laisse en mourant un ou plusieurs enfants sans que leur mère soit présente, le conseil d'administration nomme parmi les officiers du corps un tuteur temporaire.

Procurations : Les actes de procuration, de consentement à mariage ou à engagement militaire peuvent être dressés par l'intendance ou, à défaut, dans les détachements isolés, par l'officier commandant. L'acte établi dans les corps est légalisé par l'intendance.

Sur le territoire français, à moins d'impossibilité (service, maladie, etc.) qui serait mentionnée dans l'acte, l'intéressé devra toujours s'adresser à un notaire.

IX. — Mesures d'ordre.

Pertes : Après chaque affaire, dresser des états concernant les militaires tués, blessés, prisonniers ou disparus. Tués ou blessés : matricules, nom et prénoms, indications de la plaque d'identité, grade, lieu, date du décès, renseignements particuliers (préciser autant que possible les blessures et leur degré de gravité). Tombés au pouvoir de l'ennemi : matricule, nom et prénoms, grade, lieu et date de la capture, blessures, circonstances particulières, observations. Disparus : matricule, nom et prénoms, grade, date et lieu de naissance, date de la disparition, circonstances connues, observations. Ultérieurement, s'il y a lieu, états rectificatifs et complémentaires.

Remplacements : Les demandes d'hommes et d'animaux de remplacement sont formées par les commandants des fractions actives dès que les pertes atteignent une proportion que fixe le commandement.

Mise en subsistance : Les généraux peuvent seuls autoriser la mise en subsistance, dans les corps sous leurs ordres, d'hommes étrangers à ces corps.

CHAPITRE II

RÉCOMPENSES, DISCIPLINE

I. — Avancement et décorations.

En campagne, le temps de service exigé pour passer d'un grade à un autre peut être réduit de moitié, savoir : 3 mois de service comme soldat pour passer caporal : 3 mois de service comme caporal pour passer sous-officier ; 1 an de service comme sous-officier pour passer sous-lieutenant : 1 an de service comme sous-lieutenant pour passer lieutenant ; 1 an de service comme lieutenant pour passer capitaine : 2 ans de service comme capitaine pour passer chef de bataillon ; 1 an 1/2 de service comme chef de bataillon pour passer lieutenant-colonel ; 1 an de service comme lieutenant-colonel pour passer colonel. Aucune condition de temps de service n'est exigée dans les cas ci-après : 1° action d'éclat ; 2° lorsqu'il est impossible de pourvoir autrement aux vacances en présence de l'ennemi (a). (Pas de tableau d'avancement en campagne.)

En ce qui concerne les grades d'officiers, les propositions sont faites, savoir : pour l'avancement au grade de sous-lieutenant, lieutenant et capitaine, par le chef de corps ; pour l'avancement au grade de chef de bataillon, par le général de brigade.

Dans les corps en présence de l'ennemi, l'avancement est donné : à l'ancienneté, la moitié des grades de lieutenant et de capitaine ; au choix du chef de l'Etat, la totalité des grades de chef de bataillon. Il n'est pourvu au remplacement des caporaux et des sous-officiers tombés au pouvoir de l'ennemi que d'après l'ordre du commandant en chef et lorsque les besoins du service l'exigent.

Les officiers prisonniers de guerre ne sont remplacés que d'après l'ordre du ministre de la guerre. Les officiers rentrant de captivité, qui ne trouvent plus vacant l'emploi qu'ils occupaient, sont mis en non-activité. Un militaire qui, avant d'être fait prisonnier de guerre, aurait fait une action d'éclat mise à l'ordre de l'armée, peut être promu au choix quoique au pouvoir de l'ennemi. En temps de guerre, les actions d'éclat dûment justifiées et mises à l'ordre de l'armée, ainsi que les

---

(a) Les officiers de réserve peuvent obtenir de l'avancement dans les mêmes conditions que les officiers de l'armée active. Ces grades ne créent aucun droit pour être maintenu dans l'armée active. (Règlement du 23 mars 1894.)

blessurés graves, peuvent dispenser des conditions exigées pour l'admission ou l'avancement dans la Légion
d'honneur. Il en est de même pour la médaille militaire. Un chef de bataillon commandant un bataillon
détaché en dehors du corps d'armée fait dans son bataillon les nominations que fait un colonel dans son
régiment.

II. — Punitions.

1° Punitions des soldats, caporaux et sous-officiers. (Voir aussi p. 146 note (*a*), et p. 148).

Les punitions à infliger aux soldats sont :
La consigne au quartier ;
La salle de police ;
La prison ;
La cellule ;
Le renvoi de la 1re à la 2e classe ;
Le retrait de la commission, la mise à la retraite
d'office pour les commissionnés ;
L'envoi aux sections spéciales.

Les punitions à infliger aux caporaux sont :

La consigne au quartier ;
L'avertissement du capitaine ;
La prison ;
La cassation ;
Le retrait de la commission, la révocation, la mise à
la retraite d'office pour les commissionnés.

Les punitions à infliger aux sous-officiers sont :

L'avertissement du capitaine ;
Les arrêts simples ;
Les arrêts de rigueur ;
La réprimande du colonel ;
La rétrogradation ;
La cassation ;
Le retrait de la commission, la révocation, la mise à
la retraite d'office pour les commissionnés.

En dehors de l'échelle des punitions, la privation de
sortie après l'appel du soir peut être infligée, en plus
de la répression disciplinaire, à tous les hommes de
troupe qui ont droit à cette sortie.

Tableau des punitions qui se décomptent par jour :

DÉSIGNATION des AUTORITÉS pouvant infliger des punitions.	MAXIMUM DE DURÉE DES PUNITIONS pouvant être infligées aux :		OBSERVATIONS.
	Caporaux fourriers, sous-officiers	Caporaux soldats (1)	
Caporal et caporal fourrier..........	....	2 j. de consigne	(1) Les caporaux peuvent encourir les mêmes punitions que les soldats à l'exclusion de la salle de police et de la cellule.
Sous-officiers........	2 j. d'arrêts simples.	4 j. de consigne 2 j. de salle de police (2).	
Sous-lieutenant...... Lieutenant.......... Capitaine (hors la compagnie)..........	4 j. d'arrêts simples.	8 j. de consigne 4 j. de salle de police.	(2) Peuvent être prononcées seulement : a) par les adjudants-chefs : b) par les adjudants de semaine dans leur service spécial ; c) par les adjudants dans leur compagnie.
Capitaine (dans la compagnie).......... Chef de bataillon (dans son unité)........	15 j. d'arrêts simples. 8 j. d'arrêts de rigueur.	30 j. de consigne 15 j. de salle de police. 8 j. de prison.	
Lieutenant-colonel (dans son régiment) (3) .... Officier supérieur (chef de corps).......... Officier général (hors de son commandement)..........	30 j. d'arrêts simples. 15 j. d'arrêts de rigueur.	30 j. de consigne 30 j. de salle de police. 15 j. de prison dont 8 de cellule pour les sold. seulem.	(3) En dehors de leur unité, les officiers supérieurs n'ont droit de prononcer que des punitions de durée moitié moindre (8 jours pour les arrêts simples et la salle de police).

Outre les punitions indiquées dans le tableau ci-dessus, les gradés peuvent être punis de l'avertissement dans une forme laissée à l'appréciation des officiers qui infligent cette punition, soit en particulier, soit en présence de deux militaires plus élevés en grade ou plus anciens que le gradé averti.

La réprimande du colonel est infligée en présence de deux sous-officiers au moins. Il n'est pas interdit de l'infliger plusieurs fois si les fautes sont espacées et de nature différente.

La rétrogradation des sous-officiers est prononcée par le général de brigade. La cassation est prononcée : pour les caporaux ou brigadiers et pour les caporaux ou brigadiers fourriers, par le général de brigade ; pour les sous-officiers autres que les adjudants, par le général de division; pour les adjudants, par le général commandant le corps d'armée. La rétrogradation, la cassation des gradés rengagés ou non rengagés décorés de la Légion d'honneur ou de la médaille militaire, la suspension des effets de la commission, la révocation ou la mise à la retraite d'office des gradés ou soldats commissionnés sont prononcées sur l'avis du conseil d'enquête :

Par le Ministre :

Adjudants-chefs ;
Chefs armuriers (rétrogradation ou révocation);
Sous-officiers, caporaux et soldats décorés de la Légion d'honneur ou de la médaille militaire.

Par le général commandant le corps d'armée :

Sous-officiers rengagés ou commissionnés;
Caporaux rengagés ou commissionnés;
Soldats commissionnés.

2° Aux officiers.

DÉSIGNATION DES OFFICIERS POUVANT PRONONCER LES ARRÊTS.	NATURE ET DURÉE DES ARRÊTS pouvant être infligés.
Lieutenant ou (éventuellement) sous-lieutenant.	2 j. d'arrêts simples.
Capitaine ou officier supérieur (hors de son unité).	4 j. d'arrêts simples.
Capitaine ou officier supérieur (dans son unité).	8 j. d'arrêts simples.
Officier supérieur chef de corps.......	30 j. d'arrêts simples. 15 j. d'arrêts de rigueur.

Tout capitaine, lieutenant ou sous-lieutenant commandant un détachement a le droit d'infliger les mêmes punitions que le commandant d'unité. Tout officier supérieur commandant un détachement a les mêmes droits à cet égard que le colonel dans son régiment.

Composition des conseils d'enquête pour les sous-officiers : Régiment : le colonel, 3 officiers supérieurs, 4 capitaines, 2 sous-officiers; bataillon formant corps : 1 officier supérieur, 3 capitaines, 1 sous-officier; compagnie formant corps : 1 officier supérieur, 2 capitaines, 1 lieutenant, 1 sous-officier. Le commandant et l'adjudant-major du bataillon et le commandant de la compagnie à laquelle appartient le sous-officier figurent toujours parmi les membres du conseil. La procédure est celle prescrite pour les conseils d'enquête des officiers. En cas de partage des voix, celle du président est prépondérante.

Exécution des punitions (146, 148).

Conseils de discipline pour les caporaux et soldats : Un chef de bataillon, les deux plus anciens capitaines de compagnie et les deux plus anciens lieutenants, tous pris hors du bataillon auquel appartient l'intéressé. Dans un détachement commandé par un officier supérieur, le conseil est formé comme ci-dessus s'il est possible; dans le cas contraire, il est composé du plus ancien capitaine et de quatre lieutenants ou sous-lieutenants, pris autant que possible en dehors de la compagnie de l'intéressé. Dans un bataillon formant corps, le conseil est composé comme dans le dernier cas ci-dessus.

III. — Justice militaire.

Tout militaire ou employé qui a connaissance d'un crime ou délit doit en donner de suite connaissance à la gendarmerie et répondre catégoriquement aux questions à lui adressées.

PROCÉDURE

Conseils de guerre : Les officiers de police judiciaire constatent les crimes ou délits, en recherchent les auteurs et les livrent à l'autorité militaire. Les commandants d'armes, les majors de garnison, les chefs de corps, de détachements, peuvent faire eux-mêmes ou faire faire par la police judiciaire les actes nécessaires pour la constatation des crimes ou délits. Les chefs de corps peuvent déléguer ces pouvoirs à un officier sous leurs ordres. Les officiers de police judiciaire peuvent établir des procès-verbaux de constatation, de déposition et d'interrogatoire. En cas de flagrant délit, ils font arrêter le coupable et dressent procès-verbal à ce sujet. Hors ce cas, un militaire ne peut être arrêté que sur l'ordre de ses chefs. Les officiers de police judiciaire aux armées sont autorisés à pénétrer seuls dans les lieux habités, lorsqu'il ne se trouve sur les lieux aucune autorité civile chargée de les assister. Le chef de corps ou de détachement rédige une plainte qu'il envoie à l'autorité chargée de donner l'ordre d'informer, avec un rapport du capitaine, un relevé de punitions, un état signalétique et la déposition écrite des témoins. En cas de désertion, on y joint un état des effets emportés et un rapport sur les circonstances qui ont accompagné la désertion.

Devant les conseils de guerre, le défenseur est soit un militaire, soit un avocat ou un avoué, soit, si le président le permet, un parent ou un ami de l'accusé. Il peut communiquer avec l'accusé et prendre connaissance de l'affaire, ainsi que de tous les documents et renseignements recueillis.

EXÉCUTION DES JUGEMENTS

Dégradation militaire : A lieu à la parade. La formule de la dégradation (*N. N., vous êtes indigne de porter les armes; au nom du peuple français, nous vous dégradons*) est prononcée par le commandant des troupes réunies, après lecture faite du jugement; les insignes et accessoires de l'uniforme sont enlevés au condamné par le plus ancien sous-officier du détachement. Le condamné à la peine des travaux publics est conduit à la parade revêtu de l'habillement des détenus. Il y entend la lecture de son jugement.

Condamnation à mort : Les condamnés à mort sont fusillés devant les troupes en armes. Le piquet d'exécution est pris dans le corps du condamné ou dans un des corps présents sur les lieux s'il n'appartient pas à l'un d'eux. Il est commandé par un adjudant; composé de 4 sergents, 4 caporaux et 4 soldats, pris à tour de rôle, en commençant par les plus anciens. Les armes sont chargées avant l'arrivée du condamné. Un 5e soldat et un 5e sergent sont commandés dans les mêmes conditions : le premier, pour bander les yeux du condamné et le faire mettre à genoux, et le second pour lui donner le coup de grâce. Un des juges du conseil doit être présent à l'exécution; il est assisté par le greffier qui en dresse procès-verbal. A partir du moment où l'exécution a été ordonnée, toute communication avec un condamné à mort est interdite, sauf pour ses proches parents, son défenseur et l'aumônier. Le condamné est amené sur le terrain par un détachement de 50 hommes, les troupes portent les armes, les tambours ou les clairons battent ou sonnent aux champs. Le condamné est placé au lieu de l'exécution; pendant la lecture de l'extrait du jugement par le greffier, on lui bande les yeux et on le fait mettre à genoux. Le piquet formé sur deux rangs s'approche à 6 mètres du condamné; l'adjudant, placé à 4 pas sur la droite et à 2 pas en avant du piquet, lève son épée. Les 12 hommes mettent en joue, visant le milieu de la poitrine; l'adjudant, restant l'épée haute, laisse au piquet le temps d'assurer son tir, puis il commande *feu*, commandement instantanément suivi d'exécution. Le 5e sous-officier donne ensuite le coup de grâce. Les exécutions multiples sont simultanées (les condamnés placés sur la même ligne et séparés par un intervalle de 10 mètres). Un seul adjudant commande le feu à tous les piquets,

Les troupes défilent devant le mort. Le commandant d'armes (commandant de cantonnement) prend les mesures nécessaires pour l'inhumation.

CHAPITRE III

FORMATIONS, RANG, HONNEURS

I. — Formations de rassemblement et de manœuvre (a).

Les intervalles et distances entre les éléments fixés pour les formations de la compagnie et des unités plus fortes conviennent plus particulièrement pour les rassemblements et pour les évolutions des grosses unités. Le chef conserve la latitude de les faire varier en restant dans la limite des ordres reçus et en observant de ne pas gêner les unités voisines. Dès que les circonstances le permettent, il use de cette latitude pour donner plus de souplesse aux formations ou diminuer leur vulnérabilité.

Section : La *section* comprend 2 escouades en temps de paix et 4 en temps de guerre ; elle se subdivisionne alors en 2 demi-sections.

La section se rassemble et manœuvre :

1o *En ligne sur 2 rangs* à 1 mètre de distance. Le chef de section, à 2 pas devant le centre quand la distance de l'unité précédente est de 6 pas : à 4 pas dans le cas contraire. Les serre-files, à 1 mètre du second rang derrière le centre de leur troupe. Les caporaux au premier rang à la droite ou à la gauche de leur escouade encadrant la demi-section. (La section est formée sur un rang d'après les mêmes principes.)

2o *En colonne par quatre*, qui se compose de fractions de huit hommes, sur 2 rangs, placées les unes derrière les autres à 1 mètre de distance. Le chef de section en avant de la fraction de tête toutes les fois que la fraction n'est pas précédée immédiatement par une autre unité ; dans le cas contraire, à côté de la première fraction, du côté opposé à celui des serre-files. Les serre-files à 1 mètre sur l'un des flancs.

Compagnie : La *compagnie* se compose de 4 sections ; elle se rassemble et manœuvre en :

1o *Colonne par 4.* Les sections par 4 sont placées les unes derrière les autres à 4 pas de distance.

(a) Pour les formations de défilé, voir pages 315 et suiv.

2º *Colonne de compagnie.* Les sections en ligne sont placées les unes derrière les autres à 6 pas de distance.

3º *Lignes de sections par 4.* Les sections en colonne par 4 sont placées à la même hauteur à 4 pas environ.

4º *Ligne déployée.* Les sections en ligne sur 2 rangs sont placées les unes à côté des autres, sur le même alignement à 2 pas d'intervalle.

Le *capitaine* se tient habituellement devant la section de base ou devant celle de tête ; le *sergent-major*, le *sergent fourrier*, le *caporal fourrier* en serre-files derrière ou à hauteur du centre des deuxième, quatrième et première sections. Les *tambours* et *clairons* sur un rang à 2 mètres en arrière de la section de gauche ou de queue.

Bataillon : Le *bataillon* se compose de 4 compagnies ; il se rassemble et manœuvre en ligne de colonnes et en colonne. Il peut également se former en ligne déployée et en masse. (La ligne déployée est employée exclusivement pour les revues, le bataillon en masse pour les rassemblements et les revues.)

1º *Ligne de colonnes.*

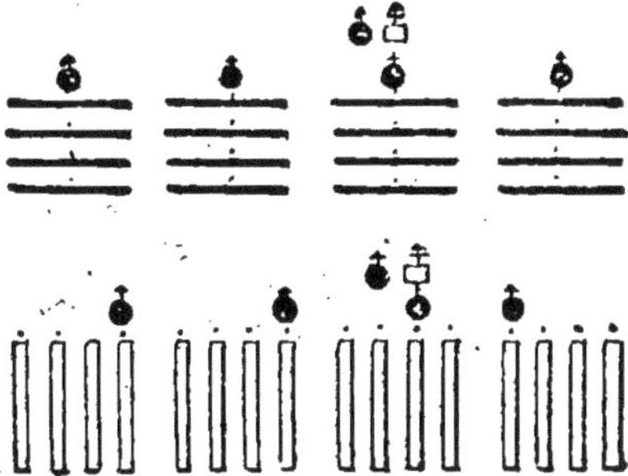

2º *Colonne de bataillon.*

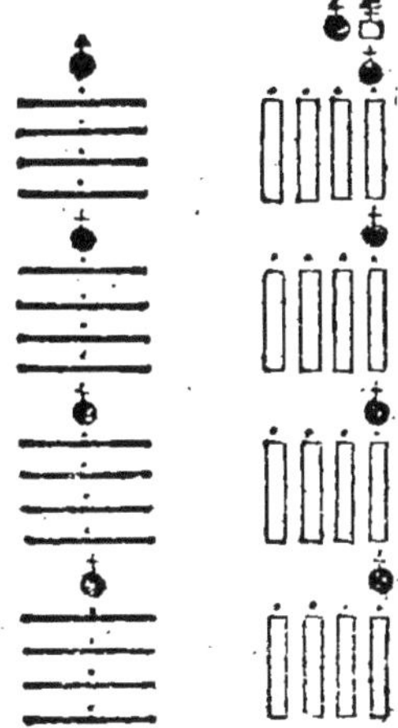

3° *Colonne double.*

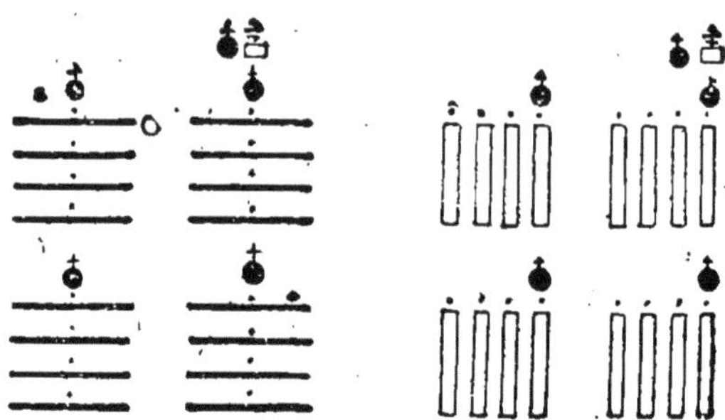

4° *Ligne déployée.* Les compagnies en ligne déployée sur le même alignement.

5° *Bataillon en masse.* Les compagnies en ligne déployée, placées les unes derrière les autres, à une distance de 6 pas.

Dans les autres formations du bataillon les distances et les intervalles entre les compagnies sont de 10 pas à moins d'indications contraires.

Régiment et brigade: Le *régiment* se compose de plusieurs bataillons ; la *brigade,* de deux régiments.

Pour marcher et se rassembler, le *régiment* se forme sur une ou plusieurs lignes ou en colonne ; la *brigade* se forme par régiments accolés ou l'un derrière l'autre. La disposition des bataillons et la formation qu'ils prennent sont, s'il y a lieu, déterminées par le commandant des troupes.

Les *intervalles* et les *distances* sont de 30 pas entre les bataillons ; 60 pas entre les régiments. (Voir aussi p. 315 et suivantes.)

Le *colonel* et le *général de brigade* se tiennent habituellement devant le bataillon de direction ou devant celui de tête ; le *lieutenant-colonel,* à côté du colonel. Le *drapeau et sa garde* (a) pendant les rassemblements et les marches d'approche, avec un bataillon de queue. Les *sapeurs,* avec les serre-files de la quatrième section d'une des compagnies du bataillon de direction. La *musique,* avec un bataillon de queue.

Espaces occupés par les divers éléments (sans

(a) Voir page 102, note *a.*

les sapeurs, tambours, clairons, musiciens, etc.) (*a*). Dans une compagnie déployée, le nombre F de files égale la moitié de l'effectif en hommes de troupe, diminuée de 12 (1 adjudant, 1 sergent-major, 1 sergent fourrier, 1 caporal fourrier, 1 infirmier, 4 tambours ou clairons, 2 conducteurs, 1 ordonnance du capitaine monté). Une file occupe $0^m,70$ de front, $1^m,90$ en profondeur.

Unités.	Front en mètres.	Profondeur en mè^t.
Compagnie en ligne déployée...............	$F \times 0,70 + 4,50$...........	
Bataillon en ligne déployée...............	$4\,F + 23$...........	
Compagnie en colonne de compagnie...........	$\dfrac{F}{4} \times 0,70$...........	21,10.
Colonne de bataillon...	$\dfrac{F}{4}$...........	106,90.
Colonne double........	$\dfrac{F}{2} \times 0,70 + 7,50$......	99,70.
Bataillon en ligne déployée...............	$4\,(F \times 0,70 + 4,50) + 22,5$...........	
Bataillon en ligne de colonne de compagnie..	$F \times 0,70 + 22,5$......	21,10.
Bataillon en masse.....	$F \times 0,70$...........	

II. — Formations de marche.

Les formations sont indiquées aux pages 100 et 101.

III. — Renseignements numériques sur les marches.

ÉLÉMENTS DES COLONNES; LEUR LONGUEUR.

Chaque rang d'infanterie marchant par quatre occupe.		$1^m,60$
Longueur d'une voiture (y compris 1 mètre de distance entre les voitures).	à 1 cheval..................	8 »
	à 2 chevaux..................	9 »
	à 4 chevaux..................	12 »
	à 6 chevaux..................	15 »

(*a*) Espaces occupés par divers éléments :

Cavalerie.	1 escadron	en bataille front........	48;	profondeur.	16
		en colonne —	12;	—	45
	1 régiment	en bataille front........	228;	—	15
		en masse —	84;	—	16
		en colonne de peloton..	12;	—	226
Artillerie.	1 batterie	en bataille.............	50;	—	41
		en colonne doublée....7,50;		—	72,50
	groupe de 3 batteries	en bataille.............	206;	—	41
		en masse de colonnes doublées.............	50;	—	72,50

Longueur des colonnes. (Distance comprise.)

		LONGUEURS LE BATAILLON ÉTANT		
		à 930 fusils.	à 800 fusils.	à 600 fusils.
Infanterie.		mètres.	mètres.	mètres.
Ligne ou chasseurs à pied.	Section isolée	25	25	20
	Compagnie isolée (une voiture)	110	110	90
	Compagnie dans le bataillon. .	100	100	75
	Bataillon (7 voitures)........ʃ.	488	488	380
Infanterie de ligne.	Etat-major du régiment.......	35	35	35
	Régiment complet à trois bataillons (21 voitures).......	1.500	1.500	1.200

	LONGUEURS
Train de combat d'infanterie.	mètres.
1ᵉʳ ÉCHELON. {Bataillon de chasseurs (2 voitures)............	18
{Régiment d'infanterie (5 voitures)............	45
2ᵉ ÉCHELON. {Bataillon de chasseurs (14 voitures)............	126
{Régiment d'infanterie (39 voitures)............	351
Trains régimentaires d'infanterie.	
Bataillon de chasseurs (6 voitures)................\...	54
Régiment d'infanterie (13 voitures).................	117
Cavalerie.	
Un escadron en colonne par 4......................	120
Quatre escadrons avec état-major de régiment	600
Artillerie.	
Une batterie montée...........................	350
Un groupe monté..............................	1.050
Une batterie à cheval..........................	400

On peut d'ailleurs déduire, avec une approximation suffisante, la longueur des troupes marchant par 4 (voitures par 1) de leur effectif réel en appliquant les règles ci-après :

$$\text{Longueur d'une troupe d'infanterie} = \frac{N}{2} \text{ mètres}$$

N représentant le nombre d'hommes.

Longueur d'une troupe de cavalerie $= N$ mètres, N représentant le nombre de chevaux.

Longueur d'une troupe d'artillerie $= N \times 20$ mètres, N représentant le nombre de voitures.

(Aide-mémoire d'état-major.)

Longueur, dans les hautes montagnes, des différentes unités.

1 compagnie marchant par 1...............	500	pas
1 bataillon —	.... 2.000	—
1 escadron —	.... 1.200	—
1 batterie de montagne par 1............	450	—

VITESSE DE MARCHE

Infanterie : Voir p. 17.

Cavalerie : A la minute : au pas, 100 mètres; au trot, 240 mètres; au galop, 340 mètres; au galop allongé, 440 mètres.

Artillerie : A la minute : au pas, 100 mètres; au trot, 220 mètres.

TEMPS NÉCESSAIRE POUR PARCOURIR UNE DISTANCE INFÉRIEURE A 1.000 MÈTRES

DIS- TANCES.	TEMPS A LA VITESSE DE			
	72 mètres à la minute. 3.600 à l'heure.	80 mètres à la minute. 4.000 à l'heure.	90 mètres à la minute. 4.500 à l'heure.	100 mètres à la minute. 5.000 à l'heure.
100 m.	1 m. 23 s.	1 m. 15 s.	1 m. 6 s.	1 min.
200 —	2 — 46 —	2 — 30 —	2 — 12 —	2 —
300 —	4 — 09 —	3 — 45 —	3 — 18 —	3 —
400 —	5 — 32 —	5 — »	4 — 24 —	4 —
500 —	6 — 55 —	6 — 15 —	5 — 30 —	5 —
600 —	8 — 18 —	7 — 30 —	6 — 36 —	6 —
700 —	9 — 41 —	8 — 45 —	7 — 42 —	7 —
800 —	11 — 04 —	10 — »	8 — 48 —	8 —
900 —	12 — 27 —	11 — 15 —	9 — 54 —	9 —
1.000 —	13 — 50 —	12 — 30 —	11 — »	10 —

TEMPS NÉCESSAIRE (NON COMPRIS LA GRAND'HALTE) POUR PARCOURIR UNE ÉTAPE.

LONGUEUR de l'étape.	VITESSE HORAIRE DE MARCHE				DIFFÉRENCE de durée du trajet.	
	4.500^m.		4.000^m.			
Kilomètres.	Heures	minutes.	Heures	minutes.	Heures	minutes.
1	»	11	»	12 1/2	»	1 1/2
2	»	·22	»	25	»	3
3	»	33	»	37 1/2	»	4 1/2
4	»	44	»	50	»	6
5	1	05	1	12 1/2	»	7 1/2
6	1	16	1	25	»	9
7	1	27	1	37 1/2	»	10 1/2
8	1	38	1	50	»	12
9	1	50	2	12 1/2	»	22 1/2
10	2	11	2	25	»	14
11	2	22	2	37 1/2	»	15 1/2
12	2	33	2	50	»	17
13	2	44	3	12 1/2	»	28 1/2
14	3	05	3	25	»	20
15	3	16	3	37 1/2	,	21 1/2
16	3	27	3	50	»	23
17	3	38	4	12 1/2	»	34 1/2
18	3	50	4	25	»	35
19	4	11	4	37 1/2	»	26 1/2
20	4	22	4	50	»	28
21	4	33	5	12 1/2	»	39 1/2
22	4	44	5	25	»	41
23	5	05	5	37 1/2	»	32 1/2
24	5	16	5	50	»	34
25	5	27	6	12 1/2	»	45 1/2
26	5	38	6	25	»	47
27	5	50	6	37 1/2	»	47 1/2
28	6	11	6	50	»	39
29	6	22	7	12 1/2	»	50 1/2
30	6	33	7	25	»	52
31	6	44	7	37 1/2	»	53 1/2
32	7	05	7	50	»	45
33	7	16	8	12 1/2	»	56 1/2
34	7	27	8	25	»	58
35	7	38	8	37 1/2	»	59 1/2
36	7	50	8	50	1	»
37	8	11	9	12 1/2	1	1 1/2
38	8	22	9	25	4	3
39	8	33	9	37 1/2	1	4 1/2
40	8	44	9	50	1	6

DISTANCE FRANCHIE EN UN TEMPS DONNÉ

TEMPS.	DISTANCE FRANCHIE A LA VITESSE DE			
	72 mètres à la minute. — 3.600 à l'h.	80 mètres à la minute. — 4.000 à l'h.	90 mètres à la minute. — 4.500 à l'h.	100 mètres à la minute. — 5.000 à l'h.
Minutes.	Mètres.	Mètres.	Mètres.	Mètres.
1	72	80	90	100
2	144	160	180	200
3	216	240	270	300
4	288	320	360	400
5	360	400	450	500
6	432	480	540	600
7	504	560	630	700
8	576	647	720	800
9	648	720	810	900
10	728	800	900	1.000
15	1.080	1.200	1.350	1.500
20	1.440	1.600	1.800	2.000
25	1.800	2.000	2.250	2.500
30	2.160	2.400	2.700	3.000
35	2.520	2.800	3.150	3.500
40	2.880	3.200	3.600	4.000
45	3.240	3.600	4.050	4.500
50	3.600	4.000	4.500	5.000
55	3.960	4.400	4.950	5.500
60	4.320	4.800	5.400	6.000

TEMPS NÉCESSAIRE POUR RASSEMBLER

Un bataillon : 6 minutes. Un régiment : 19 minutes.

DURÉE D'ÉCOULEMENT DES UNITÉS

Infanterie. { Un bataillon : 5 minutes ; — 1 régiment : 15 minutes ; — 1 brigade : 30 minutes ; — 1 division : 2 h. 30.

Cavalerie.. { 1 escadron.......... au pas 1' ; au trot. 0' 30"
{ 1 régiment.......... — 6' ; — 3'

Artillerie.. { 1 batterie montée..... — 4'20" ; — 2' 50"
{ 1 groupe de 3 batteries. — 13'15" ; — 7'
{ 1 batterie à cheval.... — 5'30" ; — 2' 30'

IV. — **Rang, honneurs, revues, défilés.**

RANG DES TROUPES ENTRE ELLES

Troupes à pied : *Invalides. Gendarmerie. Sapeurs-pompiers. Artillerie à pied et sans son matériel. Génie sans son matériel. — Infanterie :* Chasseurs à pied ; douaniers, chasseurs forestiers (les compagnies ou sections actives à la suite des compagnies ou sections de forteresse) ; zouaves, infanterie de ligne, infanterie coloniale, infanterie légère d'Afrique, officiers des compagnies de discipline, tirailleurs algériens, régiments étrangers. — *Train des équipages militaires sans son matériel. Services particuliers.* Les troupes de l'armée territoriale prennent la gauche des troupes de leur arme de l'active.

HONNEURS A RENDRE PAR LES TROUPES AUX REVUES ET PRISES D'ARMES

Les médecins saluent dans les mêmes conditions que les officiers de troupe qui leur sont assimilés (en portant la main à la coiffure). Les honneurs sont rendus par les hommes armés du fusil, avec l'arme sur l'épaule droite. (Circ. ministérielle 18 juillet 1904.)

Président de la République. — Aux champs : les musiques jouent l'air national ; tous les officiers saluent ; les drapeaux saluent.

Ministres de la guerre et de la marine, généraux de division commandant en chef une ou plusieurs armées ou chargés d'inspecter un ou plusieurs corps d'armée ou d'en diriger les manœuvres, gouverneurs militaires de Paris et de Lyon, généraux de division commandant un corps d'armée, vice-amiraux commandant en chef à la mer ou préfets maritimes, généraux de division commandant la région territoriale après la mobilisation. — Les troupes rendent les honneurs ; aux champs ; hymne national ; officiers généraux, commandants des corps de troupe, officiers supérieurs saluent du sabre, pour Ministres guerre et marine, tous les officiers saluent.

Généraux de division et vice-amiraux. — Troupes rendent les honneurs; le rappel; hymne national; officiers généraux, commandants des corps de troupe, officiers supérieurs saluent du sabre.

Généraux de brigade et contre-amiraux. — Troupes rendent les honneurs; hymne national; commandants des corps de troupe saluent du sabre.

Commandants d'armes qui ne sont pas officiers généraux. — Troupes rendent les honneurs; commandant des troupes seul salue du sabre.

Honneurs à rendre par les postes. (V. p. 146, note *c.*)

HONNEURS A RENDRE AU DRAPEAU

Lorsque le drapeau doit sortir, la compagnie commandée marche, précédée des sapeurs, tambours, clairons du bataillon, et de la musique; le porte-drapeau se tient en serre-file à hauteur du centre de la compagnie. Le détachement marche sans bruit de caisse ni de musique; arrivé au logement du colonel, il est arrêté face à la porte d'entrée, les tambours, les clairons et la musique à la droite. Mettre la baïonnette au canon. Le porte-drapeau, accompagné du lieutenant et de deux sous officiers, va prendre le drapeau. Lorsque le porte-drapeau sort avec le drapeau, il s'arrête devant la porte; le capitaine fait mettre l'arme sur l'épaule et salue du sabre, les tambours et les clairons battent et sonnent au drapeau; le porte-drapeau va se placer entre les sections intérieures, un sous-officier à sa droite et l'autre à sa gauche; le lieutenant reprend sa place. Le capitaine remet le détachement en marche, en colonne de compagnie, les tambours et les clairons battent et sonnent. La compagnie est formée par quatre lorsque la largeur de la route ne permet pas de marcher en colonne: le drapeau et sa garde se placent alors entre la 2e et la 3e section. A 20 pas du régiment, le détachement est arrêté, les tambours et les clairons cessent de battre et de sonner : le colonel fait mettre la baïonnette au canon, l'arme sur l'épaule, battre et sonner au drapeau, et se place à 6 pas en avant de la file du drapeau. Le porte-drapeau, toujours accompagné des deux sous-officiers, se porte à 10 pas en avant du colonel et lui fait face. Le colonel salue le drapeau. Le porte-drapeau prend ensuite sa place, les deux sous-officiers rejoignent leur compagnie et le détachement reprend sa place en passant derrière le régiment. Le drapeau est reconduit avec les mêmes honneurs.

A la suite des prises d'armes les troupes défilent devant :

Le Président de la République ; les Ministres de la guerre et de la marine ; les généraux de division et vice-amiraux ; les généraux de brigade et contre-amiraux ; les chefs de corps (troupes placées sous leurs ordres) ; officiers supérieurs commandants d'armes ou exerçant titulairement un commandement territorial en Algérie ou aux colonies. Les officiers placés, à quelque titre que ce soit, à la tête d'une troupe, font aussi défiler cette troupe, mais ils commandent eux-mêmes le défilé.

Lorsque les troupes défilent, les officiers de tout grade, les commandants des troupes rendent à la personne devant laquelle ils défilent les honneurs prescrits. Devant le Président de la République, les drapeaux et étendards saluent.

Le commandant des troupes, quel que soit son grade, salue de l'épée ou du sabre la personne devant laquelle les troupes défilent.

Les officiers convoqués pour une revue sans avoir de commandement dans les troupes qui défilent ou sans être appelés à faire partie des états-majors, les officiers des armées de terre et de mer n'appartenant pas aux corps de troupe présents à la revue, mais qui y ont été convoqués par les officiers généraux commandant, ne défilent pas. Pendant la revue, ils se placent sur le terrain à la droite des troupes ; pendant le défilé, ils se groupent derrière la personne à qui les honneurs sont rendus. Dans les deux cas, ils se rangent dans l'ordre assigné aux troupes de leur arme, les chefs de service au premier rang, leur personnel derrière eux.

En toutes circonstances l'officier qui passe une revue ou fait défiler, quel que soit son grade, salue les drapeaux et étendards en passant devant les troupes et quand elles défilent devant lui.

PRESCRIPTIONS POUR LES REVUES ET DÉFILÉS DE TROUPES DE TOUTES ARMES ET RÈGLEMENT SUR LE SERVICE DE PLACE.

(Instruction du 15 avril 1905.)

Le mode de disposer les troupes pour les revues et défilés dépend des effectifs et du terrain. En principe, les formations réglementaires sont seules employées. Toutefois, pour les revues, le front des troupes à pied doit toujours être dégagé. En conséquence, les officiers dont la place réglementaire est devant le front de la troupe se placeront à la droite de leur unité. Les troupes sont placées et défilent suivant l'ordre de bataille (*a*). Cet ordre peut être observé, soit dans l'ensemble des troupes, soit dans chaque grande unité constituée. (Division ou corps d'armée.)

(*a*) Décret du 7 octobre 1910, portant règlement sur le service de place.

Pour les grandes revues passées, soit dans les garnisons nombreuses, soit à l'issue des manœuvres d'automne, on adopte de préférence des formations en ordre ployé, disposées sur une ou plusieurs lignes. Le bataillon en colonne double ou en masse constitue la base de ces formations ; suivant les circonstances, les éléments sont accolés ou placés les uns derrière les autres. Par contre, lorsque les effectifs réunis sont moins considérables, ils sont présentés en formation déployée et souvent sur une seule ligne.

On prend pour défiler des formations correspondant à celles qui ont été adoptées pour la revue : elles doivent être choisies de manière que les subdivisions défilent, dans la mesure du possible, sur un front de même largeur. A moins de prescriptions contraires, les troupes d'infanterie n'emmènent aucune voiture sur le terrain de la revue.

Les officiers et fonctionnaires n'ayant aucun commandement ou emploi dans les troupes présentées se placent, pendant la revue, à la droite des troupes, et, pendant le défilé, derrière la personne devant laquelle on défile ; ils se rangent par groupe de même corps ou service, les groupes se plaçant dans l'ordre de bataille et sur deux ou plusieurs rangs, les chefs de groupe à deux pas devant chaque groupe. Ils ne mettent pas l'arme à la main, et ceux qui doivent saluer le font en portant la main droite à la coiffure.

Les dispositions préparatoires aux revues et défilés des grosses unités doivent être prises à l'avance. Des fanions ou des jalonneurs indiquent : la ligne, ou les lignes successives sur lesquelles seront placées les troupes pendant la revue ; la ligne que devront suivre les guides pendant le défilé ; la ligne à occuper immédiatement avant le défilé par l'unité qui doit marcher en tête.

Dans chaque corps ou détachement, un officier (ou un adjudant), accompagné de quelques hommes, se rend à l'avance sur le terrain de la revue, où il reçoit de l'officier désigné à cet effet par le commandement toutes les indications relatives à l'emplacement à occuper et aux dispositions à prendre pour la revue, à la formation de la colonne pour le défilé, à la direction à suivre par les guides et à la dislocation des troupes. Il reconnaît l'emplacement sur lequel se formera son unité et y place les jalonneurs nécessaires ; il se porte ensuite au-devant de son unité pour la guider. S'il y a lieu, les itinéraires à suivre par les corps de troupe pour déboucher sur le terrain de la revue, et pour le quitter après le défilé, sont également reconnus à l'avance.

Les intervalles et distances indiqués par l'Instruction du 15 avril 1905 pourront être modifiés si les circonstances l'exigent. Par contre, les règles concernant les honneurs à rendre, la place des officiers, des drapeaux. doivent être toujours observées.

REVUES.

Les officiers supérieurs, les capitaines et les chefs des sections de tête se placent à la droite de leur unité sur l'alignement de ces sections ; les autres chefs de section conservent les places qui leur sont assignées devant leurs sections ; les serre-files se placent dans le rang à la droite et à la gauche de leur section ; la figure page 319 indique la place des états-majors des corps de troupe et celle des équipages.

Place des officiers généraux,
des états-majors, des drapeaux et étendards.
Intervalles.

Les généraux de brigade se placent à 10 pas à droite du colonel commandant le premier régiment de leur brigade (ou de l'officier commandant le premier élément sous leurs ordres) ; de même, les généraux de division se placent à 10 pas à droite du général commandant la première brigade de leur division.

Les états-majors et escortes des généraux se groupent en arrière d'eux. Le drapeau et sa garde se placent sur l'alignement du premier rang, au centre de la formation. En principe, les intervalles à adopter pour les revues sont les suivants : 40 pas entre les régiments ; 50 pas entre les brigades ; 60 pas entre les divisions ; 100 pas entre les corps d'armée.

PRÉSENTATION DES TROUPES

Dès que la personne à laquelle sont rendus les honneurs de la revue arrive sur le terrain, le commandant des troupes qui, au préalable, a fait mettre la baïonnette au canon et le sabre à la main (*a*), fait exécuter le « garde à vous » par les tambours et clairons. A ce signal, on fait mettre l'arme sur l'épaule droite et porter le sabre. Dans toutes les unités, les tambours et clairons exécutent les batteries et les sonneries prescrites par le règlement sur le service de place. Le commandant des troupes se porte ensuite vivement, et seul, à la rencontre de la personne à laquelle on rend les honneurs, la salue de l'épée ou du sabre lorsqu'elle arrive à dix pas d'elle, se range à sa gauche et se maintient à portée de recevoir ses ordres. Il lui cède le côté des troupes pendant la revue. Lorsque l'effectif des troupes passées en revue est considérable, la personne qui passe la revue peut se faire précéder par un ou deux officiers qui sont

---

(*a*) Dans chaque corps de troupe, tous les mouvements de maniement d'armes sont exécutés au commandement des chefs d'unités désignés au préalable par le chef de corps. (Instruction du 15 avril 1905.)

chargés de la guider devant les différentes lignes. Ces officiers marchent à la même hauteur et à 25 pas en avant d'elle de façon à ne pas la masquer à la vue des troupes. En aucun cas, la personne qui passe la revue n'est précédée par une partie de son escorte ; elle est suivie de son chef d'état-major, des officiers de son état-major, de son fanion et de son escorte. Le chef d'état-major marche à 10 pas de distance de la personne qui passe la revue et à 4 pas en dehors du côté opposé à la troupe. Le commandant des troupes n'est suivi que par son chef d'état-major, ou, à défaut, par un officier désigné à cet effet. Celui-ci marche à hauteur du chef d'état-major de la personne qui passe la revue, du côté opposé à la troupe. Au moment où la personne qui passe la revue arrive à la droite de la première ligne, le premier groupe de tambours et de clairons, et, successivement, tous les autres groupes de tambours et clairons et de trompettes, cessent de battre et de sonner. La première musique (ou le premier groupe de musiques) commence à jouer.

En principe, les honneurs sont rendus successivement par régiment. Dans ce cas, le premier régiment passé en revue continue d'avoir l'arme sur l'épaule droite après l'arrivée à la droite de la première ligne de la personne qui passe la revue. Les autres régiments reposent l'arme et la mettent sur l'épaule droite successivement lorsque la personne qui passe la revue arrive devant la gauche du régiment précédent. Chaque régiment repose les armes quand il a été dépassé. Les brigades, les divisions agissent de même lorsque les honneurs sont rendus par brigade ou par division. La musique du 2e régiment (ou le 2e groupe de musiques) ne commence à jouer que lorsque la personne qui passe la revue est sur le point d'arriver à hauteur de la droite du régiment près duquel elle est groupée ; la première musique (ou le premier groupe de musiques) cesse alors de jouer et ainsi de suite. Les officiers et les hommes fixent du regard la personne qui passe la revue au moment où elle arrive à leur hauteur. Les officiers et les drapeaux (ou étendards) saluent dans les conditions fixées par le règlement sur le service dans les places de guerre et les villes ouvertes.

DÉFILÉS

Les places de chacun pour le défilé sont spécifiées par la figure (page 321).

*Place des officiers généraux, états-majors,
escortes et musiques.*

Le chef d'état-major de la personne devant laquelle on défile se tient en arrière d'elle, à 10 pas de distance et à 4 pas en dehors, dans le sens du défilé. Les officiers qui ne sont pas pourvus d'un commandement viennent. immédiatement après la revue et pendant les mouvements préparatoires au défilé, se placer derrière le chef d'état-major, les officiers généraux formant un rang à part, l'officier le plus élevé en grade à 10 pas derrière le chef d'état-major ; les autres officiers se rangent comme pour la revue, de la gauche à la droite si l'on défile guide à droite, et inversement dans le cas contraire. L'escorte, comprenant le porte-fanion, se place à 5 pas en arrière du dernier rang des officiers.

La place du commandant des troupes est à 20 pas derrière la musique (ou le groupe des musiques) qui marche en tête. Son chef d'état-major marche à 5 pas derrière lui. Les officiers d'état-major derrière le chef d'état-major. Le commandant de l'escorte derrière l'état-major, le porte-fanion au premier rang.

Le général de division, à 20 pas derrière l'escorte. Le chef d'état-major, à 5 pas du général de division. L'escorte, comprenant le porte-fanion, à 3 pas derrière l'état-major.

Le général de brigade, à 10 pas derrière l'état-major du général de division. Les officiers d'ordonnance, à 5 pas derrière le général de brigade.

Le colonel, à 10 pas derrière l'état-major du général de brigade.

Les escortes des généraux qui n'ont pas de fanion ne défilent pas derrière ces officiers généraux, mais se réunissent, pour le défilé, à l'escorte de leur général de division. Le défilé terminé, ces escortes rejoignent les officiers généraux auxquels elles sont attachées.

Lorsque les régiments ou les brigades défilent accolés, les colonels et les généraux de brigade marchent devant le centre de leur régiment ou de leur brigade, en observant les distances ci-dessus et en s'alignant du côté de la personne à qui l'on rend les honneurs. Dans ce cas, les sapeurs, tambours, clairons et musiques de la brigade (ou de la division) sont groupés en tête de la brigade (ou de la division).

Lorsque la colonne du défilé présente un front assez considérable, la distance entre le dernier rang de la musique et l'officier général, ou le colonel, qui défile immédiatement après est augmentée dans la limite où cela est nécessaire pour que, dans son mouvement pour déboîter, la musique ne gêne en aucune façon la marche de la colonne.

DISTANCE ENTRE LES DIVERS ÉLÉMENTS.

D'une manière générale, un défilé correct et précis produit sur les assistants une impression d'autant meilleure que la colonne présente plus de cohésion. Il importe donc de ne jamais exagérer les distances entre les divers groupes, ni les intervalles de temps qui séparent l'arrivée des éléments d'armes différentes, afin d'éviter ainsi toute cause de lenteur ou d'interruption prolongée. En principe, les distances à adopter sont les suivantes (*a*) : 30 pas entre les régiments, 40 pas entre les brigades, 50 pas entre les divisions. Si le défilé a lieu au pas, la distance d'une arme à l'autre est de 100 mètres. Ces distances sont comptées du dernier rang de la subdivision de queue de l'unité qui précède à l'élément (officiers, hommes de troupe ou musique) qui marche en tête de la troupe qui suit. Aux allures vives, la distance qui doit exister entre les troupes à cheval et les autres armes est essentiellement variable; elle dépend du terrain sur lequel le défilé a lieu, de l'allure prescrite pour ces troupes à cheval, de la formation et de l'allure de la troupe à laquelle elles doivent succéder.

Si cela est nécessaire, l'infanterie dégage le terrain pour que les troupes à cheval n'éprouvent aucun retard : à cet effet, les derniers éléments d'infanterie peuvent déboîter à droite (ou à gauche) lorsque la subdivision de queue a dépassé de 150 mètres (200 pas) la personne devant laquelle on défile.

Les troupes à cheval qui défilent aux allures vives ne reprennent le pas que lorsqu'elles ne peuvent plus arrêter le mouvement des troupes suivantes, ou quand elles ont pu déboîter de la colonne.

EXÉCUTION DU DÉFILÉ.

Les troupes défilent l'arme sur l'épaule droite, les officiers, sous-officiers et hommes non montés, armés du sabre au repos du sabre.

Le commandant des troupes fait prendre le guide du côté de la personne devant laquelle on défile; puis il commande : POUR DÉFILER, EN AVANT, MARCHE. A ce commandement, le premier élément se met en marche; ses tambours et ses clairons battent et sonnent; les éléments suivants ne se mettent successivement en marche que lorsqu'ils ont entre eux et la dernière subdivision de l'élément qui précède la distance prescrite. La musique (ou le groupe de musiques) commence à jouer ou à sonner à environ 60 pas de la personne devant laquelle on défile. Lorsque celle-ci a été dépassée de 30 pas environ, le tambour-major fait déboîter de la co-

----

(*a*) Exceptionnellement, lorsque la disposition du terrain obligera les unités de tête à déboîter par un mouvement à droite (ou à gauche) avant que les derniers éléments aient passé devant la personne devant laquelle on défile, les distances prescrites entre les éléments seront augmentées dans la limite où cela est nécessaire pour que le déboîtement d'une unité n'oblige pas l'élément suivant à s'arrêter ou à ralentir. (Instruction du 15 avril 1905.)

donne les tambours et la musique par un mouvement de flanc du côté opposé au guide. Arrivé à hauteur de l'officier qui commande le défilé, il fait faire un changement de direction à droite (gauche) aux tambours et aux musiciens; il les arrête dès que les derniers rangs ont conversé, et leur fait faire front face au flanc de la colonne. Dans ce mouvement, les tambours marchent l'espace nécessaire pour permettre aux musiciens de se placer entre eux et la personne qui fait défiler.

Le commandant des troupes, après avoir salué de l'épée ou du sabre, va, suivi de son état-major, se placer en face de la personne à laquelle on rend les honneurs et à 20 pas environ du flanc de la colonne. Dès que le tambour-major de la musique (ou du groupe de musiques) qui fait défiler peut être vu par celui du groupe qui suit, les deux tambours-majors échangent un signal d'attention ; celui qui arrive, se réglant sur celui qui est en place, fait commencer à battre au moment où ce dernier fait cesser de jouer, de manière que la cadence de la marche ne soit pas modifiée. La musique qui fait défiler cesse de jouer à la fin d'une reprise et lorsque la dernière subdivision de l'élément auquel elle appartient a dépassé la personne devant laquelle on défile.

En arrivant à 6 pas de la personne à laquelle on rend les honneurs, les officiers qui doivent le salut, d'après le règlement sur le service de place, saluent du sabre ou de l'épée. Ceux qui ne doivent pas le salut, ainsi que les sous-officiers chefs de section ou de peloton, tournent légèrement la tête de son côté, fixent les yeux sur elle en arrivant à sa hauteur, et replacent la tête dans la position directe lorsqu'ils l'ont dépassée de quelques pas.

Le défilé terminé, le commandant des troupes se porte vivement vers la personne à laquelle on rend les honneurs, la salue de l'épée ou du sabre, et se maintient à portée de recevoir ses ordres.

Les défilés des grandes unités s'exécutent généralement comme l'indique la figure page 321 donnée à titre d'indication seulement.

Dans les figures ci-après, les intervalles et les distances sont portés en pas.

RÉGIMENT EN LIGNE DE BATAILLONS EN COLONNE DOUBLE

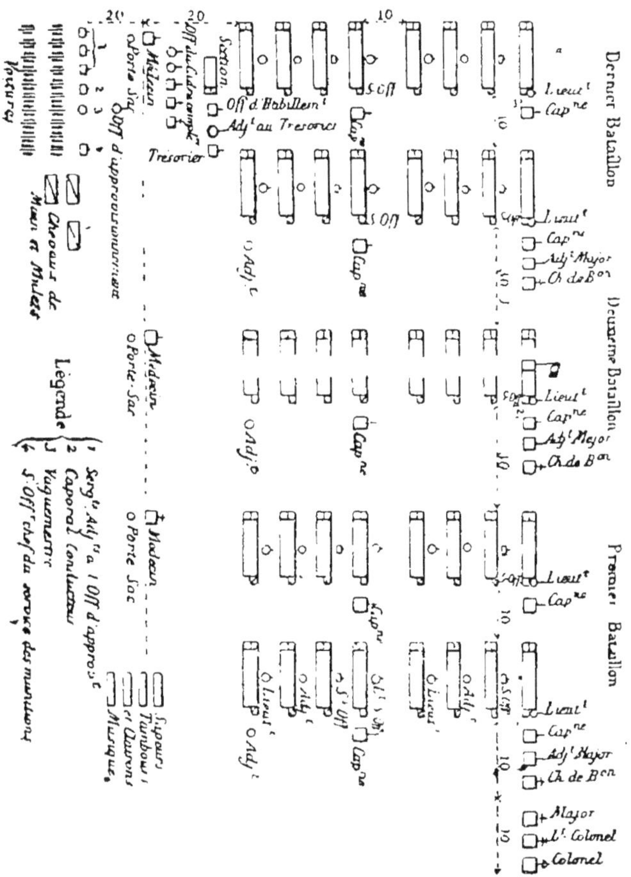

Observations — Les dispositions pour les autres formations sont ana
logues, sauf les modifications suivantes :

Ligne de bataillons en masse — Dans chaque bataillon, les Capitaines
de compagnie sont placés sur le flanc droit, les uns derrière les autres,
à hauteur de leur compagnie.

Ligne déployée — La section hors-rang est placée à 10 pas de la
gauche du régiment sur l'alignement des compagnies. L'Officier d'habil
lement, le Trésorier et son Adjoint, à la droite de la section hors-rang ;
les Officiers du cadre complémentaire ou à la suite, à 6 pas de la gauche
de la section hors-rang sur l'alignement du 1er rang.

DÉFILÉ D'UN RÉGIMENT EN COLONNE DOUBLE

Caporal sapeur

Sapeurs sur 1 rang

Tambour Major

} Tambours

} Clairons

Caisse claire, grosse caisse, cymbales (de la droite à la gauche)

Trombones, trompettes à cylindre, saxtrombas (d'?)

Hautbois, cornets à piston, saxhorns contralto, saxtrombas (d'?)

Chef de musique, flûte, p^{tes} flûtes, petites et grandes clarinettes, hautbois (chef?)

Saxophones

Saxhorns

Colonel

1er et 2e Lieutenants-Colonels et major en arrière à 2 pas à gauche réunis du Colonel du côté opposé au guide

Drapeau et sa garde à 10 pas derrière le Colonel

Chefs Adj^t major du 1er B^on (à 10 pas derrière le drapeau)

Cap^nes de Compagnie du 1er B^on (à 5 pas derrière le Chef de b^on et à 5 pas en avant du centre du B^on)

1er Bataillon

La distance entre les B^ons est de 30 pas

Dernière section du dernier bataillon

Cap^ne d'hab^t, trésorier et son adj^t vis à 10 pas derrière la droite du dernier B^on et à ... devant le centre de la S.H.R.

S.H.R. — Section hors rang

Off du cadre compl^taire ou à la suite à 5 pas derrière la S.H.R.

Médecins à 10 pas derrière la Section hors rang ayant leur porte-sac à 2 pas derrière eux

Officier d'approv^t à 10 pas derrière les médecins

S-Off chef du service des munitions, vaguemestre, caporal cond^r, sergents adjoints à l'Off d'app^t à 5 pas derrière l'O^f d'app^t

Chevaux de main et mulets

Voitures.

Observations — Les dispositions pour le défilé dans les autres formations sont analogues

Dans les formations «par compagnie en ligne déployée» et «en colonne de bataillon» les Capitaines défilent devant le centre de leur compagnie.

Dans la formation par «bataillon en masse», le Chef de Bataillon, l'Adjudant Major et les Commandants de compagnie montés se placent sur un rang, de la droite à la gauche (ou inversement) en avant de la Compagnie de tête du Bataillon Exceptionnellement quand le régiment ne comprendra que 2 bataillons il pourra être formé en une seule colonne dans laquelle toutes les Compagnies seront séparées par une distance de 6 pas Les Lieutenants-Colonels, Chefs de bataillons Adjudants-majors et Commandants de compagnies montés sur un rang comme ci dessus

EXEMPLE DE DÉFILÉ

Sapeurs, tambours, clairons et
musique de la 1re Division

Général de Division

État-Major suivi de l'escorte

Général de Brigade
Officier d'ordonnance

Commandant de Bataillon et Capitaines

Bataillon du Génie à 3 compagnies
(en masse)

Commandant de Bataillon et Capitaines

Bataillon de Chasseurs à 6 C.ies
(même formation)

Colonel Commandant le 1er Régiment
Lt. Colonel Major

Comm.t de B.on, Adj.t major et Cap.ne

1er Bataillon (en masse)

2e Bataillon (même formation)

3e Bataillon

Médecins

Dernier régiment de la dernière division

100m

Trompettes d'Artillerie (1er Régiment)

Général Comm.t la Brigade d'Artillerie
État Major suivi de l'escorte
Colonel, Comm.t le 1er Régiment
Étendard
Commandant de groupe

2 Groupes en colonne serrée (accolés)

Trompettes du 2e Régiment

CHAPITRE IV

RENSEIGNEMENTS DIVERS

I. — **Droit international.**

Hostilités : Les lois de la guerre proscrivent les moyens de nuire barbares ou perfides (il est permis de se servir avant le combat des uniformes, sonneries ou drapeaux ennemis).

Sièges et bombardements : Les belligérants ont le droit de réduire par la force les villes (fortes ou non) qui ne se soumettraient pas de plein gré.

Espions : Aucun officier n'est autorisé à ordonner l'exécution sommaire des individus accusés ou pris en flagrant délit d'espionnage. L'espion ne peut être poursuivi et puni que s'il a été pris sur le fait.

Le *traître* ne doit pas être puni sans jugement préalable.

Le *parlementaire* et ses assistants sont inviolables. Sont généralement accompagnés d'une escorte, plus 1 trompette, et 1 brigadier porteur d'un drapeau blanc qui le précède à 25 pas ; s'arrêter à petite portée des sentinelles ennemies, faire sonner trois appels, remettre ostensiblement le sabre au fourreau, s'avancer suivi du porte-fanion et du trompette.

Blessés : Tout blessé recueilli et soigné dans une maison y servira de sauvegarde ; l'habitant qui aura recueilli chez lui des blessés sera dispensé du logement des troupes.

Morts : Ne jamais inhumer les ennemis décédés sans conserver leur livret ; à défaut, on recueille des renseignements sur leur identité.

II. — **Hygiène des hommes.**

HYGIÈNE

Au cantonnement : Éviter l'entassement ; aération permanente. Éviter les maisons infectées ; entretenir une propreté rigoureuse. Enfouir les détritus et issues. Veiller à la propreté personnelle des hommes ; bains. Se coucher tôt. Ne jamais coucher sur la terre ; se couvrir la tête avec la calotte de coton.

Au camp et au bivouac : Tentes tenues dans le plus grand état de propreté. Le sol ne doit pas être creusé, mais décapé seulement; ne jamais se coucher sur des plantes aromatiques, joncs ou plantes vertes. Feuillées réglementaires. Défense d'uriner auprès des tentes Le bivouac exige de très grandes précautions : se garantir du froid et de l'humidité; la nuit, se tenir les pieds près du feu.

Pendant les marches, précautions générales : Tenir la main à ce que les hommes se reposent entre les marches; ne pas les mettre en route à jeun. Avant de gravir un escarpement, laisser les hommes se reposer; long repos en haut de la montée ou sur le versant opposé; s'abriter du vent.

Marches par le froid : Déjeuner chaud avant le départ; se graisser les pieds, la nuque, la figure. Eviter de se désaltérer avec la neige. Quiconque s'endort sous l'influence du froid ne se réveille plus (123).

Marches par la chaleur : Eviter les marches forcées; partir de bonne heure. Colonne étendue; pauses fréquentes dans des endroits frais et abrités. Garnir les bidons d eau vinaigrée; boire modérément, même frais, n'est pas dangereux si on continue à marcher (123).

Accidents pendant les marches et soins à prendre : Au départ, graisser les pieds; le soir, les laver à l'eau froide. — *Excoriations du pied :* Saupoudrer de tanin ou poudre d'amidon, recouvrir de coton. — *Transpiration excessive des pieds :* Carbonate de magnésie en poudre. — *Ampoule :* La piquer par le côté avec une épingle, recouvrir de pommade composée de 30 grammes d'axonge et 30 grammes de tanin. — *Intertrigo.* Bains, soins de propreté, poudre d'amidon.

Hygiène des pays chauds : Eviter un régime trop substantiel au début. L'acclimatement accompli, revenir graduellement à un régime plus fortifiant; éviter les boissons alcooliques.

Maladies régnantes; précautions à prendre. — *Fièvres :* Employer le sulfate de quinine, dès que l'accès est terminé, et le plus longtemps possible avant l'accès à venir. En automne, on peut atteindre la dose de 1 gramme; au printemps, $0^{gr},5$ par jour; en cas d'accès pernicieux, 2 ou 4 grammes de sulfate de quinine en pilules, lavements ou frictions. Camper sur les hauteurs, éviter de dormir en plein air et de marcher de nuit; régime substantiel; bain froid quotidien; chemises de flanelle; vêtements chauds de laine. — *Diarrhée, dysenterie :* Ceinture de flanelle appliquée sur la peau. Eviter de boire des eaux saumâtres ou stagnantes. Se coucher; la diète au besoin; tenir le ventre et les pieds chauds. Une infusion de thé, camomille, tilleul ou café;

pour faire avorter la maladie, prendre une purgation ; si la diarrhée continue, sous-nitrate de bismuth dans un peu d'eau. — *Ophtalmie :* L'ophtalmie algérienne est contagieuse. En été, s'abriter les yeux avec des visières suffisamment grandes ; lunettes bleues en forme de coquilles pour le sirocco. Se couvrir les yeux la nuit. — *Insolation :* Couvre-nuque blanc, burnous en laine blanche par-dessus les vêtements. — *Scorpions rouges, noirs ou jaunes* (se cachent sous les pierres) : Frictions à l'ammoniaque ou à l'acide phénique : boire un verre d'eau avec 8 à 10 gouttes d'ammoniaque.

PREMIERS SOINS A DONNER AUX BLESSÉS

Empoisonnements : Si l'absorption ne remonte pas à une heure et demie ou deux heures, faire vomir (avec eau tiède ou eau salée : chatouiller la gorge avec le doigt ou une barbe de plume : 2 grammes de poudre d'ipéca ou 10 centigrammes d'émétique dans un demi-verre d'eau tiède).

Ivresse : Abriter l'ivrogne du froid, provoquer les vomissements ; café ou thé avec 10 gouttes d'ammoniaque.

Evanouissements ou syncopes : Desserrer les vêtements. Etendre l'homme dans un endroit frais : ne pas l'asseoir. Arroser le visage avec de l'eau froide, tamponner les tempes avec du vinaigre ou de l'eau salée. Faire respirer du vinaigre, de l'alcali volatil.

Saignement de nez persistant : Comme pour l'évanouissement, mais en faisant prendre la position demi-assis à l'ombre.

Congélation des membres : Placer le malade dans un local froid, couvrir de neige la partie malade et les parties voisines : puis substituer à la neige, d'abord de l'eau mélangée de neige, puis de l'eau ; employer ensuite l'eau tiède, puis essuyer avec des linges secs et envelopper d'autres linges ; enduire ensuite la région gelée avec un corps doux, tel que l'huile douce. S'il se produit des ampoules, ne les vider, par quelques piqûres d'épingle, que lorsque la douleur est violente ; la peau doit rester en place, et l'on couvre la partie malade avec un linge fin enduit d'huile douce.

Brûlures : Mettre la partie brûlée pendant deux ou trois heures dans de l'eau froide renouvelée, ou y appliquer de la graisse douce. Vider les ampoules.

Asphyxie par la chaleur : Dégager les vêtements ; eau froide sur la tête : eau vinaigrée en lavements, ou en faire boire à petites gorgées. **Asphyxie par le froid :** Placer le malade dans une chambre froide, couper les vêtements pour les retirer. Couvrir le corps d'une couche de neige, sauf la bouche et le nez. Quand cette première neige est fondue, en mettre de nouveau. Frotter le corps devenu souple avec du linge trempé dans de l'eau froide. Quand les signes de vie apparaissent, sécher le corps, le coucher dans un lit et dans une chambre non chauffée ; faire boire quelques gorgées d'infusion de camomille tiède. = **Asphyxie par l'eau :** Enlever les vêtements du noyé ; le coucher sur le côté droit, la tête plus élevée que les pieds ; faire sortir l'eau qui se trouve dans la bouche et les narines. Appliquer des briques chaudes aux pieds ; frictionner le corps avec de la flanelle chaude, puis avec un linge trempé dans de l'eau-de-vie camphrée ou dans du vinaigre ; brosser la paume des mains et la plante des pieds avec une brosse rude.

Entorse : Repos absolu, plonger la partie lésée dans l'eau froide.

Hémorragie : Opérer une compression, au-dessous de la blessure si l'hémorragie est veineuse (sang noir, sortant de la plaie en bavant par un jet continu et non saccadé), et au-dessus de la plaie pour une hémorragie artérielle (sang rouge vif, projeté par des saccades régulières intermittentes).

Plaies par armes à feu : Respecter les plaies à la tête, au cou, à la poitrine, au ventre, et ne pas rechercher les projectiles qui les ont produites. S'il n'y a pas d'hémorragie sérieuse, boucher la blessure avec un tampon de charpie trempé dans l'eau froide ou l'eau-de-vie, et appliquer par-dessus une compresse. Ne donner à boire qu'aux blessés qui parlent ; s'en abstenir à l'égard de ceux blessés à la tête, ou qui ont le poumon traversé, afin de ne pas provoquer une hémorragie.

Choléra : Se propage par l'eau : donc ne faire usage que d'eau bouillie ; s'abstenir de légumes aqueux. Porter une ceinture de flanelle. Eviter les grandes fatigues. Isoler les cholériques ; désinfecter les personnes et les objets.

Typhus : Provient de l'infection de l'air par les miasmes humains. Grande propreté de tous les locaux (latrines surtout). Bonne alimentation. Désinfecter les personnes et les objets. Brûler les vêtements des typhiques.

Moyen de faire disparaître rapidement la fatigue musculaire chez l'homme meurtri par une longue marche : — *a)* L'homme se déchausse, si c'est possible ; *b)* il s'étend, à terre, sur le dos, la tête légèrement levée, appuyée sur le sac ; *c)* il lève les jambes de façon à former un angle droit avec le corps, en appuyant les pieds contre un arbre, un mur, contre les pieds d'autres camarades dans la même attitude, etc.; *d*) dans cette position, on lui fait exécuter une série de mouvements rapides et à fond, des doigts de pied, du cou-de-pied, et. si possible, du genou; *e*) ces mouvements doivent être exécutés pendant cinq, dix, quinze minutes.

Le résultat est immédiat. La gêne articulaire, la courbature musculaire, la meurtrissure, l'impotence douloureuse, disparaissent par enchantement. L'homme est de nouveau dispos, prêt pour un nouvel effort.

Au premier essai, les soldats se plient, en maugréant, à la gymnastique préconisée. A la seconde expérience, il est inutile de les y inviter. Le résultat est tel que les plus récalcitrants se rendent à l'évidence.

Si l'homme n'a pas le temps de se déchausser, le résultat est moins bon, mais il est encore fort appréciable.

DÉSINFECTION

Air : Répandre sur le sol : poudre de charbon, chlorure de chaux, solution phéniquée. = **Vêtements :** Les faire passer dans des étuves (120 degrés). = **Hommes :** Grande propreté (bains, douches). = **Latrines :** Y verser chaque jour : solution de lait de chaux, ou de sulfate de fer ou de cuivre, ou de crésyl ou y déverser de l'huile lourde de houille. = **Eau** (*a*).

III. — Hygiène des animaux.

HYGIÈNE

Alimentation des chevaux : La nourriture donnée au cheval immédiatement avant le travail est perdue : réserver pour le soir la presque totalité de la ration. Ne donner le matin, avant le départ, qu'une

---

(*a*) Improviser des filtres au moyen de tonneaux. Ces tonneaux sont nettoyés, la surface interne légèrement carbonisée ; on les remplit à moitié de graviers de plus en plus fin, recouverts d'une couche de sable (interposer entre les couches de gravier un lit de charbon de bois en menus fragments) (Ancienne instruction sur les travaux de campagne du 15 novembre 1892.)

Procédés chimiques d'épuration des eaux : On peut donner la préférence au procédé du professeur Vaillard, basé sur l'emploi de l'iodate ioduré de soude. A cet effet on se sert de 3 comprimés de couleurs différentes dosés pour 10 litres (1 comprimé d'iodate de soude ioduré, 1 d'acide tartrique, 1 d'hyposulfite de soude). On jette les 2 premiers comprimés dans l'eau ; l'iode se dégage, l'eau se colore en jaune brun ; après dix minutes, on ajoute le comprimé d'hyposulfite qui réduit l'iode en excès.

A défaut de ce procédé, on peut recommander l'épuration par le permanganate de potasse (filtre Lapeyrère), ou le permanganate de chaux (filtre Lutèce). (D'après *La Guerre dans les Colonies*, lieutenant-colonel DITTE.)

poignée de fourrage; réserver un quart de la ration d'avoine pour la donner dans la journée à une halte ou à l'arrivée au cantonnement. Faire boire le matin avant le départ, le soir avant de donner la ration. Il est bon de faire très légèrement rafraîchir les chevaux pendant les marches, à condition de les remettre immédiatement en mouvement.

Soins à donner aux chevaux en route : Une halte de quelque temps après le départ est nécessaire pour laisser uriner les chevaux; resserrer sangles, rajuster harnachement et paquetage; visiter les pieds. A l'étape éponger les yeux, naseaux; desseller au plus tôt une heure après l'arrivée. Si le dos est humide de sueur, sécher par un bon bouchonnage. Ne jamais négliger les pansages : ils délassent les chevaux et préviennent les maladies de peau. Visiter la ferrure tous les jours. Fréquemment des bains de rivière.

PREMIERS SOINS A DONNER A UN CHEVAL
MALADE OU BLESSÉ

Blessures par le harnachement. *Tumeur :* Lotions d'eau fraîche acidulée; appliquer sur la tumeur éponge ou gazon imbibé de vinaigre, que l'on recouvre de paille; serrer le tout avec un surfaix. — *Plaie :* Laver à l'eau fraîche, à l'eau blanche.

Coup de pied : Bains d'eau courante, douches.

Prise de longe : Couper le poil sur la blessure, bains et cataplasmes émollients. Quand l'engorgement a diminué, employer extrait de saturne.

Crevasses : Couper le poil, graisser avec du suif, savonner; éviter boue ou eau vaseuse.

Cheval couronné : Bains d'eau courante :

Efforts de boulet, de tendons : Bains froids, douches.

Clou de rue : Déferrer, parer le pied à fond, bien amincir la sole autour de la blessure et mettre le fond de la lésion à découvert. Panser avec étoupes imbibées d'aloès. Ferrer avec un fer à plaque et mettre à l'eau.

Fatigue : Bains d'eau courante, barbotages.

Coliques : Le cheval s'agite, regarde ses flancs, gratte avec ses pieds de devant, se campe pour uriner, bat ses flancs avec sa queue, est mouillé, se couche et se roule. Bouchonner vigoureusement, couvrir, promener au pas, lavement d'eau de son, faire boire chaud.

CHAPITRE V

TRAVAUX DE CAMPAGNE

Considérations sur le but et l'emploi de la fortification de champ de bataille.

(Instruction du 24 octobre 1906 modifiée le 28 octobre 1911.)

BUT DE LA FORTIFICATION DE CHAMP DE BATAILLE.

Fournir au soldat le moyen de se couvrir contre les coups, sans être gêné dans l'emploi de son arme. Elle constitue un facteur direct de l'économie des forces, en diminuant les pertes de la troupe qui l'emploie. *Son emploi reste subordonné à l'application des règles générales du combat.* Dans l'offensive, *elle ne doit jamais entraver le mouvement en avant,* mais au contraire, servir à amener, à bonne distance de l'ennemi, des hommes physiquement et moralement capables de combattre. Les travaux que comporte cet emploi de la fortification doivent, dès lors, consister dans des aménagements *momentanés* du terrain: leur importance est déterminée par les circonstances générales du combat, sans jamais diminuer l'aptitude des troupes au mouvement. La fortification de champ de bataille se divise en *fortification de campagne légère* et en *fortification de campagne renforcée.* La première intéresse plus particulièrement les troupes d'infanterie, elle comprend : l'utilisation des couverts et obstacles du sol, au moyen de travaux élémentaires, la construction des masques protecteurs en terre, la construction des tranchées. A ces travaux s'ajoutent l'ouverture des communications, les organisations du terrain ainsi que les destructions effectuées par les troupes, soit pour faciliter leur mouvement et améliorer leur tir, soit pour gêner la marche de l'adversaire. Enfin, l'infanterie doit être à même d'exécuter, sans attendre les troupes du génie, les travaux les plus simples de la fortification de campagne renforcée pour l'exécution desquels elle emploie des outils d'un modèle plus fort que les outils portatifs.

EMPLOI DE LA FORTIFICATION DANS LES DIVERSES CIRCONSTANCES DU COMBAT.

L'offensive implique le mouvement en avant, seul décisif; aussitôt ce mouvement suspendu, soit volontairement, soit parce que les circonstances l'exigent, la défensive se substitue forcément à l'offensive. C'est au cours de ces arrêts prévus ou imprévus que la fortification intervient pour augmenter la capacité *de résistance de l'infanterie.* Dans sa progression en avant, l'infanterie aura donc de fréquentes occasions de mettre en état de défense certains points du terrain, d'organiser les couverts ou obstacles enlevés à l'ennemi ou atteints dans sa marche, et qu'elle voudra *conserver.* Quant au degré de protection qu'on devra rechercher au moyen des travaux de fortification, il dépendra des circonstances du combat, de la durée de stationnement aux points d'arrêt, des outils, de la nature du sol, de la fatigue plus ou moins grande et, enfin, des difficultés qui se présenteront pour créer et compléter un couvert sous le feu de l'ennemi.

Offensive

Opérations préliminaires. — L'avant-garde aura fréquemment à organiser les points d'appui qu'elle aura occupés. L'importance des travaux dépendra du rôle tactique assigné à l'avant-garde et du temps pendant lequel elle doit rester dans un isolement relatif. Parfois ils ne consisteront qu'en quelques tranchées réunissant les accidents du sol ; dans d'autres cas, ils comprendront une organisation méthodique complète des points d'appui, au moyen de toutes les ressources en outils de différentes natures dont dispose l'avant-garde.

Toutefois, dans l'organisation d'un point d'appui, tenir compte de la manière dont il peut être battu par l'artillerie.

Marches d'approche. — Les troupes auront à faire usage de leurs outils et, parfois, des moyens de destruction dont elles disposent pour faciliter la marche des colonnes : créer des pistes, ouvrir des débouchés, improviser des moyens de passage, etc.

Mouvement en avant. — Chaque groupe autonome, cherchant dans sa marche en avant à utiliser aussi complètement que possible le terrain pour cheminer à l'abri aura de nombreuses occasions d'effectuer des travaux sommaires : tantôt percer une haie, détruire un obstacle (barrière, barricade, clôture en fil de fer, etc.), improviser un point de passage sur un fossé ou un petit cours d'eau ; tantôt améliorer les couverts existants pour se dérober aux vues de l'ennemi ou se protéger des coups de l'infanterie ou de l'artillerie adverses. On utilisera les outils portatifs et même, dans certains cas, les outils de grand modèle, si on a pu les amener à pied d'œuvre.

Combat. — Après l'ouverture du feu, pendant que la marche s'effectue par bonds successifs, les hommes, à chaque arrêt, viendront, en général, se pelotonner derrière les accidents du sol. Les moindres abris attireront les combattants ; fréquemment ces couverts se présenteront dans des conditions désavantageuses pour les occupants. Dans certains cas, le couvert sera de dimensions trop restreintes pour contenir et protéger efficacement tous les hommes du groupe, ou bien encore sa disposition ne permettra pas aux tireurs de faire commodément usage de leurs armes ou encore, en avant du couvert, une légère dépression, des touffes d'herbe, empêcheront de viser, etc. Les hommes du groupe, sous la direction de l'un d'entre eux, gradé ou non (qui se sera fait suivre derrière le couvert occupé), devront coordonner leurs efforts pour améliorer le couvert au moyen de leurs outils individuels. Dans d'autres cas, le groupe aura à constituer de toutes pièces, au moyen de ses outils portatifs, un masque protecteur en terre, sur les points du terrain dépourvus de couverts naturels et où il aura été forcé de s'arrêter, soit par suite de l'intensité du feu, soit pour reprendre haleine à la suite d'une progression déjà pénible. Tous ces travaux s'effectueront, en général, dans l'attitude couchée : souvent, certains hommes y participeront pendant que les autres tireront. Aux distances rapprochées du combat, lorsque la progression, même par petites fractions, ne sera plus possible, les hommes de la ligne de combat obligés de s'arrêter se creuseront des abris dans le sol, soit individuellement, soit par camarades de combat, à moins qu'ils ne rencontrent quelque accident du sol où ils puissent s'accrocher. Ces abris consisteront le plus généralement en de simples trous dont la terre du déblai, rejetée du côté de l'ennemi, formera un bourrelet protégeant au moins la tête de chaque tireur. Si l'arrêt se prolonge, les tireurs amélioreront progressivement les couverts rudimentaires ainsi créés et, s'il y a lieu, raccorderont leurs travaux partiels avec ceux des groupes les plus voisins, de manière à participer au travail d'ensemble de ces groupes. Pendant la progression du mouvement offensif général, les troupes de renfort s'efforceront de consolider les points d'appui dont l'organisation aura été ébauchée par les troupes engagées, au fur et à mesure que les progrès de l'action les y amèneront.

Assaut. — Enfin, les troupes destinées à donner l'assaut utiliseront tous les cheminements défilés et tous les couverts que fournit le terrain ; elles déblaieront les voies à suivre, ouvriront des passages à travers les obstacles naturels ou artificiels qui gêneraient la marche, improviseront des dispositifs de franchissement, etc. : chaque fois qu'on le pourra, elles seront aidées dans ces travaux par des troupes du génie.

Poursuite. — Pendant la poursuite, et après le rétablissement de l'ordre, l'infanterie organisera solidement le terrain conquis.

Rupture du combat. — Quand l'infanterie devra rompre le combat, elle exécutera son mouvement de repli sous la protection de troupes fraîches qui auront organisé une position en arrière, en ayant soin de mettre à profit les couverts déjà créés ou aménagés.

Défensive

Les travaux dépendront uniquement du but que l'on se propose, du terrain choisi, du temps dont on dispose et des ressources en travailleurs et en outils de tout genre. Les positions successives de résistance seront constituées au moyen de points d'appui organisés par les troupes chargées de les défendre. On utilisera fréquemment les villages et les bois de faible étendue; leur organisation sera complétée par des tranchées et des aménagements d'obstacles naturels. Aux ailes, à défaut de point d'appui naturel, on recourra à des tranchées à profil renforcé. L'infanterie construira les tranchées pour tireur debout, et suppléera, en cas de besoin, le génie pour la construction des tranchées plus importantes. Sur certains points, dont le défenseur doit conserver à tout prix la possession, on accroîtra la valeur défensive de l'organisation en y faisant aménager les obstacles passifs naturels ou en créant des obstacles artificiels (abatis); on contiendra l'assaillant le plus longtemps possible sans engager trop de troupes, en battant par des feux les abords de ces obstacles. On pourra faire usage de la fortification pour abriter, dans leur position d'attente, les troupes destinées à la contre-attaque: on utilisera, à cet effet, tous les mouvements de terrain qui s'y prêteront, et, à leur défaut, on organisera des couverts artificiels consistant le plus souvent en tranchées. On aura toujours soin de dégager les couloirs qui peuvent favoriser le mouvement d'offensive de ces troupes, ainsi que les cheminements défilés conduisant aux positions de repli. L'organisation de ces positions de repli comportera, outre la constitution de points d'appui solides :

1° Des travaux pour dégager les débouchés en arrière et créer des voies de retraite nouvelles obtenues (construction sur les coupures du terrain ou les ruisseaux, de ponceaux, de passerelles);

2° La préparation des travaux de destruction ou d'obstruction destinés à interdire à l'ennemi les mêmes voies de retraite, et à retarder sa marche.

Dans le cas où l'on fait occuper, par des détachements poussés en avant, certains points situés sur les abords du terrain à défendre, on assure l'occupation de ces points par l'aménagement des accidents naturels du terrain, ou, à leur défaut, par la construction de tranchées. Il est avantageux pour ces détachements d'occuper les localités de faible étendue, les grandes fermes, les maisons isolées, les petits bouquets de bois, parce que leur mise en état de défense peut être rapidement exécutée et qu'ils exigent un petit nombre de défenseurs. La retraite de ces détachements sera préparée par la reconnaissance des itinéraires à suivre et par l'enlèvement des obstacles qui gêneraient les mouvements des troupes ; elle sera assurée, à défaut d'accidents du sol, permettant de s'arrêter face à l'ennemi, par la construction d'éléments de tranchées convenablement orientés.

Dans l'organisation d'un champ de bataille défensif, il y a lieu, sur chacun des points qui doivent être mis en état de défense, d'effectuer les travaux dans l'ordre d'urgence ci-après : 1° Travaux ayant pour but de faciliter l'action du feu : dégagement du champ de tir ; repérage des distances (travaux difficiles à exécuter en présence de l'ennemi); 2° Création de couverts contre les feux et les vues ; 3° Travaux de communication ; 4° Travaux complémentaires concernant la création des obstacles à opposer à la marche de l'ennemi, l'interdiction de certains points de passage, la construction de défenses accessoires, de fausses tranchées, etc.

II. — Utilisation des couverts et obstacles du sol, construction de masques individuels et de tranchées, organisation des points d'appui.

ORGANISATION INDIVIDUELLE DES OBSTACLES ET COUVERTS EXISTANT SUR LE SOL. CONSTRUCTION DE MASQUES (travail individuel).

Au combat, le tirailleur utilisera les obstacles naturels du sol pour se protéger contre le feu de l'ennemi. Il se trouvera ainsi amené à créer, à compléter ou aménager des couverts et à exécuter certains travaux destinés à faciliter son tir. Dans ce cas, se conformer aux principes ci-après :

« Constituer ou compléter le couvert avec les matériaux que l'homme trouvera à sa portée : terre, sable, fagots, pierres, etc. — Aménager le couvert de manière que l'homme soit à la fois abrité et bien placé pour tirer. — Modifier le moins possible l'aspect des accidents du sol organisés. — Pour être bien protégé, l'homme doit se tenir aussi près que possible du couvert. — La position de tir (assise, à genou ou couchée) dépendra de la hauteur de la masse couvrante; une des positions les plus commodes, qui découvre le moins l'ensemble des parties du corps consiste à s'asseoir de biais pour tirer (la jambe gauche reposant un peu sur la banquette entaillée par l'homme) ou à mettre un genou sur la banquette, si celle-ci est assez basse pour qu'étant assis l'homme soit couvert. »

Exemples d'aménagements sommaires individuels établis derrière des arbres, arbustes ou branchages.

Tronc d'arbre couché (fagot ou branchages) dont le niveau se trouve, au maximum, à 0ᵐ,30 au-dessus du sol.

Utilisation du couvert sans aménagement.

Amélioration progressive du couvert.

1ʳᵉ PÉRIODE.

2ᵉ PÉRIODE.

Tronc d'arbre couché dont le dessus se trouve à plus de 0ᵐ,30 au-dessus du sol ou haie.

...ganiser un masque à droite et contre le couvert (à 0ᵐ,30 en arrière).

Amélioration progressive du couvert.

1ʳᵉ PÉRIODE.

2ᵉ PÉRIODE.

3ᵉ PÉRIODE.

NOTA. — Le bois ne donnant pas une protection suffisante contre la balle, il convient de renforcer cet obstacle par un masque de terre, tout en profitant du couvert qu'il peut fournir.

Exemples d'aménagements sommaires individuels établis derrière des pierres ou amas de pierres.

Amas de pierres dont le dessus se trouve au maximum à 0ᵐ,30 au-dessus du sol.

1ʳᵉ PÉRIODE.

2ᵉ PÉRIODE.

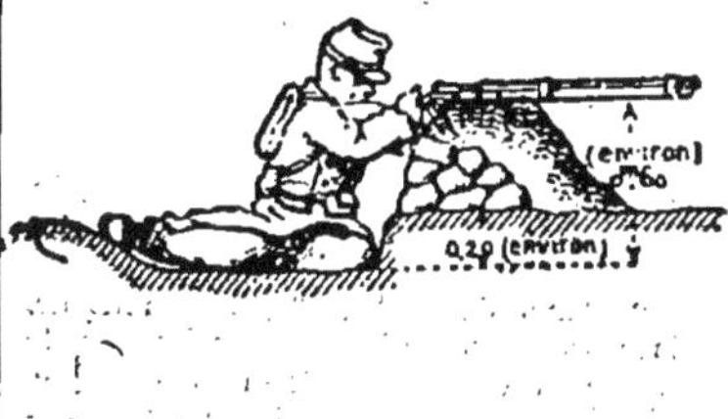

Amas de pierres ou pierres isolées (pierres de taille, borne, etc.) ayant plus de 0ᵐ,30 de hauteur au-dessus du sol.

Aménagement pour tir à droite du couvert.   Aménagement pour tir par-dessus le couvert.

L'aménagement ci-dessus peut comporter la progression indiquée au sujet d'un aménagement établi derrière un tronc d'arbre de plus de 0ᵐ,30 de hauteur.

NOTA. — Quand on établit un aménagement derrière des pierres, on doit, toutes les fois qu'il est possible, recouvrir celles-ci d'une mince couche de terre ; on évite ainsi des éclats dangereux qui peuvent se produire sous le choc des balles

Exemples d'aménagements sommaires individuels établis derrière un sillon, une crête, un amas de sable ou de terre.

1° Dos d'âne, sillons ou sommet d'une crête terminant une pente douce.

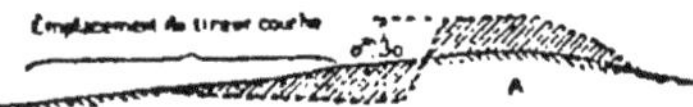

Creuser le sol aussi près que possible de la crête A du sillon, de la façon indiquée pour l'aménagement établi derrière un tronc d'arbre ayant plus de 0ᵐ,30 de hauteur.

2° Sillons courts.

Prendre la terre entre deux sillons A et B pour surélever la terre entre les sillons B et C et combler le sillon C. Continuer ensuite comme 1° ci-dessus.

3° Murette en terre ou amas de terre ou de sable.

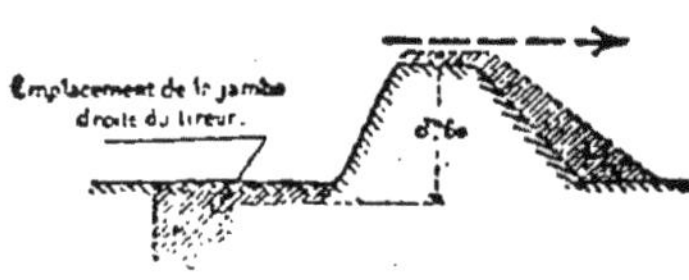

(A) Amas de plus de 0ᵐ60 de hauteur. (Opérer comme il est indiqué pour l'exécution d'un aménagement derrière un amas de pierre.)

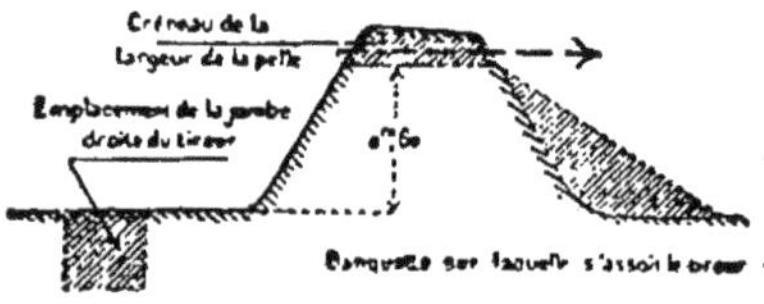

(B) Amas de plus de 0ᵐ,60 de hauteur. (Pratiquer un créneau dans le tas de terre en se montrant le moins possible. Améliorer la position de tir en pratiquant un logement pour la jambe droite.)

Exemple d'exécution d'une tranchée par deux camarades de combat.

Coupe par le milieu de F'.
2ᵉ PÉRIODE.

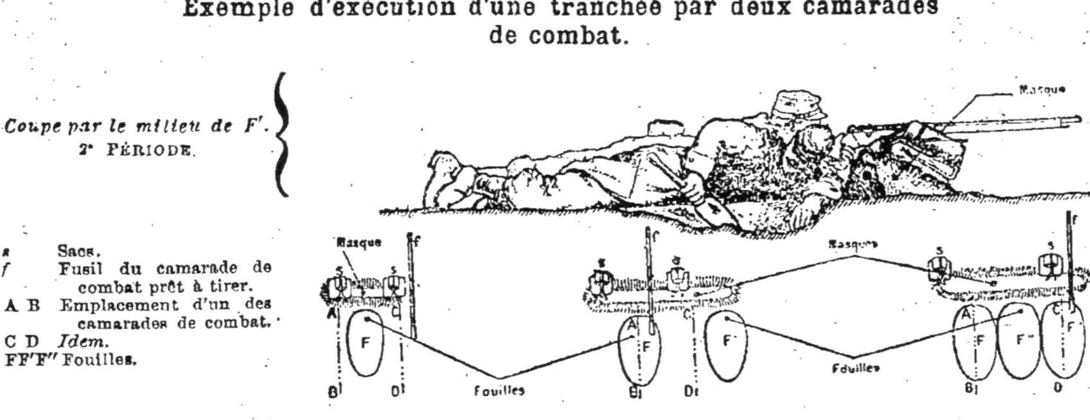

s   Sacs.
f   Fusil du camarade de combat prêt à tirer.
A B   Emplacement d'un des camarades de combat.
C D   *Idem.*
FF'F'' Fouilles.

1ʳᵉ PÉRIODE. (Plan.)

A B creuse en F et constitue un masque entre les deux sacs *s* et *s*.

2ᵉ PÉRIODE. (Plan.)

A B est prêt à tirer dans F; C D creuse le sol en F' et constitue un masque à droite de son sac pour prolonger le masque précédent.

3ᵉ PÉRIODE. (Plan.)

A B travaille de nouveau et creuse le sol en F'' entre F et F', il épaissit le masque; C D est prêt à tirer dans F', il rapproche son sac de son côté.

4ᵉ PÉRIODE et suivantes.

Les deux camarades de combat travaillent et tirent alternativement, ils se redressent peu à peu à mesure que l'abri donné par le masque et la fouille augmente de hauteur.

ORGANISATION D'ENSEMBLE DES COUVERTS ET ACCIDENTS DU SOL (travail du groupe).

Le travail du groupe consiste à réunir et à coordonner, sous la direction du chef de groupe, les travaux individuels, en vue d'un aménagement d'ensemble. Ce travail s'exécute d'après les principes adoptés pour le travail individuel; on se rapproche, en outre, autant que possible, des indications ci-après pour l'aménagement d'ensemble et l'utilisation des couverts et obstacles, qui se trouvent le plus fréquemment sur le sol.

Levées de terre, ressauts de terrain, chemins en déblai, fossés secs, etc.

Tailler une banquette permettant de tirer commodément.

Dans le cas d'une route très encaissée ou d'un fossé d'une certaine profondeur, préparer de distance en distance des gradins pour permettre aux occupants de se porter facilement en avant.

Fossés pleins d'eau, canaux, ruisseaux, etc.

Les utiliser comme obstacles et aménager en arrière d'eux, sur la rive qu'on occupe, un couvert avec banquette de tir, d'où l'on découvre bien le terrain de la rive opposée.

Haies, clôtures en bois

Creuser en arrière une tranchée dont les terres sont appuyées contre la clôture; pratiquer dans celle-ci des éclaircies ou des ouvertures pour donner des vues ou faciliter le tir.

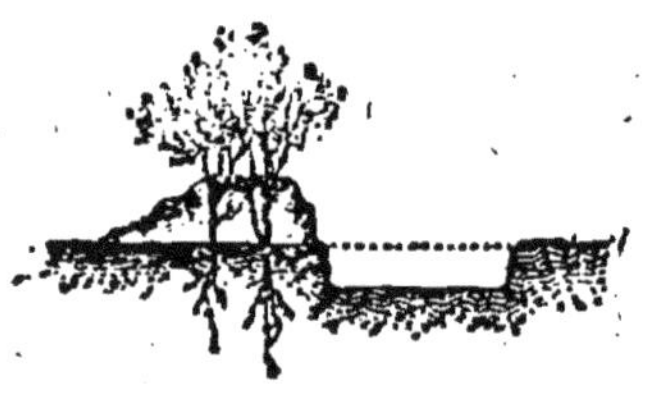

Si la haie est peu élevée, approfondir la tranchée sans donner au parapet une hauteur supérieure à celle de la haie qui doit le masquer.

Lisière de bois, abatis

Pour une lisière de bois à laquelle on doit s'efforcer de laisser son aspect naturel, conserver sur une certaine largeur, les arbres et les arbustes, en les élaguant de façon à dégager le champ de tir des tireurs occupant la lisière. En arrière de cette bande, abattre le taillis et les petits arbres, pour créer une allée de 4 à 5 mètres

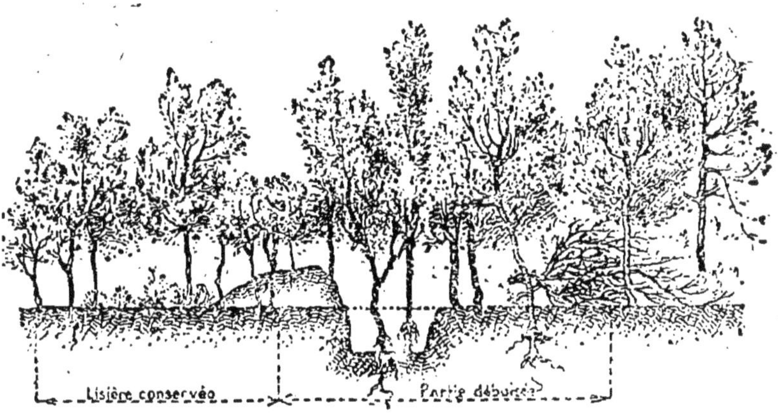

de largeur praticable aux piétons. Construire une tranchée derrière le rideau d'arbres laissé en lisière, ou faire l'organisation indiquée pour une haie. Si, à cause des racines, on ne peut approfondir le terrain, établir le parapet en remblai, en enlevant la terre meuble à la surface du sol. Les bois taillis en lisière servent à dissimuler plus complètement le parapet. Pratiquer des abattis sur les parties de la lisière non utilisées pour le tir, qu'on veut transformer en obstacles passifs. Pour constituer les abatis, faire tomber normalement, à la lisière, les arbres de petite et de moyenne grosseur, sans les séparer complètement du tronc ; entrelacer les branches et les relier entre elles avec des harts si l'on a le temps.

Murs

On met un mur en état de défense par un des procédés suivants :

S'ils sont peu élevés :

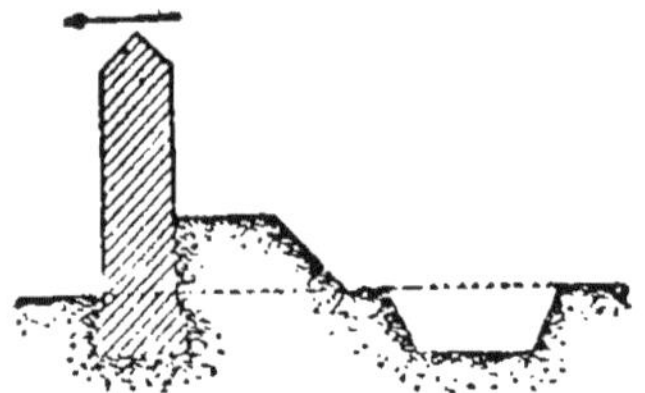

Lorsque leur hauteur l'exige :

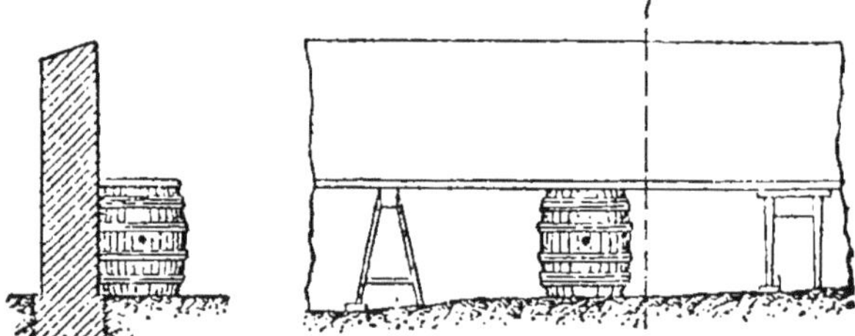

A défaut de matériaux, on écrète les murs ou on y pratique des créneaux.

Grilles

Les grilles constituent un obstacle très sérieux, mais leur soubassement, généralement peu élevé, ne donne

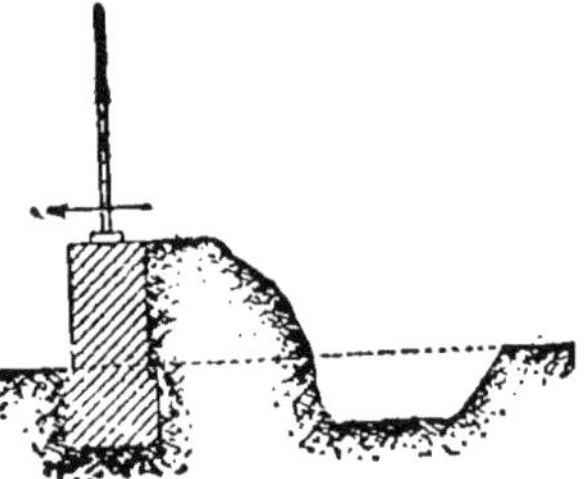

pas toujours un couvert suffisant : dans ce cas, on utilise cependant le soubassement pour le tir, en creusant un fossé en arrière.

BARRICADES (a).

ORGANISATION DES POINTS D'APPUI

Principe de l'organisation d'un point d'appui

L'organisation d'un point d'appui doit toujours avoir un but conforme aux nécessités de la situation. Il en résulte que les travaux de défense sont toujours subordonnés à la répartition des défenseurs et au rôle qu'ils sont appelés à jouer, d'après les dispositions arrêtées par le commandant des troupes du point d'appui.

Coopération des troupes d'infanterie et du génie

En principe, les diverses unités d'infanterie construisent elles-mêmes, soit avec leurs propres outils, soit avec les outils de complément des prolonges d'outils mis à leur disposition par les parcs du génie, les retranchements à faible profil (de la fortification de campagne légère ou renforcée) qu'elles sont chargées de défendre et organisent les couverts ou obstacles qu'elles sont appelées à occuper. Les troupes du génie exécutent, en principe, les retranchements à fort profil (fortification de campagne renforcée), construisent des abris, établissent les défenses accessoires, organisent les réduits, créent des points de passage à travers les obstacles, améliorent les communications, procèdent aux destructions importantes et, en général, à tous les travaux qui exigent des connaissances techniques spéciales.

Les fractions d'infanterie, mises éventuellement à la disposition des troupes du génie pour l'exécution de certains travaux spéciaux, restent toujours sous les ordres directs de leurs propres cadres ; pour la conduite du travail, ceux-ci reçoivent des ordres ou des indications, suivant le cas, des officiers ou des gradés commandant la fraction du génie avec laquelle ils doivent opérer.

(a) *Barricader une issue avec une voiture :* On place la voiture en travers en ayant soin d'enlever les roues d'un même côté. *Barricader un pont en laissant un passage :* Prendre deux voitures ; placer la première au milieu du pont de manière qu'elle touche le côté droit du pont et laisser un petit passage sur le côté gauche ; placer la deuxième en arrière de manière qu'elle touche le côté gauche et laisse un petit passage sur le côté droit ; puis enlever les roues des deux voitures d'un même côté. (Général PIERRON.)

Organisation méthodique d'un point d'appui

(Règl' de man., n° 274)

Exige avant l'exécution proprement dite du travail : 1° la détermination du détail des travaux à exécuter (après reconnaissance et établissement d'un plan d'ensemble) ; 2° la distribution des outils des voitures, s'il y a lieu ; 3° la conduite des différentes fractions de troupes à l'emplacement du travail à exécuter.

1° La détermination du détail des travaux à exécuter se fait au cours de la reconnaissance qu'effectue le *commandant des troupes d'infanterie* chargé de la défense du point d'appui, accompagné

a) Des représentants des diverses unités d'infanterie qui doivent participer à ces travaux ; *b*) du commandant des troupes du génie, adjointes à ces unités. Le commandant des troupes chargées de la défense du point d'appui arrête les travaux à exécuter; il est *seul responsable du choix des emplacements à occuper et de la répartition des défenseurs.*

2° Dans le cas où il est nécessaire de commencer les travaux sans retard, il y a intérêt à ce que les commandants des unités se fassent accompagner, pendant la reconnaissance, de plantons qui communiquent à ces unités les ordres nécessaires pour la distribution de ces outils.

3° Dès que le commandant des troupes qui constituent la garnison du point d'appui a arrêté ses dispositions, les officiers chargés avec leurs unités de la mise en état de défense des divers éléments du point d'appui, se rendent compte des travaux nécessaires, déterminent l'assiette et le tracé des tranchées, indiquent les couverts naturels du sol à aménager, et font ensuite conduire leur troupe à l'emplacement des travaux, en prenant, s'il y a lieu, toutes les précautions nécessaires pour dissimuler leur marche.

TRANCHÉES DE FORTIFICATION
DE CAMPAGNE LÉGÈRE
A L'USAGE DES TROUPES D'INFANTERIE

EXÉCUTION DES TRANCHÉES

Tracé sur le terrain.

L'emplacement des tranchées est choisi de manière à permettre de bien voir le terrain en avant et à battre efficacement la portion du sol qui précède immédiatement la tranchée (a). L'emplacement le plus avantageux est celui qui, tout en remplissant ces conditions, est soustrait aux vues de l'artillerie ennemie.

Le tracé des tranchées doit s'adapter aux formes du terrain; on ne s'astreint pas à le composer de portions droites, mais ses différentes parties doivent être sensiblement normales à la direction du tir; on cherche à utiliser les couverts et les obstacles existants pour réduire le travail; les tranchées construites pour donner des feux de flancs, doivent être soigneusement dissimulées aux vues de l'ennemi, afin d'échapper, autant que possible, aux coups d'enfilade et d'écharpe.

Profils.

Les profils de fortification de campagne légère, indiqués ci-après, se prêtent à une construction *progressive;* on peut passer d'un profil au suivant, sans remanier aucune partie du terrassement déjà fait; ils sont utilisables, quel que soit le degré d'avancement du travail.

La durée d'exécution (b) varie dans de larges limites : elle dépend de l'état de fatigue des travailleurs et des circonstances matérielles dans lesquelles ils opèrent.

(a) A cet effet, l'officier chargé du tracé place l'œil à la même hauteur que celui du tireur supposé dans la tranchée et détermine ainsi les points qui donnent le champ de tir le plus étendu dans la zone à battre.

(b) Lorsque, en terrain défilé, on aura à organiser des tranchées d'un certain développement, en particulier pour abriter des réserves on pourra, si l'on dispose d'une charrue, s'en servir pour ameublir le sol.

TRANCHÉE POUR TIREUR ASSIS

Durée d'exécution : 22' à 1 h. — S'exécute avec des outils portatifs.

Circonstance d'emploi. — 1° La tranchée pour tireur assis est la première période d'exécution d'une tranchée de fortification de campagne légère, faite *méthodiquement* par un *groupe ;*

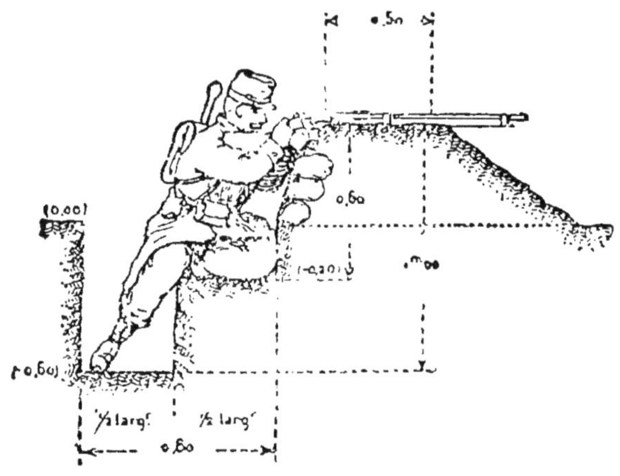

2° C'est également le profil de l'élément de tranchée que deux camarades de combat, dans la nécessité de se couvrir, doivent s'efforcer de réaliser ; ils travaillent à cet effet alternativement en partant de l'attitude couchée, commencent par créer en avant d'eux un bourrelet de terre (*masque*), augmentent ensuite progressivement les dimensions de ce masque et se relèvent au fur et à mesure que le couvert le permet.

Le *masque pour tireur couché* et la tranchée pour *tireur assis* ont le caractère de retranchement *individuel*, particulièrement utilisable dans l'offensive.

TRANCHÉE POUR TIREUR A GENOUX

Durée totale d'exécution : 30' à 1'30. — S'exécute avec des outils portatifs.

Position d'attente

On passe de la *tranchée pour tireur assis* à la *tranchée pour tireur à genoux*, en enlevant la terre de la banquette A et la jetant en B, en avant du parapet, pour l'épaissir; la transformation demande de 10 à 30 minutes.

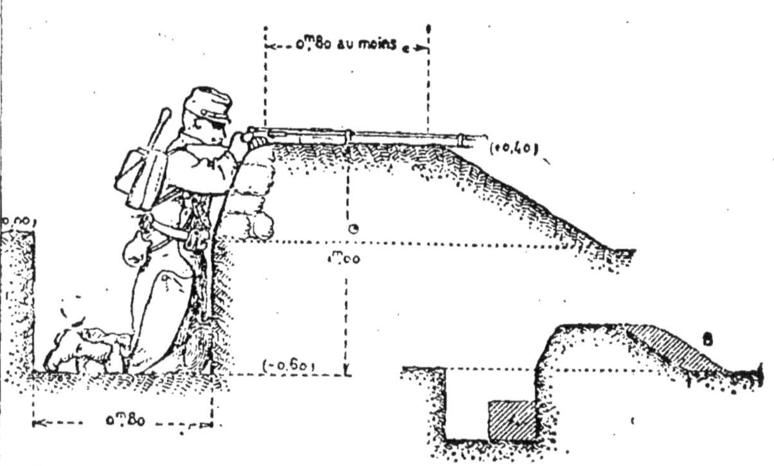

Circonstance d'emploi. — La tranchée pour tireur à genoux exige, en principe, un travail méthodique; elle remplit intégralement les conditions de protection exigées pour le tir et la position d'attente.

Il convient de s'efforcer de la réaliser dans le cas où il est nécessaire de tenir le terrain pendant un certain temps.

TRANCHÉE POUR TIREUR DEBOUT

Durée totale d'exécution : 1^h15 à 2^h30.
S'exécute en principe avec des outils de grand modèle.

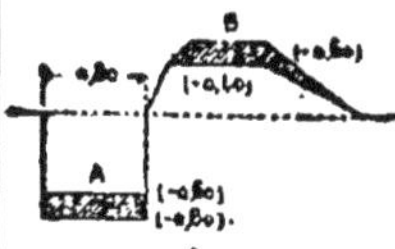

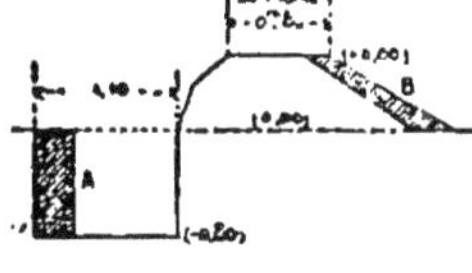

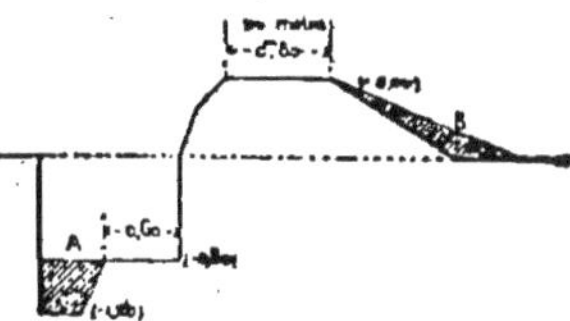

1ʳᵉ PHASE
(15 à 40 minutes).

Approfondir en A et jeter les terres en B.
(On peut alors tirer dans la position debout.)

2ᵉ PHASE.
(15 à 40 minutes).

Elargir en A et jeter les terres en B.
(Protection complète contre les balles et les éclats de projectiles).

3ᵉ PHASE.
(15 à 40 minutes).

Creuser en A et jeter le déblai en B.
(Aménagement pour la position d'attente.)

On passe de la tranchée pour *tireur à genoux* à la tranchée pour *tireur debout* en trois phases de travail, comme l'indiquent les figures ci-après.

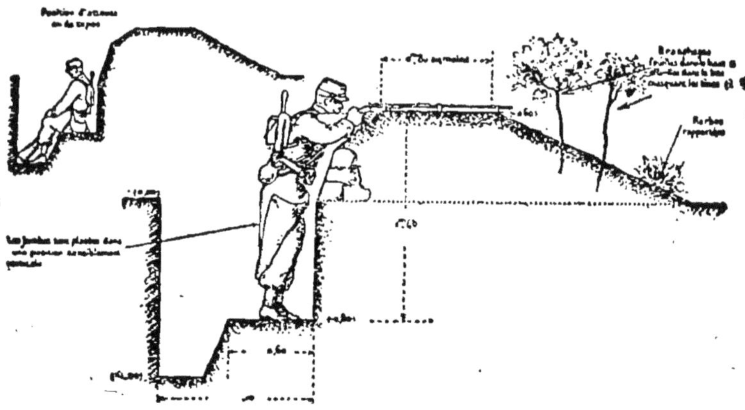

Circonstance d'emploi. — La tranchée pour tireur debout est l'ouvrage de fortification de campagne légère le plus complet; elle est employée lorsqu'il est nécessaire de se fixer solidement sur le terrain : par exemple dans le cas de combat défensif ou d'occupation d'un terrain conquis.

Aménagements individuels.

Quand les tireurs viennent occuper une tranchée, chacun d'eux aménage son emplacement; à cet effet :

Abaisser ou surélever légèrement, s'il y a lieu, le niveau du fond de la tranchée ou de la banquette de tir suivant la taille de l'homme. — Pratiquer sur la plongée avec le manche de l'outil ou la crosse du fusil une petite échancrure pour placer l'arme.

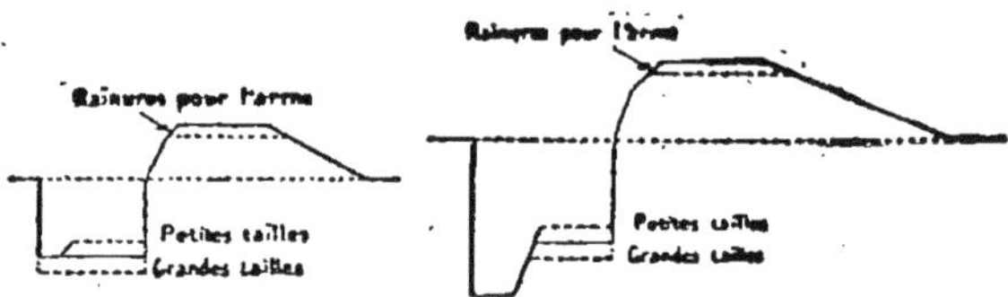

Tranchée pour tireur à genoux.   Tranchée pour tireur debout.

Recouper, dans la pente adoucie de la partie supérieure du talus inférieur, un gradin appui-coudes (environ 30 centimètres de hauteur sur 30 centimètres de largeur). — Il permet de tirer avec un ou deux coudes appuyés et d'avoir le corps mieux en contact avec le couvert. — Il peut être avantageux de réaliser un gradin continu sur tout le développement d'une tranchée.

Dissimulation des tranchées.

Dissimuler le plus possible la présence des tranchées, en donnant au parapet un aspect qui ne tranche pas avec celui du terrain environnant ; dans ce but : recou-

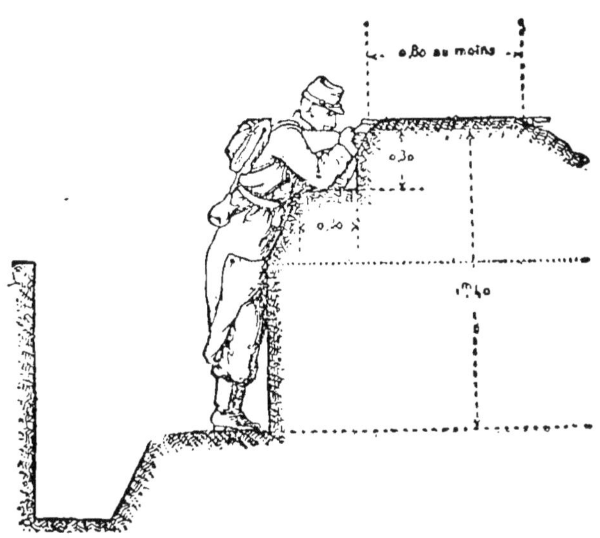

Tranchée pour tireur debout avec gradin appui-coudes.

vrir sans régularité le talus extérieur et particulièrement son raccord avec le terrain naturel, ainsi que la plongée s'il y a lieu, de mottes gazonnées, de chaume, d'arbustes, de branchages, etc. : certains de ces matériaux peuvent être utilisés pour dissimuler la tête du tireur.

Composition des ateliers.

La composition des ateliers varie avec le nombre des outils dont on dispose et la nature du sol. — La longueur de la tâche d'un atelier est comptée à raison de *un pas de 75 centimètres* par homme composant l'atelier. — Si l'on ne dispose que des *outils portatifs des corps*, on constitue, en principe, des ateliers de 4 ou 6 hommes, munis de pelles-bêches et de pelles-pioches. Si l'on dispose d'un nombre suffisant d'outils de modèles divers, on donne normalement à un atelier (*a*) :

1° *En terrain facile à creuser* : 2 pelles et 1 pioche ; cet atelier peut être alors de 3 hommes (un outil par homme) ou de 6 hommes (un outil pour 2 hommes) ;

(*a*) Avec l'ancienne dotation en outils, ces ateliers peuvent comprendre 4 ou 5 hommes munis de 3 ou 4 pelles et 1 pioche.

2º *En terrain dur :* 1 pelle et 1 pioche; l'atelier peut être alors de 2 hommes (un outil par homme) ou de 4 hommes (un outil pour 2 hommes).

Le tableau ci-après résume ce qui précède :

DÉSIGNATION		NOMBRE D'OUTILS à distribuer par atelier	NOMBRE D'HOMMES ET DE PAS PAR ATELIER	
			1 outil par homme	1 outil par 2 hommes
Outils portatifs	Tous les terrains.	pelles-bêches et pelles-pioches ou 3 pelles, 1 pioche.	4 { hommes. pas.....	» »
Outils divers	Terrain facile.	2 pelles, 1 pioche.	3 { hommes pas.....	6 { hommes. pas.....
	Terrain dur.	1 pelle, 1 pioche.	2 { hommes. pas.....	4 { hommes. pas.....

De la façon dont sont constitués les ateliers, il résulte que la longueur d'une tranchée comprend autant de fois 75 centimètres (1 pas) qu'il y a de travailleurs coopérant à sa construction (a). — La durée d'exécution d'une tranchée est à peu près la même quand on donne un outil par homme ou un outil pour deux hommes, mais, dans ce dernier cas, les outils doivent être utilisés strictement *sans aucun arrêt*, et les deux travailleurs qui se servent d'un même outil doivent se reposer alternativement en se couchant sur le revers de la tranchée; les hommes travaillant dans ces conditions se gênent moins, car ils se trouvent alors à deux pas d'intervalle.

Exécution des tranchées.

Jalonner la direction de la tranchée (au moyen de gaulettes, pierres, jalonneurs de préférence, assis ou couchés, etc.) et, s'il y a lieu, les points de changement de direction; constituer en même temps les ateliers. — Faire porter la troupe à l'emplacement du travail. (Le mouvement peut se faire dans certains cas par groupes successifs constituant un atelier.) — Dès que les hommes arrivent sur la ligne jalonnée, déposer les fusils et les sacs à portée de la main sur le revers. — Indiquer, en partant d'une extrémité de la tranchée, la tâche de

---

(a) Les tireurs n'occupant que 70 centimètres, la tranchée pourra, après son achèvement, contenir les gradés qui ne participaient pas à la construction.

chaque atelier. — Faire limiter par les travailleurs chaque atelier en avant et latéralement, au moyen de rainures sur le sol (la rainure en avant est faite suivant la ligne du tracé jalonné). — Amorcer le parapet de façon à constituer rapidement un bourrelet (*masque*) à pente raide du côté des travailleurs, d'environ 30 centimètres de hauteur; se servir, à cet effet, des premières mottes extraites de la fouille. Si les mottes sont gazonnées, disposer le gazon en dessous. — Exécuter le *masque* dans la position couchée s'il est utile, et continuer la tranchée en se redressant de plus en plus, derrière le parapet qui s'élève; se dissimuler toujours le mieux possible. — Tenir à la pente naturelle des terres la portion de talus intérieur du parapet qui se trouve au-dessus du *masque de 30 centimètres*. — Creuser en s'enfonçant aussi verticalement que possible. — Veiller avec soin à ne pas dépasser sensiblement la hauteur que doit avoir le parapet; jeter à cet effet les terres suffisamment en avant. — Adoucir le talus extérieur et le raccord de ce talus avec la plongée; *dissimuler la tranchée*. Employer à ces derniers travaux un petit nombre d'hommes, pour ne pas attirer l'attention de l'ennemi, opérer de l'intérieur de la tranchée quand il est possible. Aménager, s'il y a lieu, un gradin appui-coude continu. — Lorsque les circonstances le permettent, l'usage des charrues permet d'amorcer très rapidement l'exécution des tranchées. Deux ou trois sillons donnent la terre nécessaire pour établir, avec les pelles, un parapet permettant d'abriter les hommes couchés.

Procédés de mesure.

Les dimensions à observer dans l'exécution des tranchées peuvent être vérifiées en se servant de gaulettes sur lesquelles sont pratiquées des encoches dont l'espacement est égal aux différentes dimensions des profils.

On peut aussi employer les moyens de mesure approximatifs suivants :

10 centimètres. Largeur de la main;

15 centimètres Largeur de la pelle-bêche;

20 centimètres. Hauteur du fer de la pelle-bêche;

40 centimètres. Distance du talon de la crosse au levier de la boîte de culasse;

50 centimètres. Longueur du fer de la pioche des voitures (outil de parc), ou sensiblement longueur de la pelle-bêche ($0^m,52$);

60 centimètres. Sensiblement la distance du talon de crosse au pied de hausse ou la longueur de la baïonnette y compris la poignée ($0^m,63$);

80 centimètres. Distance du bout du canon à l'avant du mécanisme de répétition, ou longueur du manche de la pioche des voitures (outil de parc).

$1^m,30$. Longueur totale du fusil ou de la pelle ronde des voitures (outil de parc).

Observations
sur la forme et l'exécution des tranchées.

Les dimensions des tranchées n'ont rien d'absolu, elles sont modifiées quand la nature du terrain le rend nécessaire. — S'efforcer cependant d'obtenir un couvert de 80 centimètres au moins d'épaisseur; le relief du parapet au-dessus du sol et la longueur de la tranchée doivent être aussi réduits que possible, pour échapper aux coups de l'artillerie. — La constitution des ateliers est faite de manière à utiliser le mieux possible les ressources en outils et en personnel dont on dispose.

Fausses tranchées.

Pour obliger l'artillerie ennemie à disperser ses coups et pour induire l'ennemi en erreur, il est utile d'établir de fausses tranchées en simulant des parapets soit en bourrelets de terre, soit en matériaux quelconques (fagots, gerbes de céréales, broussailles, etc.). — Ces fausses tranchées peuvent être établies dans le prolongement des tranchées occupées ou en dehors des ouvrages en des points judicieusement choisis. — Il est de toute importance que l'aspect extérieur de ces travaux, complétés au besoin par un simulacre d'occupation, donne à l'ennemi l'illusion de tranchées ou d'ouvrages réellement occupés.

Dispositions particulières pour le travail de nuit.

Lorsque les circonstances conduisent à travailler la nuit, s'efforcer, chaque fois qu'il n'y a pas impossibilité absolue, d'exécuter le tracé des retranchements sur le terrain avant la tombée complète du jour. — Sinon, cette opération exige des précautions spéciales; aussi, ne doit-elle être confiée, en principe, qu'à des officiers; ceux-ci utilisent les repères visibles dans la nuit ou se servent de la boussole directrice. — Dans le travail de nuit, on adopte la même *composition des ateliers* que celle indiquée précédemment. Toutefois, afin d'éviter que les hommes ne se blessent en travaillant trop près les uns des autres, il y a intérêt à doubler la longueur des ateliers et à partager les travailleurs en deux équipes se relevant fréquemment (disposition analogue à celle correspondant à un outil pour deux hommes). — Quant *à la mise en chantier et à l'exécution de la tranchée*, elles s'effectuent comme pendant le jour; les précautions relatives à la dissimulation des travailleurs pouvant toutefois être atténuées. — Dans tous les cas, on évite ce qui peut déceler la présence des travailleurs en observant l'ensemble des mesures prescrites pour la marche et le stationnement, pendant la nuit, des troupes en campagne.

IV. — Dispositif de protection contre le tir fusant et les éclats des obus explosifs

Généralités.

Les dispositifs indiqués ont pour but de permettre à une troupe occupant une tranchée ou un obstacle aménagé d'augmenter la protection qu'ils offrent contre les éclats des projectiles fusants ou des obus explosifs, de l'artillerie de campagne. — Ils procurent à des troupes arrêtées momentanément les moyens nécessaires pour se maintenir sur les positions conquises. — Leur construction exige du temps et des efforts assez considérables. Ils doivent être employés avec circonspection afin de ne pas entraver la reprise et les progrès de l'offensive. — On utilise les matériaux divers trouvés sur place (bois, tôles, treillages, portes, échelles, cartons, tissus, etc.). — Les exemples de dispositifs ci-après ne donnent pas une protection absolue, mais sont destinés à arrêter une partie des éclats obliques des projectiles et à diminuer leurs effets meurtriers; ils ne sont d'ailleurs donnés qu'à titre d'indication.

Protection des tireurs et des guetteurs.

Masque de tête individuel. — Constitué par un sac à terre unique placé obliquement contre la rainure du fusil au moment du besoin; à défaut de sac à terre, le havresac peut être employé.

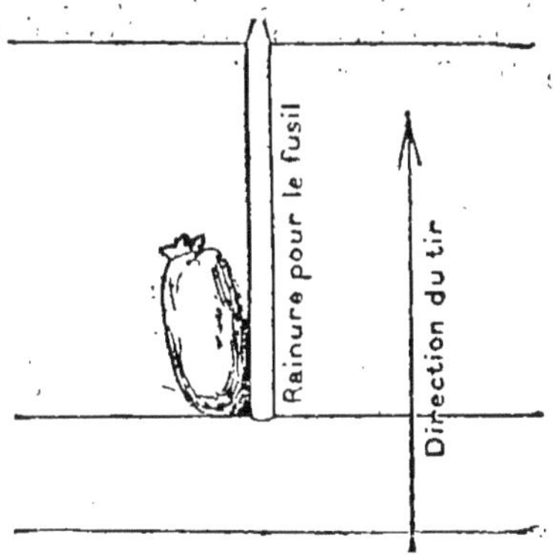

Masque de tête individuel.

Une protection plus complète est obtenue en plaçant au-dessus de la tête du tireur un auvent recouvert de 10 à 20 centimètres de terre. L'homme tire par un créneau constitué, soit au moyen de sacs remplis de terre ou de pierrailles, soit par un coffrage, soit par des mottes de gazon.

Pour permettre le tir, le ciel de l'auvent doit se trouver à environ 0ᵐ 35 au-dessus de la base du créneau.

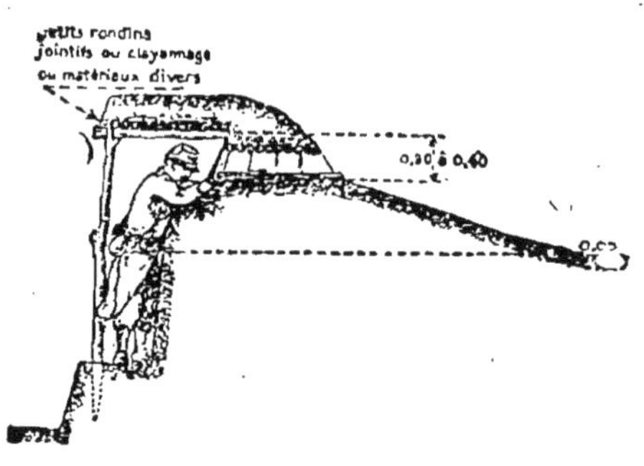

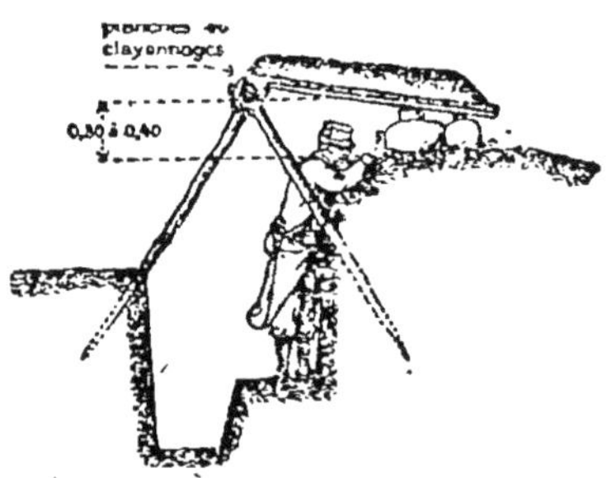

Auvent sur parapet.

L'installation en est assez longue et réservée, en général, aux guetteurs ; le terrain à observer par ceux-ci détermine la forme à donner au créneau. L'auvent faisant saillie au-dessus du parapet, prendre des précautions spéciales pour le dissimuler.

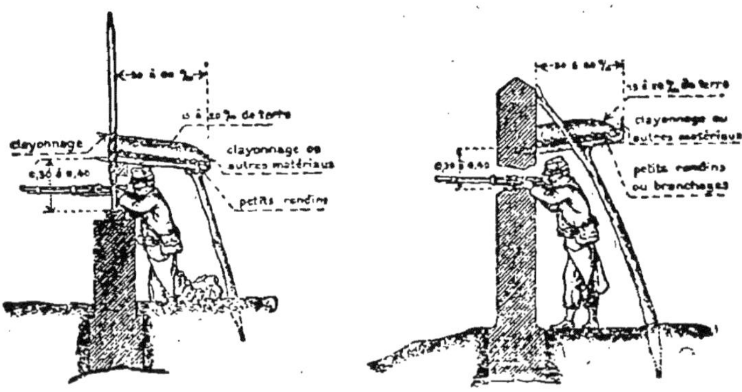

Auvent contre un mur ou une grille.

Un auvent de même genre peut être disposé derrière un mur ou une grille organisés défensivement.

La hauteur du fusil et la position du tireur sont déterminées par la nécessité de bien battre le terrain. — Les
tireurs peuvent aménager leur position en creusant, au
besoin, le sol par places, derrière le mur.— Dans le cas
d'une grille, il convient de compléter la protection contre les éclats directs, en déposant contre celle-ci à droite
et à gauche du fusil des masques constitués avec des
gazons, des briques, des caisses remplies de sable, des
sacs, des madriers, etc.

Protection des hommes en position d'attente.

Les abris sous parapets offrent une protection sérieuse,
même contre les éclats des obus explosifs. Les hommes
dont c'est le poste de combat. peuvent tirer en se plaçant
sur la banquette arrière ; les autres hommes réoccupent
leurs emplacements dans la tranchée ; la ligne de feux
n'est pas interrompue. — Pour les construire, on dispose
au préalable, sur le sol, à leurs emplacements définitifs,
les matériaux constituant les ciels (bois, etc). On exécute la tranchée dans les conditions ordinaires en mas-

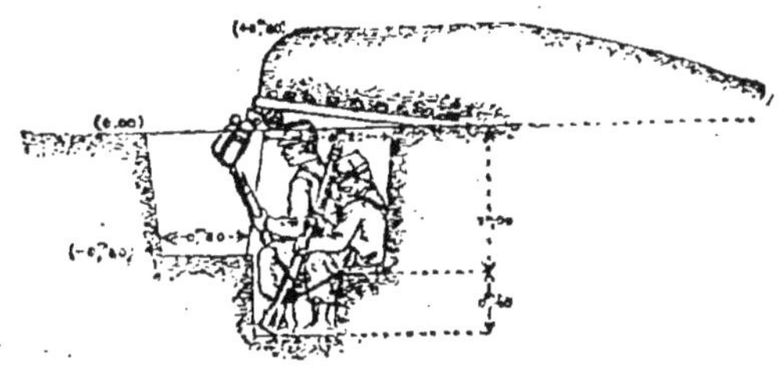

Abris sous parapets.

sant le parapet par-dessus les matériaux. L'abri est ensuite
obtenu en creusant le sol sous le ciel et en rejetant les
terres sur la partie extérieure du parapet pour l'épaissir,
ou bien en cas de nécessité sur le revers, en les réga-
lant. — Les hommes s'y placent sur deux rangs, assis
sur les banquettes. Au moment de s'abriter complètement, ceux du rang extérieur s'assoient sur les genoux
de leurs camarades. — La longueur des abris dépend
des matériaux dont on dispose. Elle peut varier de 0ᵐ 50
(1 file) à 1 mètre (2 files). Exceptionnellement elle peut
dépasser cette longueur lorsqu'on dispose de matériaux
de fort équarrissage, sans toutefois être supérieure à 3
mètres (1/2 escouade). — L'intervalle à laisser entre les
abris dépend de la solidité du sol et de la nécessité de
placer autant que possible chaque abri en dehors de la
zone d'action d'un projectile tombant sur l'abri voisin.
On évite de réduire cet intervalle à moins de 2 mètres
(sauf pour les abris d'une file).

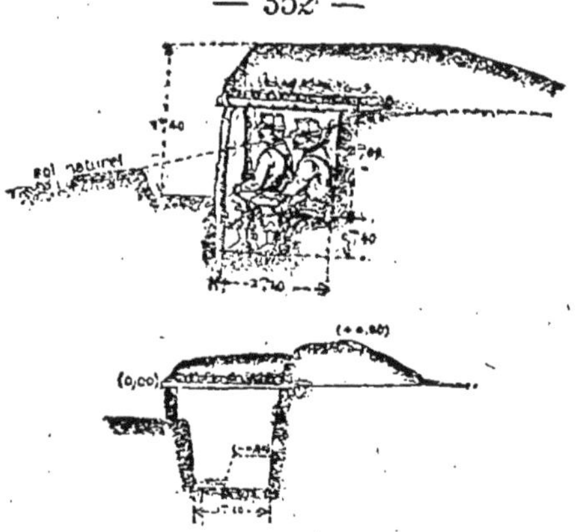

Abris légers couvrant la tranchée.

Les types d'abris des deux figures ci-dessus sont obtenus par la couverture totale ou partielle de la tranchée, après son exécution. — Le ciel est constitué, le plus souvent, par une couche de terre de 15 à 20 centimètres d'épaisseur soutenue par un lit de matériaux quelconques (rondins, planches, branchages, treillages, etc.). Ce lit peut être complété par un tissu interposé entre la terre et les matériaux; s'il est construit uniquement au moyen de bois, il doit avoir au moins 0m 08 d'épaisseur. — Des panneaux quelconques (portes, volets, etc.) peuvent au besoin être posés au-dessus des hommes assis en position d'attente et glissés sur le revers pour prendre la position de tir.

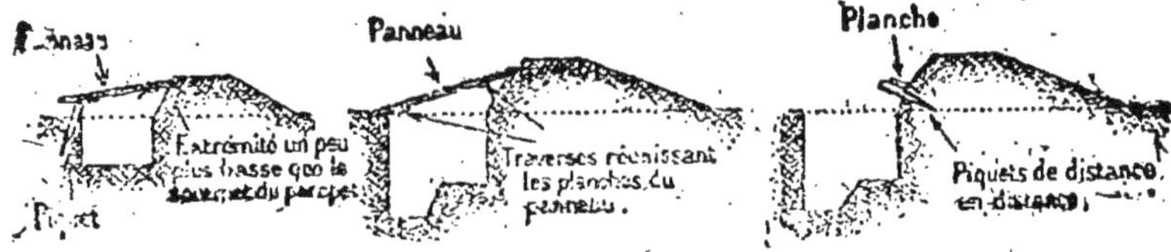

DIMENSIONS ET MODE D'OCCUPATION DES ABRIS LÉGERS

Les abris légers sont construits pour des hommes assis, occupant 0m 50 de banquette. Au moment de s'abriter,

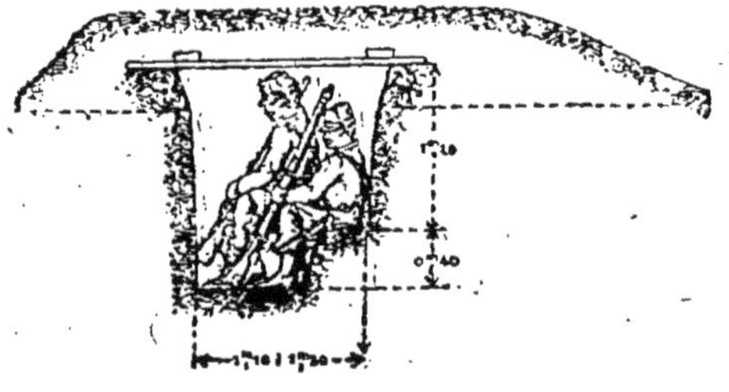

Abris pour les réserves.

une partie des hommes s'assoient sur la banquette, les autres sur les genoux de leurs camarades. — La hauteur intérieure à ménager au-dessus des banquettes est de 1 mètre pour des hommes de taille moyenne.

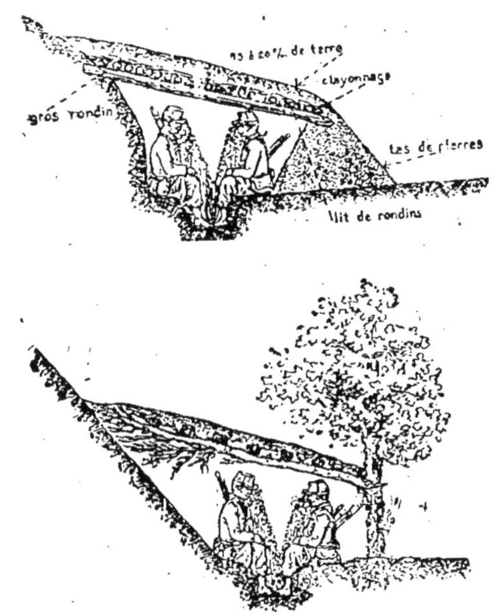

Des abris pour les réserves pourront être soit installés en arrière des couverts existants (murs, maisons, grilles, talus), soit creusés de toutes pièces dans le sol.

Leur organisation est analogue à celle des auvents et abris déjà décrits.

ÉPAULEMENTS POUR MITRAILLEUSES

Les abris pour mitrailleuses sont établis conformément aux indications suivantes :

Les épaulements indiqués, donnés à titre d'exemple, pourront être modifiés pour utiliser les couverts naturels. Ils permettent d'abriter tout le personnel de la section de tir, gradés compris, derrière les deux épaulements d'une section. — Ils s'exécutent progressivement, surtout en terrains découverts, en commençant par l'épaulement pour tireur couché, plus rapidement réalisable. Pendant le travail, la pièce doit être constamment prête à tirer ; dans ce but elle peut être mise en batterie soit un peu en arrière des travailleurs, soit en arrière de la tranchée latérale de gauche pendant qu'on enterre la plate-forme. — Le fonctionnement de la pièce demande une plate-forme de 1 mètre de largeur avec une longueur de 2 mètres ou de 1 m 50, suivant qu'on tire dans la position normale ou dans la position couchée. Les hauteurs correspondantes du piston-moteur sont de 0m82 et de 0m45. Les deux pieds antérieurs du trépied sont placés contre le talus intérieur du parapet sans les encastrer dans ce dernier. — Dans l'épaulement à plate-forme enterrée, suivant la nature du terrain et la position à donner à la ligne de tir au-dessus du sol naturel, on pourra abaisser ou élever plus ou moins la plate-forme et changer le profil des tranchées latérales. —

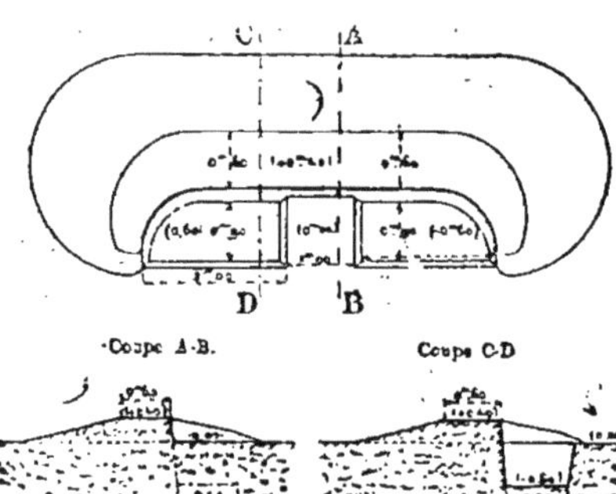

Tirant dans la position couchée.

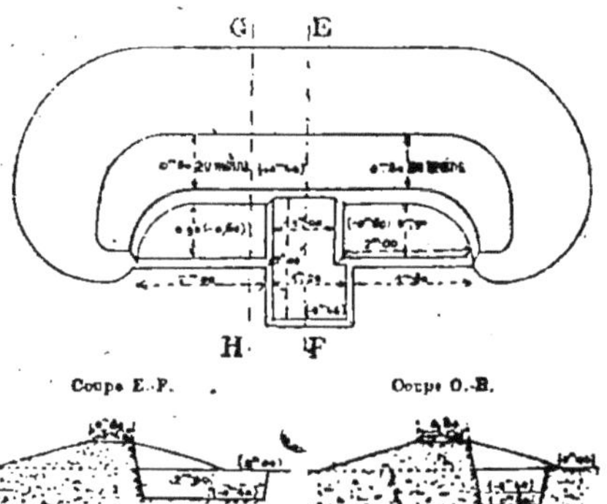

Tirant dans la position normale.

Lorsque les circonstances conduiront à laisser la plate-forme sur le sol naturel, il sera nécessaire d'approfondir les tranchées à 0m80 pour le tir dans la position normale; la largeur du fond de la tranchée doit être maintenue à 0m90. — En terrain sec ou sablonneux, il est utile de prendre des précautions (gazons, clayonnages, sacs à terre vides, etc.), pour éviter la formation d'un nuage de poussière sur le parapet pendant le tir. — En terrain peu resistant on évite l'enfoncement des pieds de l'affût et de la bêche de crosse dans la plate-forme, au moyen de gazons, planches, etc. — Si l'on dispose d'un temps suffisant, et si le tir n'exige pas des changements d'objectif de grande amplitude, on pourra augmenter la sécurité du personnel en surélevant le parapet et en y réservant une embrasure en avant de la pièce. — L'emplacement du chef de pièce est, s'il y a lieu aménagé à l'aide d'un créneau pour l'observation. — Les indications données pour les aménagements complémentaires des tranchées sont applicables aux épaulements pour mitrailleuses (abris, créneaux, défilement des emplacements, abris résistants en cas d'attente sous le tir d'obus explosifs). — Pour que les deux épaulements d'une même section ne soient pas atteints simultanément par les éclats d'un même projectile fusant, il y a intérêt à les séparer par un intervalle suffisant (25 mètres environ). — Les travaux complémentaires à exécuter, si le temps disponible le permet, sont des tranchées spéciales pour abriter le personnel de complément (pourvoyeurs...), ainsi que les munitions, et, lorsqu'une position d'attente défilée aura été fixée en arrière de la position de tir, des communications pour les relier entre elles.

Exemples d'exécution du travail.

OUTILLAGE	ATELIERS		TEMPS APPROXIMATIF	
	outils.	travailleurs.	tir couché.	position normale.
Outils portatifs	1 pioche, 3 ou 4 pelles.	4 à 5 hommes par épaulement	1 heure	1 h. 45 m.
Outils de grand modèle.	2 pioches, 2 pelles.	4 hommes.	45 minutes.	1 heure.

V. — Destructions.

EMPLOI DE LA MÉLINITE

Composition de l'approvisionnement. — Les troupes d'infanterie disposent, pour effectuer des destructions en campagne, d'un approvisionnement d'explosifs et d'artifices comprenant par régiment ou bataillon formant corps :

108 pétards de mélinite, modèle 1886 ;
20 mètres de cordeau détonant à la mélinite ;
15 amorces fulminantes, modèle 1880 ;
46 détonateurs.

(Pour la nomenclature de l'outillage afférent à l'emploi des pétards et pour le transport des pétards et des accessoires, voir instruction relative à l'emploi du caisson de bataillon et l'instruction du 11 janvier 1906).

Pétard de mélinite. — Le pétard se compose d'une enveloppe parallélipipédique en laiton, étamée intérieurement, munie d'un couvercle soudé portant une douille d'amorçage, et contenant une charge de 135 grammes de mélinite.

Le cordeau détonant s'emploie pour actionner à distance une charge d'explosifs, ou provoquer l'explosion simultanée de plusieurs charges.

Amorce fulminante. — L'amorce fulminante se compose d'un tube de cuivre contenant une charge de 1 gr 5 de fulminate de mercure. Le côté opposé à l'ouverture est recouvert d'une couche de vernis noir qui indique la partie du tube occupée par le fulminate. N'exercer aucune compression sur la partie du tube peinte en noir. — La charge est recouverte intérieurement d'un petit tube en laiton dont le culot est percé d'un trou. — Les amorces fulminantes sont employées pour provoquer l'explosion des pétards de mélinite et du cordeau détonant. On leur communique le feu avec un bout de mèche lente (cordeau Bickford).

Détonateur. — Le détonateur se compose d'un bout de mèche lente de 1 mètre de longueur, muni à l'une de ses extrémités d'un allumeur Ruggiéri et, à l'autre, d'une amorce fulminante. — La mèche lente sert à la communication du feu et brûle à la vitesse moyenne de 1 mètre en 90 secondes. — Les détonateurs, réunis par groupe de deux, sont enfermés dans des boîtes en laiton.

Distribution des explosifs. — Le maniement de ces engins est plus spécialement confié aux sapeurs ouvriers d'art. — Lorsqu'il y a lieu de distribuer les explosifs, on fractionne en deux groupes les hommes chargés d'opérer la destruction ; les hommes du premier groupe reçoivent les boîtes à pétards et le cordeau détonant ; à ceux du deuxième groupe, on distribue les boîtes de détonateurs ou d'amorces fulminantes, ainsi que les clous, ficelle, marteau et briquet. — *Dans aucun cas, l'homme porteur de pétards ou de cordeau détonant ne doit recevoir des détonateurs ou des amorces fulminantes.* — Les détonateurs, les amorces fulminantes et les accessoires, sont tous portés, à l'endroit où doit s'opérer la destruction, dans les nécessaires en toile qui font partie de l'outillage joint à l'approvisionnement d'explosifs. Les nécessaires s'agrafent par deux anneaux aux bretelles de suspension.

Confection des charges. — Lorsque la charge se compose d'un seul pétard, avoir soin d'appliquer une

grande face du pétard contre l'objet à rompre. — Lorsque la charge se compose de plusieurs pétards, elle peut
être concentrée ou allongée. — La charge concentrée se
compose de pétards mis en paquet, de manière à présenter leurs douilles d'amorçage d'un même côté. — La
charge allongée, la plus habituellement employée par
l'infanterie pour effectuer des destructions simples, con

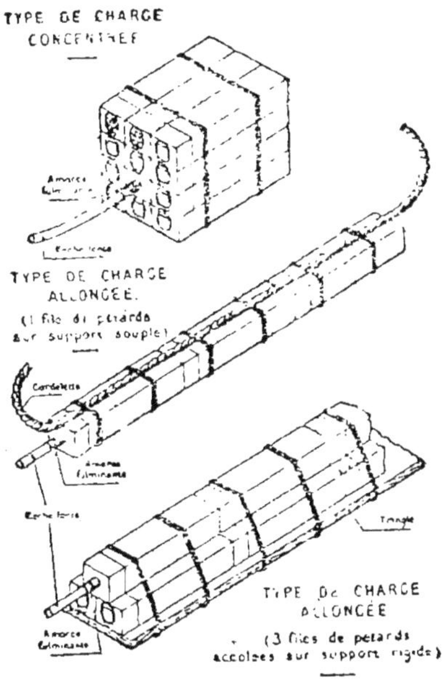

siste à former des files de pétards placés au contact et
bout à bout, de sorte que les douilles soient tournées
du côté du pétard amorcé pour recevoir et transmettre
la détonation ; on accole, suivant le cas, un nombre variable de ces files (a); il suffit qu'une file ait un pétard
amorcé pour obtenir la détonation de toute la charge. —
Pour la commodité de mise en œuvre, donner, si possible, à la charge allongée un support qui soit, ou relativement rigide comme une tringle, une gaulette, une gaine
en bois, en fer, etc..., ou assez souple comme une corde,
une baguette flexible, une gaine en tissus, etc..., de
manière que, dans tous les cas, *on puisse appliquer exactement la charge contre l'objet à rompre*. Relier solidement les files de pétards à leur support au moyen d'un
ficelage. Si l'on peut recouvrir la charge mise en place
d'un léger bourrage en terre, sable, mottes de gazon,
etc..., ce bourrage contribue à assurer le contact de la

____

(*a*) Si l'on place des pétards bout à bout sur une file, il en faut sept
pour atteindre 1 mètre de longueur, la charge que représentent ces
sept pétards est d'environ 1 kilogramme.

charge avec l'objet à rompre, et augmente l'effet destructeur de l'explosion. S'abstenir *expressément* de bourrer un pétard amorcé.

EXÉCUTION DES DESTRUCTIONS

Prescriptions générales.

Quelle que soit l'opération de destruction à exécuter, la troupe qui en est chargée doit employer une partie de son effectif à protéger les travailleurs.

Brèches dans les murs.

Placer au pied du mur une charge allongée ayant la longueur de la brèche à ouvrir. — Si le mur a de 30 à 50 centimètres d'épaisseur, composer la charge de 3 files de pétards accolées, la déposer simplement sur le sol, au contact de la maçonnerie; bourrer légèrement. — Si le mur a de 50 à 70 centim. d'épaisseur, déposer la même charge dans une rigole de 20 centim. de profondeur creusée au pied du mur, et la recouvrir de la terre extraite.

Abatage des arbres.

Les arbres de faible diamètre et les poteaux télégraphiques sont toujours abattus à l'aide de la scie articulée. — On n'emploie les explosifs pour abattre les arbres de plus de 30 centimètres de diamètre, que si le temps manque pour le faire au moyen de la scie ou de la hache. — Lorsqu'on se sert des explosifs, opérer de la manière suivante : disposer autour de l'arbre, à hauteur de la section à produire, une charge allongée composée d'une file de pétards reliés à un support souple. — Une charge de sept pétards suffit pour rompre les arbres de 30 centim. de diamètre; accroître cette charge de trois pétards pour chaque augmentation de diamètre de 5 centim., depuis 30 jusqu'à 50 centim.

Pistes et chemins sous bois.

Pour traverser les taillis fourrés, lorsque les voitures pourront prendre des chemins différents, il sera le plus souvent inutile d'exécuter des travaux spéciaux et il suffira de faire passer les sections en colonne par un en mettant en tête les hommes munis de serpes qui, tout en marchant, ébrancheront les arbustes. Ces hommes seront fréquemment relevés, on pourra faire marcher plusieurs sections de front. — Lorsqu'il faudra, dans un taillis ou dans un bois, créer des pistes pour les voitures, et, dans

le cas d'une organisation défensive, aménager des com
munications pour la manœuvre, on pourra opérer comme
il suit, en utilisant les outils des troupes d'infanterie. —
En général, un officier est chargé du tracé de la piste.
Il est accompagné d'un ou deux hommes porteurs de
haches ou de serpes qui sous sa direction amorcent un
premier layon-directeur en ébranchant les arbustes. —
On échelonne de distance en distance des ateliers ayant
chacun une tâche déterminée. Ces ateliers aussitôt en
place transforment le layon en une piste de largeur voulue. — A titre d'indication, un atelier constitué comme
il suit, peut. dans un taillis moyen, déblayer 20 à 40
mètres carrés en 15 minutes.

```
Chef d'atelier.... | 1 homme.          )
2 serpes.......... } 3 hommes.        ( 5 hommes.
1 hache........... )                  ( 1 gradé.
Déblayeurs ...... | 2 hommes.          )
```
Relève toutes les quinze minutes, 5 hommes.

On disposera des hommes porteurs de scies articulées
ou de haches et de scies de grand modèle pour renforcer ces ateliers et abattre les arbres ou les gros bali-
veaux. — De même, on renforcera, s'il y a lieu, chaque
atelier, d'hommes munis d'outils de terrassement pour
améliorer le sol de la piste. — Lorsque la situation tactique ou les conditions techniques de l'exécution l'exigent. les ateliers restent groupés en tête du travail et il
peut être procédé comme il suit : Un atelier crée la piste
de direction. Deux ateliers, l'un à droite, l'autre à gauche, élargissent la piste au fur et à mesure de son avancement. Un atelier spécial est chargé de tous les détails
qui retarderaient la marche des premiers ainsi que de
l'aménagement du sol. Ce dernier atelier est muni d'outils de grand modèle et d'outils de terrassement.

Destruction de palissades, grilles en fer, portes.

Dans les cas exceptionnels où la destruction exige
l'emploi des explosifs, se conformer aux indications ci
après :

Pour détruire une palissade formée de palis jointifs,
déposer à hauteur de la ligne de rupture (généralement
au pied) une charge allongée de la longueur de la brèche à ouvrir ; composer cette charge de :

Une file de pétards, si les palis ont de 10 centimètres
à 20 centimètres d'épaisseur ;

Trois files de pétards. si les palis ont de 20 centimètres
à 30 centimètres d'épaisseur.

Deux pétards appliqués à chacun des scellements
d'une grille en fer, suffisent en général pour la renverser.

La même charge appliquée sur chacun des gonds
d'une porte cochère en bois renverse cette porte.

Si la porte est barricadée, appliquer une charge de deux pétards contre chacun des gonds et contre la serrure, en la suspendant, par exemple, à l'extrémité d'un bâton mis en arc-boutant; réunir les charges avec du cordeau détonant. L'explosion simultanée de ces charges produira le renversement de la porte.

Destruction d'abatis et de réseaux de fil de fer.

Une charge allongée de trois files de pétards sur support rigide, introduite dans un abatis ou un réseau de fil de fer, produit, quand elle détone, une brèche déblayée ayant la longueur de la charge et une largeur variant de 3 mètres à 6 mètres, suivant que l'abatis est plus ou moins compact, ou que le réseau est plus ou moins serré. — On obtient des effets semblables lorsqu'on emploie cette même charge de mélinite pour détruire une barricade formant un obstacle analogue.

Mise hors de service d'une voie ferrée.

Pour mettre rapidement hors de service une voie ferrée, on brise des rails ou des traverses. — On choisit de préférence, pour les destructions en pleine voie, les points où le dommage doit être le plus considérable et où les déraillements pourraient avoir les plus grandes conséquences, par exemple : courbes, parties en déblai, bifurcations, croisements. (Le premier soin doit être d'intercepter les communications télégraphiques pour éviter que l'ennemi soit prévenu de l'entreprise.)

Rupture d'un rail. — Préparer l'emplacement de la charge en découvrant le rail dans l'intervalle de deux traverses consécutives. — Placer deux pétards longitudinalement, l'un au-dessus de l'autre, en les appliquant bien contre l'âme du rail, les assurer dans cette

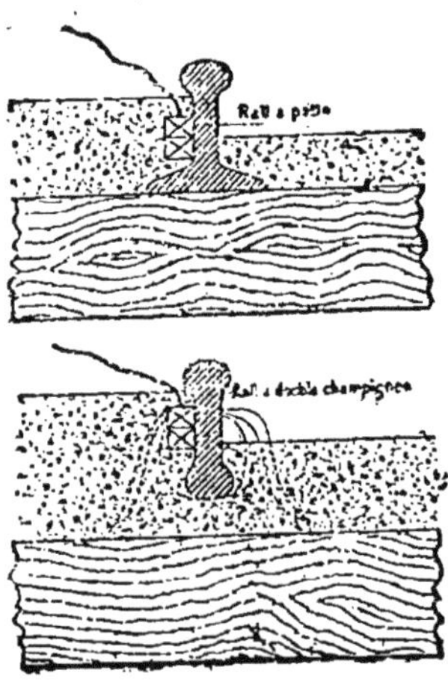

position. soit avec une ficelle faisant le tour du rail, soit avec le ballast, soit par tout autre moyen. — Amorcer le pétard supérieur, s'éloigner à 200 mètres au moins. dans le prolongement du rail après avoir mis le feu. — La brèche produite varie de 20 centimètres à 40 centimètres. — Dans le cas où le rail repose directement sur ses traverses (rails à patin), on peut, avec une charge de quatre pétards appliqués au point d'appui du rail sur une traverse, les briser tous les deux à la fois et produire une rupture de 60 centimètres à 1 mètre de longueur.

Rupture double. — Placer à droite et à gauche d'une même traverse et à 1ᵐ50 l'une de l'autre, deux charges de deux pétards chacune. L'une des charges est disposée à l'extérieur du rail, l'autre à l'intérieur.

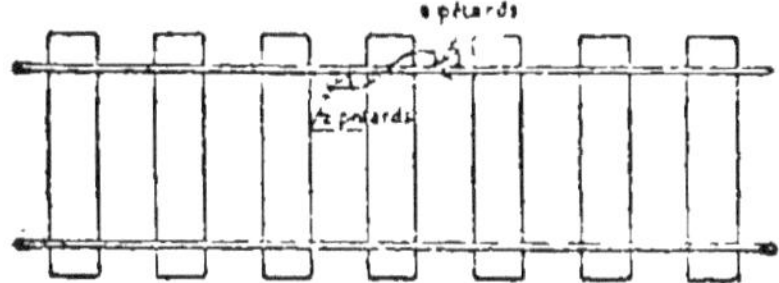

Réunir les charges avec du cordeau détonant en vue d'obtenir leur explosion simultanée. La brèche obtenue mesure 1ᵐ50 à 1ᵐ80. — Pour obtenir une destruction plus étendue, réaliser un dispositif analogue à celui qui est indiqué dans la figure ci-après :

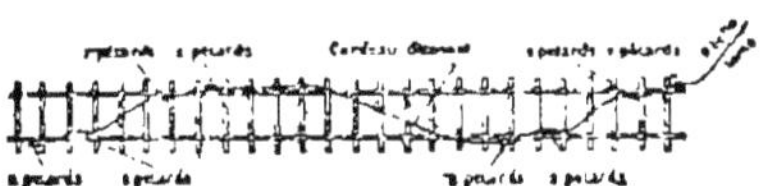

Lignes étrangères — Certaines de ces voies ferrées sont plus difficiles à détruire que les voies françaises : par suite, on se trouvera parfois forcé de substituer aux groupes de deux pétards des groupes de trois, quatre ou cinq pétards. — On tiendra compte, dans chaque cas particulier, pour la fixation des charges à employer, de la forme et du degré de solidité des éléments de la voie.

Destruction des voies ferrées à l'aide d'outils.

A défaut d'explosifs, ou si on a du temps devant soi, on peut opérer la destruction des voies ferrées à l'aide d'outils que les hommes se procurent dans les gares ou par réquisition chez l'habitant. — La mise hors de service de la voie s'effectue ainsi :

Suivant le système de rails : *a)* chasser au marteau les coins en bois ou en acier qui serrent le rail dans le coussinet; faire sortir le rail en opérant une pesée à l'aide d'un pied-de-biche, ou briser d'un coup de masse, en frappant normalement au rail, la joue externe du coussinet ; le rail s'enlève alors facilement. (Rail à double champignon). — *b*) Enlever avec le pied de biche ou la pince, ou briser à coups de marteau, les tirefonds ou crampons qui relient le rail à la traverse. (Rail à patin). — Ces opérations terminées, enlever les rails, puis les noyer, les enfouir, les précipiter en bas des remblais ou les mettre sur un bûcher fait de traverses en bois : l'action du feu les courbe et ils ne peuvent plus servir.

Destruction de lignes télégraphiques. — Couper les poteaux en bois, déchausser et renverser les poteaux métalliques : couper ensuite et enlever les fils sur la plus grande longueur possible, en ayant soin de briser les supports isolants. — Quand l'opération s'effectue à une station télégraphique, enlever les appareils, briser les piles, saisir les registres et rouleaux d'inscription de dépêches. — Pour interrompre momentanément le service d'une ligne télégraphique, on peut relier tous les fils ensemble au moyen d'un autre que l'on enfonce dans le sol. Cette opération très rapide permet de rétablir facilement la communication.

Rupture de la glace.

Un pétard détonant sur la glace en brise une certaine quantité ; si la couche est épaisse, il peut être nécessaire, pour obtenir sa rupture, de répéter l'opération au même point. En agissant ainsi de proche en proche avec des charges appropriées, on peut rompre rapidement la glace sur de grandes étendues.

VI. — Passage des cours d'eau.

Les différents procédés de passage des cours d'eau sont les suivants :

a) Passage sur des passerelles de fortune ;
b) Passage sur des embarcations, radeaux, etc. ;
c) Passage à gué ;
d) Passage sur la glace.

Les *passerelles de fortune* conviennent pour le passage des hommes en files par un ou par deux. Si la largeur est faible, il peut suffire de jeter des arbres ou des madriers en travers du cours d'eau pour le traverser. Si la largeur est trop grande pour recourir à ce procédé, on établit une passerelle avec supports fixes reposant sur le fond de l'eau ou avec supports flottants.

Ces supports peuvent être : Des tables, des bancs, des tréteaux, des charrettes, des perches assemblées, etc. (supports fixes). Des barques, des radeaux formés de tonneaux, de sacs à distribution remplis de paille ou d'herbes sèches, etc... (supports flottants).

L'écartement des supports (fixes ou flottants) dépend des dimensions et de la résistance des matériaux du tablier. Le tablier de la passerelle, reposant sur les supports, est composé avec des madriers, des rondins, des planches, des portes, des volets, des échelles, etc... Les matériaux qui constituent le tablier sont reliés aux supports au moyen de clous, fils de fer, cordelettes, etc...; ils prennent, en général, appui sur le terrain des rives, par l'intermédiaire de pièces de bois placées en travers sous les extrémités du tablier. Quand les supports fixes sont constitués avec des voitures, on dispose celles-ci perpendiculairement ou parallèlement au lit de la rivière, suivant que le courant est faible ou fort; on a soin, en outre, de caler les roues. Dans le premier cas, les fonds des voitures peuvent être utilisés comme tablier. On les relie alors, si on le peut, par quelques madriers pour établir la continuité du passage. Dans l'autre cas, le tablier repose sur les ridelles, consolidées, au besoin, et portées à la hauteur voulue, au moyen de planches ou de madriers reposant sur des traverses.

Comme les hommes sont obligés de se mettre à l'eau pour disposer les voitures, la profondeur de la rivière ne doit pas dépasser 1ᵐ 50.

Passage au moyen d'embarcations. — Le nombre d'hommes à embarquer dans un bateau est déterminé de façon que ses plats-bords émergent toujours de 20 centimètres au moins si l'eau est tranquille, de 30 centimètres si l'eau est courante. L'embarquement et le débarquement doivent se faire dans le plus grand ordre. La charge est également répartie pour assurer la stabilité de l'embarcation. Pendant le passage, *observer le silence et une immobilité absolue.* Indépendamment des rames, perches, pagaies employées pour diriger les embarcations, on peut faire circuler celles-ci en les tirant au moyen de cordes alternativement de l'une à l'autre rive, ou mieux encore, les diriger à la main le long d'une corde tendue entre les deux rives.

Passage à gué. — La profondeur d'un gué utilisable par l'infanterie ne doit pas dépasser : 1 mètre pour les hommes et même 80 centimètres si le courant est rapide ou si le fond est mou. — 1ᵐ 20 pour les chevaux et pour les voitures dont le chargement peut être mouillé sans inconvénient.

Les meilleurs gués sont ceux qui ont un fond de gravier dur et résistant.

Dans la recherche des gués, tenir compte des indications suivantes : les sentiers ou chemins qui aboutissent à une rivière, perpendiculairement à son cours, conduisent ordinairement à un gué, surtout s'ils se prolongent sur l'autre rive et si l'on remarque aux abords des traces de roues. Les cours d'eau sont plus souvent guéables aux endroits où le courant est rapide qu'à ceux où il est lent et dans les parties droites que dans les coudes. Il y a presque toujours des gués en aval des moulins, barrages, etc... Les gués ne sont pas toujours perpendiculaires aux rives; entre deux coudes de la rivière, ils peuvent être obliques.

Passage sur la glace. — Il faut que la glace ait de 10 à 12 centimètres d'épaisseur pour porter l'infanterie marchant en colonne de route. Une couche de glace de 15 centimètres suffit pour porter toutes les voitures d'infanterie. Quand la température est très basse, on peut augmenter l'épaisseur de la glace sur toute la largeur du passage : 1° en couvrant la voie à suivre de couches successives de paille et de branchages, disposées alternativement dans le sens du courant et dans le sens perpendiculaire, et en répandant de l'eau sur ces matériaux jusqu'à ce qu'ils soient liés entre eux par la glace: 2° en limitant la voie à suivre par deux files de poutrelles ou de madriers entre lesquelles on jette de l'eau qui, en se congelant, augmente l'épaisseur de la glace.

Pour effectuer le passage, il y a lieu d'observer les recommandations suivantes : s'assurer que la glace porte sur l'eau en tous les points de la voie choisie; la recouvrir d'une légère couche de terre pour empêcher les hommes et les chevaux de glisser, faire rouler les voitures sur deux files de madriers pour répartir leur poids sur une grande surface. Ne s'inquiéter des craquements qui se produisent au passage des troupes et des voitures que si l'eau jaillit par les fentes.

VII. — Travaux de camp ou de bivouac.

Abris pour hommes,

Au bivouac on peut construire rapidement un abri léger, à l'aide de clayonnages, branchages, planches, etc.

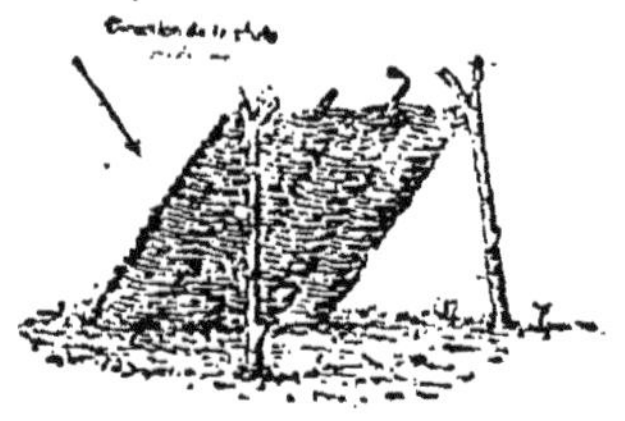

On peut aussi donner à l'abri une forme circulaire et disposer un foyer au centre.

Cuisines.

Etablir des foyers entre entre deux ou quatre pierres sur lesquelles reposent les marmites. A défaut de pierres, creuser dans le sol une simple tranchée sur le bord de laquelle les marmites sont placées.

Feuillées.

Creuser une tranchée étroite et profonde, servant de fosse ; rejeter la terre à droite et à gauche de la tranchée, de manière que l'homme puisse poser ses pieds de chaque côté de l'excavation dont les parois sont taillées à pic. Deux fois par jour le matin et le soir, avoir soin de faire jeter les terres de déblai dans les feuillées qui ont été utilisées. Arroser d'un lait de chaux, si possible, avant de combler l'excavation.

Abreuvoirs.

Faire les travaux de terrassement nécessaires pour permettre aux animaux d'accéder à la nappe d'eau.

Mise des chevaux au piquet.

La corde à chevaux, engagée dans les anneaux des frettes, est soutenue à 0m80 environ au-dessus du sol, au moyen de deux grands piquets solidement enfoncés à coups de masse. Elle est tendue fortement à l'aide de deux piquets plus petits, chassés obliquement en terre jusqu'à leur anneau, à 1 mètre en dehors et dans le prolongement des premiers. Ainsi disposée, la corde suffit pour attacher seize chevaux placés d'un seul côté, et, au besoin, vingt-cinq à trente chevaux, placés de part et d'autre.

VIII. — Effets des projectiles d'artillerie.

Projectiles de l'artillerie de campagne étrangère.

1° ZONE DE DISPERSION — CANONS A TIR RAPIDE

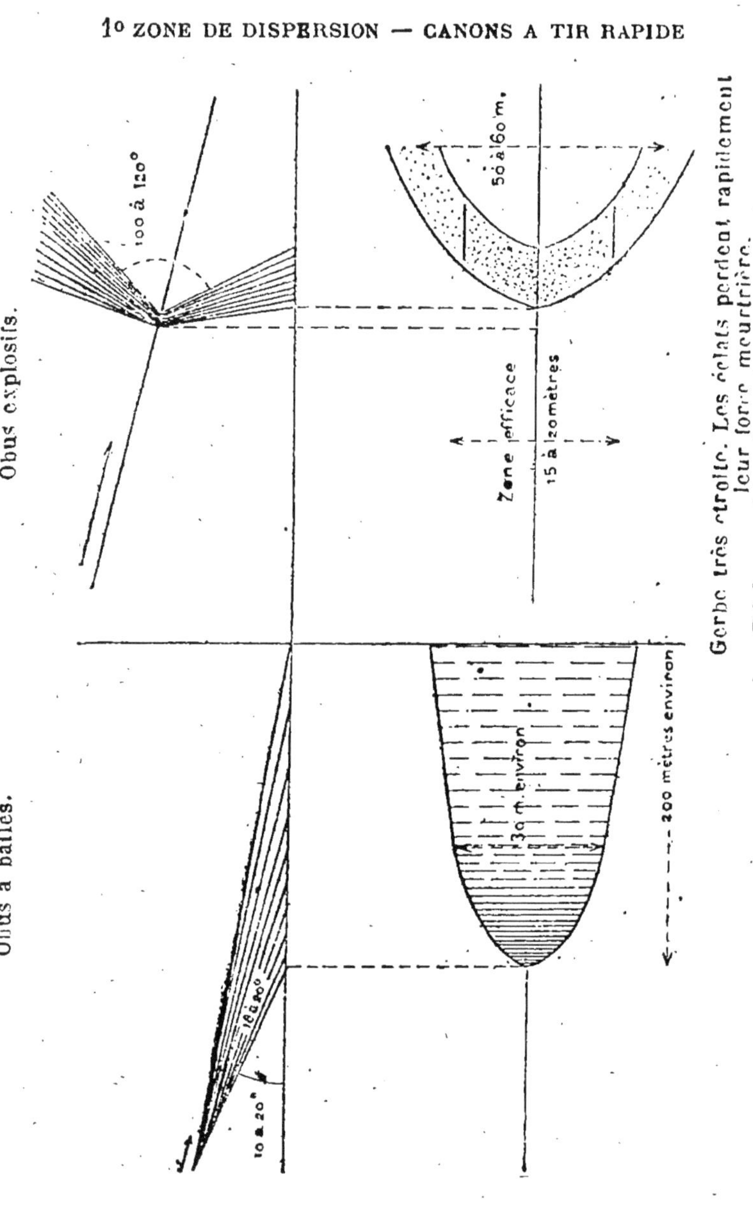

OBUSIERS LÉGERS

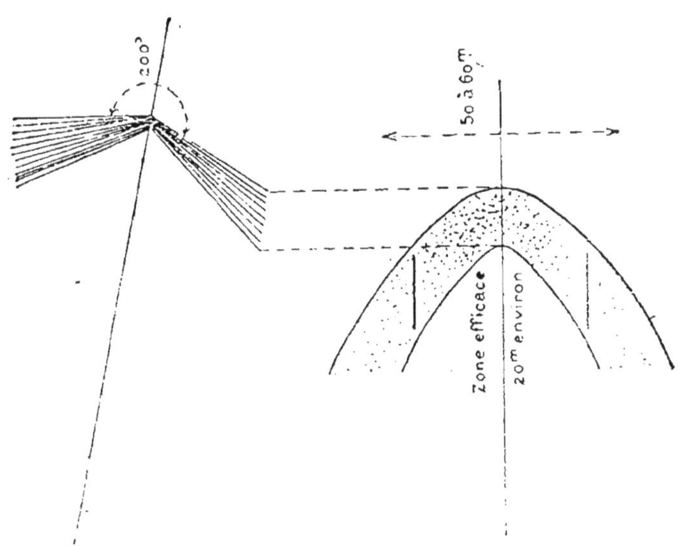

Exigent un réglage précis et difficile. — Les éclats perdent rapidement leur puissance destructive.

2° PÉNÉTRATION DES ÉCLATS

Les effets meurtriers sont inférieurs à ceux du canon français de 75mm indiqués ci-dessous.

Les éclats ricochent habituellement sous un angle de 17° environ.

Une épaisseur de terre de 0m10 recouvrant un abri léger suffit pour arrêter les éclats obliques.

Les éclats directs des projectiles fusants sont arrêtés par 0m40 de terre, 0m05 à 0m10 de bois, une épaisseur de briques.

SUR LES TERRES. — *Obus à balles tirés percutants.* — Canon de 75, entonnoir de 1m5 de diamètre. 0m50 de profondeur. A 3.000 mètres, compter environ cinq projectiles au but pour déraser 1 mètre de la tranchée pour tireurs debout.

Obus explosifs tirés percutants. — Effets plus considérables. L'obus de 75 produit dans un parapet un entonnoir de 2 mètres de diamètre.

SUR LES MAÇONNERIES. — *Obus à balles tirés percutants.* — L'obus de 75 traverse un mur de 0m50 d'épaisseur. Compter trois obus à balles au but pour détruire 1 mètre courant de mur de 50 centimètres d'épaisseur.

Obus explosifs tirés percutants. — Canon de 75, plus efficaces que les obus à balles. A 3.000 mètres, un mur de 2^m 6 de hauteur et 50 centimètres d'épaisseur nécessite cent vingt obus explosifs de 75 pour 20 mètres de brèche.

SUR LES PALISSADES ET LES BLINDAGES EN BOIS. — Un obus ne détruit que le point touché.

SUR LES TROUPES ABRITÉES DERRIÈRE UN PARAPET. — *Obus à balles.* — Peu efficaces, le parapet arrête balles et éclats.

Obus explosifs tirés fusants. — Trois gerbes d'éclat : une antérieure (ogive), une postérieure (culot), la troisième latérale (parois) et la plus fournie ; les éclats latéraux atteignent le personnel abrité derrière un parapet si l'obus éclate près de la crête ; ils n'ont guère d'action au delà de 35 mètres. Le souffle cesse d'être dangereux à 4 mètres de l'explosion. L'obus brisant donne trois cent cinquante éclats latéraux de 10 grammes, ayant une vitesse de 400 mètres : l'obus français de 75, deux mille éclats très petits ayant une vitesse de 1.200 mètres.

Effets du tir réglé, à 3 000 mètres, de l'obus brisant. — Cinq projectiles pour mettre hors de combat un homme assis ou couché dans une tranchée ébauchée ; sept projectiles pour un homme assis dans une tranchée pour tireur debout ; dix-sept projectiles pour un homme assis contre le talus de la tranchée renforcée. L'effet de l'obus brisant de l'obusier léger de campagne est douze fois plus grand.

CHAPITRE VI

TRANSPORTS EN CHEMINS DE FER

I. — **Règles générales.**

Places occupées : Quand la troupe occupe des wagons à voyageurs, les hommes équipés (avec ceinturon et cartouchières) n'occupent que 8 places sur 10. Des cartouches placés sur les wagons à marchandises indiquent le nombre de places pour hommes équipés et pour hommes non équipés.

Personnel : La troupe est chargée de l'embarquement et du débarquement des chevaux, voitures et matériel. La gare l'est du chargement et déchargement du matériel non transporté par les équipages militaires, de la *fermeture des portières*, de la manœuvre du matériel roulant.

Haltes : 1º Haltes de 15' pouvant être réduites à 10:
2º Par vingt-quatre heures, deux haltes de une heure
pouvant être réduites à 45'.

A l'arrivée : Le train doit être déchargé au complet.
Des sous-officiers aident les agents à visiter le train.

**Relation des agents avec les militaires trans-
portés :** Les agents n'ont à s'immiscer dans aucune
question de discipline militaire, et le chef de la troupe
ne doit pas intervenir dans la formation ou conduite
du train. A chaque halte (de 10' ou plus), le chef de
train se rend auprès du chef de détachement et l'informe de la durée de l'arrêt. En cas d'impossibilité de
suivre l'itinéraire fixé, le chef de gare ou de train avise
le chef de détachement et se concerte avec lui. A l'arrivée, remettre au chef de corps le billet collectif avec
le bulletin de renseignements, s'il y a lieu.

Chef de détachement : Echange le bon de chemin
de fer contre le billet collectif. En cours de route, consigner sur le bon de chemin de fer les modifications
survenues aux effectifs: mêmes inscriptions (contre-
signées par le chef de gare) sur le billet collectif.

Si on prévoit que le train peut être attaqué, le chef de
détachement, prévenu, prend la direction du train: les
agents de l'exploitation doivent déférer à ses ordres.

Escorte d'un train de matériel : Cette dernière
prescription est applicable (251).

II. — Exécution des transports.

**Envoi à l'avance à la gare de départ d'un
officier :** Vingt-quatre heures avant le départ, envoi
d'un officier à la gare de départ. Indiquer au commissaire militaire de gare l'effectif exact de la troupe à
embarquer et recevoir communication :

1º Du point d'embarquement prévu ;

2º De l'heure à laquelle la reconnaissance du train
pourra être faite:

3º De l'heure à laquelle l'embarquement commencera ;

4º De l'heure à laquelle l'embarquement devra être
terminé;

5º Des consignes locales.

Reconnaître, en outre : abords des points d'embarquement ; emplacement où le corps pourra se former.

Ordres à donner par le chef de corps (d'après le
rapport de l'officier envoyé la veille à la gare) :

1º Mesures à prendre pour assurer la subsistance de
la troupe au moyen des repas froids, en tenant compte
de la durée des transports et des vivres de chemin de
fer;

2º Tenue;

3º Composition de la garde de police;

4º Equipe d'embarquement;

5º Transport à la gare des accessoires d'embarquement, de la paille de litière et des bottillons.

Paille : Litière, 2 kil. 500 par cheval; — 2 bottillons de voiture par truc (paille fournie par les magasins militaires).

Chevaux : Toujours dessellés; les chevaux d'attelage conservent leur harnais; les selles et le foin sont rangés dans les wagons à chevaux; 2 gardes d'écurie (ordonnances ou conducteurs) par wagon.

Nourriture des chevaux : Dernier repas deux heures avant l'embarquement. Ration d'un cheval (pour vingt-quatre heures) pendant la route : 5 kilos foin, 2 kilos avoine. Il est emporté de l'avoine et du foin dits de chemin de fer pour la durée du trajet.

Tenue : En principe, les officiers et la troupe en tenue de campagne. Gamelle individuelle pouvant être facilement enlevée du havresac. Quart et cuillère dans l'étui-musette. Les vivres de chemin de fer sont placés :

Repas froid dans gamelle individuelle; pain et conserves dans musette.

Les vivres de débarquement transportés sur des voitures.

Reconnaissance du train : Le jour du départ, un officier chargé de la reconnaissance du train se rend à la gare accompagné d'un sous-officier (deux heures avant le départ), se présente au commissaire militaire ou au chef de gare. Rend compte au commandant de troupes des modifications apportées aux instructions reçues la veille. L'officier prend note de la contenance de chaque wagon et de chaque truc, les numérote dans l'ordre où ils sont placés à partir de la tête du train. Etablit un état indiquant l'ordre des numéros, l'affectation de chaque wagon ou truc. Envoie cet état *immédiatement* au commandant de la troupe. S'assure :

1º Que, dans les wagons à marchandises aménagés pour 32 hommes équipés, les supports des bancs sont bien placés à $0^m,50$ des petits côtés des wagons;

2º Que, dans les wagons aménagés pour 36 hommes équipés, les supports des bancs voisins des petits côtés du wagon sont bien placés à $0^m,50$ desdits petits côtés du wagon, ainsi que les extrémités des bancs intermédiaires et de la planche servant de dossier; que les supports voisins du wagon sont bien placés à une distance telle des petits côtés du wagon qu'ils affleurent les extrémités des bancs appuyés aux grands côtés;

3º Que, dans les wagons aménagés pour 40 hommes équipés, les extrémités des bancs sont à $0^m,50$ de ces petits côtés;

4° Que les wagons aménagés destinés aux hommes et aux chevaux sont munis de lanternes, et que celles ci sont accrochées au côté des wagons opposé à celui par lequel doit se faire l'embarquement;

5° S'assure de l'existence et de l'état des accessoires pour l'embarquement à fournir par les compagnies de chemin de fer.

Sous-officier adjoint : Numérote à la craie chacun des wagons (série unique de numéros de la tête à la queue du train). Inscrit, en regard des numéros d'ordre, la contenance de chaque wagon. Ces inscriptions se font : 1° pour les wagons à voyageurs, sur le grand marche-pied, entre les portières ; 2° pour les wagons à marchandises aménagés, sur le grand côté à la place réservée à cet effet ; 3° pour les trucs, sur le grand côté. En cas de pluie, ces inscriptions se font, en plus, sur la face extérieure du longeron qui se trouve sous le plancher du wagon.

Garde de police (1 officier, 1 sergent, 1 caporal, 1 clairon, 15 hommes) : Prend sous son escorte les punis de cellule et se rend à la gare en même temps que la troupe ; place les sentinelles indiquées par le commissaire de gare. Doit être placée dans un wagon qui précède ou suit celui des officiers ; l'officier qui la commande monte dans le wagon des officiers.

Drapeau et caisse : Sous la garde du porte-drapeau et de l'officier-payeur, dans le wagon du commandant de la troupe ou dans celui des officiers.

Arrivée de la troupe à la gare : Heure fixée par le commissaire militaire de gare, en tenant compte de la durée maximum d'embarquement (1 h. 1/2) et temps nécessaire aux manœuvres de gare avant le départ.

Formation et fractionnement de la troupe : A l'emplacement choisi pour le fractionnement, le commandant fait diriger les chevaux et les voitures sur le point où doit s'effectuer leur embarquement (conduits par l'officier d'approvisionnement et le vaguemestre et accompagnés des équipes d'embarquement, des ordonnances des officiers montés et des conducteurs). Former ensuite la troupe en ligne déployée ; faire entrer dans le rang tous les serre-files, les hommes détachés (tambours, etc.) rejoignent leur compagnie. L'officier qui a reconnu le train divise la troupe en fractions correspondant à la contenance des wagons sans distinction de compagnie ; dénomme chaque fraction 1er, 2e, 3e, etc., wagon. Les sous-officiers et les caporaux répartis de manière à assurer la discipline. Dans chaque fraction, un sous-officier ou caporal désigné comme chef de wagon indique les chefs de compartiment. Sapeurs et musiciens conservent leur place dans l'ordre de bataille et doivent occuper les premières voitures. Les places des hommes employés à l'embarquement des chevaux et voitures sont réservées dans leur unité.

Embarquement : Le fractionnement terminé, le commandant met sa troupe en marche par le flanc sur quatre rangs, chaque fraction à deux pas de celle qui la précède. L'officier qui a reconnu le train indique la route à suivre (en ordre, silence ; commandements réglementaires ; ne jamais se servir de sifflet). Les officiers, le long de la colonne, assurent la régularité du mouvement par indications à voix basse aux chefs de fractions. Chaque fraction, arrêtée par son chef devant son wagon, y fait face sans dédoubler (serrer les files de manière à ne pas dépasser la longueur du wagon ; placer comme chefs de file des gradés ou hommes exercés). Au signal : *En avant,* donné par le clairon, les musiciens, sous la conduite de leur chef, vont déposer les gros instruments dans les fourgons de service. Les autres hommes enlèvent leur sac qu'ils posent devant eux et leur embarquement commence aussitôt. Les voitures et chevaux sont embarqués simultanément. Les officiers ne montent en wagon qu'après l'embarquement de leur troupe terminé. Le sous-officier adjoint écrit à la craie sur le wagon le numéro des compagnies. Toutes les inscriptions sont reproduites des deux côtés des voitures. Inspection rapide du commandant accompagné de l'officier de garde de police, du commissaire militaire et du chef de gare.

Mesures de police et de sécurité : La troupe étant embarquée, il est rigoureusement interdit : 1° de passer tête ou bras hors des portières pendant la marche ; 2° d'ouvrir les portières ; 3° de passer d'une voiture dans une autre ; 4° de crier ou chanter ; 5° de descendre de voiture aux stations avant les sonneries ; 6° de fumer dans les wagons où il y aurait de la paille ; 7° de jeter hors des wagons des objets quelconques.

Haltes et stations : Tous les officiers doivent être informés, avant le départ du train, des stations où la troupe pourra descendre de voiture ainsi que de la durée de ces haltes. A l'arrivée dans chaque gare de halte, le commandant de la troupe reçoit, du commissaire militaire, l'indication de la durée exacte de l'arrêt et des consignes locales. Dans les courts arrêts compris entre 5 et 10 minutes, l'officier commandant la garde de police, accompagné du sous-officier de cette garde, doit parcourir rapidement le train. Dans les haltes de 10 à 15 minutes, où tous les hommes peuvent descendre de wagon, les officiers se portent aussitôt à la hauteur des wagons où sont embarqués leurs hommes. La garde de police descend. Les hommes ne descendent de wagon qu'à la sonnerie : *halte ;* à la sonnerie : *en avant,* les hommes remontent en wagon. L'entrée des buffets n'est autorisée que pour un homme par compartiment ou deux hommes par wagon aménagé. Les hommes sont conduits en ordre au buffet par un gradé de chaque compagnie.

Haltes-repas : Garde de police descend et place des factionnaires. A la sonnerie de la soupe l'officier désigné réunit les fourriers et les hommes de corvée nécessaires (2 par wagon) et reçoit les denrées de l'officier d'administration. Les fourriers font la répartition aux hommes dans les wagons. Les hommes peuvent ensuite descendre. Distribution d'eau et d'avoine aux chevaux ; le commandant des troupes signe les reçus des denrées et fait restituer les récipients.

Arrivée à destination : A la station qui précède l'arrivée, les hommes sont avertis par les agents ; ils doivent mettre leur tenue en ordre et se tenir prêts ; les gardes d'écurie brident les chevaux. A l'arrivée à la gare de destination, le chef du détachement est informé par le commissaire militaire du temps qui lui est accordé pour son débarquement (maximum de une heure et demie), ainsi que de la place d'attente sur laquelle il pourra former sa troupe. Fait immédiatement reconnaître par l'adjudant-major la gare et ses issues, l'itinéraire à suivre pour gagner la place d'attente ; il fait placer les sentinelles nécessaires. L'officier d'approvisionnement reconnaît les dispositions prises par la gare pour le débarquement des chevaux et des voitures.

Débarquement : A la sonnerie de la marche du régiment, les hommes sortent sans précipitation des wagons et se reforment sur le quai. Le débarquement s'exécute d'après les mêmes principes que l'embarquement et par les moyens inverses. Les musiciens vont reprendre leurs gros instruments.

Le commandant emmène immédiatement la troupe et la reforme par compagnie dès qu'elle est hors de la gare ou sur la place d'attente désignée. La troupe ne se met en marche pour rejoindre sa destination qu'avec ses chevaux et ses voitures. Les voitures et chevaux sont débarqués simultanément.

Alimentation pendant les transports stratégiques (267).

Convois de prisonniers : Appliquer les règles générales (252). L'effectif de l'escorte est normalement le 1/10 de celui des prisonniers. Voitures fermées à clef ; un responsable par voiture ou compartiment. Aux arrêts, l'escorte descend la première et reprend sa place la première ; portières ouvertes seulement sur l'ordre du commandant de l'escorte. Aux haltes-repas, faire conduire les prisonniers au réfectoire sous escorte. Aux débarquements, les prisonniers se reforment sur deux rangs et reconstituent des groupes de 20. (Règlement 21 mars 1893.)

CHAPITRE VII

TRANSPORTS MARITIMES

Embarquement : Les *états de filiation* nominatifs (personnel) et les *états signalétiques* (chevaux) fournis en temps de paix, sont, en cas de mobilisation, remplacés par des *états d'embarquement*, nominatifs pour les officiers, numériques pour la troupe et les chevaux.

Le chef de corps désigne un *officier préposé à l'embarquement* (de préférence adjudant-major assisté d'un sous-officier.) Porteur d'une situation d'effectif, il se met en relation avec le sous-intendant et le commandant du navire pour connaître : quai d'embarquement ; emplacement du navire ; itinéraire, heures d'embarquement ; emplacements pour les préparatifs d'embarquement ; nombre d'auxiliaires ; composition de la garde de police (habituellement un sous-officier, deux caporaux, un clairon, et les hommes nécessaires pour fournir factionnaires, plantons, gardes d'écurie, etc.).

Ordre du chef de corps : Tenue (sac paqueté, capote ou veste roulée, couverture en sautoir, petit équipement dans la musette) ; composition et départ de la garde de police avec les punis, les bagages (caisse), gardes d'écurie et auxiliaires d'embarquement ; visite de santé (hommes et animaux) ; mise en caisse des munitions ; graissage et étiquetage (au papier sur la crosse) des armes (*a*) : marquage des harnachements (en toile sur la courroie de gauche) ; nourriture le jour du départ ; revue de départ ; itinéraire.

L'officier préposé à l'embarquement conduit la garde de police, les punis et les bagages ; installe la garde de police et fait placer la caisse dans la cabine du chef de corps, une sentinelle à la porte.

Le matériel et les chevaux sont embarqués conformément aux ordres du commandant du bord. Deux sous-officiers, l'un à quai, l'autre à bord, surveillent l'embarquement du matériel. Les chevaux sont dessellés avant l'embarquement et, une fois embarqués, débridés ; les selles sont arrimées.

La *troupe* embarque ensuite (*b*). Les hommes sont for-

(*a*) Faire boucher les armes à feu.

Si un détachement s'embarque pour un pays où les transports ne se font qu'à dos d'homme, faire réduire au volume et au poids maximum (25 kilos) qu'un porteur peut transporter toutes les caisses de matériel et les faire entourer de cordes.

Se procurer de la monnaie du pays. (Général PIERRON.)

(*b*) La vitesse d'embarquement à quai, dans de bonnes conditions, peut être estimée à une heure et demie, pour un bataillon avec son matériel. (*La Guerre dans les colonies*, lieutenant-colonel DITTE.)

més par groupes de 10, chaque fraction est commandée par un caporal ou soldat de 1re classe et constitue un plat. Les hommes déposent, s'il y a lieu, les armes et les sacs au point indiqué par l'officier préposé à l'embarquement. Le drapeau dans la cabine du chef de corps.

Service à bord : Sur les navires de l'Etat, l'autorité appartient au commandant du navire ; les réclamations ne doivent lui parvenir que par l'intermédiaire du second.

Sur les navires de commerce, tout détachement est sous les ordres du militaire le plus élevé en grade de son arme, et l'officier (combattant) le plus élevé (guerre ou marine) est commandant des troupes. Celui-ci et les chefs de détachement reçoivent de l'autorité locale du port d'embarquement l'instruction du 28 mai 1895 et la circulaire (marine) du 31 juillet 1896.

Alimentation à bord :

A bord des bâtiments de l'Etat.

(Nourriture assurée par la marine.)

1re table : { 1re catégorie : officiers généraux.
{ 2e catégorie : officiers supérieurs.
2e table : Capitaines, lieutenants, chef de musique.
3e table : Sous-lieutenants.
4e table : Adjudants, sergents-majors.
5e table : Sergents et sergents fourriers.
Tous les autres vivent à la ration.

A bord des navires affrétés (a).

1re classe : { 1re catégorie : officiers généraux.
{ 2e catégorie : officiers supérieurs.
2e classe : | Officiers subalternes.
3e classe : | Sous-officiers.
4e classe : { Caporaux fourriers.
{ Caporaux et soldats.

Fourrages.

Officiers brevetés, train des équipages.	Foin.............................	3^k00
	Orge.............................	2,00
	Farine d'orge	1,50
	Son..............................	0,50
	Eau..............................	15 lit.

(a) A bord des bâtiments faisant le service entre la France, la Corse, l'Algérie et la Tunisie, le classement des passagers se fait de la manière suivante :

1re classe : officiers et assimilés.
2e classe : élèves des écoles.
3e classe : sous-officiers et gendarmes.
4e classe : caporaux, soldats et enfants de troupe.

Officiers d'infanterie, chevaux de trait.
- Foin 2ᵏ50
- Orge 1,75
- Farine d'orge 1,50
- Son 0,50
- Eau .... 15 lit.

Bagages : Les maxima alloués sont les suivants :

1° *Bâtiments de l'État.* (Note minist. du 6 mai 1887.)

Officiers .... 400 kilogr.
Autres .... 200 —

2° *Navires affrétés.* (Note minist. du 27 juillet 1903.)

Officiers généraux et assimilés .... 1.000 kilog.
Officiers supérieurs et assimilés .... 600 —
Officiers subalternes et assimilés .... 500 —
Adjudants, sergents-majors et assimilés. 300 kilog.
Sergents et assimilés .... 200 —
Caporaux et soldats et assimilés .... 100 —

Débarquement : Distribuer, s'il y a lieu, les sacs, armes, munitions; porter les cantines sur le pont; y former les compagnies. *L'officier préposé au débarquement* va reconnaître l'emplacement pour former la troupe; débarquement par compagnie (le capitaine débarquant le dernier). Au point de rassemblement, revue des capitaines. Le commandant de corps ou détachement quitte le navire le dernier, après le drapeau ou l'étendard.

Débarquement des chevaux (1° officiers; 2° selle; 3° trait). Les gardes d'écurie à bord brident les chevaux que les ordonnances reçoivent à quai. Le vétérinaire passe une visite de chaque cheval. Promenade des chevaux au pas de 3/4 d'heure.

L'officier préposé au débarquement (qui a été secondé par le vaguemestre) fait avec ce dernier une ronde et quitte ensuite le bord avec la garde de police. Compte rendu au chef de corps.

ANNEXE I

Le combat aux colonies.

(Extraits de l'ouvrage du lieutenant-colonel DITTE : *La Guerre dans les colonies*.)

1° Exploration.

Sur beaucoup de terrains où l'on sera appelé à opérer, l'emploi de la cavalerie est presque impossible ; il en résulte que l'exploration avant le combat aussi bien que la poursuite doivent être confiées à l'infanterie et, de préférence, aux partisans.

2° Le combat en général.

L'adversaire colonial n'agit généralement pas offensivement : il compte sur les difficultés matérielles provenant du climat, de la nature du sol, de l'absence de voies de communications facilement utilisables : il profite de ces difficultés pour se terrer, se fortifier, tendre des embuscades, user son ennemi en lui infligeant des pertes ; il cherche à se dérober à toute attaque au moment où il croit qu'il serait dangereux pour lui d'y résister ou de la subir. A ce procédé de guerre il faut répondre, d'une part, par une attaque de front prudente et ferme disposant de moyens restreints, mais suffisamment tenaces et capables d'effets destructeurs contre les obstacles matériels et, d'autre part, par une manœuvre simultanée et consécutive, suivant le cas, sur une aile ou sur un flanc du repaire ou de la position fortifiée de l'adversaire, manœuvre qui demande des moyens aussi nombreux, aussi forts et aussi mobiles que possible pour déterminer ce dernier à la retraite.

3° Formations en carré.

La nécessité du carré comme formation de marche, de bivouac et de combat résulte de la disproportion numérique qui engendre, pour les troupes régulières, l'obligation d'être toujours en mesure de faire face à un ennemi quelconque dans n'importe quelle direction. L'épithète « carré » s'applique d'ailleurs à toute formation remplissant cette dernière condition : ce peut être un rectangle ou un triangle ; quelquefois même une des faces manque.

La formation en carré n'est pas autre chose que l'ordre serré avec tous les avantages de cohésion qu'il procure, sans les inconvénients qui résultent d'un armement perfectionné...

Ce n'est pas une formation défensive : le seul fait d'en faire une formation de marche suffirait à démontrer le contraire...

Pendant la marche, la formation en carré doit être forcément élastique, afin de permettre d'avancer tout en maintenant les convois sous la protection des troupes...

La cavalerie marche à l'extérieur pour le service de reconnaissance et pour conserver son indépendance ; elle doit se tenir de préférence, quand l'action commence, sur un flanc, prête à agir et ne rentre dans le carré, pour en former au besoin une face, que lorsque les circonstances ne permettent pas de faire autrement.

L'artillerie, au contraire, qu'elle soit ou non partagée entre les groupes affectés à chaque face, marche le plus souvent à l'intérieur du carré ; pendant le combat, elle se place généralement aux angles qui sont les points faibles.

4º Combat en pays accidenté.

La formation en carré ne peut convenir en pays montagneux, boisé ou d'un accès difficile... où la tactique de l'adversaire consiste à s'établir dans des positions souvent très fortes par elles-mêmes et d'où il est nécessaire de le déloger. Le résultat s'obtient alors le plus souvent par l'action combinée de groupes légers pouvant opérer isolément pendant plusieurs jours et agissant d'après un plan d'ensemble. La question de ravitaillement est le point important : les opérations sont œuvre de longue haleine et de patience ; elles consistent en marches et contre-marches fatigantes, sans résultat tangible, immédiat et réconfortant. Le but est souvent atteint par une série de manœuvres plutôt que par le combat. Lorsque ce dernier se produit, il doit être conduit selon les principes du combat moderne : reconnaissance et préparation par des éléments en ordre dispersé : décision obtenue par le choc d'éléments suffisamment compacts qui, en raison des difficultés du terrain, ne peuvent procurer le succès final que par une série d'actions partielles indépendantes, sous les couverts, où les corps à corps sont fréquents et dans lesquelles la somme des efforts individuels finit par l'emporter grâce à l'initiative, à la bravoure et la persévérance de chacun.

Les combats de cette nature livrés contre un ennemi mal organisé, mais nombreux et bien armé, opérant dans son propre pays, exigent de la part des troupes qui les livrent une dépense d'énergie si considérable qu'elle ne peut se rencontrer que parmi les hommes dont le moral est excellent.

ANNEXE II

Rendement des différents moyens de transport dans les campagnes coloniales.

(D'après *La Guerre dans les colonies*, par le lieutenant-colonel DITTE, de l'infanterie coloniale.)

I. — Voitures.

Voiture Lefebvre, suivant la viabilité du chemin	250 à 350 kilos.
Araba, suivant le nombre des mulets.	400 à 700 —

II. — Matériel de circonstance.

Brouette chinoise	50 a 200 kilos.
Charrette chinoise	400 —
Voiture mongole	300 —
— japonaise,	250 à 350 —
— à bras de Madagascar, par homme..	100 —
Chariot de l'Inde à 2 bœufs.	360 —
— — 4 —	720 —
Wagon à 18 bœufs de l'Afrique du Sud	2.700 —
Voiture indienne à 2 mulets	724 —

III. — Animaux de bât.

Chameaux de l'Inde	180 —
— d'Algérie	150 —
Eléphant	350 à 550 —
Bœuf dans l'Inde	80 —
Cheval	90 —
Ane	50 —
Mulet	150 —

IV. — Porteurs.

Coolie, poids brut	20 —
— poids utile	15 à 18 —

Le calcul en bloc des moyens de transport d'un corps expéditionnaire colonial doit être fait sur la base minima d'un animal de bât par homme ou l'équivalent en autres moyens de transport.

L'Européen aux colonies ne doit ni porter le sac, ni remuer la terre, à moins de circonstances exceptionnelles.

ANNEXE III

Routes à l'intérieur.

Préparation : Mutations nécessitées par le mouvement. Répartition des médecins par colonne. Désignation des vaguemestres. Appointements des officiers; solde de la troupe; retrait de boni; bons de tabac. Désignation de l'officier devançant les colonnes.

Officier devançant les colonnes : Part un ou deux jours avant la première colonne.

Dans chaque gîte :

1° Se présente au commandant d'armes (situation numérique des différentes colonnes). Visite au maire;

2° Fait préparer le logement (officiers, sous-officiers et soldats de la même compagnie logés dans la même rue), billet établi pour les maisons où les hommes doivent loger réellement. Habitants prévenus de l'heure de l'arrivée;

3° S'assurer que les ordres relatifs au pain, aux fourrages, aux voitures, sont donnés ; que les gîtes peuvent assurer l'alimentation des colonnes. Au besoin, passer des marchés (les maires interviennent dans la fixation du prix des denrées);

4° Laisser à la mairie une lettre pour le chef de la première colonne. l'informant des mesures prises pour le logement, les vivres, le transport et les marchés passés. En cas de détachements, demander au maire un guide pour chaque détachement. Pain porté avant l'arrivée de la troupe. Indication au chef de colonne des points où les détachements doivent se séparer de la colonne. Chaque chef de colonne donne à temps le même avis à celui qui marche après lui.

Logement : Composé des adjudants de bataillon, des fourriers, des caporaux adjoints, soldats par compagnie nécessaires pour les corvées. La garde de police commandée par un lieutenant ou sous-lieutenant, composée d'un sergent, tambour ou clairon et nombre d'escouades nécessaires. Le logement et la garde de police sont placés sous le commandement du capitaine de logement (capitaine de compagnie).

Capitaine de logement : Se rend chez le commandant d'armes; le prévient de l'heure probable d'arrivée de la colonne et prend ses ordres. Visite au maire. Vérifie le logement. répartit le service entre les adjudants de bataillon; désigne l'adjudant chargé de visiter les logements du colonel et du lieutenant-colonel; reconnaît les denrées; requiert au besoin un médecin civil; reconnaît le lieu où la colonne doit rompre, ainsi que le lieu de rassemblement. Prend à la mairie la lettre laissée par l'officier devançant la colonne. S'assure qu'il existe des voitures pour le transport (à charger le soir même) et se rend au-devant du chef de la colonne.

Officier de garde : Place une sentinelle devant le logement de l'officier chez qui le drapeau est déposé; reconnaît le local des hommes punis; recherche un emplacement pour décharger et placer les équipages; envoie un soldat au-devant d'eux pour les conduire. A l'arrivée de la colonne, se rend à la mairie pour recevoir les réclamations (y reste au moins deux heures).

Adjudant de bataillon : Distribue les billets de logement aux fourriers; remet au fourrier désigné ceux de l'adjudant-major et du médecin; visite les logements du chef de bataillon, de l'adjudant-major et du médecin.

Adjudant de semaine : Remet au fourrier désigné les billets de logement du major, trésorier, officier d'habillement, porte-drapeau, et au musicien, celui du chef de musique. Etablit l'état indiquant les logements des officiers de l'état-major, des médecins, des capitaines, des adjudants et du vaguemestre (état affiché au poste de police). Va au-devant de la colonne jusqu'à la dernière halte et la conduit sur la place. Dans la journée, accompagné du caporal sapeur, ou du caporal tambour ou clairon, va reconnaître le chemin le plus court pour sortir du gîte le lendemain.

Fourriers et caporaux adjoints : Les fourriers reconnaissent les logements des officiers de leur compagnie; dressent un état de logement de la compagnie (à communiquer aux officiers et à remettre au capitaine). Inscrivent au dos des billets de logement les noms des hommes logés (ordonnances et chevaux dans la même maison que les officiers; un tambour ou clairon avec l'adjudant de compagnie); billets non employés remis à l'officier de garde. Vont attendre leur compagnie au lieu où la colonne doit rompre. Les caporaux adjoints vont à la distribution du pain.

DÉPART ET MARCHE

Logement part habituellement une heure avant la colonne; une demi-heure avant l'heure fixée, le clairon de garde sonne aux champs en marchant; le logement et la garde montante se rassemblent devant le poste de police et partent à l'heure fixée. Une demi-heure avant le départ de la colonne, les clairons sonnent le rappel. Les compagnies se rassemblent promptement; les caporaux font l'appel (rendu à l'officier de semaine par l'adjudant de compagnie). Noms des manquants communiqués à l'officier de la garde descendante. Gendarmerie informée des déserteurs; revue de la compagnie passée par le capitaine et les officiers (chaussures, paquetage, armes). Le capitaine conduit la compagnie au point de rassemblement; fait son rapport au chef de bataillon. L'officier de semaine, accompagné du sergent de semaine, rend l'appel à l'adjudant-major de semaine; le sergent ramène les punis. La compagnie du drapeau se rend devant le logement du colonel, ainsi que les tambours et clairons du bataillon, et la musique.

Garde descendante : Au rassemblement, remise aux sergents de semaine des punis de salle de police et de prison; une partie de la garde, commandée par le sergent, escorte les soldats punis de cellule; à son arrivée, les remet au poste de police; l'autre partie de la garde, commandée par le caporal, escorte les équipages. L'officier de la garde descendante reste à la mairie pendant trois heures après le départ de la troupe et réclame un certificat indiquant qu'il n'y a ni plainte ni réclamation ou l'état des dégâts commis.

DÉPART ET ORDRE PENDANT LA MARCHE.

Sapeurs en tête de la colonne; tambours et clairons à la tête de leur bataillon; musique derrière ceux du bataillon de tête. Les bataillons prennent alternativement la tête de la colonne; les compagnies alternent également dans chaque bataillon. Section hors rang, avec les équipages; voitures des cantinières avec leur bataillon. Dans les marches de nuit, l'adjudant-major du bataillon de tête laisse un caporal intelligent aux tournants et aux embranchements (caporal relevé par chaque bataillon). Surveiller la marche; éviter les à-coups.

Tambours et clairons : Sonnent en traversant les villes et les villages. Un clairon à la disposition du chef de colonne pour les sonneries indispensables; un clairon à la disposition du commandant de la compagnie de queue répète les sonneries venant de la tête; rappelle quand la queue ne peut suivre en ordre; sonne aux champs en marchant dès que la queue a serré.

Arrière-garde : Se compose d'un caporal par compagnie, commandée par un officier de la compagnie de queue. Un sergent de cette compagnie est adjoint. Pour un bataillon, l'arrière-garde, commandée par l'adjudant de la compagnie de queue, comprend un sergent de cette compagnie, un caporal et un soldat de 1re classe de chaque compagnie. Un médecin et un infirmier avec l'arrière-garde. L'arrière-garde marche environ à 100 mètres de la dernière compagnie et en avant des équipages. Elle arrête tous les militaires qui sont rencontrés dans le gîte d'étape sans permission après le départ; fait rejoindre les hommes en état de marcher ou les fait visiter par le médecin.

HALTES

Haltes horaires : S'exécutent dans les conditions prescrites par le règlement sur le service en campagne.

Grand'halte : Se fait ordinairement aux deux tiers de la route et à proximité d'un lieu habité; la dernière halte se fait à l'entrée du nouveau gîte (rectifier la tenue).

RENCONTRE D'UNE TROUPE

Appuyer à droite; mettre l'arme sur l'épaule droite ou le sabre à la main. Une colonne arrêtée repose sur les armes. Sonnerie aux champs en marchant. Les chefs de colonne seuls se saluent.

DÉTACHEMENTS DE ROUTE

Les détachements forment un service spécial commandé par compagnie de la droite à la gauche. Le tour est censé épuisé à l'arrivée à destination. Officier devançant la colonne et officier de logement informés des tours de services. Avant de quitter la colonne, prendre les ordres du chef de la colonne. Constituer un poste de police. Le petit état-major et la section hors rang logent toujours avec l'état-major.

ARRIVÉE AU GITE

A la dernière halte, réunion du colonel, lieutenant-colonel, des chefs de bataillon, du major, du médecin-major, des adjudants-majors, du capitaine de logement, les adjudants de bataillon, du sous-chef de musique, du tambour-major, des sergents-majors et du sergent de semaine de la section hors rang. Les sergents-majors remettent à l'adjudant de bataillon les situations-rapports; le lieutenant-colonel les présente au colonel qui statue. Le colonel dicte l'ordre, indiquant : lieu de rassemblement, tenue, service, distributions, visite des malades, appels, visites de corps, prix des denrées. heures des repas des officiers et ordres pour le départ du lendemain. L'adjudant-major commande le service. L'appel est fait dans les compagnies par les caporaux. Appel rendu à l'adjudant-major de semaine par le plus ancien lieutenant de semaine. L'ordre communiqué, la colonne est conduite sur la place; les compagnies guidées par les fourriers sont conduites au centre du quartier qu'elles doivent occuper. Les adjudants de bataillon remettent à l'adjudant de semaine les situations administratives, les situations-rapports et les pièces à l'appui des mutations. L'adjudant de semaine établit la situation-rapport du régiment et l'envoie au colonel.

Distributions : Si elles ne sont pas faites avant l'arrivée de la troupe, le fourrier, aidé du caporal de semaine, réunit les hommes de corvée et les conduit au lieu de distribution. Le capitaine de logement fait faire les distributions. Les distributions terminées rendre compte au major, faire payer les fournisseurs, faire donner les reçus si des marchés ont été passés.

Nourriture et logement : Les aliments sont préparés par escouades. Les hommes ont droit au feu et à la lumière et aux ustensiles nécessaires. L'officier de peloton adresse à la mairie les réclamations des hommes qui lui ont été transmises par le sergent de section.

Visite dans les logements : Quelques heures après l'arrivée, visite des logements par les officiers qui reçoivent les rapports des sous-officiers et rendent compte au capitaine. Les officiers et sous-officiers s'assurent de l'entretien des chaussures, des armes et des effets (propreté personnelle).

Malades et éclopés : Présentés à la visite tous les jours par les sergents de semaine (indiquer le logement des hommes qui ne peuvent venir au poste).

Appel du soir : A lieu les jours de marche sur l'ordre du colonel. Si l'appel est fait dans le cantonnement de chaque compagnie, l'adjudant rend l'appel à l'adjudant-major de semaine au poste de police.

Patrouilles : Faites sur l'ordre de l'adjudant-major de semaine. Faire rentrer à leurs logements les hommes de troupe rencontrés dans les rues après les heures fixées. Conduire au poste les soldats ivres. L'adjudant-major de semaine passe au poste avant le départ. Fait connaître aux commandants de compagnie le nom des hommes qui ont passé la nuit au poste avec le motif de leur arrestation.

Séjour : Après l'arrivée, changement de tenue; commandants de compagnie donnent des ordres pour que la chaussure, l'armement et l'équipement soient nettoyés et réparés. Mise à jour des registres de comptabilité. Revues passées dans la journée. Visite de corps s'il y a lieu.

Punitions : Sous-officiers punis de prison, caporaux et soldats punis de salle de police marchent avec leur compagnie, couchent dans un local spécial ou au poste. Les sous-officiers sont consignés dans leurs logements. Les soldats punis de cellule sont escortés par la garde descendante. Ils portent l'arme sur le bras droit en traversant les villes. La garde ne met pas la baïonnette au canon. Les militaires prévenus de crimes ou délits sont remis à la gendarmerie.

Equipages: Sous les ordres du vaguemestre. Escorte formée par la section hors rang et par une escouade de la garde descendante.

Chargement des voitures: Fait par les hommes de la garde descendante et de la section hors rang sous la direction du vaguemestre, doit être terminé une demi-heure avant le départ. Les voitures marchent dans l'ordre suivant : voitures de cantinières, voitures régimentaires de l'état-major, voitures régimentaires de bataillons, voitures des convois régimentaires, voitures louées. Le vaguemestre maintient l'ordre : ne laisse monter personne sur les voitures, ni déposer de havresac sans un billet du médecin. A l'arrivée, les billets de logement ne sont remis aux hommes de la garde des équipages que lorsque les voitures sont déchargées. Le vaguemestre assure le service du convoi pour la route du lendemain et perçoit le fourrage.

ANNEXE IV

Mouvements de troupe à l'intérieur en temps de paix.

(Instruction du 30 décembre 1899.)

Dès la réception de l'ordre de mouvement, en adresser une copie conforme au sous-intendant militaire chargé du service de marche ; joindre une invitation de feuille de route en indiquant les effectifs en officiers, hommes de troupe, chevaux et voitures. Le sous-intendant adresse au corps la feuille de route et les pièces nécessaires (bon de convoi, etc.). Il indique les localités désignées comme gîtes sur l'ordre de mouvement où il existe des établissements en gestion directe.

Au reçu de ces pièces, le chef de corps fait connaître directement aux maires des communes désignées comme gîtes :

1° L'effectif de la troupe en officiers, hommes, chevaux et voitures ;

2° Les quantités de pain, viande, fourrages et autres denrées à acheter sur place ;

3° Le nombre de voitures dont il a besoin.

Il invite les maires à dresser des listes des commerçants et voituriers de la localité disposés à livrer les denrées ou les moyens de transports, avec indication des prix-courants. Ces listes seront présentées à l'officier devançant la colonne. Il informe le sous-intendant militaire qui a délivré la feuille de route, de la quantité des denrées qu'il désire percevoir dans les établissements en gestion directe.

Le commandant de la troupe qui se déplace désigne :

1° Un officier devançant la colonne (de 1 ou 2 jours) ; *prépare* l'installation et l'alimentation de la troupe ;

2° Un officier de logement précédant la colonne de une ou plusieurs heures; *arrête* les mesures relatives à l'installation ;

3° Un officier d'approvisionnement (marche avec l'officier de logement) *arrête* les mesures relatives à l'alimentation. Ces officiers reçoivent avant le départ toutes les instructions nécessaires.

A son arrivée au gîte, l'officier devançant la colonne se présente chez le commandant d'armes et prend ses instructions ; il se rend ensuite à la mairie et s'entend avec le maire pour assurer l'installation et l'alimentation de la troupe. Il répartit les billets de logement entre les différentes unités du détachement. Avant de partir de la localité, l'officier devançant la colonne laisse une lettre indiquant les mesures prises pour le logement et l'alimentation. Le commandant de logement prend connaissance de ces indications et arrête avec les municipalités les détails de l'installation.

Malades : Ceux pouvant être évacués sont envoyés à la station de chemin de fer ou à l'hôpital le plus proche. Les malades non transportables sont traités à l'hôpital de la commune : s'il n'en existe pas, le militaire est traité dans un local convenable de la commune et dirigé ensuite par les soins du maire sur l'hôpital le plus proche. En cas de décès, le maire prévient télégraphiquement le chef de corps.

Lorsqu'un animal ne peut continuer la route, le chef de la colonne décide s'il y a lieu de le diriger sur sa garnison ou de le laisser sur place.

Il informe le général commandant la subdivision et prévient le commandant d'armes si la localité est ville de garnison. Le chef de corps opère ensuite comme il suit :

1° **Animal à renvoyer par les voies ferrées :** a) *Le chef de détachement est officier*. Il demande au sous-intendant militaire un bon de chemin de fer ; à défaut de sous-intendant militaire, il établit un ordre de mouvement en double expédition ; une expédition est remise au chef de gare, une autre au conducteur.

b) *Le chef de détachement n'est pas officier*. Il rend compte au commandant d'armes qui désigne le corps dans lequel l'homme et l'animal seront placés en subsistance; s'il n'y a pas de garnison, l'homme et le cheval sont confiés à la brigade de gendarmerie la plus proche. Le commandant de la brigade de gendarmerie demande sans retard un bon de chemin de fer au sous-intendant militaire.

2º **Animal ne pouvant voyager par les voies ferrées :** L'animal et le conducteur sont placés en subsistance dans un corps de la garnison. S'il n'y a pas de garnison, ils sont confiés à la gendarmerie ou, à défaut, au maire qui prévient la brigade de gendarmerie. Lorsque l'animal est rétabli, le commandant d'armes ou le commandant de la brigade de gendarmerie demande un bon de chemin de fer pour le renvoi de l'homme et de l'animal dans leur garnison. Les hommes laissés en arrière pour soigner les chevaux reçoivent des corps de troupe les mandats et indemnités de route auxquels ils ont droit.

Après le départ de la troupe, un officier reste à la mairie pendant trois heures pour y recevoir les plaintes des habitants et constater les dommages et dégâts causés par la troupe. Les indemnités sont évaluées à l'amiable dans les limites fixées par les chefs de corps. Elles sont réglées immédiatement. Si l'accord ne peut s'établir, l'officier établit un procès-verbal de constat en deux expéditions dont l'une est remise au chef de la colonne et l'autre au réclamant. Ces pièces sont signées par l'officier et le représentant de la municipalité. En tout cas, le certificat de bien-vivre sera retiré par l'officier. Toute réclamation non présentée dans les trois heures est irrecevable.

L'officier devançant la colonne se met en relation avec les divers commerçants ou entrepreneurs susceptibles de fournir les denrées et les moyens de transport, etc..., dont il a besoin. Il leur fait connaître d'une manière approximative les quantités nécessaires, les dates et lieux de livraison et se renseigne sur les prix et conditions de fournitures : il prévient les commandants que la fourniture de denrées, etc.. fera l'objet de marchés qui seront passés avec l'officier d'approvisionnement.

ANNEXE V

Du logement et du cantonnement
en temps de paix (a).

Extrait de la loi du 3 juillet 1877. — ART. 8, § 2. — Le cantonnement des troupes est l'installation des hommes, des animaux et du matériel dans les maisons, établissements, écuries, bâtiments ou abris de toute nature appartenant soit aux particuliers, soit aux communes ou départements, soit à l'Etat, sans qu'il soit tenu compte des conditions d'installation attribuées, en ce qui concerne le logement, aux militaires de chaque grade, aux animaux et au matériel, mais en utilisant dans la

---

(a) Voir aussi les *Réquisitions*, pages 290 et 291.

mesure nécessaire la contenance des locaux, sous la réserve que les propriétaires ou détenteurs conservent le logement qui leur est indispensable.

Art. 10. — Il sera fait par les municipalités un recensement de tous les logements, établissements et écuries que les habitants peuvent fournir pour le logement ou le cantonnement. Ce recensement sera communiqué à l'autorité militaire. Il pourra être revisé en tout ou en partie dans les localités et aux époques fixées par le Ministre de la guerre.

Art. 12, § 2. — Sont dispensés de fournir le logement dans leur domicile les détenteurs de caisses publiques déposées dans ledit domicile, les veuves et filles vivant seules, les communautés religieuses de femmes, les écoles de filles, les écoles normales d'institutrices, lycées, collèges et pensionnats de jeunes filles, écoles maternelles (Circ. min. des 31 mai 1887, 29 mars 1893 et 15 septembre 1908) et les écoles mixtes quand elles sont dirigées par des institutrices (Circ. du 15 février 1910). *Mais les uns et les autres sont tenus d'y suppléer en fournissant le logement en nature chez d'autres habitants ; à défaut de quoi, il y sera pourvu à leurs frais par la municipalité. Ils sont dispensés de fournir le cantonnement dans le logement qu'ils occupent ; mais le cantonnement peut être requis dans toutes dépendances desdits logements, sous la condition de fermer les communications avec ces logements.* (Décret du 2 avril 1877, art. 23, complété par le décret du 23 novembre 1886.)

Art. 13. — Les habitants ne seront jamais délogés de la chambre ou du lit où ils ont l'habitude de coucher : ils ne pourront néanmoins, sous ce prétexte, se soustraire à la charge du logement selon leurs facultés. Hors le cas de mobilisation, le maire ne pourra envahir le domicile des absents ; il devra loger ailleurs à leurs frais.

Art. 14. — Les troupes seront responsables des dégâts et dommages occasionnés par elles dans leurs logements ou cantonnements. Les habitants qui auront à se plaindre à cet égard adresseront leurs réclamations par l'intermédiaire de la municipalité, afin qu'il y soit fait droit si elles sont fondées Lesdites réclamations devront être adressées et les dégâts constatés, à peine de déchéance, avant le départ de la troupe.

Art. 15. — Ne donnent pas lieu à l'indemnité prévue à l'article 2 : 1° le logement des troupes de passage chez l'habitant ou leur cantonnement pour une durée maximum de trois nuits dans chaque mois. ladite durée s'appliquant indistinctement au séjour d'un seul corps ou de corps différents chez les mêmes habitants ;... 3° le logement chez l'habitant ou le cantonnement des troupes rassemblées dans les lieux de mobilisation et leurs dépendances pendant la période de mobilisation, dont un décret fixe la durée.

ART. 16. — En toutes circonstances, les troupes auront droit, chez l'habitant, au feu et à la chandelle.

Extraits du décret du 2 août 1877, complété et modifié par le décret du 23 novembre 1886. — Les états de cantonnement dressés par les maires en exécution de l'article 10 de la loi indiquent approximativement, en distinguant l'agglomération principale et les hameaux détachés, le nombre d'hommes qui peuvent être cantonnés dans les maisons, établissements, écuries, bâtiments ou abris, sous la seule réserve que les propriétaires ou détenteurs conserveront toujours les locaux indispensables pour leur logement et celui de leurs animaux, denrées et marchandises. (Art. 23.)

Après revision de ces états par des officiers, des tableaux récapitulatifs sont imprimés ou autographiés par les soins de l'autorité militaire et tenus à la disposition des officiers généraux ainsi que des intendants militaires. Un extrait est envoyé par les commandants de région aux maires. Ceux-ci dressent ensuite, avec le concours des conseillers municipaux, un état indicatif des ressources de chaque maison pour le logement ou le cantonnement des troupes d'après le nombre fixé par l'extrait du tableau précité. Lorsqu'ils sont requis de loger ou de cantonner des militaires, les maires suivent le plus exactement possible l'ordre de cet état indicatif. (Art. 24, 25 et 26.)

Les officiers appelés à requérir le logement chez l'habitant ou le cantonnement des troupes sous leurs ordres doivent consulter les états prévus par les articles ci-dessus et ne réclamer dans chaque commune le logement que pour un nombre d'hommes et de chevaux inférieur ou au plus égal à celui qui est indiqué par lesdits tableaux. (Art. 12.)

S'il est reconnu que des dégâts ont été commis chez un ou plusieurs habitants par des soldats qui y étaient logés ou cantonnés, procès-verbal en est dressé contradictoirement par le maire de la commune et par l'officier chargé d'examiner la réclamation. En cas de mobilisation, le procès-verbal sert à l'intéressé comme une réquisition ordinaire, pour poursuivre le règlement de l'indemnité. (Art. 28.)

En temps de guerre et en cas de départ inopiné des troupes, si aucun officier n'a été laissé en arrière pour recevoir les réclamations, tout individu qui croit avoir à se plaindre de dégâts commis par des soldats logés chez lui, et qui n'a pu faire sa réclamation avant le départ de la troupe, porte sa plainte au juge de paix ou, à défaut, au maire ; cette plainte doit être remise pour les communes situées dans la zone à l'intérieur, moins de 3 heures, et, pour les communes situées dans la zone des armées, moins de 12 heures après le départ de la troupe. Le juge de paix ou le maire se transporte sur les lieux, fait une enquête et dresse un procès-verbal qui est remis à l'intéressé pour faire valoir ses droits comme en matière de réquisition. (Art. 29.)

L'officier qui commande une troupe logée ou cantonnée dans une commune remet au maire, avant de la quitter, un état indiquant l'effectif en officiers, sous-officiers, soldats, chevaux et voitures, ainsi que la date de l'arrivée et celle du départ. Cet état n'est pas fourni pendant la période de mobilisation. (Art. 30.)

ANNEXE VI

Convoi.

(Règlement du 27 février 1894.)

Destiné à assurer le transport des menus bagages (caisses, papiers, archives) et des hommes éclopés à la suite des corps et détachements voyageant par étapes. Comprend des voitures et des chevaux. Le droit des corps est établi par des bons de convoi délivrés par les sous-intendants militaires et leurs suppléants sur la production de la feuille de route (un bon par étape). Les bons sont mentionnés sur la feuille de route. Les maires ne peuvent délivrer des bons que pour une étape.

Allocations : 1 collier de 6 à 24 hommes sous le commandement d'un officier, 1 collier de 25 à 160 hommes avec ou sans officier ; 2 colliers de 161 à 320 hommes (officiers compris) et ainsi de suite, en ajoutant 1 collier pour le transport des bagages de détachement comptant 12 officiers (30 kilos de bagages par officier). Si le corps possède des voitures régimentaires, il est déduit 1 collier par fourgon : par 2 voitures régimen'aires, à un cheval. Aucune diminution n'est faite pour une seule voiture régimentaire à un cheval.

Allocations supplémentaires : *Pour les malades ou éclopés.* Demande adressée au sous-intendant militaire accompagnée d'un certificat du médecin. Les chevaux de trait indisponibles peuvent être remplacés sur la demande du chef de détachement. Ces allocations ne sont accordées que pour une étape.

Fournitures des convois : Quand il existe un sous-intendant militaire dans le gîte, le chef de corps s'adresse directement aux voituriers qui lui sont signalés par ce fonctionnaire et arrête les conditions de fournitures ; inscrit sur le bon l'indication de l'heure et le point de réunion et fait signer le voiturier. Dans les autres localités présenter le bon au maire qui indique les voitures et vise le bon de convoi.

Payements : Effectués par le commandant de détachement ou l'officier payeur : passible de timbre de quittance et de dimensions (dépenses à la charge du convoyeur). Certifier l'exécution et faire acquitter le bon de convoi. Les corps se font rembourser de leurs avances.

ANNEXE VII

Extrait de l'Instruction du 20 août 1907 relative à la participation de l'armée au maintien de l'ordre public.

I. — Principes généraux.

Art. 1er. — Le maintien de l'ordre incombe à l'autorité civile.

Il est assuré par la police, la gendarmerie et, subsidiairement, par les troupes de ligne (ces mots, dans le sens de la loi du 26 juillet-3 août 1791, d'où ils sont extraits, s'entendent des troupes de toutes armes).

L'autorité militaire ne peut agir qu'en vertu d'une réquisition de l'autorité civile (art. 20, loi du 26 juillet-3 août 1791).

II. — **Autorités civiles qui peuvent exercer le droit de réquisition**.

Art. 2. — Les autorités civiles qui sont en droit de faire des réquisitions de troupes de ligne, sont : les préfets, les sous-préfets, les maires et leurs adjoints, les procureurs généraux près les cours d'appel, les procureurs de la République et leurs substituts, les présidents de cours ou de tribunaux, les juges de paix et les commissaires de police (art. 64, décret du 4 octobre 1891).

Art. 3. — Les pouvoirs conférés par l'article précédent aux magistrats de l'ordre judiciaire civil s'appliquent aux magistrats de la justice militaire, présidents des conseils de guerre, commissaires du gouvernement, rapporteurs et officiers de police judiciaire dans l'exercice de leurs fonctions. Dans les cas urgents, les officiers et commandants de brigade de gendarmerie peuvent requérir directement l'assistance de la troupe qui est tenue de leur prêter main-forte.

Art. 4. — Les présidents du Sénat et de la Chambre des députés ont, au point de vue des réquisitions, des droits spéciaux (loi du 22 juillet 1879, art. 5) : « Les présidents du Sénat et de la Chambre des députés sont chargés de veiller à la sûreté intérieure et extérieure de l'Assemblée qu'ils président. A cet effet, ils ont le droit de requérir la force armée et toutes les autorités dont ils jugent le concours nécessaire. Les réquisitions peuvent être adressées directement à tous les officiers, commandants ou fonctionnaires, qui sont tenus d'y obtempérer immédiatement sous les peines portées par les lois. Les présidents du Sénat et de la Chambre des députés peuvent déléguer leur droit de réquisition aux questeurs ou à l'un deux. »

Art. 5. — Les réquisitions ne peuvent être données et exécutées que dans la circonscription de celui qui les donne et de celui qui les exécute. (Loi du 26 juillet-3 août 1791, art. 19.)

Art. 6. — Quand l'autorité militaire ne peut satisfaire à la fois aux réquisitions de plusieurs autorités civiles, elle obéit à celle qui émane de l'autorité hiérarchiquement la plus élevée. (Loi du 26 juillet-3 août 1791, art. 17.) Si ces autorités sont de même rang, elle obéit à la réquisition qui lui paraît présenter le plus grand caractère d'urgence.

III. — **Autorités militaires susceptibles d'être requises.**

ART. 7. — Ces autorités sont :

Les chefs de poste et les commandants des gardes, piquets et patrouilles dans les cas et conditions prévus par les articles 63 et 64 du décret du 4 octobre 1891 : les commandants d'armes quand les troupes doivent agir sur place ou être employées dans un rayon maximum de 10 kilomètres de leur garnison ; les généraux de brigade et de division commandant les subdivisions de région, les généraux commandant les régions de corps d'armée ou les gouverneurs militaires de Paris et de Lyon et, dans les cas d'urgence, tous autres commandants de la force publique.

IV. — **Préliminaires de la réquisition.**

ART. 8. — L'autorité civile est seule juge du moment où la force armée doit être requise. Toutefois, elle a le devoir, sauf impossibilité absolue, dès que la tranquillité publique se trouve menacée, d'aviser de la situation l'autorité militaire susceptible d'être requise, de la tenir au courant des phases diverses que présentent les événements, et de lui fournir tous les éléments d'appréciation utiles pour que le secours qui sera requis puisse arriver en temps opportun et dans les conditions jugées nécessaires par l'autorité requérante.

ART. 9. — L'autorité militaire, à son tour, prépare les mesures d'exécution qui sont la conséquence de ces communications en signalant, s'il y a lieu, à l'autorité requérante les difficultés d'ordre matériel qui paraîtraient s'opposer à la réalisation complète de ces mesures.

ART. 10. — Afin d'éviter tout retard ou confusion, l'autorité civile ne fait connaître ses besoins qu'aux autorités militaires dénommées dans l'article 7. Elle ne doit s'adresser au Ministre de la guerre ni directement, ni par l'entremise du Ministre de l'intérieur.

ART. 11. — Lorsque les autorités civiles et militaires jugent à propos de se réunir pour se concerter et qu'elles ne sont pas d'accord sur le lieu de réunion, elles se rencontrent de droit à la mairie si la réquisition émane d'un magistrat municipal, et, dans tous les autres cas, chez celui des représentants de l'une ou de l'autre autorité dont le rang est le plus élevé dans l'ordre des préséances.

V. — Forme et envoi de la réquisition.

ART. 12. — Toute réquisition doit, sous peine d'être annulée, être faite par écrit, datée et signée et rédigée dans la forme ci-après (art. 22, loi du 20 juillet-3 août (1791) :

Au nom du peuple français,

Nous..... requérons en vertu de la loi, M..... commandant..... de prêter le secours des troupes de ligne nécessaires pour.... (prévenir ou dissiper les attroupements formés, etc., ou pour procurer l'exécution de tel jugement ou telle ordonnance de police).

Et pour la garantie dudit commandant, nous apposons notre signature.

Fait à....., le.....

(Signature.)

ART. 13. — Si la réquisition établie dans la forme ci-dessus n'est pas remise en mains propres au représentant de l'autorité requise, elle peut lui être adressée sous pli postal ou par télégramme officiel. Sous quelque forme qu'elle soit reçue, elle est exécutoire dès sa réception. Toutefois, lorsqu'elle est adressée par voie télégraphique, elle doit être suivie d'une confirmation écrite par le plus prochain courrier.

Le chef militaire qui, avant d'avoir reçu cette confirmation, procède à l'exécution de la réquisition, est couvert par la présente instruction qui lui tiendra lieu d'ordre écrit.

ART. 14. — Indépendamment de la remise ou de l'envoi de la réquisition, l'autorité requérante peut adresser à l'autorité requise une communication écrite, télégraphique ou verbale, lui faisant connaître ses appréciations personnelles sur les dispositions à prendre, notamment sur les points suivants :

Moment le plus favorable pour l'arrivée des troupes;
Points à occuper;
Mode d'accès de la troupe à ces points;
Conduite générale à tenir par la troupe à l'arrivée;
Effectifs et nature des troupes à employer.

VI. — Obligations respectives de l'autorité requérante et de l'autorité requise.

ART. 15. — L'autorité requise fait connaître d'urgence et par la voie la plus rapide à l'autorité requérante la date et l'heure auxquelles lui sera parvenu soit l'écrit, soit le télégramme qui aura porté la réquisition à sa connaissance.

Art. 16. — Si la réquisition n'est pas faite dans les conditions indiquées aux articles 12 et 13, l'autorité militaire signale, par les voies les plus rapides, à l'autorité civile, l'irrégularité qu'elle contient et lui notifie l'impossibilité dans laquelle elle se trouve d'y obtempérer en l'état.

Art. 17. — Si la réquisition est régulière en la forme, l'autorité militaire en assure l'exécution sans en discuter l'objet ni la teneur (art. 9, titre III, loi du 8-10 juillet 1791.) Elle procède à cette exécution sans en référer à l'autorité qui lui est hiérarchiquement supérieure, et immédiatement après réception de l'écrit ou du télégramme qui constate la réquisition.

Art. 18. — Tant que dure l'effet de la réquisition, l'autorité militaire reste seule juge des moyens de son exécution. Il lui appartient notamment de fixer définitivement les effectifs et la nature des troupes à employer. Elle les détermine en tenant compte des ressources dont elle peut disposer dans l'étendue de son commandement et dans celle de la zone de renforcement qui lui est attribuée par le Ministre de la guerre.

Art. 19. — Toutefois, l'autorité militaire, en vue de maintenir la continuité de son entente avec l'autorité civile, assure l'exécution de la réquisition dans les conditions suivantes :

Au cours de la période de préparation, elle tient le plus grand compte des avis qui ont pu lui être donnés par l'autorité civile dans la communication mentionnée à l'article 14. — Au cours de la période d'exécution, elle doit, à moins de cas de force majeure, consulter l'autorité civile sur la convenance et l'opportunité des moyens d'action qu'elle se propose d'employer.

Art. 21. — Les représentants des autorités civile et militaire, sur l'initiative de l'un d'eux, ont toujours la faculté de se réunir en vue de délibérer sur les difficultés qui peuvent se présenter en cours d'exécution. D'une façon générale, il leur est expressément recommandé de se pénétrer constamment de cette pensée qu'ils ont pour devoir supérieur de s'unir et de s'aider en vue d'assurer le maintien de l'ordre public, et ne s'inspirer que des intérêts généraux dont la charge leur est confiée.

Art. 22. — Dans tous les cas, soit que des circonstances imprévues viennent à modifier l'objet primitif de la réquisition, soit qu'un désaccord vienne à se produire sur son interprétation et sa portée, l'autorité requérante peut toujours substituer une réquisition nouvelle à la réquisition primitive.

VII. — **De l'usage des armes.**

Art. 23. — Conformément à l'article 25 de la loi du 3 août 1791, les troupes requises font usage de leurs armes dans les cas suivants :

1° Si des violences ou voies de fait sont exercées contre elles ;

2° Si elles ne peuvent défendre autrement le terrain qu'elles occupent ou les postes dont elles sont chargées.

Dans tous les autres cas, elles ne peuvent agir que sur la réquisition de l'autorité civile.

En cas d'attroupement sur la voie publique, s'il n'y a pas d'officier civil sur les lieux, le commandant de la troupe doit aviser immédiatement l'officier civil le plus voisin, et l'on procède ensuite immédiatement conformément à l'article 3 de la loi du 7 juin 1848, lequel est ainsi conçu :

« Lorsqu'un attroupement armé ou non armé se sera formé sur la voie publique, le maire ou l'un de ses adjoints, à leur défaut le commissaire de police ou tout autre agent ou dépositaire de la force publique et du pouvoir exécutif, portant l'écharpe tricolore, se rendra sur les lieux de l'attroupement.

» Un roulement de tambour (ou si la troupe n'a pas de tambour, une sonnerie « de garde à vous »), annoncera l'arrivée du magistrat. — Si l'attroupement est armé, le magistrat lui fera sommation de se dissoudre et de se retirer ; cette première sommation restant sans effet, une seconde sommation précédée d'un roulement de tambour sera faite par le magistrat ; en cas de résistance, l'attroupement sera dissipé par la force. — Si l'attroupement est sans armes, le magistrat, après le premier roulement de tambour, exhortera les citoyens à se disperser ; s'ils ne se retirent pas, trois sommations seront successivement faites ; en cas de résistance, l'attroupement sera dissipé par la force. »

Mais si la force armée en présence de l'attroupement se trouve dans l'un des deux premiers cas prévus par le présent article, elle fera usage de ses armes encore bien que les formes prescrites par l'article 3 de la loi du 7 juin 1848 n'aient pu être observées. Néanmoins, le commandant de la troupe, lorsque la soudaineté de l'attaque ne lui en enlèvera pas les moyens, devra avertir les assaillants, soit par un ou plusieurs roulements de tambour, soit par une ou plusieurs sonneries de « garde à vous », soit par des avis répétés à haute voix que l'emploi des armes va être ordonné. Avant d'agir, il laissera s'écouler autant de temps que le permettra la sécurité de sa troupe ou la conservation des postes confiés à son honneur militaire.

VIII. — **Fin de la réquisition.**

ART. 24. — Le concours des troupes ne prend fin que lorsque l'autorité requérante a notifié à l'autorité requise, par écrit ou par télégramme officiel, la levée de sa réquisition.

Lorsque sa mission est ainsi terminée, le commandant des troupes accuse réception à l'autorité requérante de la levée de sa réquisition et informe ses chefs hiérarchiques.

IX. — **Sanctions.**

ART. 234 du Code pénal. — Tout commandant, tout officier ou sous-officier de la force publique, qui, après en avoir été légalement requis par l'autorité civile, aura refusé de faire agir la force à ses ordres, sera puni d'un emprisonnement d'un mois à trois mois, sans préjudice des réparations civiles qui pourraient être dues aux termes de l'article 10 du présent Code. L'article 234 du Code pénal s'applique aux autorités militaires qui ont été saisies directement d'une réquisition. Quant à celles qui ont reçu d'une autorité militaire supérieure des ordres relatifs à l'exécution d'une réquisition et qui ne se sont pas conformées à ces ordres, elles sont passibles de l'article 218 du Code de justice militaire.

X. — **Réquisitions individuelles.**

ART. 26. — En vertu de l'article 106 du Code d'instruction criminelle, tout dépositaire de la force publique, et par conséquent tout militaire, est en état de réquisition légale et permanente sans qu'il soit besoin d'une réquisition écrite de l'autorité civile, lorsqu'en cas de crimes ou de délits flagrants, il s'agit de s'assurer de la personne du prévenu.

En conséquence et conformément à l'article 168 du décret du 4 octobre 1891, tout militaire en uniforme doit prêter spontanément main-forte, même au péril de sa vie, à la gendarmerie ainsi qu'aux autres agents de l'autorité, lorsque ceux-ci sont en uniforme ou revêtus de leurs insignes. En outre, s'il n'y a pas d'officier de police présent sur les lieux, tout militaire doit se saisir du malfaiteur et le remettre à la gendarmerie ou à l'autorité de police la plus voisine.

ANNEXE VIII

Instruction du 31 décembre 1902 pour l'administration et l'alimentation des troupes employées aux grèves.

I. *Administration :* Troupes s'administrent comme aux manœuvres, sont pourvues de carnets d'ordres et de reçus de réquisitions. Pour les réquisitions, décision du Ministre est nécessaire. Au retour faire connaître au sous-intendant les réquisitions opérées. Avances de soldes et de fonds effectuées comme aux manœuvres.

II. *Alimentation :* Les troupes voyageant par chemin de fer emportent nourriture pour le trajet. Doivent arriver à destination munies d'au moins une demi-journée de pain. Celles voyageant à pied opèrent comme pendant les routes à l'intérieur. Pendant le déplacement, les troupes perçoivent les indemnités : pain, sucre, café et fourrages. Pas de prix limité pour les achats de denrées faits à l'arrivée. Demander au maire un certificat indiquant les prix de la mercuriale.

Vivres fournis par l'administration quand les troupes se trouvent dans une place en gestion directe ou à proximité, ou bien dans une place où le service est assuré par l'entreprise à la ration.

Enfin, si le déplacement se prolonge, ou si les vivres font défaut, peuvent être expédiés des garnisons voisines sur proposition de l'Intendance :

Viande fraîche achetée par l'ordinaire (l'indemnité à allouer est celle accordée dans le corps d'armée où opèrent les troupes).

Combustible payé par la masse de chauffage (taux de la garnison de départ). Vivres d'ordinaire, achetés sur place.

Fourrages (taux de la ration de guerre).

Les recettes pour indemnités de pain, sucre et café et fourrages sont portées aux fonds divers qui supportent les dépenses.

L'excédent de recettes (vivres) profite aux ordinaires ; est versé au Trésor pour les fourrages.

L'excédent de dépenses est remboursé au corps sur demande justifiée adressée au Ministre.

III. *Allocations extraordinaires :*

Officier supérieur..	7 »	
Officier subalterne.	5 »	
Adjudant..........	1 50	pour toute la durée du déplacement.
Autres sous-off....	» 25	
Troupes...........	» 10	

Vélocipédistes et isolés, indemnité journalière exceptionnelle, indemnité représentative journalière de vin. Ration de café à 16 et 21 dont 1/4 remboursable.

IV. *Paille de couchage :* 5 kilogrammes, troupe cantonnée plus de trois jours ; bivouaquée, demi-ration.

Paille achetée par les corps si municipalité ne l'offre pas. Au départ, remise de la paille aux domaines.

V. *Transports :* Ordres spéciaux pour chevaux voyageant par voie de fer, si distance inférieure à 61 kilomètres.

VI. *Tabac :* Le général commandant territoire s'entend avec l'administration des contributions indirectes pour toucher tabac à l'entrepôt indiqué.

Les dispositions contenues dans la présente instruction ne sont applicables que sur un ordre spécial donné par le Ministre chaque fois que cela sera nécessaire.

Le logement et le cantonnement des troupes sont toujours dus pour la durée intégrale du séjour. (Circ. min. du 16 janvier 1905.)

ANNEXE IX

Ordres à donner en cas de départ subit de la garnison.

Dispositions générales : Indication du mouvement. Durée probable de l'absence. — Unités qui marchent (chevaux, voitures, voitures de cantinières). Mutations. Répartition des médecins et infirmiers. Désignation des vaguemestres. Formation des colonnes. — Nature du mouvement (voies de terre, de fer, etc.).

Cadre précurseur : commandant, gradés, hommes, infirmiers (sac), ouvriers, sapeurs (outils), chevaux, voitures. — Mission du cadre précurseur : perception du matériel de campement, du couchage, de la paille de couchage, des vivres, des fourrages de la colonne ; préparation des marchés d'ordinaire.

Campement.

Désignation de l'officier devançant les colonnes.

Tenue : Collection à emporter. Collection de toile. Chaussures (brodequins, souliers, guêtres).

Bagages : Bagages des officiers. Suppléments à autoriser, s'il y a lieu (officiers, adjudants, sous-officiers). — Bagages des compagnies : caisses de comptabilité : registres à emporter ; ballots d'effets ; outils pour ouvriers de compagnie. — Bagages du corps : matériel pour l'attache des chevaux, seaux pour abreuver les chevaux en cours de route, sacoche de maréchal ferrant, outils de boucher, petits outillages à distribution. — Moments et lieux de dépôt des bagages. Transport à la gare.

Alimentation : Perception des vivres d'administration. Achat de vivres pour l'alimentation en chemin de fer : pour le cadre précurseur; pour les compagnies. Durée du trajet.

Solde, etc. : Traitement des officiers. Paiement du prêt d'avance ou à terme échu. Retrait de boni. Bons de tabac. — Avances. Avances à faire au cadre précurseur, au campement.

Munitions : Munitions à verser; munitions à toucher et à emporter.

Literie : Literie à verser. Literie affectée à l'arrivée : aux officiers, aux sous-officiers, à la troupe.

Instrumentistes : Instruments spéciaux à emporter par les musiciens. Instruments des élèves tambours et clairons.

Divers : Documents de mobilisation à emporter.

Départ : Revue de départ : du cadre précurseur, de la colonne. — Ordres pour le départ. — Pour un départ en chemin de fer, voir p. 369.

ANNEXE X

Caisses d'outils et de pièces d'armes.

(Dimensions et poids.)

Caisse d'outils et de pièces d'armes modèle 1882 pour un régiment d'infanterie ou un bataillon de chasseurs autre que les bataillons alpins.

Cette caisse renferme trois compartiments divisés eux-mêmes en cases, savoir :

1º Un fond ou compartiment fixe ;

2º Deux caisses intérieures ou compartiments mobiles.

Dans chacun de ces compartiments est collé un plan figuratif donnant la composition de l'outillage et des pièces d'armes qui doivent y être placés.

Le poids approximatif de la caisse vide est de 21 kilos. Celui de la caisse chargée, de 69 kilos.

Nota. — La caisse d'outils et de pièces d'armes modèle 1882 affectée aux bataillons détachés hors de France comporte la moitié du chargement prévu pour un régiment complet.

Caisse d'outils et de pièces d'armes modèle 1878. Les corps d'infanterie et les bataillons de chasseurs autres que les bataillons alpins non encore pourvus de la caisse modèle 1882 font usage de la caisse d'armes modèle 1878 qui comporte :

1º Un fond ou compartiment fixe ;

2º Trois caisses intérieures ou compartiments mobiles;

3° Une planche de pression mobile.

Son poids approximatif est de 30 kilos vide et de 83 kilos chargée.

Les dimensions sont : 1ᵐ,32 × 0ᵐ,35 × 0ᵐ,29.

Caisse d'outils et de pièces d'armes modèle 1862 pour bataillons de chasseurs alpins. Les dimensions sont de : 0ᵐ,87 × 0ᵐ,23 × 0ᵐ,45.

Le poids de la caisse vide est de 30 kilos ; le poids de la caisse chargée est de 65 kilos.

ANNEXE XI

Batteries et sonneries.

(Instruction ministérielle du 18 juin 1912.)

1. Au drapeau.
2. La générale,
3. Aux champs.
4. Aux champs en marchant,
5. Le ban (Rappel à l'intérieur).
6. Assemblée (Honneur pour les généraux de division et vice-amiraux).
7. Aux officiers.
8. Appel aux gradés.
9. Réveil.
10. La diane.
11. L'appel.
12. L'appel des consignés.
13. Au piquet.
14. La soupe.
15. L'extinction des feux.
16. Marche de retraite (pour la retraite du soir et pour les champs de tir).
17. Refrain des bataillons,
18. Refrain des compagnies.
19. Garde à vous.
20. En avant.
21. Pas de charge.
22. Commencez le feu.
23. Cessez le feu.
24. Levez-vous.

ANNEXE XII

Exécution des distributions par les officiers d'approvisionnement.

Les distributions sont faites le plus tôt possible, après l'installation au cantonnement. Les chefs de corps fixent les emplacements et les heures. Les corvées nécessaires sont fournies. Le commandant de la fraction de jour préside à la distribution. L'officier d'approvisionnement fait réunir : les fourgons du train régimentaire, les voitures à viande, ainsi que les denrées qui, provenant des ressources locales, doivent être distribuées directement aux parties prenantes. Il désigne les endroits où seront livrées certaines de ces denrées (foin, paille, combustible, etc.). Le commandant de la fraction de jour, le vétérinaire ou le médecin de jour présent, visitent la viande fraîche à distribuer ; la viande reconnue impropre à la consommation est remplacée, sur l'ordre du commandant de la fraction de jour, par de la viande de conserve et du potage salé.

Le représentant de chaque partie prenante fait connaître les quantités qu'il est chargé de percevoir, tant à titre gratuit qu'à titre remboursable. Avant toute distribution, l'officier d'approvisionnement compare l'ensemble des demandes aux ressources dont il dispose. Si ces dernières sont insuffisantes, le commandant de la fraction de jour fait assurer d'abord les distributions à *titre gratuit*. En cas de nécessité, il opère des réductions au prorata des demandes : elles portent d'abord sur les distributions à *titre remboursable*, qui peuvent être supprimées en totalité. Les représentants des parties prenantes complètent les bons par l'inscription des quantités réellement perçues ; si des réductions ont été opérées sur les demandes, ils reçoivent, séance tenante, une attestation du commandant de la fraction de jour. Les bons sont complétés de la même manière, s'il est distribué des denrées de substitution en échange de celles inscrites sur les bons. L'officier d'approvisionnement procède ensuite aux distributions. Les bons lui sont remis directement par les représentants des parties prenantes en échange des livraisons. En cas de contestation sur la qualité ou la quantité des denrées, le commandant de la fraction de jour prononce.

L'officier d'approvisionnement, absent au moment de la distribution, est remplacé par le commandant de la section de distribution. Si les vivres ont été préparés ou déposés à l'avance, ou si l'officier d'approvisionnement ou son représentant n'est pas présent, le commandant de la fraction de jour procède à la distribution de ces vivres et remet ensuite à l'officier d'approvisionnement les bons de distribution reçus.

ANNEXE XIII

Mode d'emploi de l'artillerie

(Règlement du 8 septembre 1910).

Conséquences tactiques des propriétés de l'artillerie.

L'artillerie occupera de préférence des positions masquées. — Les batteries forcées de s'établir à découvert seront protégées par d'autres batteries défilées. — On recherchera activement la priorité d'occupation des positions. — Au cours du combat, les changements de position ne doivent être ordonnés qu'en vue d'obtenir des avantages positifs et bien définis. — Parmi les batteries placées, on ne fera tirer que le nombre nécessité par les objectifs, au fur et à mesure des besoins. — Le tir contre les objectifs défilés tend à devenir de plus en plus général. — Le résultat des luttes de deux artilleries entre elles ne sera généralement pas décisif. — Les tirs d'écharpe seront les plus efficaces. — Les tirs seront continus ou intermittents, lents ou rapides. — La consommation des munitions doit être étroitement surveillée. — L'artillerie utilisera, dans certaines conditions, le tir par-dessus les troupes amies. — L'artillerie en marche, et même en batterie, a besoin, pour sa sécurité, de la protection des autres armes.

Emploi de l'artillerie.

Offensive. — Dès les premiers indices d'une rencontre prochaine, le commandant de l'avant-garde se préoccupe des positions à assigner éventuellement aux batteries pour qu'elles puissent :

Favoriser la marche en avant de l'infanterie;

La recueillir en cas de besoin et arrêter celle de l'ennemi.

Si les indices se confirment, l'artillerie de l'avant-garde se tiendra prête à occuper — ou occupera effectivement avec quelques batteries — les positions successives répondant aux intentions exposées ci-dessus.

Elle suivra. ainsi par bonds, soit en totalité, soit par échelons, la marche de l'infanterie, coopérant à l'accomplissement de la mission générale de l'avant-garde qui est de *couvrir* et de *reconnaître*. = Le combat de l'avant-garde sera une lutte d'activité et de mouvement où l'artillerie devra à la fois arrêter l'infanterie ennemie en certains points, favoriser en d'autres la marche en avant de sa propre infanterie, se garder des coups d'une artillerie ennemie lointaine, et enfin, éviter les surprises d'une cavalerie ou d'une infanterie entreprenantes qui auraient réussi à s'approcher. = Les batteries du *gros de la colonne* seront appelées à prendre part au combat d'après les instructions du commandement. = Le point capital est de faire arriver les batteries aussi nombreuses que possible sur des positions favorables avant que celles de l'ennemi soient elles-mêmes postées. L'action efficace de ces dernières contre l'infanterie assaillante ne pourra qu'en être retardée et plus fortement compromise. = Quel que soit le cas examiné (colonne isolée ou grosse unité encadrée), la tâche du commandement consiste à :

Attaquer l'ennemi sur tout le front pour le fixer avec le minimum de forces;

Porter son effort principal sur un seul point afin de réaliser contre ce point une supériorité écrasante de feux.

L'artillerie est impuissante à forcer, par son action destructive, l'ennemi à la retraite. Son rôle, par conséquent, est borné à aider de tous ses moyens la progression de l'infanterie, seule capable d'obtenir ce résultat. = Pour aider l'infanterie, l'artillerie doit empêcher de tirer contre elle les défenseurs des points d'appui et toutes les troupes, infanterie ou artillerie, qui, de front ou de flanc, la prennent pour objectif. Pour être efficace, cette intervention doit se produire à des moments précis que l'assaillant seul peut prévoir et en des points précis dont quelques-uns dépendent de lui et dont les autres ne dépendent que de l'ennemi.

Elle implique en tous les cas une liaison aussi étroite que possible entre l'infanterie et l'artillerie. = Il faut, en outre, s'opposer aux contre-attaques, et, enfin, détruire en temps voulu les obstacles matériels que l'infanterie peut rencontrer. = Au cours du combat, et avant l'assaut, des *changements de position* auront pu être nécessités pour mieux voir les objectifs, mieux distinguer amis et ennemis, en un mot pour combattre en liaison plus intime avec l'infanterie. Une fraction d'artillerie réglera ses mouvements par bonds, d'après ceux de l'infanterie et suivant les formes du terrain, de manière à s'assurer le plus de chances d'arriver sur la position conquise, intacte et aussitôt que possible à la suite de l'infanterie. = Pendant la durée du combat, *le commandant des troupes* prévoit et ordonne. Il indique les objectifs à enlever, désigne les troupes qui en sont chargées, règle, dans le temps et dans l'espace, autant que l'ennemi le lui permet, l'ordre des diverses attaques.

= En principe près de lui, ou en liaison étroite avec lui, le *commandant de l'artillerie* est à la source des renseignements, prend part aux reconnaissances, reçoit des ordres concernant la participation de l'artillerie à l'action générale. = Connaissant les objectifs de l'infanterie, les troupes chargées de les enlever, éventuellement le degré d'importance des diverses attaques et l'ordre dans lequel elles seront exécutées, le commandant de l'artillerie répartit en conséquence les batteries dont il dispose. = Il désigne les groupes qui appuieront spécialement telle ou telle attaque, ceux qui auront un rôle général de surveillance dans la zone de combat, enfin ceux qui resteront sur roues s'il juge avantageux d'en conserver en vue des événements à venir, prévus ou imprévus. = Au cours du combat, il se tient informé des progrès des différentes attaques et modifie, s'il y a lieu, la répartition initiale des batteries. Il prévoit les changements de position et en arrête les conditions d'exécution après avoir provoqué, le cas échéant, les ordres du commandant des troupes; il peut les ordonner de lui-même en cas d'urgence et pour un déplacement en avant. = En assignant les missions et en fixant les emplacements, il renseigne le plus possible ses subordonnés sur la situation générale ainsi que sur le but particulier à atteindre et la conduite à tenir par chacun d'eux. = Il n'entre pas dans le détail des opérations techniques qu'ils ont à effectuer. Il prend toutes mesures propres à s'assurer, en temps utile, la coopération d'observateurs aériens, soit pour compléter ses reconnaissances, soit pour participer au réglage ou au contrôle du tir de certaines de ses batteries. Il lui appartient aussi de donner tous les ordres utiles pour prévenir les fautes susceptibles de compromettre le résultat en vue duquel l'artillerie est mise en action.

Les commandants de groupe, qui ont reçu du commandant de l'artillerie une mission définie, sont responsables de l'exécution de cette mission. Ils sont maîtres des moyens dans les limites des ordres qu'ils ont reçus. = Ils fixent les emplacements de leurs batteries d'après la tâche particulière qu'ils leur réservent, de manière qu'elles aient toujours une protection compatible avec l'exécution de cette tâche; ils ne les engagent au feu qu'au fur et à mesure des besoins en exploitant leur capacité de tir avant d'exploiter leur nombre. Une fois engagés, ils les laissent développer leur puissance conformément aux règles techniques de l'arme (titre IV).

Ils font le nécessaire pour leur procurer, en cas de besoin, le concours d'un observateur aérien. = Ils assurent la *direction des feux* en intervenant, soit en cas d'erreur, soit pour modifier la mission initiale donnée aux batteries et leur désigner de nouveaux objectifs, soit pour activer, ralentir, interrompre ou faire reprendre le tir, lorsque la conduite du feu dans les batteries ne paraît pas répondre exactement à la situation.

Pendant l'exécution de l'opération, le commandant de l'artillerie s'efforce de rester en communication avec le commandant de l'infanterie par tous les moyens possibles. Les plus sûrs sont : en premier lieu, la vue, puis les agents de liaison, et dans certains cas les signaux simples. = Ces signaux ont pour but soit de déclancher ou d'interrompre le feu de l'artillerie, soit d'attirer l'attention de celle-ci sur les dangers qui menacent l'infanterie ou les obstacles auxquels elle se heurte. = En cas d'impossibilité de se relier, le chef de la troupe d'infanterie est prévenu et il est rendu compte à l'autorité supérieure de l'artillerie, pour qu'elle prenne d'autres dispositions (substitution de batteries, changement de position, etc.). = *La liaison qui s'établit entre les deux armes n'implique pour l'artillerie qu'une subordination de mission et ne rompt pas pour elle les liens hiérarchiques habituels qui seuls permettent au commandement d'assurer la coordination des efforts vers le même but.* = Cependant, certaines circonstances (extension du front, nature coupée ou couverte du terrain, excentricité d'une attaque) pourront obliger à grouper l'infanterie et l'artillerie, coopérant à une même attaque, en une unité tactique temporaire sous les ordres d'un seul chef. *Dans ce cas exceptionnel, l'ordre de subordination devra être explicitement indiqué par le commandement.*

Défensive. — Dans la défensive, le rôle de l'artillerie consiste essentiellement à concourir avec l'infanterie à briser la volonté offensive de l'ennemi et son action, comme celle de l'infanterie se règle surtout d'après les mouvements et les attaques de l'adversaire. = Comme dans l'offensive, *le commandant des troupes* prévoit et ordonne, et *le commandant de l'artillerie* assure l'exécution des ordres du commandement en ce qui concerne la participation de l'artillerie à la défense lointaine et rapprochée, aux contre-attaques et aux retours offensifs, à l'exécution de la retraite, etc.

Le commandant de l'artillerie répartit, entre les groupes qu'il met en ligne, les emplacements à occuper et le terrain à surveiller. Il précise à ceux qui les commandent leur rôle dans la lutte lointaine et dans la lutte rapprochée et les renseigne sur les dispositions que l'infanterie doit prendre ou a déjà prises : plusieurs groupes peuvent recevoir la mission de surveiller le même secteur, les uns devant combattre l'infanterie, les autres l'artillerie. = Au cours du combat, le commandant de l'artillerie suit les progrès des diverses attaques de l'ennemi et modifie en conséquence la répartition des zones d'action attribuées à chaque groupe ou les missions des groupes, de manière que l'attaque la plus menaçante soit toujours la plus vivement combattue. = La mission de chaque groupe ayant été définie par le commandant de l'artillerie, *le commandant de groupe* placera ses batteries sur le terrain en prenant en considération, en même temps que sa mission, le profil du terrain, la nature et le nombre des couverts, l'état du sol. = Pour l'utilisation de ses batteries, il tient compte du front que chacune d'elles est capable de battre suivant l'intensité du feu que l'objectif peut comporter. Il se réserve de leur indiquer les objectifs à leur apparition ou leur fixe un ordre suivant lequel elles ouvriront le feu sur tout objectif apparaissant dans la zone d'action commune. = Le chef de groupe exerce la direction des feux de son groupe comme dans l'offensive.

ANNEXE XIV

La liaison.

But et fonctionnement de la liaison.

La liaison assure la convergence de tous les efforts vers le but à atteindre, en établissant un échange constant de communications entre le commandement et ses subordonnés, et entre les chefs d'unités voisines. = Les moyens matériels mis à la disposition du commandement sont :

Les agents de liaison, les agents de transmission, les estafettes et plantons (porteurs de dépêches);

Les signaux;

La télégraphie optique;

Le téléphone.

Liaison et transmission.

I. — Personnel.

Les agents de liaison sont destinés, en principe, à relier, soit pendant le combat, soit au cours d'une opération, le chef d'une unité au chef de l'unité supérieure ou d'une troupe voisine. Ils sont aussi utilisés, dans l'accomplissement de leur mission, pour porter des ordres et comptes rendus. Ces agents sont, en général, des officiers, parfois des sous-officiers ou caporaux. = Les agents de transmission sont exclusivement employés pour la transmission mécanique des ordres pendant le combat. = En outre du personnel visé ci-dessus, on emploie, en toutes circonstances, pour l'échange de communications de toute nature, des estafettes et plantons à pied, à cheval ou à bicyclette. = Les estafettes et plantons ne sont pas l'objet d'une désignation préalable; ils sont choisis au moment du besoin, d'après la mission qu'ils ont à remplir. = Enfin, des officiers sont toujours chargés de porter les ordres et renseignements importants; des officiers peuvent aussi, dans certains cas, être détachés par le commandement auprès des chefs subordonnés pour compléter par des explications verbales les ordres ou renseignements déjà envoyés, pour obtenir des renseignements complémentaires sur la marche des événements ou pour guider les troupes dans l'exécution de leurs mouvements.

II. — EMPLOI.

a) *Agents de liaison.*

L'agent de liaison auprès du chef d'une unité supérieure ou d'une unité voisine doit pouvoir lui fournir tous les renseignements utiles sur l'unité qui l'a détaché. Il se tient au courant de la situation et des événements qui se déroulent à sa portée, de manière à pouvoir, de sa propre initiative, renseigner son chef immédiat avec lequel il communique par les moyens dont il peut disposer (téléphone, télégraphe, cyclistes, signaux, etc...). Il doit toujours être en mesure de se rendre rapidement auprès de l'unité qui l'a détaché et, dans ce but, connaître la direction dans laquelle elle se trouve, ainsi que l'itinéraire pour la **rejoindre sans perte de temps.**

b) *Agents de transmission. — Estafettes et plantons.*

Les hommes désignés comme agents de transmission sont choisis avec soin. Ils doivent posséder une bonne vue, savoir bien s'orienter, être agiles et savoir écrire. Ces hommes sont, autant que possible, déchargés de leur sac. = Les agents de transmission, les estafettes et les plantons chargés de porter des ordres, comptes rendus ou renseignements reçoivent, avant le départ, l'indication de la vitesse à laquelle ils doivent marcher et, s'il y a lieu, l'itinéraire à suivre. A l'arrivée, ils se présentent au destinataire, reçoivent un accusé de réception des communications écrites et, éventuellement, les communications verbales ou écrites destinées au chef qui les a envoyées. A leur retour, ils rendent compte de l'exécution de leur mission.

c) *Officiers chargés de transmission ou de mission spéciale.*

Quand des officiers sont envoyés auprès des chefs

subordonnés pour la transmission d'ordres importants ou pour toute autre mission, ils doivent pouvoir fournir toutes les explications qui leur seraient demandées et, le cas échéant, faire connaître les intentions du chef qui a donné l'ordre qu'ils portent. = En aucun cas, les officiers détachés à un titre quelconque auprès d'une unité ne peuvent intervenir dans la conduite de cette unité. Ils doivent se contenter de donenr à son chef toutes les explications ou renseignements qu'ils sont en mesure de fournir.

Signaux.

I. — NATURE DES SIGNAUX.

Les troupes emploient deux catégories de signaux :
Des signaux alphabétiques;
Des signaux conventionnels.
Les signaux de ces deux catégories sont constitués par des signes de l'alphabet Morse; ils sont exécutés à bras pendant le jour, avec une lanterne pendant la nuit. = Les signaux alphabétiques permettent la transmission de dépêches entières. = Les signes conventionnels donnent le moyen de communiquer rapidement des renseignements intéressants, se rapportant à des situations qui se présentent fréquemment.

II. — EMPLOI DES SIGNAUX.

a) *Signaux alphabétiques.*

La correspondance par signaux alphabétiques est employée quand les circonstances ne permettent pas d'utiliser d'autres procédés de communication ou quand il y a intérêt à les doubler. = Ce système de correspondance est particulièrement avantageux dans les régions montagneuses ou coupées par des lignes d'eau dont les points de passage sont rares, dans les zones battues par un feu violent et dans le service des avant-postes. = Dans les cas exceptionnels où les signaux alphabétiques seront utilisés pour la liaison de colonnes en marche, des instructions précises devront être données au préalable par le commandement et l'on devra éviter d'une façon absolue d'égrener des hommes en arrière des colonnes. = Dans les circonstances normales, les signaux peuvent généralement donner des résultats satisfaisants jusqu'aux distances approximatives suivantes :
. 600 mètres sans fanions;
1.500 mètres avec fanions;
2.000 mètres avec fanions et emploi de la jumelle;
2.500 mètres de nuit, avec une lanterne, au besoin en employant la jumelle.
En principe, les groupes qui doivent faire usage

des signaux se tiennent dans le voisinage immédiat
des chefs auprès desquels ils sont détachés; ils choisissent leur emplacement de manière à être vus des
groupes avec lesquels ils doivent correspondre, en
repèrent avec soin la direction, et, le cas échéant,
utilisent les observatoires naturels qui sont à leur
portée (arbres, meules, etc...). Dans les zones battues
par le feu, les groupes de signaleurs se masquent aux
vues de l'ennemi en utilisant le terrain ou des abris,
mais ils n'hésitent pas à se montrer, si c'est nécessaire, pour assurer la transmission d'une communication importante. Ils restent constamment attentifs, afin
de pouvoir recevoir ou transmettre immédiatement
les ordres ou les renseignements, et ils observent avec
soin les événements qui se passent à leur portée. =
La nuit, à proximité de l'ennemi, on n'a recours aux
signaux lumineux qu'en cas de nécessité absolue; on
prend alors toutes les précautions pour que ces signaux ne puissent pas être interceptés, ou ne révèlent
pas la présence de la troupe qui les utilise.

b) *Signaux conventionnels.*

La correspondance par signaux conventionnels est
employée en marche, en station et au combat, pour
assurer la transmission rapide de quelques communications courtes, mais particulièrement importantes.

III. — Personnel.

Les signaux alphabétiques doivent pouvoir être
transmis et reçus, dans toutes les armes, par le personnel affecté à la téléphonie et à la télégraphie optique, et, en outre, par un officier (sergent-major), un
fourrier et quatre hommes par unité (compagnie ou
batterie).

IV. — Matériel.

En principe, pendant le jour, les signaux sont faits
avec les bras. On peut les rendre plus apparents en
utilisant soit des fanions à double face, soit des objets
quelconques, visibles à distance (képis, bérets, etc...).
= La nuit, on se sert de lanternes.

Règles de service.

a) *Signaux conventionnels.*

L'élément transmetteur appelle par le geste d'avertissement l'attention de l'élément auquel la communication est destinée. = Lorsque cet élément a répété
le geste d'avertissement, la communication est trans-

mise; elle est répétée par l'élément destinataire. Si le signal a été mal compris, l'élément transmetteur l'envoie à nouveau dans les mêmes conditions.

b) *Signaux alphabétiques.*

Rédaction des dépêches. — Les renseignements et les ordres à transmettre par signaux sont rédigés en style télégraphique; ils doivent être aussi brefs et concis que possible. Lorsque aucune erreur de destination n'est possible, il est inutile d'envoyer l'indication de l'expéditeur et du destinataire.

Transmission. — En principe, tout poste de transmission ou de réception comprend deux hommes (un transmetteur et un lecteur) et, s'il y a lieu, des estafettes et des vélocipédistes. = Au poste de transmission, le lecteur annonce tout d'abord au transmetteur le mot ou le nombre tout entier à signaler, puis lui indique successivement les lettres ou les chiffres. Au poste de réception, le transmetteur annonce à haute voix chaque lettre et chaque chiffre au fur et à mesure qu'ils lui sont signalés. Le lecteur les consigne par écrit et annohce à son tour les mots et les nombres dès qu'ils sont formés. Le transmetteur envoie alors le signal « Compris ». = Le signal « Station ouverte » indique qu'un poste est prêt à transmettre ou à recevoir. = Avant toute transmission, le poste transmetteur exécute des appels auxquels le poste récepteur répond par le signal « Invitation à transmettre ». = En cas d' « erreur » indiquée par l'un ou l'autre poste, la transmission du mot en cours ou du mot précédent est recommencée. S'il est nécessaire, le poste récepteur indique le mot à partir duquel la transmission doit être reprise. = Lorsqu'un poste se déplace, il prévient ses correspondants par l'envoi du mot « Départ ».

IIe PARTIE

SERVICE DES OFFICIERS D'INFANTERIE EN CAMPAGNE

CHAPITRE Ier. — GÉNÉRALITÉS

CHAPITRE II. — MARCHES

CHAPITRE IV. — TIR

IIIe PARTIE

RENSEIGNEMENTS SUR LES DIVERS SERVICES

CHAPITRE Ier. — Administration et comptabilité

CHAPITRE II. — Récompenses. Discipline, etc.

CHAPITRE VI. — TRANSPORTS EN CHEMIN DE FER

CHAPITRE VII. — TRANSPORTS MARITIMES

ANNEXES

TABLE ALPHABÉTIQUE DES MATIÈRES

Paris et Limoges. — Imp. milit. Henri CHARLES-LAVAUZELLE.

www.ingramcontent.com/pod-product-compliance
Ingram Content Group UK Ltd.
Pitfield, Milton Keynes, MK11 3LW, UK
UKHW022053120726
13694UKWH00001B/107